高等院校土木工程教材

土建工程测量

陈学平　周春发　编

U0188745

中国建材工业出版社

图书在版编目（CIP）数据

土建工程测量/陈学平，周春发编．—北京：中国建材
工业出版社，2008.1（2019.1 重印）
ISBN 978-7-80227-361-0

Ⅰ．土…　Ⅱ．①陈…②周…　Ⅲ．土木工程-工程测
量-教材　Ⅳ．TU198

中国版本图书馆 CIP 数据核字（2007）第 188951 号

内 容 简 介

测量学是一门极其实用的工程技术。本教材涵盖测量学的全部内容，突出土建
中的专业测量，增加了适用于土建工程中的土地整理测量。

对仪器的操作使用叙述详细，点出技巧，每章后附有学习辅导，为学生自学提
供要领与方法。

本教材附带多媒体教学光盘，盘中有供教师授课使用的幻灯教学片；有各种实
际测量表格，供学生实习直接打印使用；有供学生实习、参考使用的视频教学片
段，还有测绘法、工程测量规范等测绘资料。

本教材适用于土木建筑、交通工程、环境工程、城镇规划、土地管理等专业，
也可作为工程测量自学考试参考书和供土建工程技术人员参考。

土建工程测量

陈学平　周春发　编

出版发行：中国建材工业出版社
地　　址：北京市海淀区三里河路 1 号
邮　　编：100044
经　　销：全国各地新华书店
印　　刷：北京鑫正大印刷有限公司
开　　本：787mm×1092mm　1/16
印　　张：20.25
字　　数：501 千字
版　　次：2008 年 1 月第 1 版
印　　次：2019 年 1 月第 6 次
书　　号：ISBN 978-7-80227-361-0
定　　价：55.00 元

前　言

本教材第一版书名为《测量学》，于 2004 年 1 月出版后，经各兄弟院校测量课教学使用，认为该教材符合土建类专业教学大纲的要求，内容充实、实用，叙述通俗，出版后两年间曾重印过两次。为使教材更能满足土建类各专业的要求，加强基础性，突出实践性，反映先进性，此次对原教材的结构、叙述作了较大的调整，故把《测量学》更名为《土建工程测量》，以满足工民建、土木建筑以及城镇规划等专业开设测量课的要求。

本教材主要特点有：

1. 注重测量学基础知识和基本技能的叙述，概念阐述准确、简明扼要。仪器操作叙述突出其关键点及技巧。注意讲解操作中的道理，从而避免操作的盲目性，促使学生实践更理性，操作更规范。

2. 叙述由浅入深，深入浅出，图文并茂。教材不同于学术专著，其主要对象是学生，要使他们看得懂，做得来。为使学生明确各章的目的与要求以及各章的要点，以启发学生思考，故在每章末，除练习题外，还附有学习辅导。

3. 对传统测绘的内容进行补充、改进与提高。传统的测量方法和计算方法通常有多种，书中取其最佳并提出改进措施。例如，水准仪构造的叙述更科学，经纬仪测站对中，提出粗对中与精对中的概念，竖盘指标差的计算提出通用公式，误差理论补充等精度双观测量的精度评定，对传统测图法提出一些改进，公路缓和曲线计算补充了更好的方法，等等。

4. 对于测绘新技术的介绍，突出其原理与特点，不去泛泛地全面介绍各项新技术，而以一种型号的仪器叙述其使用方法、步骤。例如全站仪介绍原理与特点之后，讲一种型号的仪器，使学生照着就能做。对于 GPS 也按同样办法处理。

5. 增加"土地整理测量"一章，把土地面积测量与土地平整测量单独列成一章，突显其重要性，又便于增加新内容。例如，土地面积测量增加"几何图形解析法与坐标解析法"，平整土地增加"散点法"以及"DTM 模型平整土地"。

6. 教材附一张光盘，内有 15 章教学课件，供教师授课参考和学生自学使用。还有测绘资料与 Word 编制的各种实习表格（空表）以及有关的教学资料。

本教材由陈学平教授（北京林业大学）、周春发副教授（中国农业大学）编写，陈负责全书策划，并编写除第 8、15 两章外的各章及其课件，周编写第 8、15 两章及其课件。

本教材编写时间匆促，编者水平有限，错漏之处在所难免，望读者批评指正。如发现问题、有待改进之处或建议，请发电邮至 chenxpbj@yahoo. cn，在此特表谢意。

编　者

2007 年 10 月

光盘使用说明

本光盘有三部分内容：

1. 课件文件夹：全书 15 章，用 PowerPoint 软件编制 15 章课件，其内容较教材略多些，增加图片、动画和视频文件。安装有 office 软件的电脑均可运行。最好把电脑显示分辨率调高一些，以便获得更加清晰的图片。

2. 测绘资料文件夹：

①中华人民共和国测绘法（.doc 文件）；

②工程测量规范（GB 50026—93）（.pdf 文件）；

③全球定位系统（GPS）测量规范（.pdf 文件）；

④苏州一光 OTS 全站仪使用说明书（.pdf 文件）；

⑤日本托普康 GTS-710 全站仪使用说明书（.pfd 文件）。

打开 pdf 文件要求电脑中必须安装 Adobe Reder 软件。如您的电脑未安装此软件，光盘提供了该软件 6.0 版本，文件名为 AdbeRdr60_chs_full.exe，请首先安装它。

3. 教学资料文件夹（有 4 个子文件夹）：

①测量实习指导书与测量实习表格，内有实习指导书、课堂实习用表格和教学实习用表格等；

②对教材的补充，内有对第 4、第 6 及第 10 章内容的补充；

③未列入教材的章节，内有园林工程施工测量（.doc 文件）；

④补充课件，内有计算器的使用课件、水利工程测量课件及第 6 章测量误差理论基本知识补充课件。

目　　录

第1章 绪 论

1.1 测量学与土建工程测量

1.1.1 测量学的定义、任务与分科

测量学是研究地面点空间位置的测定、采集、数据处理、存储与管理的一门应用科学。其核心问题是研究如何测定点的空间位置。其任务是：

1）测绘：使用测量仪器，通过测量与计算，将地面的地物、地貌缩绘成图，供工程建设和行政管理之用。

2）测设：将图上设计的建（构）筑物的位置在实地标定出来，作为施工或定界的依据，又称放样。

测量学是测绘学科中的一个基础分科。按照测绘学科所研究的对象与范围的不同，可以分成若干分科。现重点介绍下列几个分科：

（1）大地测量学

研究地球的大小和形状，研究大范围地区的控制测量和地形测量。由于人造卫星科学技术的发展，大地测量学又分为常规大地测量学与卫星大地测量学，后者是研究观测卫星确定地面点位，即GPS全球定位。

（2）普通测量学

研究地球表面局部区域的测绘工作，主要包括小区域控制测量、地形图测绘和一般工程测设。通常所称的测量学就是指普通测量学。

（3）工程测量学

研究各种工程在规划设计、施工放样和运营中测量的理论和方法。

（4）摄影测量学

研究利用摄影或遥感技术获取被测物体的信息，以确定物体的形状、大小和空间位置等信息的理论和方法。

（5）地图制图学

研究各种地图的制作理论、原理、工艺技术和应用的一门学科。

1.1.2 土建工程测量

土建工程测量全称为土木建筑工程测量，它包括普通测量学以及工程测量学的部分内容。土建工程测量教材除了叙述一般各种测量仪器的构造与使用，控制测量，地形测量及地形图应用外，还包括土建工程相关的土地整理（即面积、平整）测量、工业与民用建筑施工测量、公路工程测量、管道工程测量等。

1.1.3 测量在工程各阶段建设中的作用

各种工程规划与建设，测绘信息是最重要的基础信息之一，从工程规划设计、建筑施工直至运营管理各个阶段，自始至终都离不开测量。

（1）在工程规划设计阶段

要进行规划设计，首先需要规划区的地形图。有精确的地形图和测绘结果，才能保证工程的选址、选线、设计得出经济、合理的方案。因此，测绘是一种前期性、基础性的工作。

（2）在工程施工阶段

工程的施工，主要目的是把工程的设计精确地在地面上标定出来，这就需要使用测量的仪器，按一定的方法进行施工测量。精确地进行施工测量是确保工程质量最为重要的手段之一。

（3）在工程运营与管理阶段

为了保证工程完工后，能够正常运营或日后改进与扩建的需要，应进行竣工测量，编绘竣工图。对于大型或特殊的建筑物，还需进行周期性的重复观测，观测建筑物的沉降、倾斜、位移等，即变形观测，从而判断建筑物的稳定性，防止灾害事故的发生。

1.2 地面点位的测定

1.2.1 测量的基准线与基准面

（1）基准线

测量工作是在地球表面上进行的，地球上任一点都要受到离心力和地球引力的双重的作用。这两个力的合力称重力，重力的方向线称为铅垂线。测量仪器悬挂垂球，其垂球线即重力方向线，铅垂线就是测量的基准线。

测量的计算要求投影到地球的椭球面上进行处理，椭球面上各点的曲率半径方向线就是该点的法线。在数据处理时要用到法线，因此，法线又是测量的另一种基准线。

（2）基准面

测量工作开始时，通常要把仪器安置在水平的状态。是否水平要借助于仪器上的水准气泡来判断。对很小的范围而言，水面是一个水平面，实际上是一个曲面，我们把水面称为水准面。水准面上任意一点都和重力的方向垂直。空间任何一点都有水准面，处处和重力方向垂直的曲面均称为水准面，水准面就是测量的基准面。和水准面相切的平面则称为水平面。由于水准面的高度不同，水准面有无穷多个，其中一个和平均的海水面重合，我们称之为大地水准面，它是又一个测量的基准面。中学地理所讲的海拔高度就是从大地水准面起算的高度。

我们知道海水面约占地球表面的 71%，大地水准面延伸所包围的整个地球的形体最能代表地球的形状，这个形体称为大地体。但是由于地球内部质量分布不均匀，使铅垂线方向变化无规律性，因而使大地水准面成为一个不规则的复杂曲面，如图 1-1a 所示。

大地水准面不规则的起伏，形成的大地体不是规则的几何球体，其表面不是数学曲面，如图 1-1b 虚线所示。在这样复杂的曲面上无法进行测量数据处理。地球非常接近一个旋转椭球（可视由椭圆旋转而得），所以测量上选择可用数学公式描述的旋转椭球代替大地体，如

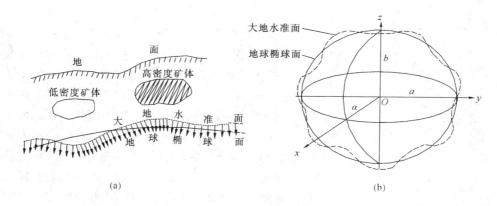

(a)   (b)

图 1-1 大地水准面与地球椭球面

（a）大地水准面起伏原因；（b）大地水准面与地球椭球面关系

图 1-1b 实线所示。地球椭球的参数可用 a（长半径）、b（短半径）及 α（扁率）表示。扁率 α 为

$$\alpha = \frac{a-b}{a} \tag{1-1}$$

1979 年国际大地测量与地球物理联合会推荐的地球椭球参数 $a=6378140\text{m}$，$b=6356755.3\text{m}$，$\alpha=1:298.257$。

当扁率 $\alpha=0$ 时，即 $a=b$，此时椭球就成了圆球，圆球的半径 $R=6371\text{km}$。

旋转椭球面是数学表面，可用如下的公式表示：

$$\left(\frac{x}{a}\right)^2 + \left(\frac{y}{a}\right)^2 + \left(\frac{z}{b}\right)^2 = 1 \tag{1-2}$$

按一定的规则将旋转椭球与大地体套合在一起，这项工作称为椭球定位。定位时让椭球中心与地球质心重合，椭球短轴与地球短轴重合，椭球赤道面与地球赤道面重合，椭球与全球大地水准面差距的平方和最小，这样的椭球被称为总地球椭球。

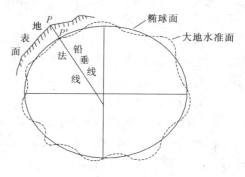

图 1-2 大地原点

但是各国为测绘本国领土而采用另一种定位法，如图 1-2 所示，地面上选一点 P，由 P 点投影到大地水准面得 P' 点，在 P 点定位椭球使其法线与 P' 点的铅垂线重合，并要求 P' 上的椭球面与大地水准面相切，该点称为大地原点。同时还要使旋转椭球短轴与地球短轴相平行（不要求重合），达到本国范围内的大地水准面与椭球面十分接近，该椭球面称为参考椭球面。我国大地原点选在我国中部陕西省泾阳县永乐镇。

1.2.2 地面点位的确定

确定地面点的空间位置需 3 个参数：x（纵坐标），y（横坐标），H（高程）或 λ（经度），φ（纬度），H（高程）。

从整个地球考虑点的位置，通常是用经纬度表示。用经纬度表示点的位置，称为地理

3

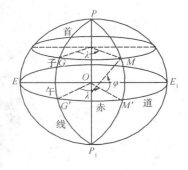

图1-3 地理坐标

坐标。

如图1-3，PP_1 为地球旋转轴，O 为地心。通过地球旋转轴的平面称子午面，子午面与地球表面的交线称子午线（经线）。通过格林威治天文台 G 的子午线称首子午线。M 点的子午面 $PMM'P_1$ 与首子午面所组成的二面角，用 λ 表示，称为 M 点的经度。经度由首子午面向东向西各 $180°$，向东的称东经，向西的称为西经。我国在东半球，各地的经度都是东经。通过地心 O 与地球旋转轴 PP_1 垂直的平面 EE_1，称为赤道平面。赤道平面与地球表面的交线称为赤道。过 M 点的铅垂线与赤道面 $EG'M'E_1$ 的夹角 φ 称 M 点的纬度。向北向南各 $90°$，向北称北纬，向南称南纬。我国在北半球，各地的纬度都是北纬。

（1）地面点在投影面上的坐标

1）独立平面直角坐标系

大地水准面虽是曲面，但当测量区域较小时（半径小于 10km 范围），可以用测区的切平面代替椭球面作为基准面。在切平面上建立独立平面直角坐标系。如图1-4所示，规定南北方向为纵轴，记为 x 轴，x 轴向北为正，向南为负。

x 轴选取的方式有 3 种：①真南北方向，②磁南北方向，③建筑上的南北主轴线。以东西方向为横轴，记为 y 轴。y 轴向东为正，向西为负。象限按顺时针排列编号。这些规定与数学上平面直角坐标系正相反，x 轴与 y 轴互换，象限排列也不同，其目的是为了把数学的公式可以直接运用到测量上。为避免坐标出现负值，将原点选在测区的西南角。

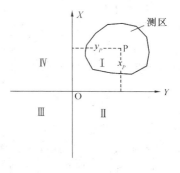

图1-4 独立平面直角坐标系

2）高斯独立平面直角坐标系

当测区范围较大，不能把水准面当做水平面。把地球椭球面上的图形展绘到平面上，必然产生变形。为了减少变形误差，采用一种适当的投影方法，这就是高斯投影。

①高斯投影的方法

高斯投影是将地球划分为若干个带，先将每个带投影到圆柱面上。然后展成平面。我们可以设想将一个空心的椭圆柱横套地球，使椭圆柱的中心轴线位于赤道面内并通过球心。将地球按 $6°$ 分带，从 $0°$ 起往东划分，$0°\sim6°$ 为第 1 带，$6°\sim12°$ 为第 2 带，……$174°\sim180°$ 为第 30 带，东半球共分 30 个投影，按带进行投影。各带中央的一条经线，例如第 1 带的 $3°$ 经线，第二带的 $9°$ 经线，称为中央经线。进行第 1 带投影时，使地球 $3°$ 经线与圆柱面相切，$3°$ 经线不变形。进行第 2 带投影时，则旋转地球，使 $9°$ 经线与圆柱面相切，$9°$ 经线不变形。因各带中央经线与圆柱面相切，所以中央经线投影后不变形，而两边经线投影后有变形。由于 $6°$ 分带，所以变形很小。赤道投影后成一条直线。图1-5为高斯投影分带情况，图中上半部为 $6°$ 带分带情况；图中下半部为 $3°$ 带分带情况。我国领土从 13 带起到 23 带。

②高斯投影的特点有：

a. 等角：即椭球面上图形的角度投影到平面之后，其角度相等，无角度变形，但距离与面积稍有变形。

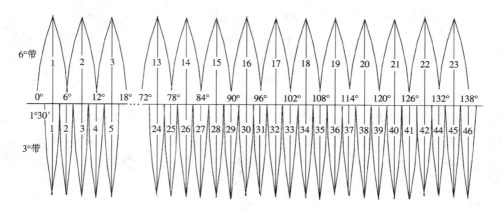

图 1-5　高斯投影 6°带与 3°带

b. 中央经线投影后仍为直线，且长度不变形，见图 1-6，因此用这条直线作为平面直角坐标系的纵轴—x 轴。而两侧其他经线投影后呈向两极收敛的曲线，并与中央经线对称，距中央经线越远长度变形越大。

c. 赤道投影也为直线。因此，这条直线作为平面直角坐标的横轴—y 轴。南北纬线投影后呈离开两极的曲线，且与赤道投影对称。

③高斯平面直角坐标系定义

高斯投影按 6°分带或 3°分带，各带构成独立的坐标系，各带的中央经线为 x 轴，赤道投影为 y 轴，两轴的交点为坐标原点。我国位于北半球，所以纵坐标 x 均为正，但横坐标有正有负，如图 1-7a。例如，设 $y_A = +137680\mathrm{m}$，$y_B = -274240\mathrm{m}$。

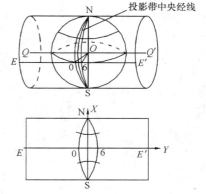

图 1-6　高斯投影的特点

为了避免横坐标出现负值，故规定把坐标纵轴向西移 500km。如图 1-7b 所示。

$$y_A = 500000 + 137680 = 637680\mathrm{m}, \quad y_B = 500000 - 274240 = 225760\mathrm{m}.$$

实际横坐标值加 500km 后，通常称为通用横坐标。它与实际横坐标的关系如下：

$$y_{通} = y_{实际} + 500000\mathrm{m}$$

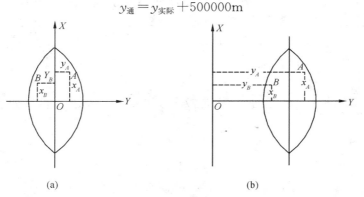

(a)　　　　　　　　　　　　(b)

图 1-7　高斯平面直角坐标

（a）实际高斯平面直角坐标系；（b）横坐标值加 500km 后

为了根据横坐标能确定位于哪一个 6°带内，还要在横坐标值前冠以带号。例如 A 点位于 20 带内，则 A 点通用横坐标 $y_{A通用}=20637680\text{m}$，B 点通用横坐标 $y_{B通用}=20225760\text{m}$。因此，实际横坐标换算为通用横坐标的公式为

$$y_{通}=带号+y_{实际}+500000\text{m} \tag{1-3}$$

当通用横坐标换算为实际横坐标时，要判别通用横坐标数中的哪一个数是带号。由于通用横坐标整数部分的数均为 6 位数，故从小数点起向左数第 7、8 位数才是带号。例如，$y_{通}=2123456.77\text{m}$，从小数点起向左数第 7 位数为 2，即带号，千万不要看成是 21 带。我国领土是从 13～23 带，我国领土范围的通用横坐标换算为实际横坐标时，通用横坐标数中第 1、2 两位均为带号。

3）高程

地面上任意点至水准面的垂直距离，称为该点的高程。某点至大地水准面的垂直距离称该点的绝对高程（海拔）。如图 1-8 所示，A 点和 B 点的绝对高程分别为 H_A 和 H_B。我国规定青岛验潮站 1950～1956 年共 7 年统计资料所确定的黄海平均海水面作为统一全国基准面，并在青岛观象山建了水准原点。水准原点至黄海平均海水面的高程为 72.289m，这个高程系统称为"1956 年黄海高程系"。

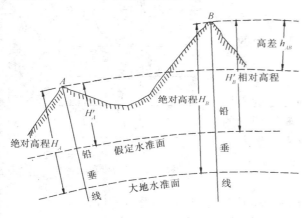

图 1-8 绝对高程与相对高程

20 世纪 80 年代初，国家又根据 1952～1979 年青岛验潮站 28 年观测资料，算得水准原点高程为 72.2604m，该高程系称为"1985 年国家高程基准"。从 1985 年 1 月 1 日起执行新的高程基准。

有了国家统一的高程系，从而解决了历史遗留的问题。历史上有"北京地方高程系"、"吴淞高程基准"、"珠江高程基准"等。

有些工程可以采用假定高程系统，即用任意假定水准面为高程基准面。某点至假定水准面的垂直距离称该点的假定高程（又称相对高程），如图 1-8 中，A 点假定高程为 H'_A，B 点假定高程为 H'_B。

两点之间高程之差称为高差：

$$h_{AB}=H_B-H_A=H'_B-H'_A$$

h_{AB} 有正负，B 点高于 A 点时，h_{AB} 为（＋），表示上坡。B 点低于 A 点时，h_{AB} 为（－），表示下坡。

高差 h_{AB} 表示 A 点至 B 点的高差，而高差 h_{BA} 表示 B 点至 A 点的高差，两者数值相等，而符号相反。

（2）我国常用坐标系

1）1954 北京坐标系

我国在建国初期采用苏联克拉索夫斯基教授提出的地球椭球体元素建立坐标系，从苏联普尔科伐大地原点连测到北京某三角点所求得的大地坐标作为我国大地坐标的起算数据，称 1954 年北京坐标系。该系统的参考椭球面与大地水准面差异存在着自西向东系统倾斜，最

大达到 65 米，平均差达 29 米。

2）1980 国家大地坐标系

1980 年坐标系采用国际大地测量协会 1975 年推荐的椭球参数，确定新的大地原点，大地原点选在我国中部陕西省泾阳县永乐镇。通过重新定位、定向，进行整体平差后求得的。1980 系统比 1954 系统精度更高，参考椭球面与大地水准面平均差仅 10 米。

3）WGS-84 世界坐标系

用 GPS 卫星定位系统得到的地面点位是 WGS-84 世界坐标系，其坐标原点在地球质量中心，本书第 8 章将详细介绍。

1.3　用水平面代替水准面的限度

当测区较小，或工程对测量精度要求较低时，可用平面代替水准面，直接把地面点投影到平面上，以确定其位置。但是以平面代替水准面有一定的限度，只要投影后产生的误差不超过测量限差即可。下面讨论水平面代替水准面对距离、水平角、高差的影响。

1.3.1　对距离的影响

如图 1-9 所示，在测区中选一点 A，沿垂线投影到水平面 P 上为 a，过 a 点作切平面 P'，地面上 A、B 两点投影到水准面上的弧长为 D，在水平面上的距离为 D'，则

$$\left. \begin{array}{l} D = R \cdot \theta \\ D' = R\tan\theta \end{array} \right\} \tag{1-4}$$

以水平长度 D' 代替球上的弧长 D 产生的误差为

$$\Delta D = D' - D = R(\tan\theta - \theta) \tag{1-5}$$

将 $\tan\theta$ 按级数展开，略去高次项，得

$$\tan\theta = \theta + \frac{1}{3}\theta^3 + \cdots \tag{1-6}$$

将式（1-6）代入式（1-5）并考虑

$$\theta = \frac{D}{R}$$

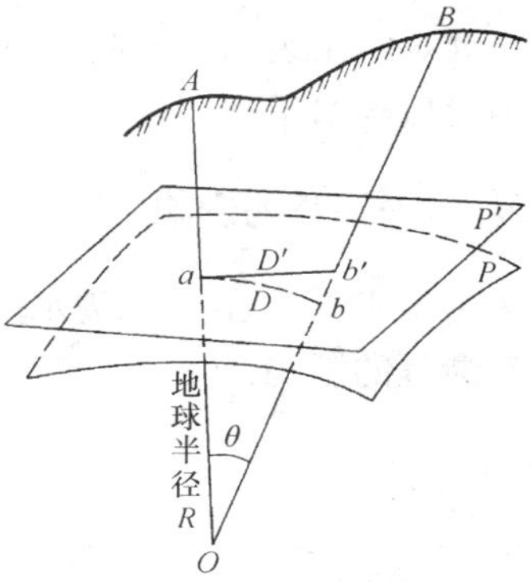

图 1-9　水平面代替水准面

得

$$\Delta D = R\left(\theta + \frac{\theta^3}{3} + \cdots - \theta\right) = R\frac{\theta^3}{3} = \frac{D^3}{3R^2} \tag{1-7}$$

二端除以 D，得相对误差

$$\frac{\Delta D}{D} = \frac{1}{3}\left(\frac{D}{R}\right)^2 \tag{1-8}$$

地球半径 $R = 6371$km，并用不同的 D 值代入，可计算出水平面代替水准面的距离误差和相对误差，列于表 1-1。

表 1-1　水平面代替水准面对距离影响

距离 D (km)	距离误差 ΔD (cm)	距离相对误差 $(\Delta D/D)$	距离 D (km)	距离误差 ΔD (cm)	距离相对误差 $(\Delta D/D)$
1	0.00	—	15	2.77	1：541516
5	0.10	1：5000000	20	6.60	1：305000
10	0.82	1：1217700			

从上表可看出，当距离 D 为 10km 时，所产生的距离相对误差（$\Delta D/D$）为 $1/(121 \times 10^4)$，因此，在半径为 10km 圆面积内进行距离测量，可以用水平面代替水准面，不必考虑地球曲率的影响。

1.3.2 对水平角的影响

从球面三角可知，球面上三角内角之和比平面上相应内角之和多出球面角超，其值为

$$\varepsilon'' = \frac{P}{R^2} \rho'' \tag{1-9}$$

式中 ε''——球面角超，单位为秒；

P——球面三角形面积；

ρ''——206265''。

以不同面积的球面三角形算得球面角超列于表 1-2。

表 1-2 水平面代替水准面对角度的影响

P（km²）	ε（''）	P（km²）	ε（''）
10	0.05	100	0.51
50	0.25	500	2.54

计算结果表明，当测区范围在 100km² 时，对角度的影响仅为 0.51''，在一般的测量工作中可以忽略不计。

1.3.3 对高程的影响

由图 1-9 可见，$b'b$ 为水平面代替水准面对高程产生的误差，令其为 Δh，也称为地球曲率对高程的影响。

$$(R + \Delta h)^2 = R^2 + D'^2$$
$$2R\Delta h + \Delta h^2 = D'^2$$
$$\Delta h = \frac{D'^2}{2R + \Delta h}$$

上式中，用 D 代替 D'，而 Δh 相对于 $2R$ 很小，可略去不计，则

$$\Delta h = \frac{D^2}{2R} \tag{1-10}$$

以不同的 D 代入上式，则得高程误差列于表 1-3。

表 1-3 水平面代替水准面对高程的影响

D（m）	10	50	100	200	500	1000
Δh（mm）	0.0	0.2	0.8	3.1	19.6	78.5

由表 1-3 可见，水平面代替水准面对高程的影响，200m 时就有 3.1mm。所以地球曲率对高程影响很大。在高程测量中，即使距离很短，也应顾及地球曲率的影响。

1.4 测量工作概述

地球表面复杂多样的形态，可分为地物与地貌两大类，所谓地物是指人工或自然形成的

构造物，如房屋、道路、湖泊、河流等。地貌是指地面高低起伏的形态，如山岭、谷地等。不论地物和地貌都是由无数地面点集合而成。测量的目的就是确定地面点的平面位置和高程，以便根据这些数据绘制成图。

1.4.1 测量工作的组织原则

用三句话概括：从整体到局部，从控制测量到碎部测量，从高级到低级。第一句话是对测量整体布局而言，对整个测区采用什么方案，局部地区又怎么做。第二句话是对测量工作的程序而言，先做控制测量，后做碎部测量。第三句话是对测量精度来说的，先做高精度测量，后做低精度测量，由高精度控制低精度。

（1）控制测量

所谓控制测量是在测区中选择有控制意义的点，用较精确的方法测定其位置，这些点称为控制点，测量控制点的工作称为控制测量。例如图 1-10，选 A，B，C，D，E，F…各点为控制点。用仪器测量控制点之间的距离以及各边之间水平夹角等，最后计算出各控制点的坐标，以确定其平面位置。还要测量各控制点之间的高差，设 A 点的高程为已知，就可求出其他控制点的高程。

（2）碎部测量

碎部测量就是测量地物地貌特征点的位置。例如，测量房屋 P，就必须测定房屋的特征

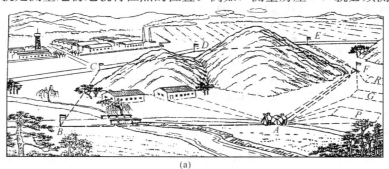

(a)

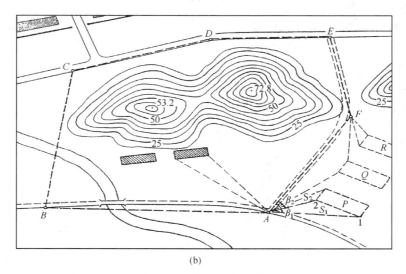

(b)

图 1-10　测量工作程序

9

点 1、2 等点，在 A 点测量水平夹角 β_1 与边长 S_1，即可决定 1 点。用极坐标法把地面上各点描绘到图纸上。

1.4.2　测量工作的操作原则

控制测量测定控制点如有错误，以它为基础测量碎部点也就有错误，碎部点有错，画的图就不正确。因此测量工作必须步步检核。前一步工作未检查绝不能做下一步工作，这是测量操作必须严格遵循的重要原则。测量工作有大量野外工作，"步步检核"这一原则尤为重要。

1.4.3　测量工作的三要素

无论是控制测量、碎部测量，还是工程施工测设，测量工作内容不外乎角度测量、距离测量和高差测量这三项内容。确定地面点位主要是通过测量角度、距离及高差，经计算得点位的坐标。因此，我们称测角、测距和测高差是测量工作的三要素。学习测量学就必须掌握这三项基本理论与技能。"测、绘、算"是测绘工作者的基本功。"测"即测量，学会使用经纬仪、水准仪、平板仪、全站仪等普通测量仪。"绘"即绘图，掌握测绘平面图与地形图的方法与技术。"算"即计算，熟悉各种计算表格，掌握控制、碎部、施工放样点线的各种计算方法。

1.5　测量常用计量单位及换算

早在 1959 年国务院就发布了统一我国的计量单位，确定米制为我国基本计量单位的制度，改革市制、限制英制和废除旧杂制。1984 年国务院又颁布了《中华人民共和国法定计量单位》，以国际单位制单位为基础，根据我国具体情况，适当增加了一些其他单位构成。现将测量上常用的计量单位及换算叙述如下。

（1）长度单位

1km（公里）=1000m（米）

1m=10dm（分米）=100cm（厘米）=1000mm（毫米）

1mm（毫米）=1000μm（微米）

1μm（微米）=1000nm（纳米）

1km=2 华里（市里）

1 海里=1.852 公里

1 英吋=2.54 厘米　　1 英尺=12 英吋=0.3048 米

注：海里、英吋、英尺在我国法定计量单位规定中应淘汰。公尺、公寸、公分等名称不规范，应改称米、分米、厘米。市里、市亩仍可使用。

（2）面积单位

面积单位是平方米（m^2）。大面积通常用平方公里（km^2）或公顷（hm^2），在农业上也用市亩。

1km^2（平方公里）=100hm^2（公顷）

1hm^2=10000m^2=15 亩

1 亩=666.7m^2

（3）角度单位

我国测量上采用的单位采用 60 进位制，即 1 圆周等于 360 度（360°），即

1 圆周＝360° 1 直角＝90°

1°＝60′

1′＝60″

有些国家采用百进制的新度。即

1 圆周＝400^g（新度）   1 直角＝100^g（新度）

1^g（新度）＝100^c（新分）

1^c（新分）＝100^{cc}（新秒）

在测量学中，推导公式和一些公式的表达式，常用弧度表示角度大小。所谓弧度就是与半径相等的弧长所对应的圆心角，称为 1 个弧度，以 ρ 表示。因此

1 圆周对应的弧度＝$\dfrac{2\pi R}{R}$＝2π 弧度，即

2π 弧度＝360°

1 弧度＝$\dfrac{360°}{2\pi}$＝$\dfrac{180°}{\pi}$＝57.2958°

即

$\rho°$（弧度度）＝57.2958°≈57.3°

ρ'（弧度分）＝3437.748′≈3438′

ρ''（弧度秒）＝206264.88″≈206265″

练 习 题

1. 测量学的任务是什么？

2. 测量学中所用的平面直角坐标系与数学的平面直角坐标系有哪些不同？为什么要采用不同的平面直角坐标系？

3. 平面直角坐标系和高斯平面直角坐标系有何不同？各适用于什么情况？

4. 什么叫"1954 年北京坐标系"？什么叫"1980 年大地坐标系"？它们的主要区别是什么？

5. 什么叫绝对高程与相对高程？什么叫"1956 年黄海高程系"与"1985 年国家高程基准"？

6. 某地在高斯平面直角坐标系中，其通用横坐标为 2234567.652m，求实际横坐标为多少？

7. 已知地面 A 点绝对高程为 H_A＝80.56m，B 点绝对高程为 H_B＝90.67m，C 点绝对高程为 H_C＝112.88m，求高差 h_{AB}，h_{BC}，h_{CA}，h_{AC}，各为多少？

8. 测量工作的组织原则是什么？测量工作的操作原则又是什么？为什么要提出这些原则？

学 习 辅 导

1. 学习本章的目的与要求：

目的：了解《测量学》是研究什么的，它的根本任务是什么，理解测定点位的基本知

识、原理和相关的概念，为以后各章的学习打下基础。

要求：

（1）了解测量学的研究对象与任务；

（2）理解基准线、基准面、两个平面直角坐标系的概念及适用范围；

（3）理解测量工作的组织原则和操作原则。

2. 学习本章的方法要领：

（1）每门教材第 1 章都有绪论或开篇。绪论首先要讲课程的研究对象、任务，涉及全书的基本概念或基本知识，这是学好这门课的基础。

（2）测量学的实质是什么？简单一句话就是研究如何测定地面点的空间位置；因为确定点位需要坐标系，从而引出两个坐标系：独立的平面直角坐标系和高斯平面直角坐标系，要搞清楚这两个坐标系的定义；同时还要搞清楚测量坐标系与数学坐标系有什么不同点。

（3）本章中，高斯投影与高斯平面直角坐标系是难点，请看光盘的演示。

（4）表示点位的三个参量（纵坐标 x，横坐标 y 以及高程 H），一般不能直接测得，都是通过测定角度、距离、高差而后计算得到，因此把测定测量角度、测量距离、测量高差，称为测量工作的三要素。

（5）测量工作的组织原则和操作原则是完成测量工作的最为重要的保证，为什么必须这样做？

（6）如何学好这门课？关键在于"勤思考，多动手"。土建测量实践性极强，要重视实践环节，要求会操作，并要懂得操作中的道理，最终达到熟练操作。测量工作的基本功是"测、绘、算"，因此要求学生会测，会绘图，会计算。

第2章 水 准 测 量

高差是确定地面点位的三要素之一，一般是通过测量高差求得点的高程，因此，如何测量地面上点的高差是测量的一项重要基本工作。由于所使用的仪器和施测方法的不同，高程测量可分为水准测量、三角高程测量、物理高程测量、GPS 高程测量等。后两者是直接测定地面点的高程。水准测量是精密测量地面点高程最主要的方法。本章重点介绍水准测量的原理、水准仪的基本构造和使用、水准测量外业和内业以及水准仪的检验与校正等内容。

2.1 水准测量的原理

水准测量方法确定地面点的高程，首先要测定地面点之间的高差。该法是利用仪器提供的水平视线，在两根直立的尺子上获取读数，来求得该两立尺点间的高差，然后推算高程。如图 2-1 所示，已知地面 A 点的高程 H_A，欲求 B 点的高程。首先要测定 A、B 两点之间的高差 h_{AB}。安置水准仪于 A、B 两点之间，并在 A、B 两点上分别竖立水准尺，根据仪器的水平视线，先后在两尺上读取读数。按测量的前进方向，A 尺在后，A 尺读数 a 称后视读数，B 尺在前，B 尺读数 b 称前视读数。则 A 到 B 的高差 h_{AB} 为

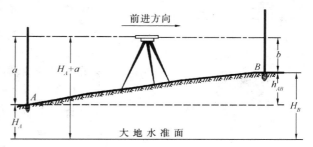

图 2-1　水准测量的原理

$$h_{AB} = a - b \qquad (2-1)$$

当 $a > b$ 时，h_{AB} 为正，说明 B 点比 A 点高。当 $a < b$ 时，h_{AB} 为负，说明 B 点比 A 点低。不论何种情况，A 点至 B 点的高差 h_{AB}，总是用 A 点的后视读数减 B 点的前视读数。

若已知 A 点的高程 H_A，则未知点 B 的高程 H_B 为：

$$H_B = H_A + h_{AB} = H_A + a - b \qquad (2-2)$$

以上利用两点间高差求高程的方法叫高差法，此法适用于由一已知点推算某一待定高程点的情况（例如路线工程测量）。

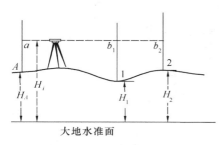

图 2-2　仪高法

在实际工作中，有时要求安置一次仪器测出若干个前视点待定高程（例如平整土地测量），以提高工作效率，此时可采用仪高法。首先，计算水准仪的视线高程（也可简称仪器高程），即水准仪视线至大地水准面的垂直距离 H_i，其值为 A 点高程 H_A 加 A 点水准尺读数（后视读数）a，如图 2-2 所示，即

$$H_i = H_A + a \qquad (2-3)$$

其次，计算待定点 1、2…等点的高程，例如 1 点

高程 H_1，2 点高程 H_2⋯等。其值应为仪器高程 H_i 减前视读数 b，即

$$H_1 = H_i - b_1, \quad H_2 = H_i - b_2, \quad \cdots \tag{2-4}$$

2.2　水准测量的仪器与工具

　　水准仪按其精度可分为 DS_{05}、DS_1、DS_3 和 DS_{10} 共四个等级（"D"和"S"分别表示为"大地测量"和"水准仪"，汉语拼音的第 1 个字母"D"、"S"，其后的数字表示每公里测量高差中误差为 ±0.5mm、±1mm、±3mm 和 ±10mm）。按其构造分主要有微倾水准仪、自动安平水准仪、激光水准仪和数字水准仪。水准测量时还需配备水准尺和尺垫等。本章主要介绍微倾水准仪。

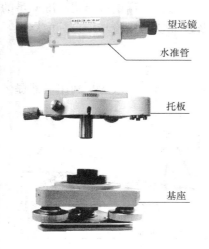

图 2-3　微倾水准仪构造组成

2.2.1　微倾水准仪的构造

　　微倾水准仪的构造主要由望远镜、水准器、托板和基座等共四个部分组成。如图 2-3 所示。望远镜与水准管相连，两者保持平行（可以调节，以后再详述）；托板下有竖轴，它插入基座的轴套内，上托望远镜与水准管，托板上有制动螺旋与微动螺旋，还有微倾螺旋，用它可使水准管精确置平；基座是仪器的基础，其上有 3 个脚螺旋，可使仪器粗略整平。

　　图 2-4 为国产 DS_3 微倾水准仪线划图，显示各部件及各螺旋名称。DS_3 微倾水准仪是目前工程测量中最常用的水准仪。

　　（1）望远镜

　　望远镜由物镜、目镜、调焦透镜及十字丝分划板组成。如图 2-5 所示，物镜和目镜采用复合透镜组，调焦镜为凹透镜，位于物镜与目镜之间。望远镜的对光是通过旋转调焦螺旋，使其在望远镜筒内平行移动来实现。十字丝分划板上竖直的长丝称为竖丝，与之垂直的长丝称横丝或中丝，用来瞄准目标与读数。在中丝上下对称有两条与中丝平行的短横丝，称为视距丝，是用来测定距离的。

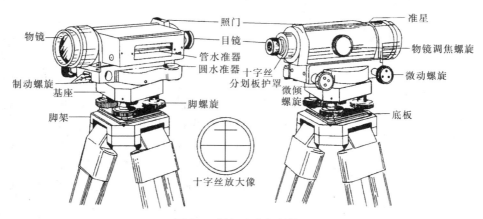

图 2-4　微倾水准仪的构造

物镜光心与十字丝交点的连线称为视准轴，它是瞄目标的视线，目标是否清晰是通过旋转调焦螺旋来实现的。图 2-5a 为望远镜的构造图，图 2-5b 为望远镜的原理图。

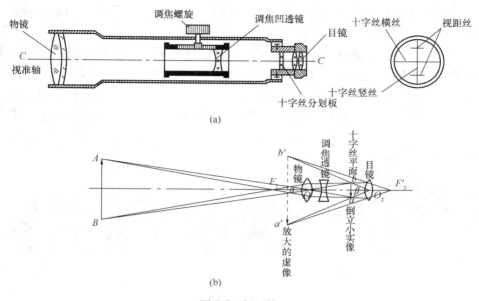

(a)

(b)

图 2-5　望远镜

（a）望远镜的构造图；（b）望远镜的原理图

（2）水准器

水准器是一种整平装置，水准器分为圆水准器（图 2-6a）与管水准器（图 2-6b）两种。管水准器用来指示视准轴是否水平，圆水准器用来指示仪器竖轴是否竖直。

管水准器又称水准管，内装液体并留有气泡密封的玻璃管。水准管纵向内壁磨成圆弧形，外表面刻有 2mm 间隔的分划线，2mm 所对应的圆心角 τ 称为水准管分划值。水准管圆弧上分划的对称中心，称为水准管零点。通过水准管零点所作水准管圆弧的纵切线，称为水准管轴，用 LL 表示。水准管分划值 τ 为

$$\tau = \frac{2}{R}\rho''　\qquad(2-5)$$

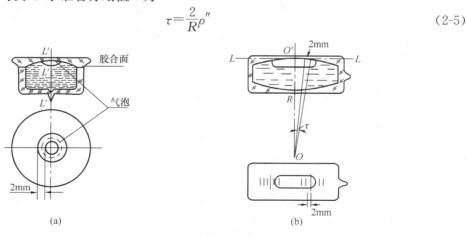

(a)　　　　　　　　　　(b)

图 2-6　两种水准器

（a）圆水准器；（b）管水准器

式中　τ ——2mm 所对的圆心角，单位秒（"）；

　　　ρ''——206265"；

　　　R——水准管圆弧半径，单位毫米（mm）。

水准管圆弧半径 R 越大，分划值就越小，则水准管灵敏度就越高，也就是仪器的置平精度越高。DS$_3$ 水准仪水准管分划值为 $20''/2$mm。

为了提高水准管气泡居中的精度，采用符合水准管系统，通过符合棱镜的反射作用，使气泡两端的影像反映在望远镜旁的符合气泡观察窗中，如图 2-7a。由观察窗看气泡两端的半像符合与否，来判断气泡是否居中。图 2-7b 表示气泡居中的情况。图 2-7c、图 2-7d 均表示气泡未居中的情况。图 2-7c 图时，应逆时针旋转微倾螺旋；图 2-7d 图时，应顺时针旋转微倾螺旋。

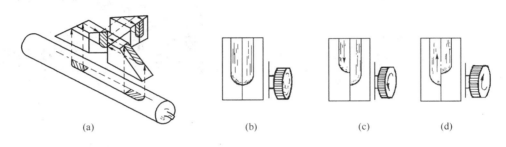

(a)　　　　　　　(b)　　　　　　　(c)　　　　　　　(d)

图 2-7　符合水准管光路及微倾螺旋操作

（a）气泡两端影像光路图；（b）气泡居中情况；（c）、（d）气泡未居中情况

水准仪还装有圆水器，其顶面内壁被磨成球面，中心刻有圆分划圈。通过圆圈中心（即零点）作球面的法线，如图 2-6a 中的 $L'L'$，称为圆水准器轴。圆水准器分划值约为 $8'/2$mm。由于分划值较大，灵敏度较低，只能用于水准仪的粗略整平。

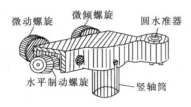

图 2-8　托板

（3）托板

托板包括板本身及其下连的竖轴筒，其作用是上托望远镜，下插入基座。其竖轴插入基座的轴套内，使仪器可作 $360°$ 旋转。如图 2-8 所示。

（4）基座

基座用于支撑仪器的上部，主要作用是通过连接螺旋使仪器与三脚架相连。调节基座上的三个脚螺旋可使圆气泡居中，仪器达到粗略整平。

2.2.2　水准仪构造应满足的主要条件

微倾水准仪有四条主要轴线：即视准轴 CC、水准管轴 LL、圆水准器轴 $L'L'$ 以及仪器竖轴 VV，如图 2-9 所示。水准仪之所以能提供一条水平视线，取决于仪器本身的构造特点，主要表现在轴线间应满足的几何条件：

（1）圆水准器轴 $L'L'$ 平行于竖轴 VV；

（2）十字丝横轴垂直于竖轴 VV；

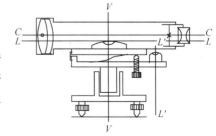

图 2-9　微倾水准仪主要轴线

（3）水准管轴 LL 平行于视准轴 CC。

2.2.3 水准尺和尺垫

（1）水准尺

水准尺是水准测量的主要工具，有单面尺和双面尺两种。如图 2-10 所示。单面尺图（2-10a）：单面尺仅有黑白相间的分划，尺底为零，由下向上注有 dm（分米）和 m（米）的数字，最小分划单位为 1cm 和 5mm 两种。塔尺和折尺就属于单面水准尺。

双面尺（图 2-10b）：双面尺有两面分划，正面是黑白分划，反面是红白分划，其长度有 2m 和 3m 两种，黑面尺的尺底为零；而红面尺的尺底不为零，一根为 4.687m，另一根尺为 4.787m，两根尺配成一对使用。

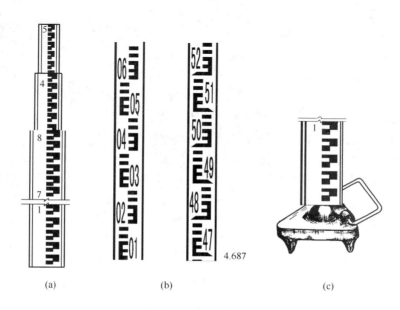

图 2-10　水准尺与尺垫
（a）单面尺（塔尺）；（b）双面尺；（c）尺垫

（2）尺垫

尺垫是放置水准尺用的，用时将尺垫的支脚牢固地插入土中，以防下沉，因此，尺垫放到地上后，应用脚踩实。水准尺应竖直放在凸起的半球体上，如图 2-10c 所示。

2.3　水准仪的使用

（1）测站安置

1）安置三脚架与仪器

打开三脚架，旋紧脚架伸缩腿螺旋，安置三脚架高度适中，目估使架头水平。然后打开仪器箱，取出水准仪，置于三脚架头上，并用中心连接螺旋把水准仪与三脚架头固连在一起。

2）粗平

粗平是用圆水准器，使其气泡居中，以便达到仪器竖轴大致铅直，这时称仪器粗略水平。具体操作是要转动脚螺旋使气泡居中，如图 2-11 所示。a 图气泡未居中，而位于 a 处；第 1 步，按图上箭头所指方向，两手相对转动脚螺①、②，使气泡移到通过水准器零点作①、②脚螺旋连线的垂线上，如图中垂直的虚线位置。第 2 步，用左手转动脚螺旋③，使气泡居中。掌握规律：左手大拇指移动方向与气泡移动方向一致。

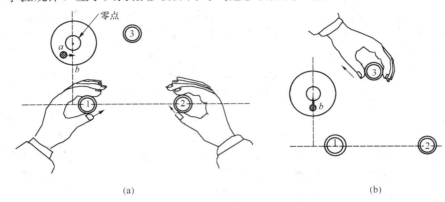

零点

(a)　　　　　　　　　　(b)

图 2-11　水准仪粗平
（a）粗平第 1 步；（b）粗平第 2 步

对于图 2-12 气泡偏歪情况，也可采用另一种整平操作：

第 1 步也可先旋转脚螺旋①，使气泡 a 向刻划圆圈移动，实际移到 b 处，见图 2-12 所示，即位于通过刻划圈中心与脚螺旋②、③连线的平行线的位置（图中虚线位置）。

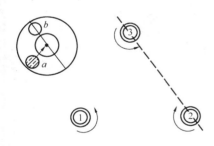

第 2 步再用两手转脚螺旋②、③，使气泡居中，反复操作使气泡完全居中。

（2）瞄准水准尺

首先进行目镜对光，把望远镜对准明亮的背景，转动目镜螺旋，使十字丝清晰。再松开望远镜制动螺旋，水平方向转动望远镜，用望远镜上的照门与准星粗略瞄准水准尺，固紧制动螺旋，用微动螺旋精确瞄准。如果目标不清晰，应转动对光螺旋，使目标清晰。

图 2-12　圆水准器粗平另一种操作法

当眼睛在目镜端上下移动时，如果发现目标的像与十字丝有相对移动的现象，如图 2-13a、b 所示，这种现象称为视差（视差现象）。产生视差的原因是因为目标像平面与十字丝平面不重合。由于视差的存在，不能获得正确读数，如图 2-13a、b 所示，当人眼位于目镜端中间时，十字丝交点读得读数为 a。当眼略向上移动读得读数为 b。当眼略向下移动读得读数为 c。只有在图 c 的情况，眼睛上下移动读得读数均为 a。因此，瞄准目标时存在的视差必须加以消除。

消除视差的方法：首先把目镜对光螺旋调好，然后瞄准目标反复调节对光螺旋，同时眼睛上下移动观察，直至读数不发生变化时为止。此时目标像与十字丝在同一平面，这时读取的读数才是无视差的正确读数。如果换另一人观测，由于各人眼睛的明视距离不同可能需要重新再调一下目镜对光螺旋，一般情况是目镜对光螺旋调好后就不必在消除视差时反复调节。

（3）精平

眼睛注视望远镜旁观察窗，转动微倾螺旋，使水准气泡两端半像符合，此时水准管轴严

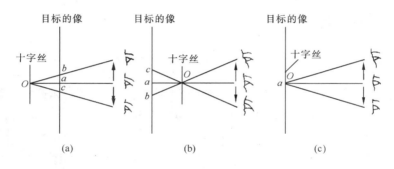

图 2-13 视差现象

（a）存在视差（目标像在后）；（b）存在视差（目标像在前）；（c）目标像与十字丝重合

格水平。因为水准管轴与视准轴平行，所以视准轴也处于严格水平位置。

（4）读数

水准管气泡居中后，用十字丝的横丝在水准尺上读数。记住不论正像或倒像读数总是从小到大读取。如图2-14a，系正字尺在正像望远镜中的尺像，从小到大应读 1.333m，数字上的红点数表示米数，毫米数估读得到。

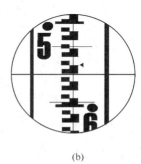

图 2-14b，系倒字尺在倒像望远镜中的尺像，从上往下增大，读数总是从小到大读取，应读 1.561m。

图 2-14 塔尺在望远镜中尺像

（a）正字尺在正像望远镜中的尺像；（b）倒字尺在倒像望远镜中的尺像

图 2-15 为双面水准尺，NO.1 红面水准尺零点为 4.687m，NO.2 红面水准尺零点为 4.787m。图 2-15a 图读数应为 4.989m，b 图读数应为 5.101m。

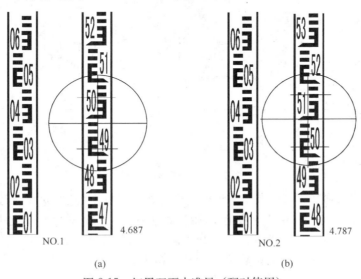

图 2-15 红黑双面水准尺（配对使用）

（a）1 号尺（红面底 4.687）；（b）2 号尺（红面底 4.787）

2.4 水准测量外业

2.4.1 水准点

为了满足各种测量的需要，测绘部门在全国各地埋设并测定了很多高程控制点，这些点称为水准点（Bench Mark），简记 BM。水准测量通常要从水准点引测其他的点。水准点有永久性和临时性两种。国家等级的水准点一般是用钢筋混凝土制成的，深埋到地面冻土线以下。有些水准点也可设置在稳定的墙脚上。

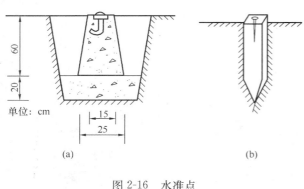

图 2-16 水准点
（a）永久性水准点；（b）临时性水准点

建筑工地上的永久性水准点一般用混凝土或钢筋混凝土制成，其式样如图 2-16a 所示。临时性的水准点可用地面上突出的坚硬岩石或大木桩打入地下，桩顶钉以半球形铁钉，如图 2-16b 所示。

埋没水准点后，应绘出水准点与附近固定建筑物或其他地物的关系图，图上注明水准点的编号和高程，称为点之记，以便日后寻找方便。水准点编号前通常加 BM 字样。

2.4.2 水准测量实施

当待定点离水准点较远或高差很大，就需要连续多次安置仪器才能测定两点高差。如图 2-17 所示，已知水准点 BMA 的高程为 H_A，测量未知点 B 的高程，假如需安置 n 个测站（安置仪器的位置称为测站），其观测步骤如下。

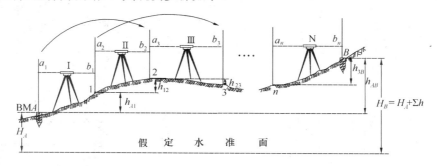

图 2-17 水准测量实施

（1）选择转点：在离 BMA 点某一距离适当位置（最好不超过 150m）选一立尺点 TP1，称为转点。所谓转点就是起传递高程作用的立尺点，一般在编号前冠以英文字母 TP（Turning Point），不写 TP 也可。在 A、TP1 两点上分别立水准尺。

（2）安置测站：安置仪器的位置称为测站，在距 A 和 TP1 点大约等距离Ⅰ处，安置水准仪。目估三脚架头基本水平，脚架应踩稳，然后将仪器粗平（调节脚螺旋使圆水准器气泡居中）。

（3）后视 A 点上的水准尺，旋转微倾螺旋，使水准管气泡符合（精平）后，望远镜中丝读取水准尺读数 a_1 为 1.464m（称后视读数），记入表 2-1 对应于 A 点的后视读数栏。

（4）旋转望远镜，前视 1 点上的水准尺，旋转微倾螺旋，使水准管气泡符合（精平）后，望远镜中丝读取读水准尺读数 b_1 为 0.897m（称前视读数），记入表 2-1 对应于 1 点的前视读数栏。

（5）计算第一测站两立尺点间的高差：$h_{A1} = a_1 - b_1 = 0.567$m，记入表格高差栏。

（6）继续测量，选第 2 个转点 TP2，水准仪搬到大约与 TP1、TP2 等距离的 Ⅱ 处，重复（2）、（3）、（4）、（5）各步，即"安置测站—后视—前视—计算高差"。

按照上述方法一直测到未知点 B。但是，搬立尺子应注意：从第 1 站至第 2 站时，前视尺不动，而是将 1 站的后视尺搬动到 2 站作为前视尺，如图箭头所示方向搬迁立尺。

显然

$$第 1 站:h_{A1} = a_1 - b_1$$
$$第 2 站:h_{12} = a_2 - b_2$$
$$第 3 站:h_{23} = a_3 - b_3$$
$$\vdots$$
$$第 n 站:h_{nB} = a_n - b_n$$

上列各式相加得：

$$\sum h = h_{AB} = \sum a - \sum b \tag{2-6}$$

已知 H_A，

则

$$H_B = H_A + \sum h \tag{2-7}$$

记录格式见表 2-1，表中列 4 个测站观测数据。

表 2-1　水准测量记录表（一次仪高法）

测　站	点　号	后视读数	前视读数	高　差	高　程
1	A	1.464		+0.567	24.889
	TP1		0.897		25.456
2	TP1	1.879		+0.944	
	TP2		0.935		26.400
3	TP2	1.126		−0.639	
	TP3		1.765		25.761
4	TP3	1.612		+0.901	
	B		0.711		26.662
检核计算		$\sum a = 6.081$ 6.081−4.308= +1.773	$\sum b = 4.308$	$\sum h = +1.773$	$H_B - H_A = +1.773$

2.5　水准测量的检核

水准测量包括计算检核、测站检核以及成果检核三项：

（1）计算检核

1）各测站高差总和＝后视读数总和－前视读数总和

上例：$\sum h = +1.773$　　$\sum a - \sum b = 6.081 - 4.308 = +1.773$

2）未知点高程－已知点高程＝各测站高差总和

上例：$H_B - H_A = 26.662 - 24.889 = \sum h = +1.773$

计算检核只能检查计算是否有误，不能检查观测是否存在错误。

（2）测站检核

1）双仪高法：也称变动仪器高法，在同一测站上用不同仪器高度测两次高差，相互进行比较。测得第 1 次高差后，改变仪器高度 10cm 以上，重新安置水准仪，再测一次高差。两次测得高差之差不得超过容许值（等外水准为 8mm），符合要求后，取其平均值作为最后结果，否则须重测。

双仪高法水准测量记录格式如表 2-2：

表 2-2　水准测量记录表（双仪高法）

测　站	测　点	水准尺读数		高　差	高　差改正数	改正后高　差	高　程
		后　视	前　视				
1	BMA	1.785					50.000
		1.880		（＋0.644）			
	1		1.141	（＋0.648）			
			1.232	＋0.646	－0.003	＋0.643	
2	1	2.032					
		1.751		（＋0.389）			
	P		1.643	（＋0.385）			
			1.366	＋0.387	－0.003	＋0.384	
3	P	0.642					51.027
		0.763		（－0.833）			
	2		1.475	（－0.839）			
			1.602	－0.836	－0.003	－0.839	
4	2	1.456					
		1.562		（－0.187）			
	BM A		1.643	（－0.183）			
			1.745	－0.185	－0.003	－0.188	50.000
校　核		11.871	11.847	＋0.012	－0.012	0	
		$\dfrac{+0.024}{2} = +0.012$					

2）双面水准尺法：需要有红黑双面的水准尺，水准仪安置的高度不变，先读后视尺与前视尺的黑面读数，求得两点高差。然后再读前后视红面尺读数，由红黑双面读数求得高差进行比较。但是应注意，配对尺使用的双面尺，红面起点，一根是 4.687m，一根是 4.787m。因此，计算高差时，若 4.687 为后视尺，4.787 为前视尺，因后尺起点数小 0.1m，则红面读数求得高差应加 0.1m。若 4.787 为后视尺，4.687 为前视尺，后尺读数大 0.1m，则红面读数求得高差应减去 0.1m，即

$$\text{黑面求得高差} = \text{红面求得高差} \pm 0.1\text{m} \tag{2-8}$$

（后视尺为 4.687，取"＋"号，后视尺为 4.787，取"－"号）

红黑双面求得高差不得超过容许值，四等水准不得超过 4mm，等外水准可放宽至 8mm。

（3）成果检核

测站检核只能检核一个测站观测是否存在错误或误差是否超限。对一条水准路线来说，还不足以说明所求未知点的高程是否符合要求。有一些误差在一个测站上反映不出来，但随着测站数的增加，使误差积累，最后导致成果达不到精度要求。因此，还必须进行整条路线成果的检核。

1）附合水准路线

从一水准点 BMA 出发，沿各待定高程点逐站进行水准测量，最后附合到另一水准点 BMB，如图 2-18 所示。附合水准路线的检核条件为

$$\sum h_i = H_B - H_A$$

若等号两边不相等，则附合水准路线的高差闭合差 f_h 为

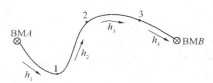

图 2-18　附合水准路线

$$f_h = \sum h_i - (H_B - H_A) \qquad (2\text{-}9)$$

限差为：

平地：　　　$f_{h容} = \pm 40\sqrt{L}\,(\text{mm}) \qquad (2\text{-}10)$

山地：　　　　　　　　　　$f_{h容} = \pm 12\sqrt{n}\,(\text{mm}) \qquad (2\text{-}11)$

式中　L——路线总长（以公里为单位）；

n——路线上总测站数。

2）闭合水准路线

从水准点 BMA 出发，沿环线逐站进行水准测量，经过各高程待定点，最后返回 BMA 点，称为闭合水准路线。如图 2-19。其高差闭合差 f_h 为

$$f_h = \sum h_i \qquad (2\text{-}12)$$

闭合水准路线限差同附合水准路线。

3）支水准路线

若从一水准点出发，既没有符合到另一水准点，也没有闭合到原来的水准点，就称其为支水准路线，如图 2-20。支水准路线采用往返观测，其高差闭合差 f_h 的计算公式为：

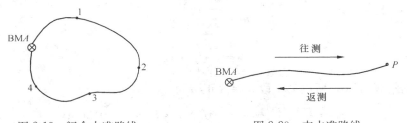

图 2-19　闭合水准路线　　　　图 2-20　支水准路线

$$f_h = \sum h_{往} + \sum h_{返} \qquad (2\text{-}13)$$

2.6　水准测量内业计算

2.6.1　附合水准测量内业计算

图 2-20，A、B 为已知水准点，A 点高程为 55.000m，B 点高程为 57.841m 在山区测量

附合水准路线各测段测站数 n 及高差 h 列于图中。试求各未知点 1 与 2 的高程。

图 2-21　附合水准路线举例

表 2-3　附合水准测量计算表

点号	测站数 n	高差 h （m）	高差改正数 v （m）	改正后高差 $h+v$ （m）	高程 H （m）
BMA	8	−0.127	−0.014	−0.141	55.000
1	10	−1.260	−0.017	−1.277	54.859
2	12	+4.279	−0.020	+4.259	53.582
BMB					57.841
Σ	30	+2.892	−0.051	+2.841	+2.841

（1）计算高差闭合差 f_h

按公式（2-9）

$$f_h = \sum h_i - (H_B - H_A)$$
$$= -0.127 - 1.260 + 4.279 - (57.841 - 55.000)$$
$$= 2.892 - 2.841 = +0.051\text{m}$$

山地水准测量，高差闭合差的容许值为

$$f_{h容} = \pm 12\sqrt{n}\,(\text{mm}) = \pm 12\sqrt{30} = \pm 66\text{mm}$$

实际高差闭合差为 +51mm，小于容许值 66mm，说明测量精度符合要求。

（2）闭合差的调整

在同一条水准路线上，观测条件是相同的，可以认为各测站产生误差大小基本相同，因此可将闭合差按测站数（或距离）成正比例反符号进行分配，即得高差改正数：

$$v_i = \frac{-f_h}{\sum n} \cdot n_i \tag{2-14}$$

或

$$v_i = \frac{-f_h}{\sum L} \cdot L_i \tag{2-15}$$

本例总测站数为 30，所以第 1 段高差改正数为

$$v_1 = \frac{-0.051}{30} \cdot 8 = -0.017 \times 8 = -0.0136\text{m}$$

第 2 段高差改正数 $v_2 = -0.0017 \times 10 = -0.017\text{m}$。第 3 段高差改正数 $v_3 = -0.0017 \times 12 = 0.0204\text{m}$。计算后取小数点后 3 位填入表中高差改正数栏内。检查高差改正数总和应等于闭合差，但符号相反。由于四舍五入的影响，有时会产生 1～2mm 的差异，此时应适当调整高差改正数，使高差改正数总和其绝对值完全等于闭合差，即

$$\sum v_i = -f_h$$

计算各测段改正后的高差，就是将实测的高差加高差改正数。这一步又要作检查，即改正后高差总和应等于 A、B 两点的高差（$H_B - H_A$），即

$$\sum h_{改正后} = H_B - H_A$$

（3）高程计算

从 A 点已知高程加 $A\sim 1$ 改正后高差，便得 1 点的高程。依次逐步推算，最后算得 B 点高程 H_B 完全相等。

2.6.2 闭合水准测量内业计算

$$f_h = \sum h_i$$

闭合水准路线各段高差的代数和应等于零，如不为零即高差闭合差 f_h。

闭合差的分配、计算改正后高差及最后推算高程与附合水准路线相同。

2.7 微倾水准仪的检验与校正

在 2.3.2 中已介绍了水准仪结构有 4 条主要轴线以及它们应满足的三个条件。但是由于仪器的长期使用和搬运，各轴线之间的关系会发生变化，若不及时检验与校正，就会影响测量成果的质量。因此，在使用前应对仪器进行认真地检验与校正。

2.7.1 圆水准器的检验与校正

（1）检验

目的：圆水准器轴 $L'L'$ 平行于仪器竖轴 VV。

方法：首先用脚螺旋使圆水准器气泡居中，此时圆水准器轴 $L'L'$ 处于竖直的位置。将仪器绕仪器竖轴旋转 $180°$，圆水准气泡如果仍然居中，说明 $VV /\!/ L'L'$ 条件满足。

若将仪器绕竖轴旋转 $180°$，气泡不居中，则说明仪器竖轴 VV 与 $L'L'$ 不平行。在图 2-22a 中，如果两轴线交角为 α，此时竖轴 VV 与铅垂线偏差也为 α 角。当仪器绕竖轴旋转 $180°$ 后，此时圆水准器轴 $L'L'$ 与铅垂线（也就是 a 图的 $L'L'$）的偏差变为 2α，即气泡偏离格值为 2α，实际误差仅为 α，如图 2-22b 所示。

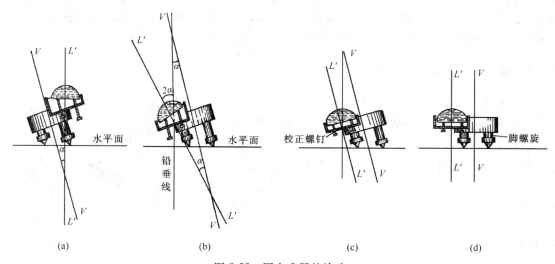

(a)   (b)   (c)   (d)

图 2-22 圆水准器的检验

（a）气泡居中；（b）旋转 $180°$ 后；（c）拨校正镙钉使气泡向中心移一半；（d）调节脚螺旋使圆水准气泡居中

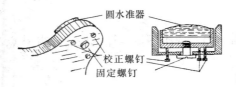

图 2-23 圆水准器的校正

（2）校正

首先稍松位于圆水准器下面中间的固紧螺钉（见图 2-23），然后调整其周围的 3 个校正螺钉，使气泡向居中位置移动偏离量的一半，如图 2-22c 所示。此时圆水准器轴 $L'L'$ 平行于仪器竖轴 VV。然后再用脚螺旋整平，使圆水准器气泡居中，此时竖轴 VV 与圆水准器轴 $L'L'$ 同时处于竖直位置，如图 2-22d。校正工作一般需反复进行，直至仪器转到任何位置气泡均为居中为止，最后应旋紧固定螺钉。

2.7.2 十字丝的检验与校正

（1）检验

目的：十字丝横丝垂直于仪器竖轴 VV。

方法：首先将仪器安置好，用十字丝横丝对准一个清晰的点状目标 P，如图 2-24a 所示。然后固定制动螺旋，转动水平微动螺旋。如果目标点 P 沿横丝移动，如图 2-24b 所示，则说明横丝垂直于仪器竖轴 VV，不需要校正。如图 2-24c 和图 2-24d 所示，则需校正。

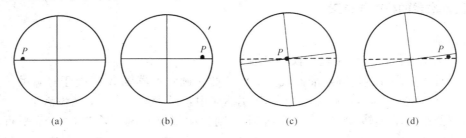

| (a) | (b) | (c) | (d) |

图 2-24 十字丝横丝的检验

（2）校正

校正方法按十字丝分划板装置形式不同而异。有的仪器可直接用螺丝松开分划板座相邻两颗固定螺丝，转动分划板座，改正偏离量的一半，即满足条件。有的仪器必须卸下目镜处的外罩，再用螺丝刀松开划板座的固定螺丝，拨正分划板座即可。

2.7.3 管水准器的检验与校正

（1）检验

目的：水准管轴 LL 应平行于望远镜的视准轴 CC。

方法：

1）选相距约 $60\sim100\text{m}$ 的两点 A 和 B，如图 2-25 所示，离 A、B 等距离 Ⅰ 处安置仪器，用双仪器高法测 A、B 高差两次，如差数在 3 毫米以内，取平均值为正确的高差 h_{AB}。因前后视读数误差均包含误差 x，求高差时消除了。

2）把仪器搬到靠近 A 点或 B 点处，

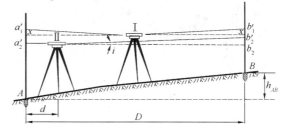

图 2-25 水准管轴与视准轴不平行的检校

例如 A 点，图中Ⅱ位置，离 A 点距离为 d（约 2m，略大于仪器的最短视距），读出 A 点和 B 点水准尺读数，再求两点高差为 h'_{AB}，如果前后两次高差不相等，则说明条件不满足。

3）计算视准轴与水准管轴不平行所产生的夹角 i，从图中可看出

$$i = \frac{b'_2 b_2}{D-d} \rho''$$ (2-16)

从图中可看出：在Ⅱ站 B 尺的正确读数 b_2 应为

$$b_2 = a'_2 - h_{AB}$$ (2-17)

移项得

$$a'_2 - b_2 = h_{AB}$$
$$a'_2 - b'_2 = h'_{AB}$$

将上面两式相减便得 $b'_2 b_2 = h_{AB} - h'_{AB}$ 代入式（2-16）得

$$i = \frac{|h'_{AB} - h_{AB}|}{D-d} \cdot \rho''$$ (2-18)

式中　D——AB 两点距离；

　　　d——近尺位置的距离；

　　　ρ''——206265″。

如果两轴夹角 $i > 20''$ 需要校正。

（2）校正

校正工作应在第Ⅱ站进行。首先按式（2-17）计算 B 尺的正确读数 b_2。然后调微倾螺旋使视准轴对准这个正确读数，此时水准管气泡必偏歪。调节上下两个螺丝使气泡居中。操作时，需先将左（或右）螺丝略松开一些，见图 2-26，使水准管能够活动，然后一松一紧上下校正螺丝，最后再把左右螺丝拧紧。

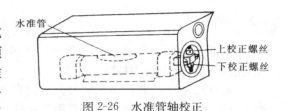

图 2-26　水准管轴校正

现举一实例如下：

$D = 80$m，在Ⅰ站观测得，$a'_1 = 1.889$m，$b'_1 = 1.661$m。

在Ⅱ站观测得，$a'_2 = 1.695$m，$b'_2 = 1.446$m，$d = 3$m。

计算 A、B 两点的正确高差 $h_{AB} = +0.228$m。在Ⅱ站观测得 $h'_{AB} = +0.249$m 按式（2-17）得 B 尺的正确读数 $b_2 = 1.695 - 0.228 = 1.467$m > 1.446m，说明视线向下倾斜。

$$i = \frac{|h_{AB} - h'_{AB}|}{D-d} \rho'' = \frac{|0.228 - 0.249|}{80 - 3} \times 206265 = 56.2''$$

校正时，调微倾螺旋使视准轴对准正确读数 b_2，即 1.467m，此时水准管气泡必偏歪。调节上下两个螺丝使气泡居中。

2.8　水准测量误差的分析

水准测量的误差包括水准仪本身的仪器误差、人为的观测误差以及外界条件的影响三个方面。

2.8.1　仪器误差

仪器误差主要是指水准仪经检验校正后的残余误差和水准尺误差两部分。

（1）残余误差

水准仪经检验校正后的残余误差，主要表现为水准管轴与视准轴不平行，虽然经校正，但仍然残存少量误差。这种误差的影响与距离成正比，观测时若保证前后视距大致相等，便可消除或减弱此项误差的影响。这就是水准测量时为什么要求前后视距相等的重要原因。

（2）水准尺误差

由于水准尺的刻划不准确，尺长发生变化、弯曲等，会影响水准测量的精度，因此，水准尺须经过检验符合要求后，才能使用。有些尺子的底部可能存在零点差，可在一水准测段中使用测站数为偶数的方法予以消除。其理由是：

例如第一站测量，正确高差为 h_1。由于零点差，观测结果求得不正确高差为 h'_1，假设后尺 A 零点未磨损，前尺 B 零点磨损量为 Δ。则

第一站，A 尺未磨损，B 尺磨损 Δ 则 $h'_1 = a_1 - (b_1 + \Delta) = h_1 - \Delta$

第二站，由于前后尺倒换，则 $h'_2 = (a_2 + \Delta) - b_2 = h_2 + \Delta$

第三站，前后尺又倒换，则 $h'_3 = a_3 - (b_3 + \Delta) = h_3 - \Delta$

如此继续下去。从上列公式看出：第一站高差测小一个 Δ，第二站测大一个 Δ，第三站又小一个 Δ，全路线总高差为各站高差之和。如果全路线布置成偶数测站，则可完全消除水准尺零差对高程的影响。

2.8.2 观测误差

1）水准管气泡居中误差：设水准管分划值为 τ''，气泡居中误差一般为 $\pm 0.15\tau''$。采用符合水准器时，气泡居中精度可提高一倍。

2）水准尺估读误差：在水准尺上估读毫米数的误差 m_v，与人眼的分辨力、望远镜的放大倍率 V 和视距长度 D 有关。通常用下式计算：

$$m_v = \frac{60''}{V} \cdot \frac{D}{\rho''} \tag{2-19}$$

3）视差影响：当存在视差时，由于水准尺影像与十字丝分划板平面不重合，若眼睛观察的位置不同，便读出不同的读数，因而会产生读数误差。所以，观测时应注意消除视差。

4）水准尺倾斜误差：水准尺倾斜将使尺上的读数增大，且视线离地面越高，读取的数据误差就越大。例如水准尺倾斜 $3.5°$，在水准尺 1m 处读数时，将产生 2mm 的误差。若读数大于 1m，误差将超过 2mm。

2.8.3 外界条件的影响

（1）仪器下沉

在土质较松软的地面上进行水准测量时，易引起仪器下沉，致使观测视线降低，造成测量高差的误差，若采用"后—前—前—后"的观测顺序可减弱其影响。因此仪器应放在坚实地面，并将仪器脚架踏实。

（2）尺垫下沉

转点处的尺垫发生下沉后，使下一测站的后视读数增大，则高差增大，造成高程传递误差。为此，实际测量时，转点应设在坚实地面上，尺垫要用脚踩实。

（3）地球曲率和大气折光的影响

如图 2-27 所示，用水平视线代替水准面若在尺上读数产生的误差为 C，从第一章式

（1-10）可知，C 值为

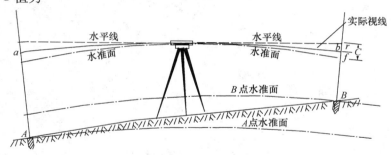

图 2-27　地球曲率和大气折光的影响

$$C = \frac{D^2}{2R} \qquad (2-20)$$

式中　D——仪器到水准尺的距离；

　　　R——地球平均半径 6371km。

由于大气折光的影响，视线不是水平线，而是一条曲线（见图 2-27）其曲率半径为地球半径的 7 倍。因此折光对水准尺读数影响为

$$r = \frac{D^2}{2 \times 7R} \qquad (2-21)$$

折光与地球曲率的综合影响为

$$f = C - r = \frac{D^2}{2R} - \frac{D^2}{14R} = 0.43\frac{D^2}{R} \qquad (2-22)$$

如果前后视距相等，式（2-22）计算的 f 值相等。因此，地球曲率和大气折光的影响将得到消除或大大减弱。

（4）温度影响

温度的变化不仅引起大气折光的变化，而且仪器受到烈日的照射，水准管气泡将向着温度高的方向偏移，影响仪器的水平，从而产生气泡居中的误差。因此，观测时应注意撑伞遮阳，避免阳光直接照射。

2.9　几种新式的水准仪

2.9.1　自动安平水准仪

自动安平水准仪的特点是没有管水准器和微倾螺旋。在粗略整平之后，即在圆水准气泡居中的条件下，利用仪器内部的自动安平补偿器，就能获得视线水平时的正确读数，省略了精平过程，从而提高了观测速度和整平精度。

补偿器的种类很多，最常用的是采用吊挂光学棱镜的方法，借助于重力的作用，使光学棱镜位移。图 2-28 是该类自动安平水准仪结构示意图，其补偿器是一套安装在调焦透镜与十字丝分划板之间的棱镜组成的。其中屋脊棱镜是固定在望远镜筒内，下方吊挂着两个直角棱镜，在重力的作用下，悬挂的棱镜与望远镜作相对偏转。棱镜下方设置空气阻尼器，以减少悬挂棱镜的摆动。

当仪器水平时，如图 2-29a 所示，十字丝交点读得水平视线的读数 a_0。当仪器倾斜，如

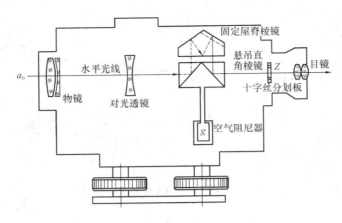

图 2-28 自动安平水准仪结构示意图

图 2-29b 所示，例如视准轴倾斜一个小角 α，如果没有安置补偿器，此时水准尺上的 a_0 点过物镜光心 o 的水平视线不再通过十字丝的交点 Z，而在与 Z 距离为 l 的 A 点，图中可看出

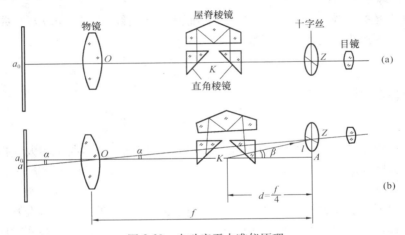

图 2-29 自动安平水准仪原理

$$l = f \tan \alpha \qquad (2\text{-}23)$$

式中 f——物镜的等效透镜焦距。

若在距离十字丝中心 d 处，安置允许自动补偿器 K，使水平视线偏转 β 角，使其通过十字丝中心 Z，则

$$l = d \tan \beta \qquad (2\text{-}24)$$

故有 $\qquad f \tan \alpha = d \tan \beta \qquad (2\text{-}25)$

由此可见，当式（2-23）条件满足时，尽管视轴有微小倾斜，但十字中心 Z 仍能读出视线水平时的读数 a_0，从而达到补偿的目的。自动安平水准仪的补偿器棱镜组就是按此原理设计的。视线自动补偿有一定的幅度，因此，使用自动安平水准仪，首先必须粗平仪器。

图 2-30 为苏州第一光学仪器厂生产的 DSZ3 型自动安平水准仪，每公里测量高差的中误差为 ± 2.5mm，补偿器

图 2-30 DSZ3 型自动安平水准仪

工作范围为±14′。

2.9.2 激光水准仪

在普通水准仪结构的基础上，安装一个能够发射激光的装置，激光束通过仪器内部棱镜，从望远镜射出一条水平可见的激光，这种水准仪称为激光水准仪。

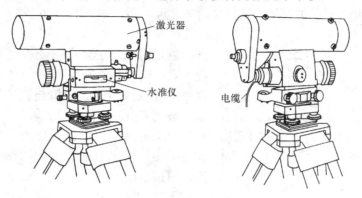

图 2-31 激光水准仪

图 2-31 是种国产激光水准仪，它是在 DS₃ 型水准仪望远镜筒上安装激光装置而成的。激光装置由氦氖激光器和棱镜导光系统组成。仪器激光的光路如图 2-32 所示。从氦氖激光器发射的激光束，经过棱镜转向聚光镜组，通过针孔光栏到达分光镜，再经过分光镜折向望远镜系统的调焦镜和物镜，最后射出激光束。

使用激光水准仪时，首先按水准仪操作方法安置和整平仪器，并瞄准目标。然后接好激光电源，打开电源开关，待激光器正常起辉后，将工作电流调至 5mA 左右，这时将有最强的激光输出，在目标上得到最明亮的红色光斑。

2.9.3 激光铅直仪

激光铅直仪是一种专用的铅直定位仪器，适用于高烟囱、高塔架和高层建筑的铅直定位测量。

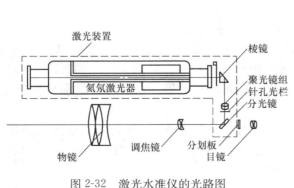

图 2-32 激光水准仪的光路图

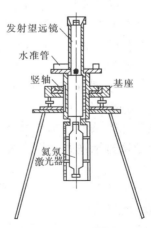

图 2-33 激光铅直仪

图 2-33 为一种国产激光铅直仪，仪器竖轴是一个空心筒轴，两端有螺扣连接望远镜和激光器的套筒，将激光器安在筒轴的下端，望远镜安在上端，构成向上发射的激光铅直仪，也可反向安装，构成向下发射的激光铅直仪。

2.9.4 激光扫平仪

激光扫平仪特点是能够提供一条可见的激光水平面，作为施工的基准，在平整场测量中尤为方便。

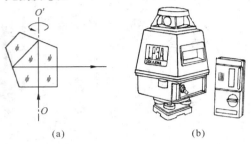

图 2-34 激光扫平仪
(a) 转镜扫描装置光路；(b) LP3A 型激光扫平仪

激光扫平仪主要由激光准直器、转镜扫描装置、安平机构和电源等部件组成。激光准直器竖直地安置在仪器内。转镜扫描装置如图 2-34a 所示，激光束沿五角棱镜旋转轴 OO' 入射后，射出的光束为水平的光束。当五角棱镜在电机的驱动下作水平旋转时出射光束成为激光平面，可以同时测定扫描范围内任意点的高程。

图 2-33b 为日本测机舍公司生产的激光扫平仪（LP3A 型），除主机外还配有 2 个受光器（即光电接受靶）。受光器上有条形荧光板、液晶显示屏和受光灵敏度切换钮，此钮从 L 转到 H，受光感应灵敏度由低（±2.5mm）转变到高感度（±0.8mm），可根据测量精度要求进行选择。受光器也可通过卡具安装在水准尺或测量杆上，即可测量任意点的标高或用以检测水平面等。

2.9.5 数字水准仪

数字水准仪（*digital levels*）是一种新型的智能化水准仪，又称为信息水准仪。测量原理是将编码的水准尺影像进行一维图像处理，用传感器代替观测者的眼睛。当用望远镜瞄准标尺并调焦后，标尺上的条形码影像入射到分光镜上，分光镜将其分为可见光和红外光两部分，可见光影像成像在分划板上，供目视观测；红外光影像成像在光电二极管阵列上，光电二极管阵列将接收到的光图像先转换成模拟信号，再转换为数字信号传送给仪器的处理器，通过与机内事先存储好的标尺条形码本源数字信息进行相关比较，当两信号处于最佳相关位置时，即获得水准尺上的水平视线读数和视距读数，最后将处理结果输出到屏幕显示，也可将数据存储到内存卡上。

图 2-35 为瑞士徕卡（Leica）DNA03 数字水准仪仪器在光学路径上有一个分光镜（图 2-35a），分离的红外光到达光电二极管阵列，而可见光通过十字丝和目镜。观测时，望远镜瞄准特殊的条形码水准尺（图 2-35c）进行调焦，然后按测量键，即显示中丝读数，再按测距键，显示视距，按存储键可把数据存入内存储器，仪器进行自动检核并进行高差计算。

瑞士徕卡 DNA03 数字水准仪主要技术参数：采用磁阻尼补偿器，补偿范围为 ±8′，高差测量精度每公里为 0.3～1.0mm，测距精度为 1cm/20m，测程为 1.8～60m。内存可存储 600 个测量数据，采用 6V 镍氢电池供电。

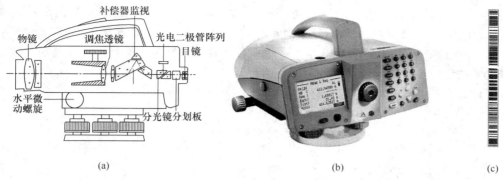

图 2-35　瑞士徕卡（Leica）数字水准仪

(a) 仪器结构；(b) 仪器外貌；(c) 条形码水准尺

练 习 题

1. 望远镜视差产生的原因是什么？如何消除？在消视差的操作过程中，哪个螺旋必须反复调节，哪个螺旋一般不必反复调节，为什么？

2. 水准测量中，当完成后视读数，转到前视时，管水准器的气泡一般都会偏歪（即不符合），其根本的原因是什么？

3. 水准仪的构造有哪些主要轴线？它们之间应满足什么条件？其中哪个条件是最主要的？为什么？

4. 水准测量时，前后尺轮换安置能基本消除什么误差？试推导公式来说明理由。为了完全消除该项误差应采取什么测量措施？

5. 水准测量中，要做哪几方面的检查？试详细说明，并指出其必要性。

6. 将水准仪安置于距两尺大致相等处观测可以消除哪些误差影响？为什么？

7. 水准测量中产生误差的因素有哪些？哪些误差可以通过适当的观测方法或经过计算加以减弱以致消除？哪些误差不能消除？

8. 等外闭合水准测量，A 为水准点，已知高程和观测成果已列于表中。试求各未知点高程。

点号	距离 D	高差 h	高差改正数 v	改正后高差 $h+v$	高程 H
A	km	m			20.032m
1	0.48	+1.377			
	0.62	+1.102			
2	0.34	−1.358			
3	0.43	−1.073			
A					
Σ					

$$f_h = \qquad f_{h容} = \pm 40\sqrt{D} =$$

9. 水准仪安置在 A、B 两点等距处，A、B 两点距离为 60m，测得 A 点标尺读数为 2.321m，B 点标尺读数为 2.117m。然后搬仪器到 B 点近旁 2m 处，测得 B 点标尺读数为 1.966m，A 点读数为 2.196m。问水准管是否平行于视准轴？如不平行，视线是偏上还是偏下？两轴交角 i 为多少？如何校正？

10. 自动安平水准仪的原理是什么？它的操作有什么特点？

学 习 辅 导

1. 本章学习目的与要求

目的：理解水准仪的结构及各螺旋的功能与使用法，掌握水准测量观测、记录、检核及计算方法。

要求：

(1) 理解水准测量基本原理；

(2) 认识仪器结构、主要轴线及各螺旋功能、使用方法；

(3) 掌握水准测量观测、记录、检核及计算。

2. 本章学习重点与要领

(1) 要把学习重点放在认识仪器和正确使用仪器上，把水准仪的结构搞清楚，有几条主要轴线及轴线间应满足的几何关系，从而才能正确理解仪器、使用仪器。

(2) 对于水准管轴、圆水准器轴、视准轴及竖轴的概念一定要搞得十分清楚，不是背定义，而是要能想象它们在仪器中的位置。

(3) 一个测站水准仪的观测步骤顺序，一定要按"粗平—瞄准—精平—读数"这个顺序，为什么不能颠倒？测站观测中如何进行检核？

(4) 水准测量外业实施过程中，为什么要设转点？转点的概念及注意的问题。

(5) 水准测量内业计算，高差闭合差概念及其分配，表格的记录计算都要掌握。

(6) 对于大专生能掌握水准仪检验即可，本科生则要求会校正仪器。

(7) 水准测量误差有哪些，有一般了解即可。

第3章　角　度　测　量

角度测量是测量基本的工作之一，它包括水平角测量和竖直角测量。本章主要讲述角度测量的基本原理、光学经纬仪的构造、测角方法、经纬仪的检验校正和经纬仪测角误差分析等。

3.1　水平角测量的原理

水平角是指地面上一点到两个目标点的方向线垂直投影到水平面上的夹角，或者说，是过两条方向线的竖面所夹的两面角。如图 3-1 中，直线 BA 与直线 BC 所夹的水平角是指 BA 与 BC 投影到水平面 H 上水平线 ba 与 bc 所夹的 β。也可以说是通过这两条直线的竖直平面所组成的二面角。二面角的棱线是一条铅垂线，在铅垂线上任意一点都可以量度水平角的大小，如图 3-1，在 O 点水平地安放一个有刻度的圆盘，通过 BA 方向的竖直面在刻度盘上所截的读数为 a，通过 BC 方向的竖直面在刻度盘上所截的读数为 b，则两个方向读数差就是所求水平角的角值，即

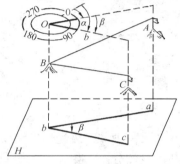

图 3-1　水平角测量原理

$$\beta = b - a \qquad (3-1)$$

根据上述原理，测量水平角必须具备三个条件：

1）有一个能够置于水平位置带刻度的圆盘，圆盘中心安置在角顶点的铅垂线上。

2）有一个能够在上、下、左、右旋转的望远镜。

3）有一个能指示读数的指标。

经纬仪就是具备上述三个条件的仪器。水平角值范围为 $0°\sim360°$。

3.2　DJ$_6$ 级光学经纬仪的构造与读数

3.2.1　经纬仪的分类

目前经纬仪主要分为光学经纬仪与电子经纬仪两大类。

光学经纬仪是一种光学和机械组合的仪器，内部有玻璃度盘和许多光学棱镜与透镜。光学经纬仪按精度又分 5 个等级，即 DJ$_{07}$、DJ$_1$、DJ$_2$、DJ$_6$ 和 DJ$_{15}$ 5 个等级。"D" 和 "J" 分别表示 "大地测量" 和 "经纬仪" 汉语拼音的第一个字母，"6" 表示该仪器观测水平方向的精度（一测回水平方向的中误差为 $\pm6''$）。

电子经纬仪是光学、机械、电子三者相组合的仪器，是在光学经纬仪的基础上加电子测角设备，因而能直接显示测角的数值，它必须配备电源才能工作。

3.2.2　DJ$_6$ 级光学经纬仪的构造

图 3-2 所示为 DJ$_6$ 级光学经纬仪的构造，它的构造主要由照准部、水平度盘与基座三大

部分组成。

（1）照准部

指经纬仪上部可转动的照准部分，主要包括望远镜、竖直度盘、水准器及读数设备等。

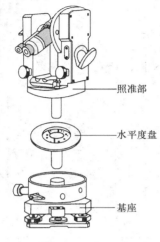

图 3-2　DJ_6 经纬仪的构造

1）望远镜：望远镜是瞄准目标的设备，与横轴固连在一起。横轴放在支架上，因此望远镜可绕横轴在竖直面内转动，以便瞄准不同高度的目标，控制它上下转动有望远镜制动螺旋与微动螺旋。

2）竖盘：竖直地固定在横轴的一端，当望远镜转动时，竖盘也随着转动，用以观测竖直角。

3）光学读数装置：DJ_6 级光学经纬仪读数装置有两种，3.3节再作详细介绍。在望远镜旁的读数显微镜中进行读数。

4）水准器：有圆水准器和管水准器两种，圆水准器一般安置在基座上，水准管安置在照准部上，前者用于粗平，后者用于精平。

5）光学对中器：用它可将仪器中心精确对准地面上的点。早期的 DJ_6 级光学经纬仪（例如 DJ6-1 型）没有光学对中器。

6）控制水平方向转动有水平制动螺旋与微动螺旋。

另一种 DJ_6 级光学经纬仪，其照准部上配有复测旋钮，或称度盘离合器，可控制照准部与度盘的分离或相连，例如 DJ6-1 型，早已停产，因还有单位使用，其结构详见附录 2。图 3-3 为北京光学仪器厂生产的 DJ_6 级光学经纬仪，型号为 TDJ6。

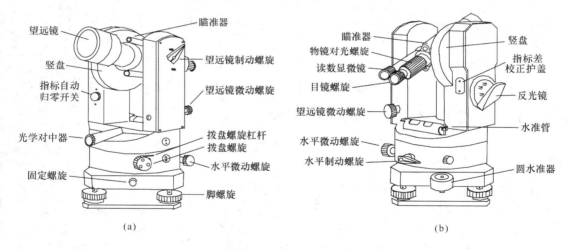

（a）　　　　　　　　　　　　　　　　（b）

图 3-3　DJ_6 级光学经纬仪（TDJ6 型）

（2）水平度盘

水平度盘是作为观测水平角读数用的，它是用玻璃刻制的圆环，其上顺时针方向刻有 $0°\sim360°$，最小刻划为 1。

（3）基座

基座是支撑仪器的底座。设有 3 个脚螺旋，基座上固定有圆水准器，作为仪器粗略整平用。基座和三脚架头用中心螺旋连接，以便把仪器固定在三脚架上。

3.2.3　DJ₆级光学经纬仪的读数法

光学经纬仪的水平度盘和竖直度盘的分划线通过一系列的棱镜和透镜成像在望远镜目镜旁的读数显微镜内。为了实现精密测角，采用光学测微技术。不同的测微技术，其读数方法也不同。DJ₆型光学经纬仪读数结构有分微尺测微器和单平板玻璃测微器两种方法。

（1）分微尺测微器及读数方法

观察望远镜旁的读数显微镜，可以看到 2 个读数窗口。Hz（Horizontal）为水平度盘读数窗口，V（Vertical）为竖直度盘读数窗口，如图 3-4b 所示。每个窗口同时显示度盘分划像和分微尺分划像。分微尺固定在窗口中央位置不动，其 0 分划为读数指标，而度盘分划影像随观测操作而移动。分微尺 60 小格总宽度刚好等于度盘 1°的宽度，如图 3-4a，分微尺的 1、2、3…6 表示 10′、20′、30′、…60′，分微尺一小格代表 1′，可估读至 0.1′，即 6″。

读数方法就是读取分微尺 0 所指的度盘度数，见图 3-4b 上半部，先读水平度盘 Hz 的度数（从小到大读），读为 180°；加上读数指标至度盘 180°之间分微尺的分划数（也是从小到大读），读为 4′；再加上估读不足 1′的值，估读 1 格的 1/10，即 6″，估 0.4 格，即 24″，相加的全部读数为 180°04′24″。同样方法读取竖盘 V 读数（见图 3-4b 下半部），分微尺 0 指标在 89°与 90°之间，因此应读度数为 89°，整分值为 57′，再估读不足 1′的值，0.5 格，即 30″，总数为 89°57′30″。

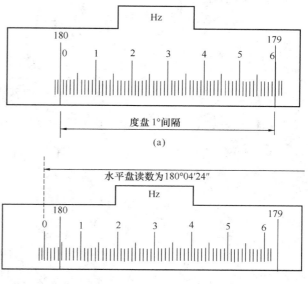

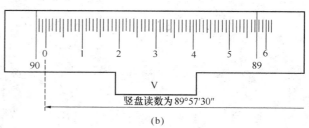

图 3-4　分微尺测微器读数法
（a）分微尺总宽度等于度盘 1°的宽度；（b）读数窗实例

（2）单平板玻璃测微器及其读数方法

该测微装置主要由测微轮、平板玻璃及测微分微尺组成，是利用平板玻璃对光线的折射作用实现测微。当来自度盘光线垂直入射到平板玻璃上，度盘分划线不改变原来的位置，如图 3-5a 所示，这时双线指标在度盘上读数为 73°＋x。为了读出 x 值，转动测微手轮，带动平板玻璃和分微尺同时转动，使度盘分划影像因折射而平移，当 73°分划影像移至双线指标中央时，其平移量为 x，x 值可由测微尺读出，如图为 18′20″，则全部读数为 73°18′20″，见图 3-5b。图 3-5c 为读数显微镜中看到的图像，下面为水平度盘，中间为竖直度盘，最上面为测微尺，测微尺的指标为单线。度盘的分划值为 30′，测微尺的分划值为 20″，估读至 5″。读数时，转动测微手轮，使双线指标夹住度盘分划，先读度盘的度数，再加上测微尺上小于 30′的数，如图 3-5c 中水平度盘读数为 121°30′＋17′30″＝121°47′30″。

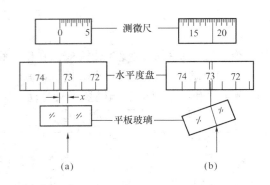
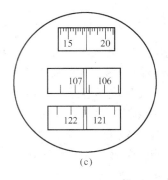

(a)　　　　　　　　(b)　　　　　　　　(c)

图 3-5　单平板玻璃测微器读数法

3.3　DJ₂ 级光学经纬仪的构造与读数

DJ₂ 级光学经纬仪常用于国家三、四等三角测量、精密导线测量和精度要求较高的工程测量，例如施工平面控制网、建筑物的变形观测等。图 3-6 是一种国产的 DJ₂ 级光学经纬仪。

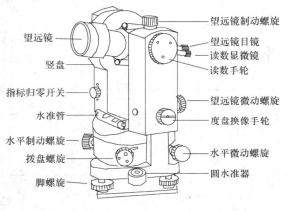

图 3-6　DJ₂ 级光学经纬仪（TDJ2 型）

3.3.1　DJ₂ 级光学经纬仪的构造特点

DJ₂ 级光学经纬仪与 DJ₆ 级光学经纬仪构造基本相同，主要特点是：

1）DJ₂ 级光学经纬仪，在读数显微镜中不能同时看到水平盘与竖盘分划影像，而是通过支架旁的度盘换像手轮来实现，即利用该手轮可变换读数显微镜中水平盘与竖盘的影像。当换像手轮端面上的指示线水平时（如图中所示），显示水平盘影像，当指示线成竖直时，显示竖盘影像。

2）DJ₂ 级光学经纬仪采用对径分划线符合读数装置，可直接读出度盘对径分划读数的平均值，因而消除了度盘偏心差的影响。

3.3.2　DJ₂ 级光学经纬仪的读数

DJ₂ 级光学经纬仪采用双光楔对径分划符合读数装置进行读数。外部光线进入仪器后，经过一系列棱镜和透镜的作用，将度盘上直径两端分划同时反映到读数显微镜的中间窗口，直径两端分划影像呈上下两部分的分划影像，一般不是对齐的。读数前，应先转动读数手轮，使上下两部分的对径分划的影像精确重合、对齐，如图 3-7 中间部分对径度盘分划窗呈网格状。读数窗顶上的窗口为度盘的度数，读左边的度数。下凹框内是应读的分数，以 10′ 为单位，图中的 2 表示 20′。最下面是为测微尺，测微尺最上面一行注记为分，第 2 行注记为秒，整 10″ 一注。测微尺上每小格代表 1″，可估读 0.1″。图 3-7

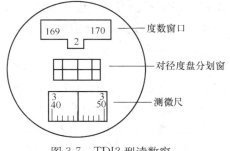

图 3-7　TDJ2 型读数窗

中，上窗口读 $169°20'$，加上测微尺的 $3'45.0''$，全部的读数为 $169°23'45.0''$。

3.4 经纬仪的使用

3.4.1 测站安置

经纬仪的测站安置包括对中与整平。

（1）对中

对中的目的是使仪器度盘中心与测站点在同一铅垂上。

对中步骤是先用垂球进行初步对中（或称粗对中），然后用光学对中器进行精确对中（精对中）。

1）粗对中：

（a）将三脚架张开，拉出伸缩腿，把蝶形螺丝旋紧，架在测站上，使其高度适中，注意架头应大致水平，这不仅是仪器对中的需要，也是整平的基础。

（b）打开仪器箱，手握住仪器支架，将仪器取出，置于架头上，并使基座中心约对准三脚架头中心，一手紧握支架，一手拧紧连接螺旋。在连接螺旋下方挂一垂球，两手握住两脚架腿移动（保持架头大致水平），使垂球尖基本对准测站，将三脚架腿踩紧，使其稳定。检查对中情况。若相差较大，则稍松开连接螺旋，双手扶基座，在架头上移动仪器，使垂球尖对准测站，误差在 1cm 以内，由于粗对中后还做精对中，所以粗对中时误差 1cm 也没有关系。悬挂垂球的线长要调节合适，如图 3-8a 所示。正确使用垂球线调节板，调节垂球线长以使垂球尽量接近测站点。

图 3-8b 为有垂球勾挂法。图 3-8c 为无垂球勾挂法，手持调节板穿过 V 形件，按图示方法绕有垂球的一股线缠一圈并贴近调节板即可。如无挂垂球线调节板，可按图 3-9 打结方法做。用垂球粗对中，其对中误差可小于 3mm。但是，因第 2 步还做精对中，所以粗对中可以粗些。

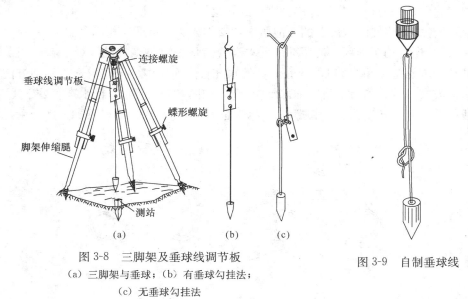

图 3-8　三脚架及垂球线调节板
（a）三脚架与垂球；（b）有垂球勾挂法；
（c）无垂球勾挂法

图 3-9　自制垂球线

2）精对中：使用光学对中器精确对中，可使误差达到 $\pm1mm$，具体步骤如下：

①仪器首先应粗略整平，调节脚螺旋使圆水准器的气泡居中。因为用光学对中器对准地面时，如果仪器竖轴不竖直，如图3-10a所示，光学对中器的镜筒是倾斜的，此时无法达到精确对中。只有当仪器粗平后，如图3-10b所示，此时操作光学对中器，可快捷地使仪器达到精确对中。

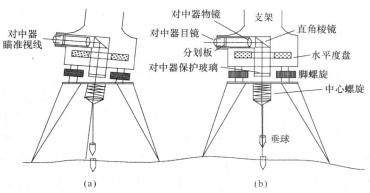

图 3-10　光学对中器精确对中

（a）仪器未粗平；（b）仪器粗平后

②如果刻划圈不清晰，应旋转光学对中器的目镜；如果地面点标志成像不清晰，则应推进或拉出对中器的目镜管进行对光。

③稍微松开中心连接螺旋，在架头上平移仪器（尽量做到不转动仪器），直到地面标志中心与刻划圈中心重合，最后旋紧中心连接螺旋，并检查圆水准器是否居中，然后再检查对中情况，一般反复调整2次，就可以保证对中误差不超过1mm。

（2）整平

整平的目的是使水平度盘水平，即竖轴铅垂。整平包括粗平（粗略整平）与精平（精确整平）两项。它们都是通过调节脚螺旋来完成的，这一点与水准仪是不同的。

1）粗平：转脚螺旋使圆水准器的气泡居中，操作方法与水准仪相同。

2）精平：首先转动照准部，使照准部上水准管与任一对脚螺旋的连线平行，两手同时向内或向外转动脚螺旋1和2（见图3-11a），使水准管气泡居中。记住：气泡运动方向与左手大拇指运动方向一致。然后，将照准部旋转90°，如图3-11b所示，使水准管处于1、2两脚螺旋连线的垂直上，转动第3个脚螺旋，使水准管的气泡居中。再转回原来的位置，检查

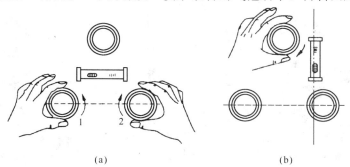

图 3-11　水准管精平操作

（a）水准管平行一对脚螺旋；（b）水准管垂直于刚选的一对脚螺旋的连线

气泡是否居中，若不居中，则反复进行，一般至少反复做两遍（从 a 图至 b 图算作一遍），此两个位置气泡都居中，其他任何位置气泡必居中，否则，水准管本身有误差，需校正。整平要求气泡偏离量，最大不应超过 1 格。

3.4.2 瞄准

测角瞄准用的标志，一般有标杆、测钎、用三根竹竿悬吊垂球线和觇牌，如图 3-12 所示。

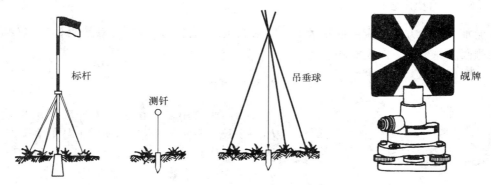

图 3-12　瞄准的标志

首先应转目镜螺旋，使十字丝清晰。瞄准的步骤也是粗瞄准与精瞄准两步。

粗瞄准：松开水平制动螺旋和望远镜制动螺旋去瞄准目标，用望远镜上的瞄准器去对准目标，具体操作是用眼同时看瞄准器内白色十字标志与外面的目标在同一直线上，如图 3-13 所示。当大致对准目标后，立即固定制动螺旋，此时目标必在望远镜视场内。注意：粗瞄准后务必把制动螺旋固定。

精瞄准：使用微动螺旋精确对准目标。为了提高瞄准的精度，避免因微动螺旋内弹簧疲劳而反应延迟，故每次转动微动螺旋时最后以旋进结束。

瞄准目标时要注意消除视差，眼睛左右移动观察目标的像与十字丝是否存在错动现象，一边观察，一边对光，直至无错动现象为止。十字丝的竖丝上半为单丝，下半为双丝。一般用单丝去平分目标，用双丝去夹目标。由于目标安置难以保证绝对竖直，所以在测水平角时尽可能瞄准目标的基部，如图 3-14 所示。

图 3-13　使用瞄准器

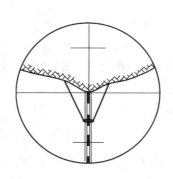

图 3-14　望远镜瞄准视场

41

3.4.3 读数

读数时首先调节反光镜，使读数窗明亮。其次调节读数显微镜的目镜螺旋，使分微尺刻划清晰，认清刻划的注记，分微尺注记的 1、2、3、4、5、6 分别表示 10′、20′、30′、40′、50′、60′。读数指标就是分微尺的 0 刻划线，先读度数，由小到大读数。加上分微尺 0 刻划至度盘分划的分值（也是从小到大读），最后再加上估读值，估读至 6 秒。

3.5 水平角的观测

观测水平角的方法，应根据测量工作要求的精度、使用的仪器、观测目标的多少而定。现介绍测回法与全圆方向观测法。

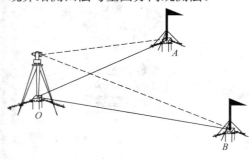

图 3-15 测回法测水平角

3.5.1 测回法

测回法适用于测量两个方向之间的单角。例如图 3-15，测水平角 $\angle AOB$，首先在角顶点 O 上安置经纬仪，对中、整平，在目标 A 与目标 B 上安置照准标志。观测步骤如下：

（1）盘左位置（面对经纬仪，竖盘在望远镜的左边，又称正镜），十字丝交点精确瞄准左方目标 A，用拨盘螺旋使分微尺指标对准 $0°$ 或比 $0°$ 大的点，例如 $0°00′24″$，记入测回法观测手簿，见表 3-1。

表 3-1　测回法观测手簿

测站	目标	盘位	水平度盘读数 （° ′ ″）	半测回值 （° ′ ″）	一测回值 （° ′ ″）	各测回平均值 （° ′ ″）
第一 测回 O	A	L	0　00　24	91　55　42		
	B		91　56　06		91　56　00	
	B	R	271　56　54	91　56　18		
	A		180　00　36			91　55　50
第二 测回 O	A	L	90　00　12	91　55　42		
	B		181　55　54		91　55　40	
	B	R	1　56　30	91　55　38		
	A		270　00　52			

（2）松开水平制动螺旋，顺时针旋转照准部，用望远镜粗略瞄准右方目标 B，固定水平制动螺旋，旋转水平微动螺旋精确瞄准后，读取水平度盘读数为 $91°56′06″$，记入表格的相应栏。

上述方法完成盘左观测，又称上半测回，其水平角为

$$\beta_L = 91°56′06″ - 0°00′24″ = 91°55′42″$$

（3）松开水平制动螺旋，纵转望远镜，逆时针旋转照准部 $180°$ 成盘右位置（竖盘在望远镜的右边，又称倒镜）。注意应先瞄右边的目标 B，读取水平度盘读数 $271°56′54″$，记入

表格的相应栏。

（4）松开水平制动螺旋，逆时针旋转照准部，再次瞄准左边目标 A，读取水平度盘读数为 $180°00'36''$，记入表格的相应栏。

（5），（4）两步完成盘右观测，又称下半测回，其水平角为

$$\beta_R = 271°56'54'' - 180°00'36'' = 91°56'18''$$

上、下两半测回合称一测回。上下半测回角度差不得大于 $40''$。本例

$$\beta_L - \beta_R = 24''$$

在规定限差内，取上下半测回角值的平均值，即

$$\beta = \frac{\beta_L + \beta_R}{2} = \frac{91°55'42'' + 91°56'18''}{2} = 91°56'00'' \tag{3-2}$$

当测角精度要求较高时，需要观测几个测回。为了减弱度盘刻划不均匀误差的影响，各测回间应变换水平度盘度数，按 $180°/n$（测回数 n）计算。例如，观测 3 个测回，水平度盘变换度数为 $60°$，第 1 测回起始方向读数安置在 $0°$，第 2 测回起始方向读数安置在 $60°$，第 3 测回起始方向读数安置在 $120°$。

起始方向安置某一度数的方法，依不同类型仪器而异。例如北光 TDJ6，起始方向对 $0°00'00''$ 的步骤是：

①望远镜精确瞄准起始目标。先用瞄准器粗瞄准后，固定制动螺旋，转微动螺旋精确瞄准。

②按下拨盘螺旋的杠杆并同时推进拨盘螺旋，旋转拨盘螺旋（水平度盘随之转动），使度盘的 $0°$ 刻划线与分微尺的 0 分划线对齐。

③再按一下杠杆，此时拨盘螺旋弹出，此时拨盘螺旋失去拨盘作用，水平度盘与照准部分离。

3.5.2 方向观测法

测回法适用 2 个方向观测，当一个测站上测量的方向多于 2 个方向时，应采用方向观测法。如图 3-16，O 测站有 4 方向，每半测回都以选定的起始方向 A 开始观测，依次观测（盘左顺时针观测、盘右逆时针观测）各个目标，最后再次观测起始方向 A，起始方向 A 称为零方向，此项操作称为归零。归零含义是回归至零方向，以检查水平度盘是否有变动以及控制瞄准误差等观测误差。这种观测法称为全圆方向观测法（或称全圆测回法）。但是，当测站上仅 3 个方向数，也可以不归零。

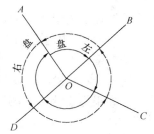

图 3-16　方向观测法
示意图

现介绍全圆方向观测法的步骤及表格计算。

（1）观测步骤

1）经纬仪安置在 O 点上，对中整平。先盘左位置，瞄准起始方向 A，用拨盘螺旋配置水平度盘为 $0°01'$，本例实际读数为 $0°01'18''$，记入表 3-2 相应栏。

2）顺时针方向转动照准部，依次瞄准 B、C、D 各点，如图 3-14 所示，分别读取水平

度盘读数、记入手簿相应栏。

表 3-2　方向观测法记录手簿

| 测站 | 目标 | 水平度盘读数 | | 2C=L−R± 180° (″) | 平均读数=½ (L+R±180°) (° ′ ″) | 一测回归 零方向值 (° ′ ″) | 各测回归零 方向平均值 (° ′ ″) |
		盘左 (° ′ ″)	盘右 (° ′ ″)				
O 第1 测回	A	0　01　18	180　01　30	−12	(0　01　27) 0　01　24	0　00　00	0　00　00
	B	95　48　48	275　48　54	−06	95　48　51	95　47　24	95　47　35
	C	157　33　06	337　33　12	−6	157　33　09	157　31　42	157　31　40
	D	218　07　30	38　07　18	+12	218　07　24	218　05　57	218　06　00
	A	0　01　24	180　01　36	−12	0　01　30		
O 第2 测回	A	90　00　00	270　00　18	−18	(90　00　14) 90　00　09	0　00　00	
	B	185　47　54	5　48　06	−12	185　48　00	95　47　46	
	C	247　31　54	87　31　48	+06	247　31　51	157　31　37	
	D	308　06　12	128　06　24	−12	308　06　18	218　06　04	
	A	90　00　12	270　00　24	−12	90　00　18		

3）顺时针方向转动照准部再次瞄准起始方向 A，读取读数为 0°01′24″，记入手簿相应栏。两次起始方向的读数差称归零差。半测回的归零差，J₆级仪器允许为 18″，详见表 3-3。本例上半测回归零差为 6″，否则应重测。

表 3-3　方向观测法限差规定

仪器级别	半测回归零差	一测回内 2C 互差	同一方向各测回互差
J₂	12″	18″	12″
J₆	18″		24″

上述完成上半测回观测。

4）纵转望远镜逆时针转动照准部成盘右位置，首先精确瞄准 A 读数，然后依次逆时针方向转动精确瞄准 D 点读数、瞄准 C 点读数、瞄准 B 点读数，最后又回到 A 点读数，各读数填入表中盘右纵栏，记录自下而上填写。下半测回同样也要检查归零差。如不符合要求应重测。

如果需观测多个测回，各测回间水平度盘变换仍按 180°/n 计算。

（2）计算步骤

1）计算两倍的视准差（2C），即

$$2C = 盘左读数 − (盘右读数 ± 180°) \qquad (3-3)$$

把 2C 值填入表格中的 2C 列。

当盘右读数＞180°，上式中取"−"号；当盘右读数＜180°，上式中取"＋"号。

一测回内各方向 2C 的互差若超过表 3-3 的规定，应重测。对于 J₆级仪器可以不检查 2C 的互差，但 2C 互差也不能相差太大。

2）计算各方向的平均读数

$$平均读数 = \frac{1}{2}\left[盘左读数 + (盘右读数 ± 180°)\right] \qquad (3-4)$$

计算的结果填入相应栏。

由于起始方向有两个平均读数，即 $0°01'24''$ 与 $0°01'30''$，将这两个平均读数再取平均值，得 $0°01'27''$，填入表中相应位置，并加括号，即 $0°01'27''$，表示第 1 测回起始方向最后的平均值，第 2 测回起始方向最后的平均值分是 $90°00'14''$。

3）计算归零方向值

所谓归零方向值是将起始方向化为 $0°00'00''$ 后的各方向值。将各方向的平均读数减去括号的起始方向的平均值，即得各方向的归零方向值，填入表中相应栏。

4）计算各测回归零方向值的平均值

首先检查各测回之间同一方向归零方向值相差是否超限，J_6 级光学经纬仪规定为 $24''$，J_2 级规定为 $12''$。如果超限应重测。若未超限，就可计算各测回归零方向的平均值，填入表中最后一栏。

如果要计算各目标间的夹角，例如求角度 $\angle BOC$ 就等于 C 归零方向与 B 归零方向之差，即

$$\angle BOC = C\ 归零方向 - B\ 归零方向 = 157°31'40'' - 95°47'50''$$
$$= 61°43'50''$$

3.5.3 水平角观测注意事项

（1）脚架高度要调节合适，目估架面大致水平，调脚螺旋高度大致等高，脚架踩实，中心螺旋拧紧，观测时手不要扶脚架，转动照准部及使用各种螺旋时，用力要轻。

（2）对中时，先用垂球初对中，然后再用光学对中器精对中。测角精度要求越高，或边长越短，则要求对中越准确。

（3）整平时，先粗平后精平。若观测目标的高度相差较大时，要特别注意仪器整平。

（4）瞄准方法也要粗瞄后精瞄准，并要消除视差。为减少目标偏心差，应用十字丝交点照准目标底部或桩上小钉。

（5）制动螺旋旋紧适度。制动螺旋旋紧后，微动螺旋才起作用，微动螺旋应使用其中间部分。微动螺旋的中间部分很容易辨认，如图 3-17 所示，此时制动螺旋处于槽口中间。

图 3-17 水平微动螺旋处于中间部分

（6）按观测顺序记录水平度盘读数，边测边检查，限差超限重测。

（7）水准管气泡应在观测前调好，一测回过程中不允许再调，如气泡偏离中心超过一格时，应再次整平，重测该测回。

（8）全圆测回法观测时，应注意选择清晰目标作为起始方向。

3.6 竖角测量原理与观测法

（1）竖角测量原理

竖角（又称竖直角、垂直角）是同一竖直面内倾斜视线与水平线的夹角，如图 3-18 所示，视线 OB 在水平线以上，形成仰角，其符号为正；视线 OA 在水平线以下，形成俯角，其符号为负。竖角一般用 α 表示，其值从 $0° \rightarrow \pm90°$。与竖角有关的一个概念——"天顶距"，天顶距是同一竖直面内倾斜视线与铅垂线的夹角。从天顶上方向下计算，角值从 $0° \rightarrow$

180°。在电子经纬仪的竖直角测量时有天顶距测量与竖角测量的不同方法。

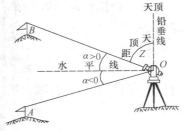

图 3-18 竖角概念

竖角与水平角一样，其角值也是度盘上两个方向的读数差，不同的是两个方向中有一个方向是水平方向。由于经纬仪构造设定，当视线水平时，其竖盘读数均为一个固定的值，0°、90°、180°、270°四个数值中的一个。因此，观测竖角时，只需观测目标点一个方向，并读取竖盘读数便可算得目标的竖角值。

（2）竖盘构造与竖盘读数指标

经纬仪的竖盘也是光学玻璃度盘，它固定在横轴的一端，随着望远镜一起在竖直面内转动。竖盘刻划有两种：一种度盘刻划顺时针增加，盘左时 0°刻线位于目镜端（如图 3-19a）；另一种，度盘刻划反时针增加，盘左时 0°刻线位于物镜端（图 3-19b）。两种竖盘刻划类型：0°→180°刻线都与视准轴方向一致，90°刻划线均位于下方。

作为读取竖盘读数的指标线，当然必须与竖盘分离。老式的 J₆ 级光学经纬仪，竖盘的读数指标线与指标水准管相连。指标水准管座套在横轴上，通过转动指标水准管的微动螺旋来控制指标线的位置，每次读数前要使水准管气泡居中，这时指标线处于铅垂的位置。

由于老式 J₆ 级光学经纬仪读数操作比较麻烦，现在新式的 J₆ 级光学经纬仪作了改进，在竖盘光路中安置补偿器，取代指标水准管。当仪器在一定的倾斜范围内，都能读得相应于指标水准管气泡居中时的读数，这种装置称竖盘指标自动归零装置，或称补偿器。当经纬仪稍有倾斜时，由 4 根金属吊丝相固连的补偿器，在重力的作用下，能自动调整光路，使指标线读得相当于竖盘水准管气泡居中时的读数。读数

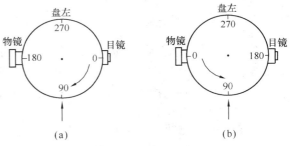

图 3-19 经纬仪的竖盘刻划
（a）顺时针刻划；（b）逆时针刻划

窗内看到分微尺的零刻线就代表指标线。补偿器螺旋开关位于仪器支架的侧面，逆转补偿器螺旋，使螺旋上的 ON 对准支架上的红点，如图 3-21 所示，此时补偿器打开，指标自动归零，即指标线处于铅垂位置。此时，你若轻转一下照准部即可听到补偿器金属吊丝的清脆响声。每次测站观测完毕，迁站或装箱，务必把补偿器螺旋开关锁住，操作时顺转螺旋，使 OFF 朝上对准支架上的红点。补偿器内的金属丝、活塞杆及阻尼盒等结构极为精细、严密，若不注意维护造成部件卡死或吊丝折断，只能送工厂进行维修或换件，因此应该牢记观测完毕、迁站、装箱一定要锁住补偿器。

图 3-19a 图，盘左图像，0°刻划在目镜端，望远镜水平时，指标线理论上指向 90°，望远镜上仰时，读数递减。b 图也是盘左图像，但 0°刻划在物镜端，望远镜水平时，指标线理论上指向 90°，望远镜上仰时，读数递增。

（3）竖角观测步骤

1）经纬仪安置于测站 A 上，对中、整平。盘左位置瞄准目标，要用十字丝的横丝切于目标的顶端，如图 3-20 所示。

2）把竖盘指标自动归零开关打开，即转动螺旋使其 ON 对准支架上的红点，如图 3-21

所示。此时即可从读数窗的 V 窗口读得竖盘读数。例如，瞄准目标 B，盘左读数 L 为 78°18′18″，记入表格。

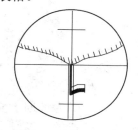

图 3-20　测量竖角瞄准目标位置

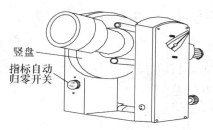

图 3-21　竖盘指标归零开关的位置

表 3-4　竖角观测记录手簿

测站	目标	盘位	竖盘读数 (° ′ ″)	竖角值		指标差 (″)
				近似竖角值 (° ′ ″)	测回值 (° ′ ″)	
A	B	L	78　18　18	11　41　42	11　41　51	+9
		R	281　42　00	11　42　00		
A	C	L	96　32　48	−6　32　48	−6　32　34	+14
		R	263　27　40	−6　32　20		

3）盘右位置，再瞄准目标 B，注意仍用十字丝的横丝瞄准目标顶端，此时读竖盘读数 R 为 281°42′00″，记入表格。

（4）竖角及竖盘指标差计算

竖角测角原理可知：竖角就是望远镜视线倾斜时读数和水平视线读数的差数。

1）当望远镜向上仰时，竖盘读数递增，竖角 α 为

$$\alpha = 倾斜视线读数 - 水平视线读数 \qquad (3-5)$$

上式中，倾斜视线读数在观测时直接读得，而水平视线读数不能直接读得，但从图3-19可以看出，水平视线的近似读数是 90°，因此可求得近似竖角。设盘左的近似竖角为 α_L，盘右的近似竖角为 α_R。图 3-19b 望远镜向上仰时，竖盘读数是递增的。故

$$\alpha_L = L - 90°$$

2）当望远镜向上仰时，竖盘读数递减，竖角 α 为

$$\alpha = 水平视线读数 - 倾斜视线读数 \qquad (3-6)$$

图 3-19a 望远镜向上仰时，竖盘读数是递减的。故

$$\alpha_L = 90° - L$$

设计制造仪器要求，望远镜视线水平时，竖盘读数应为 90° 或 270°，但是，由于仪器长期使用，可能使水平视线读数不等于理论值，与理论值之差称竖盘指标差 x。当指标线读数大于 90°（或 270°）时，x 为正（图 3-22a）；小于 90°（或 270°）时，x 为负（图 3-22b）。竖角 α 与竖盘指标差 x 的通用公式为：

竖角 α 通用公式

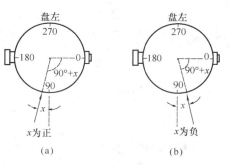

图 3-22　当望远镜向上仰时，竖盘读数递减（即顺时针增加）
（a）指标线读数大于 90°；
（b）指标线读数小于 90°

$$\alpha = \frac{1}{2}(\alpha_L + \alpha_R) \qquad (3-7)$$

竖盘指标差 x 通用公式

$$x = \frac{1}{2}(L + R - 360°) \qquad (3-8)$$

现以 TDJ6 经纬仪为例，将竖角 α 与竖盘指标差 x 公式推导如下：

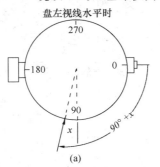 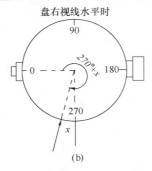

图 3-23　望远镜视线严格水平时的读数
(a) 盘左的情况；(b) 盘右的情况

盘左的情况：如图 3-23a 所示，当望远镜向上仰时，竖盘读数是递减的。设盘左瞄准目标的读数为 L，视线严格水平时的读数为 $90°+x$，所以竖角 α 为

$\alpha =$ 水平视线读数 $-$ 倾斜视线读数

即　　　　$\alpha = 90° + x - L$　　(3-9)

令　　　　$\alpha_L = 90° - L$　　(3-10)

上式 α_L 称盘左的近似竖角。

∴　　　　$\alpha = \alpha_L + x$　　(3-11)

盘右的情况：如图 3-23b 所示，当望远镜向上仰时，竖盘读数是递增的。设盘右瞄准目标的读数为 R，视线严格水平时的读数为 $270°+x$，所以竖角 α 为

$$\alpha = 倾斜视线读数 - 水平视线读数$$

即　　　　　　　　　　$$\alpha = R - (270° + x) \qquad (3-12)$$

令　　　　　　　　　　$$\alpha_R = (R - 270°) \qquad (3-13)$$

上式 α_R 称为盘右近似竖角。

∴　　　　　　　　　　$$\alpha = \alpha_R - x \qquad (3-14)$$

把式（3-11）与式（3-14）相加可得竖角 α 公式

$$\alpha = \frac{1}{2}(\alpha_L + \alpha_R) \qquad (3-15)$$

把式（3-11）与式（3-14）相减可得竖盘指标差 x 公式

$$x = \frac{1}{2}(\alpha_R - \alpha_L) \qquad (3-16)$$

现把 α_L、α_R 公式代入式（3-16）得竖盘指标差 x 公式另一形式：

$$x = \frac{1}{2}(L + R - 360°) \qquad (3-17)$$

　　无论何种竖盘类型，求竖角 α 的式（3-15）与求竖盘指标差 x 的式（3-17）均适用，因此是通用公式。

　　表 3-4 中测站 A 观测目标 B 的观测数据，求得竖盘指标差 $x_1 = +9''$，测站 A 观测目标 C 的观测数据，求得竖盘指标差 $x_2 = +14''$，指标差的互差 $\Delta x = 5''$，指标差对同一台仪器应为常数，如果两目标求得指标差的互差很大，说明观测误差超限。城市测量规范规定：指标

差的互差不得超过±25″，同一方向各测回竖角互差也不得超过±25″。

3.7 经纬仪的检验与校正

3.7.1 经纬仪构造应满足的主要条件

根据水平角测量原理，观测水平角时，经纬仪水平度盘必须成水平位置。操作时，一般是先粗平，后精平。为此，圆水准器轴应平行于仪器竖轴（仪器360°水平旋转的中心轴线），照准部水准管轴应垂直于竖轴。望远镜绕横轴纵转时，其视准轴形成的视准面必须是竖直平面。为此，视准轴应垂直于横轴，否则望远镜纵转时，其视准面不是竖直平面而是圆锥面。另外，横轴还应垂直于竖轴，否则望远镜纵转时，其视准面成倾斜面。

综上所述，经纬仪结构有五条主要轴线：圆水准器轴、照准部水准管轴、竖轴、视准轴以及横轴，如图3-24所示。各轴间应满足一定的几何条件。为使仪器正确工作，应满足以下6个条件：

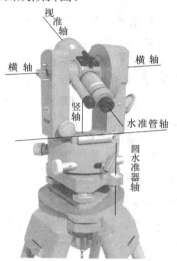

1）照准部水准管轴应垂直于竖轴，即 $LL \perp VV$。
2）圆水准器轴应平行于竖轴，即 $L'L' /\!/ VV$。
3）望远镜的视准轴垂直于横轴，即 $CC \perp HH$。
4）横轴垂直竖轴，即 $HH \perp VV$。
5）竖盘指标差应很小，接近0。
6）光学对中器视准轴与竖轴重合。

3.7.2 经纬仪检校项目

（1）经纬仪照准部水准管的检校

1）检验

图3-24 经纬仪结构的
主要轴线

检验的目的是检查照准部水准管轴 LL 是否垂直于仪器的竖轴 VV。先将仪器粗平。然后转照准部使水准管平行于任意一对脚螺旋，调节该对脚螺旋使水准管气泡居中。转动照准部180°，如果气泡仍居中，则说明条件满足，如果气泡偏离超过1格，应进行校正。

2）校正

如图3-25a所示，水准管轴水平，但竖轴倾斜。设它与铅垂线的夹角为 α。照准部转180°，如图3-25b所示，基座和竖轴位置不变，水准管轴与水平面的夹角为 2α，通过气泡中

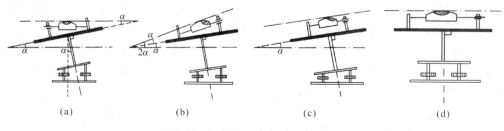

| (a) | (b) | (c) | (d) |

图3-25 经纬仪照准部水准管的检校

心偏离水准管零点的格数表现出来。校正时先用校正针拨动水准管校正螺丝，使气泡退回偏离量的一半（等于α），如图 3-25c，此时，水准管轴已垂直于竖轴。最后用脚螺旋调节水准管气泡居中，如图 3-25d 所示，水准管轴水平，竖轴也垂直。

（2）圆水准器的检校

1）检验

检验的目的是检查圆水准器轴 $L'L'$ 是否与仪器的竖轴 VV 平行。如缺少此项检校，就无法使用圆水准器作粗略整平。检验的方法是，首先用已检校的照准部水准管，把仪器精确整平，此时再看圆水准器的气泡是否居中，如不居中，则需校正。

2）校正

在仪器精确整平的条件下，校正时，先略松开圆水准器底座的固定螺钉，然后用校正针拨动圆水准器底座下的校正螺丝使气泡居中。注意对校正螺丝须采用一松一紧的操作，最后拧紧固定螺钉。

（3）十字丝环的检校

1）检验

检验的目的是检查十字丝的竖丝是否垂直于横轴的几何条件。检验时，用十字丝交点精确瞄准水平方向一清晰的目标点 A，然后用望远镜微动螺旋，使望远镜上下仰俯。如果 A 点不偏离竖丝，如图 3-26a 所示，则条件满足；否则，如图 3-26b 所示，需校正。

2）校正

旋下目镜十字丝分划板的护盖，松开 4 个压环螺丝，如图 3-27 所示，慢慢转动十字丝分划板座，使竖丝重新与目标点 A 重合，反复检验，直至条件完全满足。最后旋紧 4 个压环螺丝，旋上十字丝分划板护盖。

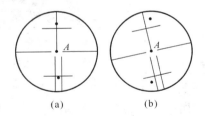

图 3-26　十字丝环检验

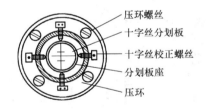

图 3-27　十字丝环构造

（4）视准轴的检校

1）检验

检验的目的是检查视准轴 CC 是否垂直于横轴 HH。该条件不满足主要原因是视准轴位置不正确，也就是十字丝交点位置不正确，十字丝交点偏左或偏右，使视准轴与横轴不垂直，形成视准轴误差，通常用 C 表示。检验的步骤如下：

首先，把经纬仪整平，以盘左位置，望远镜大约水平方向瞄准远方一清晰目标或白墙上某目标点 P，读取水平度盘读数 L。如图 3-28a，设十字丝交点偏右，使视准轴偏向左侧 C 角，因此盘左水平度盘读数 L 比正确盘左读数 L_0 大了 C 值，即

$$L = L_0 + C \qquad\qquad (3\text{-}18)$$

然后，倒转望远镜成盘右位置，仍瞄准同一目标，读取水平度盘读数为 R。由于倒镜后

视准轴偏向右侧 C 角，如图 3-28b。因此盘右水平度盘读数 R 比正确盘右读数 R_0 小了 C 值，即

$$R = R_0 - C \qquad (3-19)$$

因为瞄准同一水平方向目标，正确的正倒镜读数差为 $\pm 180°$，即 $L_0 - R_0 = \pm 180°$，所以公式（3-18）减式（3-19）得

$$2C = L - R \pm 180° \qquad (3-20)$$

因此，视准轴的误差 C 公式为

$$C = \frac{L - R \pm 180}{2} \qquad (3-21)$$

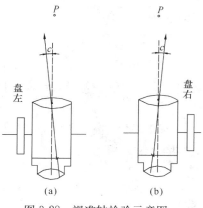

图 3-28　视准轴检验示意图
(a) 盘左时；(b) 盘右时

如果 $C > \pm 1'$ 应校正。

2）校正

首先，在检验时的盘右位置（盘左位置也可），求得水平度盘对准盘左、盘右读数的平均值（注意盘左或盘右应 $\pm 180°$ 后平均）。此时望远镜纵丝偏离目标，调整十字丝环左右螺丝，见图 3-27，当然要先松上下螺丝中一个，然后左右螺丝一松一紧。调整完毕，把松开的螺丝旋紧。校正后再检验，直至 $C < \pm 1'$ 为止。

（5）横轴的检校

1）检验

检验的目的是检查横轴 HH 是否垂直于竖轴 VV，此条件满足时，才能确保竖轴铅直时，横轴是水平的，否则视准轴绕横轴旋转的轨迹不是铅垂面，而是一个倾斜面。检验的步骤如下：

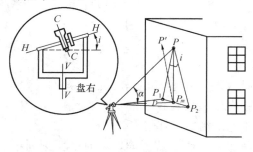

图 3-29　横轴的检校

如图 3-29 所示，距墙面约 30m 处安置经纬仪，先以盘左位置瞄墙上明显的高点 P（要求仰角 $\alpha > 30°$），读竖盘读数 L。不要松开照准部，将望远镜大致放平，在墙上标出十字丝交点所对的位置 P_1；再用盘右位置瞄准 P 点，又读竖盘读数 R，在放平望远镜后，在墙上标出十字丝交点所对的位置 P_2。如果 P_1 与 P_2 重合，表示横轴垂直于竖轴。否则，条件不满足。

当竖轴铅直时，横轴不水平，盘左与盘右横轴倾斜方向正相反，图中盘左位置横轴是左高右低，故瞄 P 投下后得 P_1 点；盘右位置横轴变成左低右高，瞄 P 投下后得 P_2 点，用尺子量 P_1 至 P_2 的距离 l，横轴不垂直于竖轴，与垂直位置相差一个 i 角，在图中表示为两条倾斜线 PP_1 或 PP_2 与铅垂线 PP_m 的夹角 i。高点 P 的竖角 α 可以通过正倒镜观测 P 点的竖盘读数 L 与 R 按公式计算求得。经纬仪至墙面的距离 D 可用尺子量得。从图可看出：

$$\tan i = \frac{P_1 P_m}{PP_m}$$

因为 $P_1P_m=l/2$，$PP_m=D\tan\alpha$，代入上式，并考虑到 i 角很小，得：

$$i = \frac{l}{2} \cdot \frac{\rho''}{D} \cdot c\tan\alpha \qquad (3\text{-}22)$$

对于 DJ$_6$ 经纬仪，若 $i>\pm1'$，则需校正。

2）校正

此项校正需打开支架护盖，在室内进行。因技术性较强，应交专业维修人员处理。

（6）竖盘指标差的检校

1）检验

当竖盘指标自动归零开关打开或竖盘指标水准管气泡居中，望远镜视线水平时，竖盘的读数应为理论值。如不为理论值，其差数即为竖盘指标差 x。x 值不得超过 $\pm20''$。检验的方法：用正倒镜观测远处大约水平一清晰目标 3 个测回，按公式算出指标差 x，3 测回取平均，如果 x 大于 $\pm20''$，则需校正。

2）校正

校正时，先计算盘右瞄准目标的正确的竖盘读数 $(R-x)$，然后，旋转竖盘指标水准管的微动螺旋对准竖盘读数的正确值。此时，水准管气泡必偏歪，打开护盖，用校正针拨动水准管的校正螺丝使气泡居中。校正后再复查。

注：为什么说：盘右瞄准目标正确的竖盘读数为 $(R-x)$？因为当顺时针刻划的竖盘，盘右时求正确竖角 α 公式为（3-12），即 $\alpha=R-(270°+x)=(R-x)-270°$

反时针刻划的竖盘，盘右时求正确竖角 $\alpha=270°-(R-x)$

上面两式的左端为望远镜瞄准目标的正确竖角 α，右端 270° 项为视线水平读数。因此，$(R-x)$ 应为盘右的正确读数。

对于有竖盘指标自动归零的经纬仪（如 TDJ6），校正方法略有不同。首先用改锥拧下螺钉，取下长形指标差盖板，可见到仪器内部有两个校正螺钉，松其中一螺钉，紧另一个螺钉，使垂直光路中一块平板玻璃转动，从而改变竖盘读数对准正确值便可。

（7）光学对中器的检校

1）检验

检验时目的检查光学对中器的视准轴与仪器竖轴是否重合。检验的方法是：

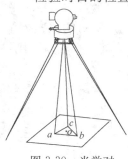

图 3-30 光学对中器的检校

①经纬仪粗略整平，将一张白纸板放在仪器的正下方地面上，使白纸板在对中器的视场中心，压上重物，使其固定。

②转照准部使对中器目镜位于一个脚螺旋方向，将对中器刻划中心投绘在白纸板上，得 a 点，如图 3-30 所示。

③再转照准部使对中器目镜位于另一个脚螺旋方向，将对中器刻划中心投绘在白纸板上，得 b 点。

④再转照准部使对中器目镜位于第三个脚螺旋方向，将对中器刻划中心投绘在白纸板上，得 c 点。如果 a、b、c 三点重合说明条件满足。否则需校正。

2）校正

如图 3-30 所示，找出三角形 abc 的重心 O。用校正针调节对中器四个校正螺丝（一松一紧），使对中器刻划圆圈对准 O 点。反复检验与校正，直至条件满足要求。

3.8 如何将经纬仪作为水准仪使用

在小型工程施工中，用经纬仪定线，同时又用经纬仪标定某构筑物的高度、整平小型场地、抄平路面、标定花坛、树坛高度等，此时可将经纬仪作为水准仪使用，以便于施工定线定点。要达到这一目的关键的问题是使经纬仪的视准轴 CC 安置成水平位置，如图 3-31。做法是：

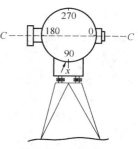

（1）预先精确测定竖盘指标差：选 3 个清晰目标正倒镜观测求得 3 个指标差 x 取平均。每测一个目标均按下式计算指标差：

$$x = \frac{1}{2}(L + R - 360°)$$

3 个 x 互差不超过 $20''$，取平均。

图 3-31　经纬仪望远镜水平时

（2）作水准仪使用时，首先应将经纬仪竖盘指标归零开关打开。

（3）盘左位置，望远镜大约安置水平位置，转望远镜微动螺旋使竖盘读数精确对准 $90° + x$，此时望远镜视准轴 CC 即为水平视线。

在使用过程中绝对不要碰动望远镜的制动螺旋与微动螺旋。把经纬仪望远镜的视准轴作水平视线用，瞄准目标一般不宜太远，一般距离最好不要超过 200m，视工程施工精度要求而定。

3.9 角度测量误差分析

使用经纬仪进行角度测量不可避会产生误差。研究其误差的来源、性质，以便使用适当的措施与观测方法，提高角度测量的精度。角度测量误差来源主要有 3 个方面，即仪器误差、观测误差和外界条件的影响。

3.9.1 仪器误差

仪器误差主要是指仪器检校后残余误差和仪器零部件加工不够完善引起的误差。主要有下列几种：

（1）视准轴误差

视准轴垂直于横轴，经检校其残余的视准轴误差 C，对水平度盘读数的影响用 (C) 表示，经推导可用下式表示：

$$(C) = \frac{C}{\cos \alpha} \tag{3-23}$$

式中 α 为观测目标的竖角。从图 3-28 可知：视准轴误差 C，在正倒镜观测时，符号是相反的，因此可用正倒镜观测取平均值加以消除。

（2）横轴误差

横轴垂直于竖轴，经检校其残余的横轴误差 i，对水平度盘读数的影响用 (i) 表示，经推导可用下式表示：

$$(i) = i \cdot \tan \alpha \tag{3-24}$$

式中 α 为观测目标的竖角。当 $\alpha = 0$ 时，$(i) = 0$，即视线水平时，横轴误差对水平角没有影响。盘左观测时，若横轴右端高于左端。纵转望远镜成盘右观测，横轴变为左端高于右端，即正倒镜观测时，横轴误差 i 符号是相反的，因此取正倒镜的平均值可以消除其影响。

（3）竖轴误差

竖轴应处于铅垂位置，但是由于水准管整平不够精确，或检校水准管不够完善，造成竖轴倾斜，从而引起横轴不水平，给角度测量带来误差。照准部绕着倾斜的竖轴旋转，无论盘左或盘右，竖轴倾斜方向都是一样的，致使横轴倾斜方向都一样，所以竖轴倾斜误差不能用正倒镜观测取平均值的办法消除。因此，角度测量前，应精确检校照准部水准管，以确保水准管轴与竖轴垂直。角度测量时，经纬仪应精确整平。观测过程中，水准管气泡偏歪不得大于 1 格。发现气泡偏歪超过 1 格，要重新整平，重测该测回。特别在山区观测，各目标竖角相差又较大应特别注意。

（4）竖盘指标差

竖盘指标差主要对观测竖角产生影响，与水平角测量无关。指标差产生的原因，对于具有竖盘指标水准管的经纬仪，可能是气泡没有严格居中，或检校后有残余误差。对于具有竖盘指标自动归零的经纬仪，可能是归零装置的平行玻璃板位置不正确。从公式（3-15）可看出，采取正倒镜观测取平均值，可自动消除竖盘指标差对竖角的影响。

（5）度盘偏心差

该误差是由仪器零部件加工安装不完善引起的。有水平度盘偏心差与竖直度盘偏心差两种。

水平度盘偏心差是由于照准部旋转中心与水平度盘圆心不重合引起指标读数的误差。在正倒镜观测同一目标时，指标线在水平度盘上位置具有对称性，所以也可正倒镜观测取平均值予以减弱或消除。

竖直度盘偏心差是指竖盘的圆心与仪器横轴中心线不重合带来的误差，此项误差很小，可以忽略不计。

（6）度盘刻划不均匀的误差

在目前精密仪器制造工艺中，这项误差一般很小。为了提高测角精度，采用各测回之间变换度盘位置的方法，可以消除度盘刻划不均匀的误差的影响。此外，变换度盘位置进行观测还可避免由于每次读取相同度盘读数而发生粗差，从而提高测角精度。

3.9.2 观测误差

（1）对中误差

测量角度时，经纬仪应安置在测站上。若仪器中心与测站不在同一铅垂线上，称对中误差，又称测站偏心误差。

如图 3-32 所示，O 为测站点，A、B 为目标点，O' 为仪器中心在地面上的投影位置。OO' 的长度为偏心距，用 e 表示。由图可知，观测角值 β' 与正确角值 β 有如下关系：

$$\beta = \beta' + (\varepsilon_1 + \varepsilon_2) \tag{3-25}$$

因 ε_1、ε_2 很小，可用下式计算：

$$\varepsilon_1 = \frac{\rho'' e}{D_1}\sin\theta \qquad \varepsilon_2 = \frac{\rho'' e}{D_2}\sin(\beta' - \theta)$$

因此，仪器对中误差对水平角影响为

$$\varepsilon = \varepsilon_1 + \varepsilon_2 = \rho'' e \left(\frac{\sin\theta}{D_1} + \frac{\sin(\beta' - \theta)}{D_2} \right) \tag{3-26}$$

由上式可知，对中误差的影响 ε 与偏心距 e 成正比，与边长 D 成反比。

当 $\beta = 180°$，$\theta = 90°$ 时，ε 角值最大。设 $e = 3\text{mm}$，$D_1 = D_2 = 60\text{m}$ 时，

$$\varepsilon = \rho'' e \left(\frac{1}{D_1} + \frac{1}{D_2} \right) = 206265'' \times \frac{3 \times 2}{60 \times 10^3} = 20.6''$$

由于对中误差不能通过观测方法予以消除，因此在测量水平角时，对中认真仔细。对于短边、钝角更要注意严格对中。

（2）目标偏心误差

测量水平角时，目标点若用竖立标杆作为照准点，由于立标杆很难做到严格铅直，此时照准点与地面标志不在同一铅垂线上，其偏差称目标偏心，瞄准点越高，产生的误差越大。

如图 3-33 所示，O 为测站，A 为地面目标，照准点至地面标志点 A 的距离为 d，标杆倾斜 α，则目标偏心差 $e = d\sin\alpha$，它对观测方向影响为

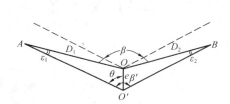
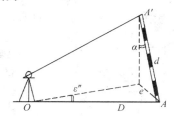

图 3-32　对中误差对水平角影响　　　图 3-33　目标偏心误差对水平方向影响

$$\varepsilon = \frac{e}{D} \rho'' = \frac{d\sin\alpha}{D} \rho'' \tag{3-27}$$

由式（3-26）可知，目标偏心误差对水平方向观测影响 ε 与照准点至地面标志间的距离 d 成正比，与边长 D 成反比。

因此，观测时应尽量使标杆竖直，瞄准时尽可能瞄准标杆基部。测角精度要求较高时，应用垂球线代替标杆。

（3）照准误差

人眼通过望远镜瞄准目标产生的误差，称为照准误差，其影响因素很多，如望远镜的放大倍率、人眼的分辨力、十字丝的粗细、目标的形状与大小、目标的清晰度等。通常主要考虑人眼的分辨力（60″）和望远镜的放大倍率 V，照准的误差为 m_V 为

$$m_V = \pm \frac{60''}{V} \tag{3-28}$$

对于 DJ_6 经纬仪，$V = 28$，则 $m_V = \pm 2''$

（4）读数误差

读数误差与观测者技术熟练程度、读数窗的清晰度和读数系统构造有关。对于采用分微尺读数系统而言，分微尺最小格值为 t，则读数误差 m_0 为

$$m_0 = \pm 0.1t \tag{3-29}$$

对于 DJ_6 经纬仪，$t = 1'$ 则读数误差 $m_0 = \pm 0.1' = \pm 6''$。

3.9.3 外界条件影响

观测角度是在一定的外界条件下进行的，外界条件及其变化对观测质量有直接的影响。如地面松软和大风影响仪器的稳定；日晒和温度影响水准管气泡的居中；大气层受地面热辐射的影响会引起目标影像的跳动等，这些都会给观测角度带来误差。因此，要选择目标成像清晰稳定的有利时间观测，尽可能克服或避开不利条件的影响，如选择阴天或空气清晰度好的晴天进行观测，以便提高观测成果的质量。

3.10　电子经纬仪

（1）电子经纬仪的结构及其特点

电子经纬仪是由精密光学器件、机械器件、电子扫描度盘、电子传感器和微处理机组成的，在微处理器的控制下，按度盘位置信息，自动以数字显示角值（水平角、竖直角）。测角精度有 6″、5″、2″、1″等多种。

图 3-34 为南方测绘公司生产的 ET-02/05 电子经纬仪，各部件名称注于图上。

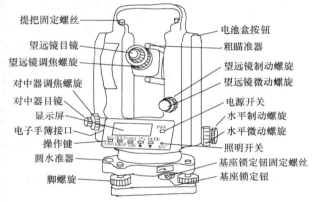

图 3-34　ET-02/05 电子经纬仪

其他各按键名称及功能详见图中说明。

电子经纬仪与光学经纬仪比较主要特点有下列几点：

1）电子经纬仪必须安装电池，在供电情况下使用，角度测量值直接显示在显示屏上，不存在读数误差。

2）测角操作更为方便。光学经纬仪水平度盘只有顺时针刻划这一种，电经既可使水平度盘顺时针增加，又可使水平度盘反时针增加，只要按一键就可相互切换。开机后显示屏左下角显示 HR 字样，说明书称为"右旋测角"；再按一下键盘上的【R/L】键，立刻切换为"左旋测角"。由于这一特点，在测量二个方向组成的内角及外角（即导线测量中的左角与右角）时，

ET-02/05 电子经纬仪键盘如图 3-35 所示。

【R/L】键：左、右旋测角互相切换键。HR 表示右旋测角，即照准部右转时，水平度盘顺时针增加。HL 表示左旋测角，即照准部左转时，水平度盘逆时针增加。

【0SET】键：读数置零键，连续按 2 次，水平度盘读数置成 0°00′00″。

【HOLD】键：读数锁住键，按此键锁住当前的度盘读数，保持不变，再按一下则解锁。

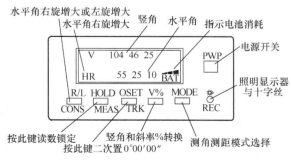

图 3-35　ET-02/05 电子经纬仪键盘

就十分方便，详见下面介绍的测角法。

3）设有竖轴倾斜补偿装置，该补偿装置实质上是一组倾斜传感器，由光电法测得竖轴的倾斜量，由微处理器自动修正水平盘和竖盘的读数，以达到补偿的目的。当竖轴倾斜超过 $3'$，显示屏会出现"b"字样，此时应重新整平，"b"字消失后，经纬仪竖轴倾斜补偿器就可起作用。

4）可将观测数据通过电子手簿接口传输至电子手簿或计算机，以便进行数据处理。

5）可与多种测距仪连接组成组合式的电子速测仪。

（2）电子经纬仪测角方法

1）电经测回法测量水平角步骤：

例如，测量 $\angle AOB$ 水平角，测量内角：在 HR 状态下，盘左位置，瞄准 A 目标，按 2 次【0 SET】键，A 方向水平度盘读数置 0，顺时针旋转照准部瞄准 B 方向读数，即为半测回内角值。纵转望远镜后成盘右位置，瞄 B 读数，逆时针转瞄 A 读数即完成下半测回的内角测量。

若要求测若干测回，对于电经来说，配置不同度盘位置施测没有任何意义，因电经系光电度盘，不存在所谓刻划误差，直接用上法再测一测回作为第二测回。如果要获得更高精度，可以采用复测法，即瞄右目标 B 后不读数，而按【HOLD】键自动保持住右目标 B 的读数，然后，继续再精确瞄左目标 A 后，再按【HOLD】键，解除锁数，松照准部第 2 次瞄准右目标 B，再读数。此时角度已累加了一次，最后读数除以 2 即得 $\angle AOB$。

测量外角：按一下键盘上的【R/L】键，切换为 HL 状态，盘左位置瞄准 A 目标，按 2 次【0 SET】键，A 方向水平度盘读数置 0，顺时针旋转照准部瞄准 B 方向读数，即为上半测回的外角值。纵转望远镜后成盘右位置，瞄 B，后瞄 A 可获得下半测回的外角值。

2）电经测量竖角步骤：

竖角观测前应进行初始化设置，即设置水平方向为 $0°$ 还是 $90°$，后一种设置观测结果为天顶距。当显示屏显示"V 0 SET"时，即提示竖盘指标应归零。操作法是，在盘左位置将望远镜在垂直方向上转动 $1\sim2$ 次，当望远镜通过水平视线时，仪器自动将竖盘指标归零，并显示出当时望远镜视线方向的竖值。竖角具体观测步骤与光学经纬仪相同。

（3）电子经纬仪测角原理

电子经纬仪测角读数系统采用光电扫描度盘和自动显示系统，主要有编码度盘测角、光栅度盘测角以及格区式度盘动态测角三种：

1）编码度盘测角原理

编码度盘是类似于普通光学度盘的玻璃码盘，有许多同心圆环，每一同心圆环称为码道，每圆环又刻成若干等长的透光与不透光的区，以透光表示二进制代码"1"，不透光表示"0"，因此，当照准某一方向时，通过光电扫描而获得方向代码，所以一般又称为绝对式读数系统。

2）光栅度盘测角原理

在光学玻璃上均匀地刻许多等间隔的细线就构成了光栅，这种度盘称光栅度盘。相邻条纹之间的距离，称为栅距。在度盘的一侧安置恒定的光源，另一侧有一固定的光电接收管。当光栅度盘与光线产生相对移动（转动）时，可利用光电接收管的计数器，累计求得所移动的栅距数，从而得到转动角度值。这种累计计数而无绝对刻度读数系统，称为增量式读数系统。光栅度盘的栅距就相当于光学度盘的分划，栅距越小测角精度越高。在80mm直径的光栅度盘上，刻有12500条细线（50条/mm），栅距分划值为$1'44''$。要想提高测角精度，必须进一步细分，这就需要采用莫尔条纹技术，就可以对纹距进一步细分，达到提高测角精度的目的。

3）格区式度盘动态测角原理

度盘为玻璃圆盘，测角时由微型马达带动而旋转。度盘分成1024个分划，每个分划由一对黑白条纹组成。固定光栏固定在基座上，相当于光学度盘零分划。活动光栏在度盘内侧随照准部转动，相当于光学度盘的指标线，它们之间的夹角即为要测的角度值，所以这种方法称为绝对测角系统。光栏上装有发光二极管和光电二极管，分别处于度盘上、下侧。发光二极管发射红外光线，通过光栏孔隙照到度盘上。度盘按一定速度旋转，因度盘上明暗条纹而形成透光亮的不断变化，这些光信号被设置在度盘另一侧的光电二极管接收，转换成正弦波的电信号输出，用以测角。

练 习 题

1. 叙述具有分微尺读数的（例如 TDJ6 型）经纬仪，起始目标水平度盘配置 $90°01'00''$ 的步骤。

2. 试比较经纬仪测站安置与水准仪测站安置有哪些相同点与不同点。

3. 叙述经纬仪对中的操作步骤。使用光学对中器对中，为什么仪器必须首先粗平？

4. 经纬仪上有几对制动、微动螺旋？各起什么作用？如何正确使用测量仪器（包括水准仪与经纬仪等）的制动螺旋和微动螺旋？

5. 计算水平角时，为什么要用右目标读数减左目标读数？如果不够减应如何计算？

6. 经纬仪的结构有哪几条主要轴线？它们相互之间应满足什么关系？如果这些关系不满足将会产生什么后果？

7. 观测水平角采用盘左、盘右观测能消除哪些误差的影响？试绘图或列公式加以说明。盘左、盘右观测能否消除因竖轴倾斜引起的水平角测量误差？为什么？

8. 什么叫竖盘指标差？如何进行检验与校正？如何衡量竖角观测成果是否合格？

9. 什么叫竖角？为什么测量竖角时只需瞄准目标读取竖盘读数，而不必把望远镜放置水平位置进行读数？

10. 完成下面全圆方向观测法表格的计算：

| 测站 | 目标 | 水平度盘读数 | | $2C=L-R\pm180°$ (″) | 平均读数 $=\frac{1}{2}$ $(L+R\pm180°)$ (° ′ ″) | 一测回归零方向值 (° ′ ″) | 各测回归零方向平均值 (° ′ ″) |
		盘左 (° ′ ″)	盘右 (° ′ ″)				
O （第1测回）	A	0 01 06	180 01 06				
	B	91 54 06	271 54 00				
	C	153 32 48	333 32 48				
	D	214 06 12	34 06 06				
	A	0 01 24	180 01 18				

测站	目标	水平度盘读数		$2C=L-R\pm 180°$ ($''$)	平均读数$=\frac{1}{2}$ $(L+R\pm 180°)$ ($°\ '\ ''$)	一测回归 零方向值 ($°\ '\ ''$)	各测回归零 方向平均值 ($°\ '\ ''$)
		盘左 ($°\ '\ ''$)	盘右 ($°\ '\ ''$)				
O (第2 测回)	A	90 01 24	270 01 18				
	B	181 54 06	1 54 18				
	C	243 32 54	63 33 06				
	D	304 06 24	124 06 18				
	A	90 01 36	270 01 36				

11. 如何判断经纬仪竖盘的注记形式？两种竖盘的注记形式的特点是什么？

12. 在测站 A 点观测 B 点、C 点的竖直角，观测数据列于下表，试计算竖直角及指标差。（注：盘左视线水平时竖盘读数为 $90°$，视线向上倾斜时竖盘读数是增加的。）

测站	目标	盘位	竖盘读数 ($°\ '\ ''$)	竖角值		指标差 ($''$)
				近似竖角值 ($°\ '\ ''$)	测回值 ($°\ '\ ''$)	
A	B	L	97 40 18			
		R	262 19 48			
A	C	L	85 17 18			
		R	274 43 00			

13. 测量角度 $\angle ABC$ 时（图 3-36），没有瞄准 C 点花杆的根部，而错误地瞄准了花杆的顶部 c'，已知顶部偏离为 $15mm$，BC 距离为 $34.18m$。求目标偏心而引起的测角误差为多少？

14. 如图 3-37 所示，设仪器中心 O' 偏离测站标志中心 O 为 $13mm$，水平角 $\angle AO'B$ 的观测值为 $91°51'18''$，已知 $\angle AO'O=35°$，试根据图中给出的数据，计算因仪器对中误差引起的水平角测量误差。

图 3-36   图 3-37

15. 请简述水平角测量中，下列误差的性质、符号以及消除、减弱或改正的方法：

①对中误差；②目标倾斜误差；③瞄准误差；④读数误差；⑤仪器未完全整平；⑥照准部水准管轴误差；⑦视准轴误差；⑧横轴误差；⑨照准部偏心差；⑩度盘刻划误差。

16. 电子经纬仪有哪些特点？开机后显示屏左下角显示 HR 或 HL 字样，说明书中称为"右旋测角"或"左旋测角"，其实质是什么？

学 习 辅 导

1. 本章学习目的与要求

目的：识知光学经纬的结构，学会使用 $6''$ 级光学经纬仪，掌握水平角及竖直角观测、记录与计算。对 6″级光学经纬仪能进行检验,并能校正某些项目。

要求:

(1) 识知光学经纬的结构,各螺旋的功能、用法及 J_6、J_2 光学经纬仪读数法。

(2) 掌握光学经纬仪测站对中、整平、瞄准的步骤,实习后达到熟练的程度。

(3) 掌握测回法、方向观测法以及竖直角的观测、记录与计算。

(4) 掌握 6″级光学经纬仪的检验;对照准部水准管轴、圆水准器轴、视准轴这三项要求能进行校正。

2. 学习本章的要领

(1) 学好本章关键在于熟知仪器,搞清下列 3 个关系:①水平度盘与照准部之间的关系;②竖盘、望远镜、指标之间的关系;③制动螺旋与微动螺旋的关系。还有,仪器结构的 5 条轴线及其几何关系。

(2) 掌握经纬仪的使用,关键在于十分明确测站对中、整平、瞄准的目的与步骤,对中的难点是光学对中器的正确使用,按教材的操作步骤必能达到高精、高效。对中分两步进行:先粗对中,后精对中。整平也分两步进行:先粗平,后精平。瞄准也两步进行:先粗瞄,后精瞄。

(3) 掌握测角法,测出达到精度要求的角度,一定要熟知每一操作步骤的目的、其道理所在,切忌盲目乱动,宜轻手轻脚,边测边算边检查。竖角观测较简单,关键在计算,不论什么竖盘类型,竖角与指标差的计算公式都是一样的,不同点在于计算近似竖角的公式不相同,建议学生用纸板做个模型,摆弄一下就能完全掌握。

(4) 经纬仪的检验很重要,掌握了它,将来工作时就能迅速判断你所在单位现存仪器是否完好可用。校正是第二位的,因有问题的仪器可以送专门修理部门去修理。找出有问题的仪器,学生必须掌握各项检验,主要抓目的与步骤两项,在实习中一定要开动脑筋,深刻理解。

第4章　距离测量与直线定向

距离测量是确定地面点位基本测量工作之一。距离测量方法有：卷尺量距法（包括钢尺量距、玻璃纤维卷尺量距、皮尺量距），视距测量法，电磁波测距法，以及利用卫星测距法。钢尺量距法是用钢尺沿地面直接丈量距离；视距测量法是用经纬仪或水准仪望远镜的视距丝测量距离；电磁波测距法是用仪器发射与接收电磁波测量距离；利用卫星测距法是在两点上用卫星接收仪接收卫星信号以求得两点距离，即 GPS 测量。

本章主要介绍卷尺量距法，视距测量法以及电磁波测距法。利用卫星测距法将在第 8 章介绍。

4.1　直接量距工具

量距工具主要有钢尺、玻璃纤维卷尺、皮尺，统称为卷尺。卷尺的零分划位置有两种：一种是卷尺前端有一条刻划线作为尺长的零刻划线，称为刻线尺；另一种是零点位于尺端，即拉环外沿，这种尺称为端点尺，如图 4-1 所示。

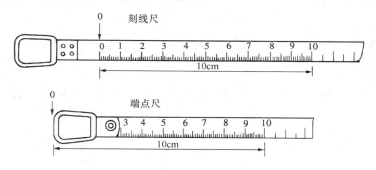

图 4-1　卷尺的两种不同零点位置

钢尺为钢制带尺，尺宽 10～15mm，长度有 20m、30m 及 50m 等多种。为了便于携带和保护，将钢尺卷在圆形皮盒内或金属尺架上。钢尺的分划有三种：第一种钢尺的基本分划为厘米；第二种基本分划为厘米，并在零端 10 厘米内为毫米分划；第三种基本分划为毫米。尺上在分米和米处都刻有注记，便于量距时读数。钢尺的零刻划线在尺身前端，故为刻线尺。

高精度玻璃纤维卷尺（简称高精卷尺）也属于刻线尺，其中心部分是一排玻璃纤维束（每束由若干玻璃纤维用特殊材料胶合而成），最外层用聚氯乙烯树脂保护，以免刻划线磨损。该尺长度有 30m 与 50m 两种。最小分划为 2 毫米，尺上米及分米分划均有注记，它属于刻线尺。量距精度接近钢尺，从劳动强度、工作效率、价格、使用寿命等方面均明显优于钢尺。

皮尺刻划零点在拉环外沿，属于端点尺。它是用麻线与金属丝合织而成的带状尺。尺长有 20m、30m 及 50m 等多种，尺面最小分划为厘米，每 10cm 一注记。皮尺耐拉强度较差，容易被拉长，故只适用于较低精度的量距工作。

量距中辅助工具有测钎、标杆（或称花杆）、垂球、弹簧秤和温度计。测钎是用直径为5mm左右的粗铁丝一端磨尖制成，长约30cm，用来标志所量尺段的起、止点。测钎6根或11根为一束，它可以用于计算已量过的整尺段数，如图4-2a所示。标杆又称花杆，长3m，杆上涂以20cm间隔的红、白漆，用于标定直线，如图4-2b所示。垂球作为在倾斜地面量距时投点的工具。弹簧秤与温度计用于控制拉力和测定温度，如图4-2d、e。

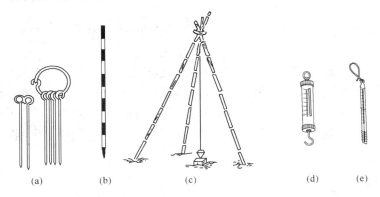

图4-2　量距辅助工具
（a）测钎；（b）标杆；（c）垂球；（d）弹簧秤；（e）温度计

4.2　卷尺量距方法

4.2.1　直线定线

（1）在两点间或两点的延长线上定线

如果地面两点之间距离较长或地面起伏较大，需要分段进行量测。为了使丈量线段在一条直线上，需要在待测两点的直线上标定若干点，以便分段丈量，此项工作称为直线定线。如图4-3，欲量 A、B 间的距离，一个作业员甲站于端点 A 后1～2m处，用眼自 A 点标杆的一侧瞄 B 点标杆的同一侧形成视线，指挥持杆的作业员乙移动标杆（乙手持标杆，要使标杆自然下垂），当标杆与 A、B 在同一直线上时，让标杆垂直落下，定出1点。

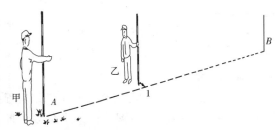

图4-3　在两点间或两点的延长线上定线

（2）过山头定线

跨山头定线步骤如下：如图4-4，在山头两侧互不通视 A、B 两点插标杆，甲目估 AB 线上的1′点立标杆（1′点要靠近 A 点并能看到 B 点），甲指挥乙将另一标杆立在 B1′线上的2′点（2′点要靠近 B 点并能看到 A 点）。然后，乙指挥甲将1′点的标杆移到2′A 线上的1″点。如此交替指挥对方移动，直到甲看到1、2、B 成一直线，乙看到2、1、A 成一直线，则1、2两点在 AB 直线上。

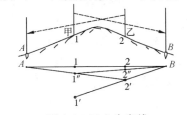

图4-4　过山头定线

4.2.2 一般量距方法

钢尺量距一般采用整尺法量距，根据不同地形可采用水平量距法和倾斜量距法。

（1）平坦地面量距方法

在平坦地区，当量距精度要求不高时，可采用整尺法量距，直接将钢尺沿地面丈量，不加温度改正和不用标准弹簧秤施加拉力。量距前，先在待测距离的两个端点 A、B 用木桩（桩上钉一小钉）标志，或直接在柏油或水泥路面上钉水泥钉标志。采用边定线边量距的方法，需 3 人作业。步骤如下：

1）负责定线作业员站在 A 点标杆后面指挥定线。

2）丈量第 1 整尺段：后尺手持钢尺零端，前尺手拿钢尺末端，并带一根标杆及一套测钎（6 根或 11 根），朝 B 点前进，走到约一整尺时竖直持标杆，在定线员的指挥下将标杆移动到 AB 直线上，让标杆自然落下，在标杆尖处的地面作一标志。然后，后尺手将尺的零点对准 A 点，前尺手使尺子通过地上所作的定线标志，前、后尺手拉紧钢尺，前尺手在尺末端处垂直插下一个测钎 1 点，这样量完第一整尺段。

3）丈量第 2 整尺段：前、后尺手同时将钢尺抬起（悬空勿在地面拖拉）前进。后尺手走到第 1 根测钎处，前尺手听从定线员指挥重新定点，并丈量第二整尺段得 2 点。

4）丈量第 3 整尺段：量第 3 尺段前，后尺手拔起 1 点测钎后，前、后尺手同时将钢尺抬起继续向前走，当后尺手走到 2 点处，前尺手按上述方法定线，前、后尺手配合完成第 3 整尺段的丈量。

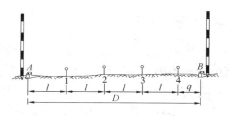

图 4-5　平坦地面量距方法

如此丈量一直量到最后不足一整尺段为止，如图 4-5 所示，后尺手应对准 4 点，前尺手在 B 点标志处读取尺上刻划值。最后，总计后尺手中测钎数即为整尺段数，设不到一个整尺段的距离为余长 q，则水平距离 D 可按下式计算：

$$D = nl + q \tag{4-1}$$

式中　n——尺段数；

　　　l——钢尺长度；

　　　q——不足一整尺的余长。

为了提高量距精度，一般采用往、返丈量。返测时是从 B→A，要重新定线。取往返距离的平均值为丈量结果。

量距的精度以相对误差来表示，通常化为分子为 1 的分子形式。例如某距离 AB，往测时为 185.32m，返测时为 185.38m，距离的平均值为 185.35m，故其相对误差 K 为：

$$K = \frac{|D_{往} - D_{返}|}{D_{平均}} = \frac{|185.32 - 185.38|}{185.35} \approx \frac{1}{3100}$$

平坦地区，钢尺量距的相对误差 K 一般不得超过 $\frac{1}{3000}$；在量距的困难地区，其相对误差也不应大于 $\frac{1}{1000}$。当量距的相对误差没有超过上述规定时，可取往、返距离平均值作为成果。

（2）倾斜地面量距方法

1）分段平量法

如图 4-6，当坡度较小时，可将尺的一端抬高（但不得超过肩高），保持尺身水平（用目测），用测钎或垂球架投点，分段量取水平距离，最后计算总长。

2）沿地面丈量法

如图 4-7，地面坡度较大，但较均匀时，可沿地面量出倾斜距离 L，再测出两点间的高差 h 或地面倾斜角 α，然后计算水平距 D。

$$D = L \cdot \cos\alpha \tag{4-2}$$

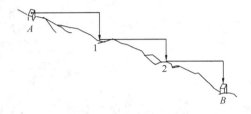

图 4-6　分段平量法

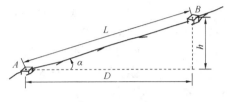

图 4-7　沿地面丈量法

4.2.3　钢尺检定

钢尺尺面上注记长度（如 30m、50m 等）叫名义长度。由于材料质量、制造误差和使用中变形等因素的影响，使钢尺的实际长度与名义长度常不相等。我国计量法实施细则中规定：任何单位和个人不准在工作岗位上使用无检定合格印、证或超过检定周期或经检定不合格的计量器具。钢尺是测量的主要器具之一，为了保证量距成果的质量，钢尺应定期进行检定，求出钢尺在标准拉力和标准温度下的实际长度，以便对量距结果进行改正。

（1）钢尺检定方法

钢尺检定应送设有比长台的测绘单位或计量单位检定。将被检钢尺与标准尺并排铺在平台上，对齐两尺末端分划并固定。用弹簧秤加标准拉力拉紧两尺，在零分划线处读出两尺长度之差，从而求出被检尺的实际长度和尺长方程式。

（2）钢尺尺长方程式

我国钢尺检定规程中规定，检定钢尺的标准温度 t_0 为 $+20℃$，30m 钢尺施加标准拉力为 100N（即 10kg）。设某钢尺名义长为 l_0，经检定知该尺在标准温度和标准拉力下，其实际长为 l，则尺长改正 Δl，$\Delta l = l - l_0$。

钢尺在使用中，其实际长度 l 还随拉力和温度变化而改变。在拉力保持不变时，钢尺实际长度 l 是温度 t 的函数。描述钢尺在标准拉力条件下，实际长度 l 随温度 t 而变化的函数关系式，称钢尺尺长方程式，其一般形式为

$$l_t = l_0 + \Delta l + \alpha \times (t - t_0) \times l_0 \tag{4-3}$$

式中　l_t——钢尺在温度为 $t℃$ 时的实际长度；

　　　l_0——钢尺的名义长度；

　　　Δl——钢尺的尺长改正，即钢尺在温度 t_0 时的实际长度与名义长度之差；

　　　α——钢尺的线膨胀系数，即钢尺当温度变化 1℃ 时，其 1m 长度的变化量，其值一

般为 $1.15 \times 10^{-5} \sim 1.25 \times 10^{-5}$；

t——钢尺使用时的温度；

t_0——钢尺检定时的温度（20℃）。

4.2.4 精密量距的方法

用一般量距方法，在量距条件较好时，量距精度可以达到 $\frac{1}{5000}$，但是，量距精度要求更高，例如 $\frac{1}{10000}$ 以上，这就要求用精密的方法进行丈量。

精密量距及计算步骤：

1）定线

如图 4-8 所示，欲精密丈量直线 AB 的距离，首先要清除直线上的障碍物，然后安置经纬仪于 A 点上，瞄准 B 点，用经纬仪进行定线。用钢尺进行概量，在视线上依次定出比钢尺一整尺略短的 A1、12、23…尺段。在各尺段端点处打下大木桩，桩顶钉一白铁皮。定线时，AB 方向线在各白铁皮上刻画一条线，另刻画一条线垂直于 AB 方向，形成十字，作为丈量的标志。

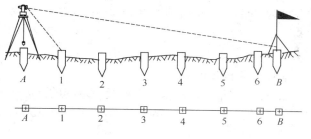

图 4-8 精密量距定线打桩示意图

2）量距

丈量相邻桩顶间的倾斜距离。丈量时需 5 人，两人拉尺，两人读数，一人记录兼测温度，采用串尺法丈量距离。其步骤是：后尺手将弹簧秤挂在钢尺零端的尺环上，与读尺员位于测线的后端点。前尺手持钢尺末端与另一读尺员位于前端点。记录员位于尺段中间。钢尺沿桩顶上的十字标志拉直后，前尺手喊"预备"，后尺手拉弹簧秤达到标准拉力时喊"好"，此时两读尺员同时读数（精确至 0.5mm），前后尺的读数差即为该尺段的长度。每尺段要连续丈量 3 次，每次移动钢尺 2～3cm，三次丈量结果之差不得大于 2mm，否则要重新丈量，最后取 3 次丈量结果的平均值作为该尺段的观测结果。接着再丈量下一尺段，直至终点。每尺段丈量时均应读记一次温度（精确至 0.5℃），以便对丈量结果作温度改正。往测结束后还应进行返测。量距记录详见表 4-1。

3）测定相邻桩顶间的高差

为了将量得的倾斜距离改算为水平距离，用水准仪往返观测相邻桩顶间的高差，桩间往返高差之差一般不得超过 10mm，在限差以内，取其平均值作为最后的成果。

4）各尺段长度计算

精密量距中，每一尺段丈量结果需进行尺长改正、温度改正和倾斜改正，最后求得改正后的尺段长度。各项计算列于表 4-1。

①计算尺长改正

钢尺在标准拉力、标准温度下的实际长度 l，与钢尺的名义长度 l_0 往往不一致，其差数 $\Delta l = l - l_0$，即为整尺段的尺长改正。每 1m 的尺长改正为 $\Delta l_d = \dfrac{l - l_0}{l_0}$，则任一尺段长度 L 的

尺长改正数，Δl_d 为

$$\Delta l_d = \frac{l - l_0}{l_0} L \qquad (4\text{-}4)$$

例如表 4-1 中，A1 尺段，3 次丈量得 $L = 29.8652\text{m}$，$\Delta l = l - l_0 = 30.0025 - 30 = 0.0025\text{m}$，故

$$\Delta l_d = \frac{l - l_0}{l_0} L = \frac{0.0025}{30} \times 29.8652 = 0.0025$$

②计算温度改正

设钢尺检定时的温度为 $t_0 ℃$，丈量时的温度为 $t ℃$，钢尺的线膨胀系数为 α，则某尺段 L 的温度改正 Δl_t 为

$$\Delta l_t = \alpha(t - t_0) L \qquad (4\text{-}5)$$

例如表 4-1 中，A1 尺段 $L = 29.8652\text{m}$，NO.11 钢尺线膨胀系数为 1.2×10^{-5}，检定时的温度为 20℃，丈量时的温度为 25.8℃，故

$$\Delta l_t = \alpha(t - t_0) L = 1.2 \times 10^{-5}(25.8 - 20) \times 29.8652$$
$$= +0.0021\text{m}$$

③计算倾斜改正

如图 4-9，量得斜距为 L，尺段两端间的高差为 h，现将斜距 L 改为水平距离 D，加倾斜改正 Δl_h，从图 4-9 可看出

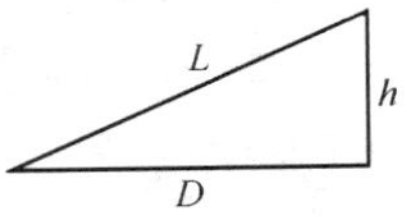

图 4-9　斜距与平距

$$\Delta l_h = D - L = \sqrt{L^2 - h^2} - L = L\left(1 - \frac{h^2}{L^2}\right)^{\frac{1}{2}} - L$$
$$= L\left(1 - \frac{h^2}{2L^2} - \frac{h^4}{8L^4} - \cdots\right) - L$$

上式括号内第三项很小，可以忽略，得倾斜改正 Δl_h

$$\Delta l_h = -\frac{h^2}{2L} \qquad (4\text{-}6)$$

倾斜改正 Δl_h 恒为负。

例如表 4-1 中，A1 尺段 $L = 29.8652\text{m}$，$h = -0.152\text{m}$，代入公式（4-6）得

$$\Delta l_h = -\frac{(-0.152)^2}{2 \times 29.8652} = -0.0004\text{m}$$

综上所述，每一尺段改正后的水平距离 d 为

$$d = L + \Delta l_d + \Delta l_t + \Delta l_h \qquad (4\text{-}7)$$

A1 尺段的水平距离 d_{A1} 为

$$d_{A1} = 29.8652 + 0.0025 + 0.0021 - 0.0004 = 29.8694$$

④计算全长

将改正后的各个尺段长和余长加起来，便得到 AB 距离的全长 D，即

$$D = \sum d$$

表 4-1 中往测的结果，$D_{往} = 198.2838\text{m}$。同样方法算出返测全长，$D_{返} = 198.2896\text{m}$，平均值 $D_{平均} = 198.2867\text{m}$，其相对误差 K 为

$$K = \frac{|D_{往} - D_{返}|}{D_{平均}} = \frac{|198.2838 - 198.2896|}{198.2867} \approx \frac{1}{34000}$$

相对误差如果在限差范围内，则取平均距离为最后结果。如果相对误差超限，应重测。

表 4-1　精密量距记录计算表

钢尺编号：NO. 11　　　钢尺膨胀系数：1.20×10^{-5}　　　钢尺检定时温度 t_0：20℃　　　计算者：

钢尺名义长度 l_0：30m　　　钢尺检定长度 l：30.0025m　　　钢尺检定时拉力：100N　　　日　期：

尺段编号	实测次数	前尺读数(m)	后尺读数(m)	尺段长度(m)	温度(℃)	高差(m)	温度改正(mm)	尺长改正(mm)	倾斜改正(mm)	改正后尺段长(m)
A1	1	29.9360	0.0700	29.8660	25.8	−0.152	+2.1	+2.5	−0.4	
	2	400	755	645						
	3	500	850	650						
	平均			29.8652						29.8694
12	1	29.9230	0.0175	29.9055	27.6	−0.174	+2.7	+2.5	−0.5	
	2	300	250	050						
	3	380	315	065						
	平均			29.9057						29.9104
⋮	⋮	⋮	⋮	⋮	⋮	⋮	⋮	⋮	⋮	⋮
6B	1	18.9750	0.0750	18.9000	27.5	−0.065	+1.7	+1.6	−0.1	
	2	540	545	8995						
	3	800	810	8990						
	平均			18.8995						18.9027
总和										198.2838

4.2.5　钢尺量距的误差及注意事项

（1）主要误差来源

1）尺长误差

用未经检定的钢尺量距，则丈量结果含有尺长误差。这种误差具有系统积累性。即使钢尺经过检定，并在成果中进行了尺长改正，但是还会存在尺长的残余误差。

2）温度变化的误差

尽管在丈量结果中进行了温度改正，但距离中仍存在因温度影响而产生的误差，这是因为温度计通常测定的是空气温度，而不是钢尺本身的温度。夏季白天日晒致使钢尺的温度大大高于空气温度，相差可达 10℃ 以上，这个温差对于 30m 钢尺产生的误差将达到：$\alpha l\Delta t=0.000012\times30\times10=3.6\text{mm}$。

3）拉力大小会影响钢尺的长度。根据虎克定律，若拉力误差 50N，对于 30m 钢尺将会产生 1.7mm 的误差。故在精密量距中应使用弹簧秤来控制拉力。

4）尺子不水平的误差

直接丈量水平距离时，如果钢尺不水平，则会使所量的距离增长。对于 30m 钢尺，若目估水平而实际两端高差达 0.3m 时，由此产生的误差为：

$$\Delta D = 30 - \sqrt{30^2 - 0.3^2} = 0.0015（即 1.5\text{mm}）$$

5）定线误差

定线时中间各点没有严格定在所量直线的方向上，所量距离不是直线而是折线，两点间的折线总是比直线长。对于30m长的钢尺，若两端各向相对方向偏离直线0.15m，则将使所量距离增长1.5mm。

6）钢尺垂曲和反曲的误差

在凹地或悬空丈量时，尺子因自重而产生下垂的现象，称为垂曲。在凹凸不平地面丈量时，凸起部分将使尺子产生上凸现象，称反曲。此类误差与前述尺子不水平误差相似，但影响较大。例如，钢尺中部下垂0.3m，对30m钢尺将产生6mm的误差（因为$30-2\times\sqrt{15^2-0.3^2}=0.006m$）

7）丈量本身误差

包括钢尺刻划对点误差、测钎安置误差和读数误差等。所有这些误差是偶然误差，其值可大可小，可正可负。在丈量结果中会抵消一部分，但不能全部抵消，故仍然是丈量工作的一项主要误差来源。

（2）钢尺量距注意事项

为了保证丈量成果达到预期的精度要求，必须针对上述误差来源，注意以下事项：

1）钢尺应送检定机构进行检定，以便进行尺长改正和温度改正。

2）使用钢尺前应认清钢尺分划注记及零点的位置。

3）丈量时应将尺子拉紧拉直，拉力要均匀，前后尺手要配合好。

4）钢尺前后端要同时对点、插测钎和读数。

5）需加温度改正时，最好使点温度计测定钢尺的温度

6）读数应准确无误，记录应工整清晰，记录者应回报所记数据，以便当场校验。

7）爱护钢尺，避免人踩、车压。不得擦地拖行。出现环结时，应先解开理顺后再拉，否则将会折断钢尺。使用完毕后，应将钢尺擦净上油保存，以防生锈。

4.3 视距测量

视距测量是用望远镜的视距丝，根据几何光学原理间接测定仪器站点至目标点处竖立标尺之间的距离。

4.3.1 视距测量原理及公式

因目前使用的望远镜多为内调焦望远镜（即在封闭的镜筒内增设了一个凹透镜，调焦时只移动此凹透镜即可），所以以下讨论的均以内调焦望远镜的视距公式为基本公式。

（1）视准轴水平时的视距公式

望远镜瞄准标尺，用上下丝读出标尺的一段长度，称为尺间隔，由上、下丝读数差求得。上、下丝的间隔是固定的，距离愈远，尺间隔愈大，测距原理如图4-10所示。图中望远镜的视准轴垂直于标尺，L_1为物镜，其焦距为f_1，L_2为调焦透镜，焦距为f_2，调节L_2可以改变L_1与L_2之间的距离e。图中虚线表示的透镜L称等效透镜，它是L_1与L_2两个透镜共同作用的结果。等效透镜的焦距f，经推算得：$f=\dfrac{f_1 f_2}{f_1+f_2-e}$，称之为等效焦距。移动调焦透镜$L_2$，改变$e$值，就可改变等效焦距$f$，从而使远近不同的目标清晰地成像在十字丝平面上。

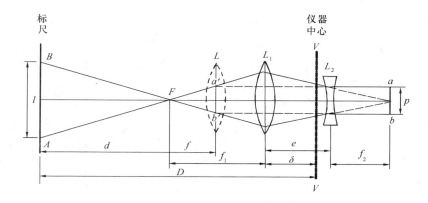

图 4-10　视距测量原理

从图中△AFB∽△a'Fb'可得

$$d = \frac{f}{p}l \tag{4-8}$$

式中 f 为等效焦距，l 为视距尺间隔，p 为上下丝间距。

从图中可知仪器竖轴至标尺的距离 D 为

$$D = d + f_1 + \delta$$

$$D = \frac{f}{p}l + f_1 + \delta$$

式中 f_1 为物镜焦距，δ 为仪器中心至物镜光心的距离。

令 $\frac{f}{p} = K$，称视距乘常数；$f_1 = \delta = C$，称视距加常数。在设计时可使 $K = 100$，$C = 0$，则视距公式变为

$$D = Kl$$

$$D = Kl = 100l \tag{4-9}$$

上式即为视线水平时用视距法求平距的公式。

（2）视准轴倾斜时的视距公式

在实际工作中，由于地面是高低起伏的，致使视准轴倾斜。视准轴不垂直于竖立的视距尺，上述公式不适用。

设想通过尺子 c 点有一根倾斜的尺子与倾斜视准轴相垂直，如图 4-11 所示。两视距丝在该尺上截于 M'、N'，则斜距 D' 为

$$D' = Kl'$$

式中，l' 为两视距丝在倾斜尺子上的尺间隔。

然后，再根据 D' 和竖直角算出平距 D。但实际观测的视距间隔是竖立的尺间隔 l，而非 l'，因此解这问题的关键在于找出 l 与 l' 间的关系。由图可得

$$M'C = MC\cos\alpha \qquad N'C = NC\cos\alpha$$

$$M'N' = M'C + N'C = MC\cos\alpha + NC\cos\alpha$$

$$= (MC + NC)\cos\alpha$$

$$= MN\cos\alpha$$

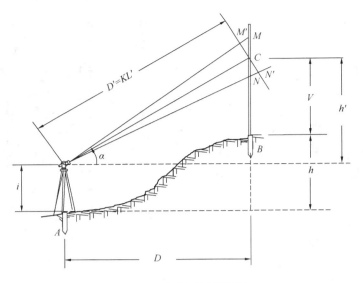

图 4-11　倾斜地视距测量

而 $M'N'=l'$，$MN=l$，故 $l'=l\cos\alpha$。则

$$D' = Kl' = Kl\cos\alpha$$

从图中看出

$$D = D'\cos\alpha$$

因此

$$D = Kl\cos^2\alpha \tag{4-10}$$

这就是视准轴倾斜时求平距的公式。

（3）视距法求高差的公式

从图 4-11 中可看出 A、B 两点间的高差 h 为

$$h = h' + i - v$$

式中　i——仪器高；

v——中丝截尺高（简称中丝高）；

h'——初算高差，即仪器横轴至中丝截尺 C 点的高差。

从图中可看出初算高差 h' 为

$$h' = D\tan\alpha$$

因此 A、B 两点间的高差 h 为

$$h = D\tan\alpha + i - v \tag{4-11}$$

上式即为视准轴倾斜时求高差的公式。

4.3.2　视距测量的观测与计算

施测时，如图 4-11，安置经纬仪于 A 点，对中、整平，量出仪器高 i。打开竖盘指标归零开关，或使竖盘水准管气泡居中（旧式经纬仪）。

先盘左，转动照准部瞄准 B 点上的塔尺，中丝大约对准仪器高后，对于倒像望远镜，采用上丝对准整分划，读取下丝在尺上的读数。然后，中丝精确对准仪器高后，读竖盘读数，将这些数据记入视距测量记录表（表 4-2）相应栏。盘右用相同法再测一次。

观测结束马上进行计算，计算尺间隔 l，对于倒像望远镜，则要用下丝读数减上丝读数求得尺间隔 l。正倒镜尺间隔 l 理论上应相等，相差应很小，一般应小于 2mm。根据正倒镜

竖盘读数计算竖盘指标差 x。最后计算测站点至测点的平距、高差及测点高程。

表 4-2　视距测量记录表

测站 仪器 高程	测 点	竖盘 位置	标尺读数			尺间 隔 l	竖盘读数 (° ′ ″)			指标 差 (x)	竖角 α (° ′ ″)	水平 距离 D	高差 h	高程 H
			上 丝	下 丝	中 丝									
A1.40 50.00	B	L	1.000	1.781	1.400	0.782	88	30	20	−20	+12920	78.15	+2.03	52.03
		R	1.000	1.782	1.400		271	29	00					

4.3.3　视距测量的误差及注意事项

（1）视距测量的误差

视距测量误差来源主要有视距丝在标尺上的读数误差、标尺未竖直的误差、竖角观测误差及大气折光的影响。

1）读数误差

尺间隔由上下丝读数之差求得，计算距离时用尺间隔乘 100，因此读数误差将扩大 100 倍影响所测的距离。即读数误差为 1mm，影响距离误差为 0.1m。因此在标尺读数时，必须消除视差，并仔细估读毫米数。另外，由于立尺者很难使标尺完全稳定，因此要求在极短时间内读取上下丝，为此可采用转动望远镜微动螺旋使上丝对准整分划，然后立即读取下丝读数，从而也避免了上丝估读误差。测量边长不能太长，距离远，望远镜内看尺子分划变小，读数误差就会增大。

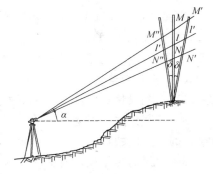

2）标尺倾斜的误差

如图 4-12 所示，当在坡地时，标尺向前倾斜时所读尺间隔，比标尺竖直时小；而当标尺向后倾斜时所读尺间隔，比标尺竖直时大。但在平地时，标尺前倾或后倾都使尺间隔读大。设标尺竖直时所读尺间隔为 l，标尺倾斜时所读尺间隔为 l'，倾斜标尺与竖直标尺夹角为 δ，根据推导 l' 与 l 之差 Δl 的公式为

图 4-12　标尺倾斜的误差

$$\Delta l = \pm \frac{l' \cdot \delta}{\rho°} \tan\alpha \tag{4-12}$$

表 4-3　标尺倾斜在不同竖角下产生尺间隔的误差 Δl

α ＼ l' ＼ δ	1m				
	1°	2°	3°	4°	5°
5°	2mm	3mm	5mm	6mm	7mm
10°	3mm	6mm	9mm	12mm	15mm
20°	6mm	13mm	19mm	25mm	32mm

从上表可看出：随标尺倾斜角 δ 的增大，尺间隔的误差 Δl 随着增大；在标尺同一倾斜情况下，观测竖角增大，尺间隔的误差 Δl 也迅速增加。因此，在山区进行视距测量，标尺

倾斜误差很大，应特别注意标尺竖直，尽可能使用附有水准器的标尺。

3）竖角测量的误差

①竖角测量的误差对水平距的影响：

已知

$$D = Kl\cos^2\alpha$$

对上式两边取微分

$$dD = 2Kl\cos\alpha\sin\alpha\frac{d\alpha}{\rho''}$$

$$\frac{dD}{D} = 2\tan\alpha\frac{d\alpha}{\rho''}$$

设 $d\alpha = \pm1'$，当山区作业最大 $\alpha = 45°$，则

$$\frac{dD}{D} = 2 \times 1 \times \frac{60''}{206265''} = \frac{1}{1719} \tag{4-13}$$

②竖角测量的误差对高差的影响：

已知

$$h = D\tan\alpha = \frac{1}{2}Kl\sin2\alpha$$

对上式两边取微分

$$dh = Kl\cos2\alpha\frac{d\alpha}{\rho''}$$

当 $d\alpha = \pm1'$，并以 dh 最大来考虑，即 $\alpha = 0°$，这些数值代入上式得

$$dh = 100 \times 1 \times \frac{60}{206265} = 0.03\text{m} \tag{4-14}$$

从式（4-13）与式（4-14）两式看出：竖角测量的误差对距离影响不大，对高差影响较大，每百米高差误差 3cm。

根据分析和实验数据证明，视距测量的精度一般约达 1/300。

（2）视距测量应注意的事项

1）观测时特别应注意消除视差，估读毫米应准确。

2）读竖角时，对老式经纬仪应注意使竖盘水准管气泡居中，对新式经纬仪应注意把竖盘指标归零开关打开。

3）立尺时尽量使尺身竖直，尺子倾斜对测距精度影响极大。

4）尺子要立稳，观测时，用望远镜微动螺旋使上丝对准整分划，这样可避免估读误差，并立即迅速读取下丝读数，尽量缩短读上下丝的时间。

5）为了减少大气折光及气流波动的影响，视线要离地面 0.5m 以上，特别在烈日下或夏天作业时更应注意。

4.4 电磁波测距

电磁波测距是用电磁波（光波或微波）作为载波，传输测距信号来测量距离。与传统测距方法相比，它具有精度高、测程远、作业快、几乎不受地形条件限制等优点。

电磁波测距仪按其所用的载波可分为：（1）用微波作为载波的微波测距仪；（2）用激光作为载波的激光测距仪；（3）用红外光作为载波的红外测距仪。后两者统称光电测距仪。微波测距仪与激光测距多用于长距离测距，测程可达 15km 至数十公里，一般用于大地测量。光电测距仪属于中、短程测距仪，一般用于小地区控制测量、地形测量、房产测量等。本节主要介绍光电测距仪。

4.4.1 光电测距概况

光电测距仪按测程来分，有短程（<3km）、中程（3～15km）和远程（>15km）3 种。按测距精度来分，有 I 级（$|m_D|\leqslant 5mm$）、II 级（$5mm\leqslant|m_D|\leqslant 10mm$）和 III 级（$|m_D|\geqslant 10mm$），$m_D$ 为 1km 的测距中误差。

光电测距仪所使用的光源有激光光源和红外光源，采用红外线波段（0.76～0.94μm）作为载波的称为红外测距仪。由于红外测距仪是以砷化镓（GaAs）发光二极管所发的荧光作为载波，发出的红外线的强度随注入电信号的强度而变化，因此它兼有载波源和调制器的双重功能。GaAs 发光二极管体积小，亮度高，功耗小，寿命长，且能连续发光，所以红外测距仪获得了更为迅速的发展。本节介绍的就是红外光电测距仪。

4.4.2 光电测距仪的基本原理

如图 4-13，欲测定 A、B 两点间的距离 D，在 A 点安置仪器，B 点安置反射镜。仪器发射光束由 A 至 B，经反射镜反射后又返回到仪器。光速 c 为已知值，如果光速在待测距离 D 传播的时间 t 已知，则距离 D 可由下式计算：

$$D = \frac{1}{2}ct \qquad (4-15)$$

式中 $c = \frac{c_0}{n}$，c_0 为真空中的光速值，其值为 299792458m/s，n 为大气折射率，它与测距仪所用的光源波长 λ，测线上的气温 t，气压 p 和湿度 e 有关。

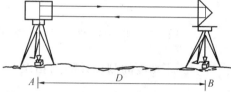

图 4-13 光电测距原理

由式（4-15）可知，测定距离的精度主要取决于测定时间 t 的精度 $dD = \frac{1}{2}cdt$。例如要求保证±1cm 的测距精度，时间测定要求准确到 6.7×10^{-11} 秒，这是难以做到的。因此，大多采用间接测定法测定 t。间接测定 t 的方法有下列两种：

（1）脉冲式测距

由测距仪的发射系统发出光脉冲，经被测目标反射后，再由测距仪的接收系统接收，测出这一光脉冲往返所需时间间隔的脉冲个数，从而求得距离 D。由于计数器的频率为 300MHz（300×10^6 Hz），测距精度为 0.5m，精度较低。

（2）相位式测距

由测距仪的发射系统发出一种连续调制光波，测出该调制光波在测线上往返传播所产生的相位移，以测定距离 D。红外光电测距仪一般都采用相位法测距。

在砷化镓（GaAs）发光二极管上加了频率为 f 的交变电压（即注入交变电流）后，它发出的光强随注入的交变电流呈正弦变化，这种光称为调制光。如图 4-14 所示，测距仪在 A 点发出调制光在待测距离上传播，经反射镜反射后被接收器接收，相位计将发射信号与接收信号进行比较，显示器显示往返测程总的相位移 φ。调制光传播一个波长 λ（即一个周期）相位移为 2π。总相位移 φ 所包含 N 个 2π 和不足 2π 的相位移尾数 $\Delta\varphi$，即

$$\varphi = N\cdot2\pi + \Delta\varphi$$

也就是 $2D$ 包含 N 个整波长及不足一个整波长的尾数 ΔN，由图 4-14a 可知

$$2D = \lambda(N + \Delta N)$$

$$D = \frac{\lambda}{2}(N + \Delta N) \qquad (4\text{-}16)$$

上式为相位式测距仪测距的基本公式。式中 $\frac{\lambda}{2}$ 称为测尺或光尺，相当于钢尺量距中的钢

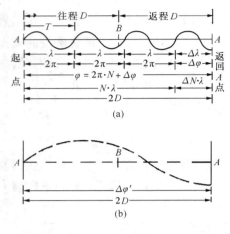

图 4-14　相位式测距

尺长度，N 相当于整尺段数，$\frac{\lambda}{2}\Delta N$ 相当于不足一整尺的余长。应指出，测距仪的相位计只能测出不足 2π 的相位移尾数 $\Delta \varphi$，并据此可求得 $\Delta N = \frac{\Delta \varphi}{2\pi}$，而不能测定相位移的整周期数 N。这相当于钢尺量距中只知道不足一整尺的余长尾数，而不知道整尺的段数，距离仍不能确定。N 值的大小取决于波长，若在选用 λ 时，使 $\frac{\lambda}{2} > D$，则整周期数 N 将等于零，如图 4-14b 所示。此时式（4-16）变为 $D = \frac{\lambda}{2}\Delta N = \frac{\lambda}{2} \cdot$

$\frac{\Delta \varphi}{2\pi}$。因此，根据相位计测定的 $\Delta \varphi$，就可确定距离 D。

影响测距精度的测相计的测相误差，与波长 λ 成正比，即波长愈长测相误差愈大，因此，使 $\frac{\lambda}{2} > D$ 后测距精度必然受到影响。为了做到既扩大测程又能保证精度，在相位式的测距仪中，都使用二个调制波长 λ_1 和 λ_2，例如使用 $\frac{\lambda_1}{2}$ 为 10m，$\frac{\lambda_2}{2}$ 为 1000m，前者称为精测尺，用来精确测定不足 10m 的小数，后者称为粗测尺，用来测定大于 10m 的整数。这样用精测尺保证精度，用粗测尺扩大测程，两尺配合使用。精测尺和粗测尺的读数以及距离计算，由仪器内部的逻辑电路自动完成。如对某距离观测结果：精测读数为 7.578，粗测读数为 938 时，仪器显示正确结果为 937.578m。

4.4.3　D3030E 红外测距仪

（1）仪器主要技术指标

图 4-15 是我国常州大地测距仪厂生产的红外测距仪，型号为 D3030E，它以砷化镓（GaAs）半导体发光二极管为光源。单棱镜测程为 1800m，三棱镜测程可达 3200m。

测距精度：$\pm$（5mm$+3\times10^{-6} \cdot$ D）。

分辨率：1mm

最大显示：9999.999m

测量方式：单次方式、连续方式、跟踪方式、预置方式、平均方式、坐标方式、水平高差方式。

测量时间：连续 3 秒，跟踪 0.8 秒。

功耗：约 3.6 瓦，使用 6 伏可充电电池。

工作温度：$-20℃\sim+50℃$

（2）结构及性能

D3030E 测距仪包括主机、电池及反射镜。主机可安装在光学或电子经纬仪上，组成组合式的电子速测仪，或称半站仪，既可测距，又能测角，还可直接测定地面点位的坐标，还可进行定线放样。

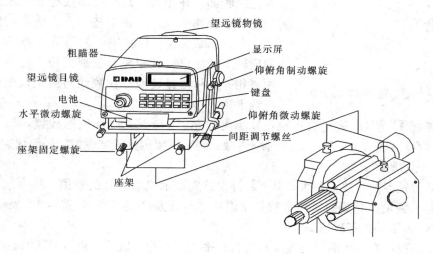

图 4-15　D3030E 测距仪

1）主机

如图 4-15 左图表示 D3030E 测距仪，其主机包括发射、接收望远镜，它是发射、接收、瞄准三共轴系统，还有显示器与键盘，键盘如图 4-16 所示。

2）反射棱镜

图 4-17 为单反射棱镜，它包含棱镜、觇牌和基座。单棱镜测程达 1800m。配备三棱镜，测程可达 3200m。

V.H		T.P.C		SIG		AVE		MSR		ENT	
1	⊕	2	⊕	3	⊕	4	⊕	5	⊕	–	⊕
X.Y.Z		X.Y.Z		S.H.V		SO		TRK		PWR	
6	⊕	7	⊕	8	⊕	9	⊕	0	⊕		

图 4-16　D3030E 测距仪键盘

V. H—天顶距、水平角输入键；T. P. C—温度、气压、棱镜常数输入键；SIG—电池电压、光强显示键；AVE—单次测量、平均测距键；MSR—连续测距键；ENT—输入、清除、复位键；X. Y. Z—测站三维坐标输入；X. Y. Z—显示目标三维坐标；S. H. V—S 斜距、H 平距、V 高差；SO—定线放样预置；TRK—跟踪测距；PWR—电源开关

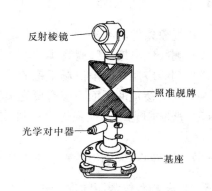

图 4-17　单反射棱镜

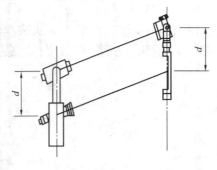

图 4-18 测站与镜站装配示意图

（3）测距仪使用

1）测距前的准备工作：将测距仪与经纬仪连接好，首先调节好测距仪座架的间距以便与经纬仪上方的连接件相连接，然后旋紧座架固定螺旋。将电池插入主机底部，并扣紧。此时经纬仪与测距仪组合成半站型的电子速测仪。测站上按通常方法进行对中、整平，在目标站安置反射棱镜，如图 4-18 所示。测距仪的横轴至经纬仪横轴距离与反射棱镜中心至觇牌中心距离相等，从而保证经纬仪视线与测距仪至棱镜中心视线平行。

2）按键盘【PWR】键开始自检，显示屏显示"Good"，瞄准反射棱镜，如果光强正常，机器鸣响，出现"＊"号。瞄准时应注意：测距仪望远镜瞄准棱镜，经纬仪望远镜瞄准觇牌，如图 4-18 所示。

3）重新预置各种常数：按【T. P. C】键，首先显示机器内置的数值，如要改变它，按【ENT】键输入新值。预置的各种常数是指温度、气压及棱镜常数这三项，如果输入有错，可再按【ENT】键输入正确值。

4）测量距离：有单次测量与连续测量自动平均值两种。机器开机后默认的是单次测量，如要多次测量取平均值，首先要预置测量次数，按【AVE】键后，再按【ENT】键，输入测量次数，例如 4，其数值置入机器内部。瞄准棱镜时按【MSR】键，显示屏上显示的值即为 4 次测量的平均值。如要改为单次测量，按【AVE】键，把测量次数改为 1。

以上方法测得距离为斜距，如果测量平距及高差，则首先需把天顶距的数值输入，然后再测量。输入天顶距的方法是：例如输入 62°29′55″，按【V. H】键，再按【ENT】键，从高位到低位输入角度，显示 062.29.55。此时按【MSR】键，测得斜距为 28.005m，显示屏左下角显示标志符"S/＊"。按【SHV】键，显示屏显示 24.840m，为水平距离，显示屏左下角显示标志符"＿H＊"，再按【SHV】键，显示屏显示 12.932m，即为高差，显示屏左下角显示标志符"｜V＊"。

D3030E 测距仪还可进行放样跟踪测量、坐标测量，详细内容请查阅说明书。

4.4.4　红外测距仪测距使用注意事项

（1）气象条件对红外测距仪测距影响较大，阴天是观测的良好时机。

（2）测线应离地面障碍物 1.3m 以上，避免通过发热体和较宽水面的上空。

（3）测线应避开强电磁场干扰的地方，例如测线不宜离变压器、高压线太近。

（4）反射棱镜的后面不应有反光镜和强光源等背景的干扰。

（5）严防阳光或其他强光直射接收物镜，以免损坏光电器件，阳光下作业应撑伞保护仪器。

（6）迁站时，关闭电源，把测距头从经纬仪上卸下，以确保安全。

4.4.5　光电测距仪测距精度公式

光电测距仪的精度是仪器的重要技术指标之一。光电测距仪的标称精度公式是：

$$m_D = \pm(a + b \cdot D) \qquad (4\text{-}17)$$

式中　a——固定误差，以 mm 为单位；

　　　b——比例误差（与距离 D 成正比），以 mm/km 为单位，mm/km 又写为 ppm，即 1ppm＝1mm/km，也即测量 1km 的距离有 1mm 的比例误差；D 以 km 为单位的距离。故上式可写成：

$$m_D = \pm(a + b\text{ppm} \cdot D) \qquad (4\text{-}18)$$

例如：某测距仪精度公式为

$$m_D = \pm(5\text{mm} + 5\text{ppm} \cdot D)$$

则表示该仪器的固定误差为 5mm，比例误差为 5mm/km。若用此仪器测定 1km 距离，其误差为 $m_D = \pm(5\text{mm} + 5\text{mm/km} \times 1\text{km}) = \pm 10\text{mm}$。

光电测距误差主要有三种：固定误差、比例误差及周期误差。

（1）固定误差：它与被测距离无关，主要包括仪器对中误差、仪器加常数测定误差及测相误差。

（2）比例误差：它与被测距离成正比，主要包括：大气折射率的误差及调制光频率测定误差。在测线一端或两端测定的气象因素不能完全代表整个测线上平均气象因素。

（3）周期误差：由于送到仪器内部数字检相器不仅有测距信号，还有仪器内部的窜扰信号，而测距信号的相位随距离值在 0°～360°内变化，因而合成信号的相位误差大小也以测尺为周期而变化，故称周期误差。

4.5　直线定向

确定地面两点间的相对位置，仅仅知道两点间的水平距离是不够的，还必须知道两点连线所处的方位，即该直线与标准方向之间水平夹角。确定直线与标准方向之间水平角称为直线定向。

4.5.1　标准方向种类

（1）真子午线方向（真北方向）

通过某点的真子午线的切线方向，即真北方向，指向北极的方向。

（2）磁子午线方向（磁北方向）

通过某点的磁子午线的切线方向，即磁北方向。当磁针自由静止时，其轴线所指的方向。

由于地球磁南北极与地理南北极不重合，地磁北极在北纬 70°5′，西经 96°45′，位于加拿大布别亚半岛，磁南极在南纬 76°6′，东经 154°8′位于南极大陆，如图 4-19 所示。因此，同一点磁子午线方向与真子午线方向不一致，两者之间的夹角称磁偏角，用 δ 表示。图 4-20b 中，磁子午线北端偏真子午线东侧称东偏，δ 为正。图 4-20a 中磁子午线北端偏西，δ 为负。地球各点磁偏角不同，我国磁偏角约为 $-10°$ 至 6°之间。北京地区磁偏角约为西偏 5°。

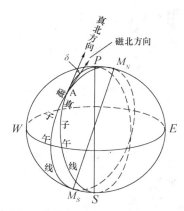

图 4-19　真北与磁北两个方向空间表示

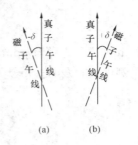

图 4-20　真子午线与磁子午线

（3）坐标纵轴方向（轴北方向）

高斯平面直角坐标系投影带的中央经线作为坐标纵轴。在投影带内的直线定向，以该带的坐标纵轴方向作为标准方向。采用假定坐标系时，其坐标纵轴 x 方向作为该测区直线定向的标准方向。坐标纵轴方向简称轴北方向。

各子午线都收敛于北极，仅在赤道处子午线方向是平行的，其他各处子午线方向都会相交，其夹角称子午线收敛角，如图 4-21a 所示，子午线方向 AP' 与 BP' 的夹角 γ 称子午线收敛。在投影带中，中央子午线方向与两侧真子午线方向不同，两者之间所夹的子午线收敛角 γ，如图 4-21b 所示，在中央子午线以东地区，各点中央子午线北端位于该点真子午线的东侧，γ 为正；反之为负。

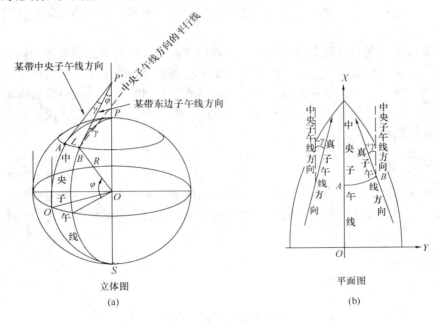

图 4-21　中央子午线方向与某子午线方向

从图 4-21a 可看出

$$\gamma = \frac{L}{BP'}\rho''$$

因 $BP' = R \cdot \mathrm{ctan}\varphi$，所以

$$\gamma = \frac{L\tan\varphi}{R}\rho'' \tag{4-19}$$

式中　L——A、B 两点的距离（纬线长）；

$\quad\quad\varphi$——A、B 两点的平均纬度；

$\quad\quad R$——地球半径；

$\quad\quad\rho''$——弧度秒，$\rho'' = 206265''$。

4.5.2 直线方向的表示方法

直线方向通常用该直线的方位角或象限角来表示。

（1）方位角

如图 4-22 所示，由标准方向的北端起，顺时针方向量到直线的水平角，称为该直线的方位角。上述定义中，标准方向选的是真子午线方向，则称真方位角，用 A 表示；标准方向选的是磁子午线方向，则称磁方位角，用 A_m 表示；标准方向选的是坐标纵轴方向，则称坐标方位角，用 α 表示；方位角的角值由 $0°\sim360°$。

同一条直线的真方位角与磁方位角之间的关系，如图 4-23 所示，即

$$A = A_m + \delta \tag{4-20}$$

真方位角与坐标方位角之间的关系，如图 4-24 所示，即

$$A = \alpha + \gamma \tag{4-21}$$

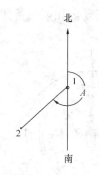

图 4-22　方位角

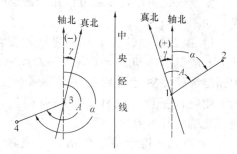

图 4-23　真方位角与磁方位角　　　图 4-24　真方位角与坐标方位角

由公式（4-20）与（4-21）可求得坐标方位角与磁方位角之间的关系，即

$$\alpha = A_m + \delta - \gamma \tag{4-22}$$

式中 γ 为子午线收敛角，以真子午线方向为准，中央子午线偏东为正，偏西为负。

图 4-25 中，测量前进方向是从 A 到 B，则 α_{AB} 是直线 A 至 B 的正方位角；α_{BA} 是直线 A 至 B 的反方位角，也是直线 B 至 A 的正方位角。同一直线的正、反方位角相差 $180°$ 即

$$\alpha_{BA} = \alpha_{AB} \pm 180° \tag{4-23}$$

（2）象限角

由标准方向的北端或南端起，顺时针或逆时针方向量算到直线的锐角，称为该直线的象限角，通常用 R 表示，其角值从 $0°\sim90°$。图 4-26 中直线 OA 象限角 R_{OA}，是从

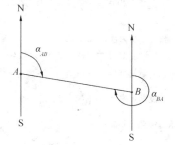

图 4-25　正方位角与反方位角

标准方向北端起顺时针量算。直线 OB 象限角 R_{OB}，是从标准方向南端起逆时针量算。直线 OC 象限角 R_{OC}，是从标准方向南端起顺时针量算。直线 OD 象限角 R_{OD}，是从标准方向北端起逆时针量算。用象限角表示直线方向时，除写象限的角值外，还应注明直线所在的象限

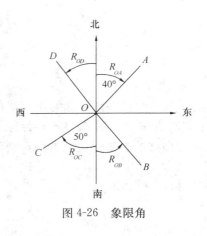

图 4-26　象限角

名称，例如 OA 的象限角 40°，应写成 NE40°。OC 的象限角 50°，应写成 SW50°。

（3）象限角和方位角的关系

在不同象限，象限角 R 与方位角 A 的关系如表 4-4 所示。

表 4-4　象限角 R 与方位角 A 的关系

象限名称	Ⅰ	Ⅱ	Ⅲ	Ⅳ
R 与 A 的关系	$R=A$	$R=180°-A$	$R=A-180°$	$R=360°-A$

4.5.3　罗盘仪的构造和使用

（1）罗盘仪的构造

罗盘仪是测定直线磁方位角与磁象限角的仪器。其构造主要由磁针、刻度盘和望远镜组成，如图 4-27 所示。

1）磁针。磁针为一菱形磁铁，安在度盘中心的顶针上，能灵活转动。为了减少顶针的磨损，不用时，可用固定螺旋使磁针脱离顶针而顶压在度盘的玻璃盖下。为了使磁针平衡，磁针南端缠有铜丝，这是辨认磁针南、北端的基本方法。

2）度盘。度盘最小分划为 1° 或 30′，每 10° 做一注记，注记的形式有方位式与象限式两种。方位式度盘从 0° 起逆时针方向注记到 360°，可用它直接测定磁方位角，称为方位罗盘仪，如图 4-28。象限式度盘从 0° 直径两端

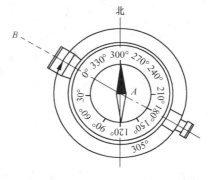

图 4-27　罗盘仪

起，对称地向左、向右各注记到 90°，并注明北（N）、南（S）、东（E）、西（W），可用它直接测定直线的磁象限角，称为象限罗盘仪。

3）望远镜。罗盘仪的望远镜多为外对光式的望远镜，物镜调焦螺旋转动时，物镜筒前后移动以使目标的像落在十字丝面上。

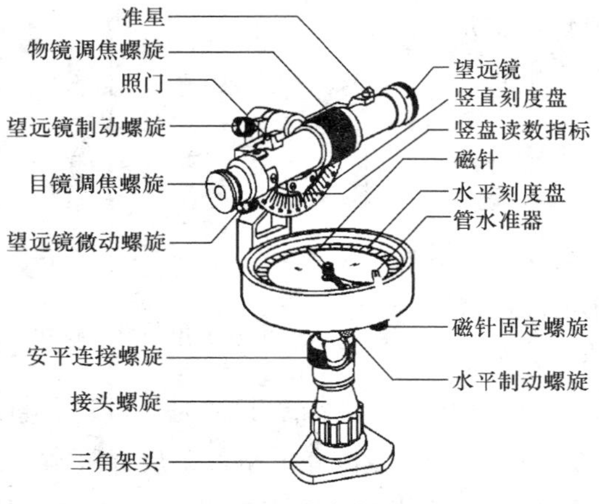

（2）罗盘仪的使用

用罗盘仪测量直线的磁方位角步骤：

1）把仪器安置在直线的起点，对中。挂上垂球，移动脚架对中，对中精度不超过 1cm。

2）整平

左手握住罗盘盒，右手稍松开安平连接螺旋（见图 4-28），左手握住罗盘盒，并稍摆动罗盘盒，观察罗盘盒内的两个水准管的气泡，使它们同时居中，右手立即固紧安平连接螺旋。

准星
物镜调焦螺旋
照门
望远镜制动螺旋
目镜调焦螺旋
望远镜微动螺旋
望远镜
竖直刻度盘
竖盘读数指标
磁针
水平刻度盘
管水准器
磁针固定螺旋
安平连接螺旋
接头螺旋
水平制动螺旋
三角架头

图 4-28　罗盘仪刻度盘

3）瞄准与读数

松开磁针的固定螺旋，用望远镜照准直线的终点，待磁针静止后，读磁针北端的读数，即为该直线的磁方位角。例如图 4-27 磁方位角为 305°。为了提高读数的精度和消除磁针的偏心差，还应读磁针南端读数，磁针南端读数±180°后，再与北端读数取平均，即为该直线的磁方位角。

（3）使用罗盘仪注意事项

1）应避免会影响磁针的场所使用罗盘仪，例如，在高压线下，在铁路上，铁栅栏、铁丝网旁，观测者身上带有手机、小刀等情况，均会对磁针产生影响。

2）罗盘仪刻度盘分划一般为 1°，应估读至 15′。

3）为了避免磁针偏心差的影响，除读磁针北端读数外，还应读磁针南端读数。

4）由于罗盘仪望远镜视准轴与度盘 0～180°直径不能完全在同一竖直面，其夹角称罗差，各台罗盘仪的罗差一般是不同的，所以不同罗盘仪测量磁方位角结果很不相同。为了统一测量成果，可用下面的方法求罗盘仪的罗差改正数：

首先，用这几台罗盘仪测量同一条直线，各台罗盘仪测得磁方位角不同，例如，第 1 台罗盘仪测得该直线方位为 α_1，第 2 台测得方位角为 α_2，第 3 台测得方位角为 α_3，……。

其次，以其中一台罗盘仪的测得磁方位为标准，例如，假定以第 1 台罗盘仪测得磁方位角 α_1 为标准，则第 2 台罗盘仪所测得方位角应加改正数为 $(\alpha_1-\alpha_2)$，第 3 台罗盘仪所测得方位角应加改正数为 $(\alpha_1-\alpha_3)$，其余类推。

5）罗盘仪迁站时和使用结束，一定要记住把磁针固定好，以免磁针随意摆动造成磁针与顶针的损坏。

6）罗盘仪的连接螺旋通常与罗盘仪相连接，装盒时，折为 90°装入，切不可将此连接螺旋卸下或留在三脚架头上。

练 习 题

1. 钢尺刻划零端与皮尺刻划零端有何不同？如何正确使用钢尺与皮尺？

2. 简述钢尺一般量距和精密量距的主要不同点。

3. 解释直线定线与直线定向这两个不同概念。简述用标杆目估直线定线的步骤。

4. 何谓钢尺的尺长改正？钢尺名义长与实际长的含义是什么？尺长改正数的正负号说明什么问题？

5. 用 30M 钢尺丈量 A、B 两点间的距离，由 A 量至 B，后测手处有 6 根测钎，量最后一段后地上插一根测钎，它与 B 点的距离为 18.37m，求 A、B 两点间的距离为多少？若 A、B 间往返丈量距离允许相对误差为 1：2000，问往返丈量时允许距离校差为多少？

6. 钢尺量距有哪些误差？量距中应注意哪些事项？

7. 已知钢尺的尺长方程式 $l_t=30-0.006+1.25\times10^{-5}\times(t-20℃)\times30m$，丈量倾斜面上 A、B 两点间的距离为 75.813m，丈量时温度为 15℃，测得 $h_{AB}=-2.960m$，求 AB 的实际水平距离。

8. 简述视距测量的优缺点。

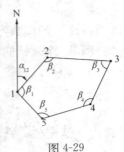

图 4-29

9. 何谓光电测距仪的"测尺"？为什么需要"精测尺"和"粗测尺"？

10. 写出光电测距仪的标称精度公式及其符号的含义。分析光电测距仪测距误差来源有哪些？

11. 方位角有哪几种？它们之间主要区别是什么？它们之间存在什么关系？

12. 图 4-29 中，已知五边形各内角为 $\beta_1 = 95°$，$\beta_2 = 130°$，$\beta_3 = 65°$，$\beta_4 = 128°$，$\beta_5 = 122°$。现已知 1-2 边的坐标方位角 $\alpha_{12} = 31°$，试求其他各边的坐标方位角。

13. 图 4-30 中，已知 1-2 边的坐标方位角 $\alpha_{12} = 65°$，2 点两直线夹角 β_2 为 $210°10'$，3 点两直线夹角 β_3 为 $165°20'$。试求 2-3 边的正坐标方位角 α_{23} 和 3-4 边的反坐标方位角 α_{43} 各为多少？

14. 已知 AB 的反方位角为 $290°$，AC 的象限角为 SW20°，试绘图并计算角 $\angle BAC$ 为多少？

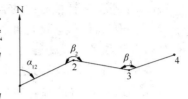

图 4-30

15. 用罗盘仪观测某建筑物南北轴线的磁方位角为 $6°$，现又观测某直线的磁方位角为 $91°30'$。问若以该建筑物南北轴线为 x 轴，求该直线的坐标方位角是多少？

16. 地面 A 点的纬度为 $\varphi = 30°$ 直线 AB 真方位角 $A = 18°20'$，其坐标方位角为 $\alpha = 18°22'$。问 A 点在中央子午线哪一侧？离中央子午线有多远？

17. 已知地面上 A 点纬度为 $30°$，子午线收敛角为 $-1'$；B 点纬度为 $40°$，子午线收敛角为 $+2'$，AB 线的真方位角为 $70°$，求 A、B 两点之间的距离（计算至 0.1 公里）。

学 习 辅 导

1. 本章学习目的与要求

目的：掌握用卷尺量距一般方法和精密量距方法；掌握用经纬仪间接测距（视距测量）的方法；深刻理解直线定向的概念；了解光电测距的概念，通过实习学会使用光电测距仪。

要求：

(1) 掌握一般量距和精密量距方法。精密量距要作三项改正，其原理和计算。

(2) 理解直线定向的概念，要深刻理解方位、象限角及正反方位角。

(3) 视距测量的观测、记录、计算。

(4) 理解光电测距仪相位测距法的原理、测距精度的公式，了解测距操作法，通过实习会使用仪器。

2. 本章学习要领

(1) 本章主要讲了量距与直线定向两大问题。量距方法有：卷尺量距、视距法及光电测距法三种。从精度与工效来看，光电测距法位居第一；钢卷尺量距精度位居第二，但工效最低；视距法工效不错，但精度最低，还不如皮尺，然而仍有它用武之地，在地形图测绘（在第 9 章详讲）中是一种常用的方法。测绘工作中"距离测量"是一切测绘的基础（测量工作三要素之一），没有距离测量，点位的定位就不可能，现代的电子全站仪能测出点的坐标，其原因是测定距离、角度后由机内程序算得坐标。

（2）学习钢尺量距应重点放在量距之后如何计算，把三项改正的概念及公式搞清楚，在理解的基础上，记住公式，掌握算法。

（3）了解视距公式的推导思路，重点应把公式中符号含义搞清楚。通过实习掌握视距测量的步骤、表格的记录与计算。

（4）直线定向是极为重要概念，方位角、象限角及正反方位角的概念及有关计算，以后各章经常要用到。

第5章 全站仪及其使用

5.1 概述

（1）全站仪的概念

全站仪全称是全站型电子速测仪（total station optical electronic tachometric theodolite），简称全站仪（total station）。它是将电子经纬仪、光电测距仪和微处理器相结合，使电子经纬仪和光电测距仪两种仪器的功能集于一身的新型测量仪器。它能够在测站上同时观测、显示和记录水平角、竖直角、距离等，并能自动计算待定点的坐标和高程，即能够完成一个测站上的全部测量工作。此外，全站仪内置只读存储器固化了测量程序，可以在野外迅速完成特殊测量功能。例如，点位放样、对边测量、悬高测量、偏心测量、面积测量以及后方交会等。全站仪通过传输接口，将野外采集的数据直接传输给计算机、绘图机，并配以数据处理软件，实现测图的自动化。

（2）全站仪结构类型及特点

全站仪按其结构形式可分为整体式或称集成式（Integrated）与积木式或称组合式（Modular）两种。整体式全站仪的电子经纬仪和光电测距仪共用一个光学望远镜，两种仪器整合为一体，使用起来非常方便。组合式全站仪则是电子经纬仪和光电测距仪可分开使用，照准轴和测距轴不共轴，作业时将光电测距仪安装在电子经纬仪上，相互之间用电缆实现数据的通讯，作业完成后，则可分别装箱，这种组合式的全站仪又称半站仪。组合式全站仪可根据作业精度的要求，将不同的电子经纬仪和光电测距仪组合在一起，形成不同精度的全站仪，极大提高仪器的使用效率，但在使用中稍比整体式麻烦。20世纪90年代以后，基本上都发展为整体式全站仪。全站仪一般具有下列特点：

1）有大容量的内部存储器。内存容量越来越大，从以前存储几百个测量数据发展到可存储几万个测量数据，有的全站仪内存已达到数十兆。

2）有数据自动记录装置（电子手簿）或与之相匹配数据记录卡。实际生产中常用掌上电脑作为电子手簿，如日本SHARP公司生产的PC-E500，它不仅具有自动数据记录功能，而且还具有编程处理功能，全站仪和电子手簿的通讯接口一般为RS-232C标准通用接口。

3）具有双向传输功能。不仅可将全站仪内存中数据文件传输到外部电脑，还可将外部电脑中的数据文件或程序传输到全站仪，或由电脑实时控制全站仪工作，对全站仪内的软件进行升级，以拓展其功能。

4）程序化。全站仪内存中存储了常用的测量作业程序，如对边测量、悬高测量、面积测量、偏心测量等，按程序进行观测，在现场立即得出结果。

（3）全站仪的精度及其等级

全站仪的精度主要是指测角精度 m_β 和测距精度 m_D。如日本拓普康公司的 GTS-710 全站仪的标称精度：测角精度 $m_\beta = \pm 2''$，测距精度 $m_D = \pm (2mm + 2ppm \times D)$。

我国苏州一光生产的 OTS232 型，测角精度 $m_\beta = \pm 2''$，测距精度 $m_D = \pm (3mm + 3ppm \times D)$。

根据国家计量规程（JJG 100-94）将全站仪精度划分为 4 个等级，见表 5-1。

表 5-1　全站仪精度等级

精 度 等 级	测角中误差 m_β	测距中误差 m_D
Ⅰ	$\mid m_\beta \mid \leqslant 1''$	$\mid m_D \mid \leqslant 2mm$
Ⅱ	$1'' < \mid m_\beta \mid \leqslant 2''$	$2mm < \mid m_D \mid \leqslant 5mm$
Ⅲ	$2'' < \mid m_\beta \mid \leqslant 6''$	$5mm < \mid m_D \mid \leqslant 10mm$
Ⅳ（等外级）	$6'' < \mid m_\beta \mid \leqslant 10''$	$10mm < \mid m_D \mid$

自从 1968 年原西德奥普托厂（OPTON 厂）生产了世界上第一台全站仪——Reg Elta14 全站仪以来，全站仪的外形、结构、体积、质量等都进行了很大的改进，功能不断完善。世界各测绘仪器厂商均争相生产各种型号的全站仪，品种越来越多，精度越来越高，使用上也是越来越方便。有的具有免棱镜测量功能。例如，日本索佳（SOKKIA）的 SET630R 型，使用激光免棱镜测量，测量短距离也可达到很高的精度。国内苏一光厂生产的 OTS 系列也属于激光免棱镜全站仪。有的具有自动跟踪照准功能，例如拓普康（TOPOCON）的自动跟踪全站仪 GTS-810A 系列；有的将 GPS 接收仪与全站仪集成，生产出 GPS 全站仪。全站仪正朝着全自动、多功能、智能型、标准化方向发展。以下各节以苏一光厂的 OTS 全站仪作介绍，详细介绍测角、测距及坐标测量的步骤。

5.2　苏一光 OTS 全站仪及其辅助设备

5.2.1　苏一光 OTS 全站仪的结构

（1）OTS 全站仪的各部件

我国苏州一光仪器有限公司生产的 OTS（激光免棱镜型）系列电子全站仪，仪器的结构如图 5-1（型号为 OTS232）。OTS 系列全站仪属整体式全站仪。它主要包括望远镜、水准器、电池、电源开关、显示屏、操作键、基座等。手簿通信接口是使机内数据与外接电子手簿或计算机进行通信。水平方向同轴制动与微动螺旋以及望远镜上下转动的同轴制动与微动螺旋，使用方便。还有光学对中器法则与光学经纬仪相同。

（2）键盘及显示屏

仪器的两面都有一个相同的液晶显示电子

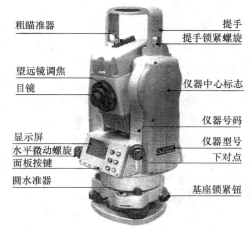

图 5-1　苏一光 OTS 系列全站仪图

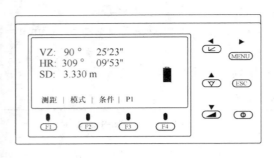

图 5-2　苏一光 OTS 全站仪显示屏

屏，右边有 6 个操作键，下边有 4 个功能键，其功能随观测模式的不同而改变。如图 5-2 所示，显示屏采用点阵形式液晶显示（LCD），可显示四行汉字，每行 10 个汉字；通常前三行显示测量数据，最后一行显示随测量模式变化的 4 个功能键。利用这些键可完成测量过程的各项操作，图中链盘上无数字键，OTS632 型有数字键。

以上各键的具体功能见表 5-2。

表 5-2　各种按键的功能

按　键	名　称	功　能	
		测量模式	菜单模式
◀ 坐标测量键、左移键符号	坐标测量键、左移键	进入坐标测量模式	进入菜单模式后的左移键
▲ 角度测量键、上移键符号	角度测量键、上移键	进入角度测量模式	进入菜单模式后的上移键
▼ 距离测量键、下移键符号	距离测量键、下移键	进入距离测量模式	进入菜单模式后的下移键
MENU	菜单键、右移键	进入菜单模式	进入菜单模式后的右移键
ESC	退出键	退回到上一级菜单或返回测量模式	
F1～F4	功能键	对应显示屏上的相应功能，与电源键组成快捷键	
电源键符号	电源键 第二功能键	控制电源的开和关 第二功能，与 F1～F4 组成快捷键	

（3）显示屏两种显示模式：测量模式与菜单模式

1）测量模式示例如图 5-3。

2）菜单显示模式示例如图 5-4。

显示符号说明：

VZ	天顶距（Vertical Zenith Distance）	N	北向坐标（North），即纵坐标 X
VH	高度角（Vertical Height Angle）	E	东向坐标（East），即横坐标 Y
V	坡度或倾斜百分率（Variation）	Z	高程（Zenith），即高程 H
HR	水平角（右旋水平盘度数增加）（Horizontal Right）	m	长度单位：米
HL	水平角（左旋水平盘度数增加）（Horizontal Left）	Ft	长度单位：英尺（Feet）
SD	斜距（Sloping Distance）	PtNr	测站点号（Point Number）
HD	平距（Horizontal Distance）	*	距离测量在进行中
VD	高差（Vertical Distance）		

角度测量模式：

```
VZ: 81° 54′    21″

HL: 157° 33′   58″



置零│锁定│记录│PI
```

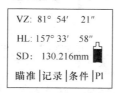

距离测量模式1：

```
VZ: 81° 54′    21″

HL: 157° 33′   58″

SD: 130.216mm

瞄准│记录│条件│PI
```

```
菜单              1/3
F1：设置点号
F2：数据
F3：记录口


主菜单(第1页  共3页)
按F1键进入设置点号
按F2键进入数据处理
按F3键进入记录口设置
```

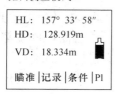

距离测量模式2：

```
HL: 157° 33′ 58″
HD: 128.919m
VD: 18.334m


瞄准│记录│条件│PI
```

坐标测量模式：

```
N:  5.838m

E:  8.808m

Z:  0.226m

瞄准│记录│条件│PI
```

```
设置              1/3
F1：最小读数
F2：自动关机
F3：角度单位


设置子菜单(第1页  共3页)
按F1键进入最小读数设置
按F2键进入自动关机设置
按F3键进入角度单位设置
```

图 5-3　测量显示模式示例　　　　　　　　图 5-4　菜单显示模式示例

5.2.2　全站仪的辅助设备

（1）反射镜

在全站仪进行除角度测量之外的所有测量工作，都需要配备反射物体，如反射棱镜和反光片。反射棱镜是最常用一种的合作目标。

反射棱镜有单块、三块和九块等不同的种类，如图 5-5a、b，不同的棱镜数量，测程不同，选用多块棱镜可使测程达到较大的数值。反射棱镜一般都有一固定的棱镜常数，将它和不同的全站仪进行配套使用时，必须对全站仪进行棱镜常数的设置。棱镜常数一旦设置，关机后该常数仍被保存。

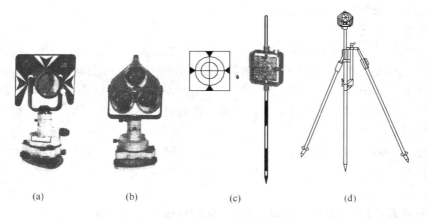

　　　(a)　　　　　　　　(b)　　　　　　　　(c)　　　　　　　　(d)

图 5-5　反射棱镜、反光片与棱镜对中杆（带支架）
(a) 单棱镜；(b) 三棱镜；(c) 反光片；(d) 棱镜对中杆与支架

图 5-5c 为反光片，尺寸 30mm×30mm，适用于距离 500m 以内测量，尺寸 60mm×60mm 适用于距离 700m 以内测量。带标杆的反光片（如图 5-5c 右图），便于碎部点的测量。

图 5-5d 为对中杆与支架，单棱镜安置于对中杆顶部，对中杆上附有圆水准器，由支架支撑，使对中杆竖直。

表 5-3 各种反射镜的测程

棱 镜		测 程	棱 镜	测 程
免棱镜（白色）		0.2～60m	微型棱镜	1.0～1200m
反光片	30mm×30mm	1.0～500m	单 棱 镜	1.0～5000m
	60mm×60mm	1.0～700m		

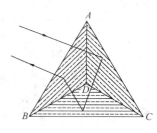

图 5-6 反射棱镜的光路图

构成反射棱镜的光学部分是直角光学玻璃锥体，如图 5-6 所示，其中 ABC 为透射面，是等边三角形，另外三个面为反射面，呈等腰直角三角形。反射面镀银，面与面之间互相垂直。这种结构的棱镜，无论光线从哪个方向射入透射面，棱镜都会将光线进行平行反射。因此，在测量中只要将棱镜的透射面大致垂直于测线方向，仪器便会得到回光信号，从而测量出仪器到棱镜的距离。

（2）电池

全站仪均自带充电电池，同时也可通过外部电源接口接入外接电源。它的作用是为仪器工作提供电源。

1）充电

充电最好使用专用充电器，当充电器插头连接 220V 交流电源时，充电器的黄绿灯亮。将电池插入充电器时，充电器的黄绿灯、红灯同时亮，表示正在充电。当红灯灭，仅黄绿灯亮，表示充电完成。完电时间一般为 3 小时左右。

2）存放

电池的存放时间过长或存放温度过高，将会使电池的电量丢失。电池电量减少，可以再次充电后存放。如果长时间不使用电池，应每隔 3～4 个月充电一次，并在常温或低温下存放，这有助于延长电池的使用寿命。

（3）温度计和气压表

光在空气中的传播速度并非常数，而是随大气的温度和气压而变。当气压保持不变，温度变化 1°，或温度保持不变，气压变化 3.6hPa（百帕），都将引起测量距离 1mm 的变化，即 1mm/1km。仪器一般是按温度为 20℃，气压为 1013hPa，大气改正数为 0 设计的。不同的温度和气压对应不同的大气改正值，当输入观测时的温度和气压后，仪器会自动对观测结果实施大气改正。

气压测量一般使用空盒气压计，单位为百帕（hPa）或毫米汞柱（mmHg）。

温度测量一般使用通风干湿温度计，在测程较短或测距精度要求不高时，可使用普通温度计。

现在有些较高级的全站仪能自动感应温度和气压，并进行改正。

5.3 苏一光 OTS 全站仪的使用

5.3.1 测量前的准备工作

（1）安置仪器

将仪器安置在三脚架上，整平和对中操作与光学经纬仪相同。

（2）开机

按住电源键，直到液晶显示屏显示相关信息为"请转动望远镜，以及棱镜常数、大气修正值和仪器软件版本号"，转动望远镜一周，仪器蜂鸣器发出一短声并进行初始化，仪器自动进入测量模式显示。（注：仪器开机时显示的测量模式为上一次关机时仪器所显示的测量模式）。仪器开机时，要确认显示窗中显示有足够的电池电量，当电池电量不足时，应及时更换电池或对电池进行充电。

关机时，同时按电源键和 F1 键，仪器显示"关机"，然后放开按键，仪器进入关机状态。

仪器选择自动关机功能，则 10 分钟内如果无任何操作，仪器自动关机。

（3）数字的输入

仪器在使用过程中，需要输入数字，如输入棱镜常数、气压、温度、任意水平角度、放样点坐标等。苏州一光仪器有限公司生产的 OTS232 电子全站仪在显示屏旁没有设置数字键，而是通过不同的功能键实现的，其中，F1 对应"1、2、3、4"，F2 对应"5、6、7、8"，F3 对应"9、0、.、–"，F4 对应"ENT"。

这里以输入一个任意水平角度（159°30′25″）为例加以说明，在角度测量模式下，操作步骤如表 5-4 所示（159°30′25″输入的形式为 159.3025）。

表 5-4　数字的输入

操作步骤	显　　示	说　　明
①在角度测量模式下，按［F4］键两次，进入第 3 页	VZ:157°33′58″ HL:327°03′51″ 置零｜锁定｜记录｜P1 倾斜｜坡度｜竖角｜P2 直角｜左右｜设角｜P3	VZ 表示天顶距 HL 表示水平度盘为向左增加 HR 表示水平度盘为向右增加
②按［F3］键，选择"设角"，进入任意水平角度设置状态	水平角设置 HL： 输入｜--｜--｜确认	显示界面等待输入
③按［F1］键选择输入，进入数字输入状态	水平角设置 HL： 1 2 3 4 5 6 7 8 9 0 . - ENT	F1 对应 1、2、3、4 F2 对应 5、6、7、8 F3 对应 9、0、°、-

操作步骤	显　示	说　明
④按 F1 键，显示"1、2、3、4"	水平角设置 HL： (1) (2) (3) (4)	F1 对应 1，F2 对应 2，F3 对应 3，F4 对应 4
⑤按［F1］键，选择"1"，数字输入后，显示自动回到上一级，显示"1234567890.-ENT"	水平角设置 HL：1 1 2 3 4 5 6 7 8 9 .-ENT	
⑥按［F2］键，显示"5、6、7、8"	水平角设置 HL：1 (5) (6) (7) (8)	F1 对应 5，F2 对应 6，F3 对应 7，F4 对应 8
⑦按［F1］键，选择"5"，数字输入后，显示自动回到上一级，显示"1234567890.-ENT"	水平角设置 HL：15 1 2 3 4 5 6 7 8 9 .-ENT	
⑧依此类推，输入 9、.、3、0、2、5，（分、秒之间没有分隔符"."）	水平角设置 HL：159.3025 1 2 3 4 5 6 7 8 9 .-ENT	度数输完后应输分隔符"."，但是，分、秒之间不必输分隔符"."
⑨按［F4］键，选择"ENT"	水平角设置 HL：159.3025 输入｜- -｜- -｜确认	
⑩按［F4］键，选择"确认"	VZ：157°33′58″ HL：159°30′25″ 置零｜锁定｜记录｜P1	

90

在输入过程中或输入完毕，尚未按［F4］选择"ENT"之前，可以用"左移键"或"右移键"移动光标进行修改。若已经按了"ENT"后发现设置错误，只能重新输入一次。

5.3.2 标准测量模式

OTS系列电子全站仪设有标准测量模式和应用程序测量模式。标准测量模式包括角度测量、距离测量和坐标测量等。应用程序模式有悬高测量、对边测量及面积测量，具体操作详见说明书，本章从略。

（1）角度测量

仪器开机后，在测量模式下，按角度测量键，进入角度测量模式。

1）水平角（右角）和垂直角测量

确认在角度测量模式下，将望远镜照准目标，仪器显示天顶距（VZ）及水平角右角（HR），操作如表5-5。

表5-5 水平角（右角）和垂直角测量

操作步骤	显　　示	说　　明
①进入角度测量模式，照准第一个目标（A）	VZ：89°25′55″ HR：157°33′58″ 置零｜锁定｜记录｜P1	显示目标 A 的天顶距及度盘水平角的读数（HR 为向右增加度数）
②按［F1］键，选"置零"使 A 目标为0°0′0″	水平角置零 确认吗? -- ｜ -- ｜是｜否	欲测量∠AOB 角度，瞄准 A 目标后，度盘置零
③按［F3］键，确认水平度盘置零，屏幕返回角度测量模式	VZ：89°25′55″ HR：0°00′00″ 置零｜锁定｜记录｜P1	
④照准第二个目标（B）。仪器显示∠AOB 的水平角，目标 B 垂直角	VZ：87°22′45″ HR：243°37′52″ 置零｜锁定｜记录｜P1	

2）水平角测量模式（右角/左角）的变换

确认在角度测量模式下，操作如表5-6。

表 5-6　水平角测量模式（右角/左角）的变换

操 作 步 骤	显 示	说 明
①在角度测量模式下，按［F4］键两次，进入第 3 页	VZ:89°25′55″ HR:304°46′53″ 置零｜锁定｜记录｜P1 倾斜｜坡度｜竖角｜P2 直角｜左右｜设角｜P3	VZ 表示天顶距 HR 表示右角（即水平度盘顺时针增加度数）
②按［F2］（左右）键，水平度盘测量右角模式（HR）转换为左角模式（HL）	VZ：89°25′55″ HL：55°13′07″ 直角｜左右｜设角｜P3	HL 表示左角（即水平度盘逆时针增加度数）

● 每按一次［F2］（左右）键，右角/左角便依次切换

3）水平度盘的设置
①水平角度值的置零
确认在角度测量模式下，操作如表 5-7。

表 5-7　水平角度值的置零

操 作 步 骤	显 示	说 明
①在角度测量模式下，照准目标点	VZ：89°25′55″ HR：157°33′58″ 置零｜锁定｜记录｜P1	
②按［F1］键，选择"置零"	水平角置零 确认吗？ - -｜- -｜是｜否	
③按［F3］（是）键，确定水平度盘置零，屏幕返回角度测量模式	VZ：89°25′55″ HR：0°00′00″ 置零｜锁定｜记录｜P1	

● 按［F4］键选择"否"，仪器不进行水平角度置零操作，并返回角度测量模式，同时水平角度值显示原有值

②水平角度值的锁定

确认在角度测量模式下，操作如表5-8。

表5-8　水平度盘的设置（锁定水平角）

操 作 步 骤	显 示	说 明
①照准在角度测量模式下，照准目标点	VZ：89°25′55″ HR：157°33′58″ 置零｜锁定｜记录｜P1	
②按［F2］键，选择"锁定"	水平角锁定 HR：157°33′58″ 确认吗？ －－｜－－｜是｜否	
③照准目标点，按［F3］（是）键，确定水平度盘锁定，屏幕返回角度测量模式	VZ：89°25′55″ HR：157°33′58″ 置零｜锁定｜记录｜P1	

● 按［F4］键选择"否"，仪器不进行水平角度锁定，并返回角度测量模式，同时水平角度值显示仪器转动后的水平角度值

③任意水平角度值的设置

确认在角度测量模式下，操作如表5-9。

表5-9　任意水平角度值的设置

操 作 步 骤	显 示	说 明
①照准目标点，按［F4］键两次，进入第3页	VZ：89°25′55″ HR：304°46′53″ 置零｜锁定｜记录｜P1 倾斜｜坡度｜竖角｜P2 直角｜左右｜设角｜P3	
②按［F3］（设角）键，准备输入角值	水平角设置 HR： 输入｜－－｜－－｜确认	

③按表5-3数字的输入方法所示，输入所需的角度值

（2）距离测量

1）距离测量的显示界面有两种：

一为斜距测量显示界面，另一为高差/平距测量显示界面，如表 5-10 所示。

表 5-10　距离测量的显示界面

操作步骤	显示	说明
开机后，在测量模式下，按距离测量键▲一次或两次，进入斜距测量模式	VZ：72°37′53″ HR：157°33′58″ SD：120.530m 瞄准｜记录｜条件｜P1	VZ 表示天顶距 HR 表示右增水平角 SD 表示斜距
继续按距离测量键▲一次，进入高差/平距测量模式	HR：157°33′58″ HD：120.530m VD：35.980m 瞄准｜记录｜条件｜P1	HR 表示右增水平角 HD 表示水平距 VD 表示高差

● 反复按距离测量键▲，可选择斜距测量界面或高差/平距测量界面

2）测距条件的设置：测量时，温度、气压以及测量目标条件对测距有直接影响，因此在测距前应予以设置。

①温度、气压的设置

在距离测量模式下，其设置方法如表 5-11 所示。

表 5-11　温度、气压的设置

操作步骤	显示	说明
①开机后，在测量模式下，按距离测量键▲一次或两次，进入斜距测量模式	VZ：72°37′53″ HR：157°33′58″ SD：120.530m 瞄准｜记录｜条件｜P1	
②按〔F3〕（条件）键，进入测距条件设置	设置测距条件 PSM：000m　PPM：000 信号：20 棱常｜PPM｜T-P｜目标	PSM 为棱镜常数 PPM 为气象修正值 信号指测距回光信号

操 作 步 骤	显 示	说 明
③按［F3］（T-P）键，进入温度、气压的设置	温度和气压设置 温度：＞0020 气压：1013 输入｜--｜--｜确认	
④按表 5-4 数字的输入方法所示，输入所需的温度、气压值		

● 温度、气压值的输入显示中共有两项输入；当前可输入项的标志为"＞"号，"＞"号在哪一项（如：温度＞0020），则表示现在可进行该项（温度值）的输入；当一项输入完成以后（如：温度＞0025），按"▼"键使可输入项标志移到另外一项（如：气压＞1013），并进行该项（气压值）的输入

● 开机后，如进入高差/平距测量模式，其操作步骤同上

②测量目标条件、测距次数及棱镜常数的设置

测量目标条件包括：目标为反射棱镜、反射片和免棱镜（利用自然物体的表面）。厂家配套的棱镜，其常数为 0；使用其他的棱镜，常数应重新设置。这些设置步骤如表 5-12 所示。

表 5-12　测量目标条件、测距次数及棱镜常数的设置

操 作 步 骤	显 示	说 明
①开机后，在测量模式下，按距离测量键▲一次或两次，进入高差/平距测量显示界面	HR：157°33′58″ VD：35.980m HD：115.034m	HR：水平角度 VD：高差 HD：平距
②按［F3］键，进入测距条件的设置	设置测距条件 PSM：000m　PPM：000 信号：20 棱常｜PPM｜ T-P｜目标	PSM：为棱镜常数 PPM：为气象修正值 信号：指测距回光信号值
③按［F1］（棱常）键，进入反射棱镜常数的设置，按确认返回设置测距条件界面	棱镜常数设置 棱常：000mm 输入｜--｜--｜确认	使用苏一光厂的反射棱镜，其棱常为 0

操作步骤	显　示	说　明
④在测距条件界面，按 F4 键，进入目标条件的设置，根据实际情况选按 F1 或 F2 或 F3，最后按 F4（ENT）键后又返回设置测距条件界面	目标 F1：NO PRISM F2：SHEET F3：PRISM　　ENT	有 3 种目标供选择： F1：无棱镜 F2：反射片 F3：棱镜
⑤按 MENU 键，进入主菜单，按"▼"键进入"设置"子菜单第 1 页	设置　　　　　1/3 F1：最小单位 F2：自动关机 F3：角度单位	F1 显示测角最小单位 F2 自动关机有 ON 与 OFF 两种选择 F3 角度单位有 360°、400°、密位制等选择
⑥按▼进入设置子菜单第 2 页	设置　　　　　2/3 F1：长度单位 F2：测距次数 F3：二差改正	长度单位有米（m）和英尺（ft）两种。二差改正有三种设置：OFF，0.14，0.20
⑦按 F2 选择测距次数，进入测距设置项目，仪器显示上一次设置的测距次数	测距次数设置： 次数：005 输入 ｜- -｜- -｜确认	

3）测距模式的设置

由于不同工程项目对测距精度要求不同，全站仪提供了三种测距模式设置：

①精测模式：测距精度为±（3mm＋3ppm×D），显示精确到 0.001m。

②跟踪模式：测距精度为±（10mm＋3ppm×D），显示精确到 0.01m。

③粗测模式：测距精度为±（4.5mm＋3ppm×D），显示精确到 0.01m。

精测/跟踪/粗测模式的选择操作如表 5-13。

表 5-13　精测/跟踪/粗测模式的选择

操作步骤	显　示	说　明
①在距离测量模式下，按［F4］键，进入功能键信息第 2 页	VZ:72°37′53″ HR:157°33′58″ SD:120.530m 瞄准｜记录｜条件｜P1 偏心｜放样｜条件｜P2	在距离测量模式下按［F4］键显示第 1 页，再按［F4］键进入第 2 页

操作步骤	显　示	说　明
②按〔F3〕（模式）键，进入测距模式选择	VZ：72°37′53″ HR：157°33′58″ SD：120.530m 粗测｜跟踪｜精测｜C	粗测：精度低，速度快 跟踪：精确到 0.01m，适用于放样 精测：精确到 0.001m
③按〔F3〕键，选择精测模式。屏幕右下角字母显示"F"	VZ：72°37′53″ HR：157°33′58″ SD：120.530m 粗测｜跟踪｜精测｜F	
④仪器自动完成设置，并返回距离测量模式	VZ：72°37′53″ HR：157°33′58″ SD：120.530m 瞄准｜记录｜条件｜P1	

● 在第③步可以选择不同的测距模式，其他步骤相同

4）距离测量

确认在距离测量模式下，操作如表 5-14。

表 5-14　距离测量

操作步骤	显　示	说　明
①在距离测量模式下，进入功能键信息第 1 页。望远镜瞄准镜站的棱镜中心，准备测距	VZ：72°37′53″ HR：157°33′58″ SD：　　　m 瞄准｜记录｜条件｜P1	VZ 表示天顶距 HR 表示向右增加水平角 SD 表示斜距
②按〔F1〕（瞄准）键，仪器发出光束，准备测距	VZ：72°37′53″ HR：157°33′58″ SD：　　　m	

操作步骤	显 示	说 明
③按［F1］（测距）键，仪器开始测距	VZ：72°37′53″ HR：157°33′58″ SD＊：120.530m 停止｜记录｜条件｜P1	SD＊表示有回光信息，正在测量斜距
④按［F1］（停止）键，仪器停止测距，显示屏显示最后的一次测量结果	VZ：72°37′53″ HR：157°33′58″ SD：120.530m 瞄准｜记录｜条件｜P1	

● 表中例举的为斜距测量显示模式，高差/平距测量显示模式的操作方法相同

● 仪器在进行距离测量时，当 SD 或 VD 后有"＊"号闪烁时，表示有回光信号；当 SD 或 VD 后没有"＊"号闪烁时，表示没有回光信号；每次距离值更新时，距离单位"m"闪烁一次，同时蜂鸣器鸣叫一次

● 当仪器为粗测或跟踪模式时，按一次"测距"（即 F1 键），仪器进行连续的距离跟踪测量，直至按一次"停止"（即 F1 键），仪器停止测量，显示屏显示最后一次测量的结果

● 当距离测量为精测模式时，按一次"测距"（即 F1 键），仪器进行连续的距离测量，直至测距次数达到设置的次数，仪器自动停止测量，显示屏显示测量结果的平均值；如果测距次数没有达到设置的次数，中途需要停止测量，则再按一次"停止"（即 F1 键），仪器停止测量，显示屏显示最后一次测量的结果

（3）坐标测量

坐标测量模式是指已知测站点坐标，通过仪器测量出镜站点的三维坐标。如图 5-7 所示，在已知测站点安置仪器，选择坐标测量模式，输入测站点坐标、仪器高、目标的棱镜高、后视点的平面坐标和各种气象改正要素。在测站上瞄后视点，并输入后视点的平面坐标，其目的是使仪器能求得测站点至后视点的方位角，从而确定度盘的正确方位，即度盘的 0°指向 X 轴。如果该方位角已知，瞄准后视点后，直接输入方位角 α，而不必输入平面坐标。

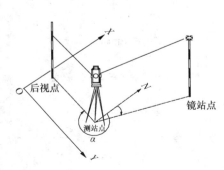

图 5-7 坐标测量原理

然后，转动照准部，照准镜站点上所立棱镜，按下测量键即可求得镜站点的三维坐标。

1）测站点坐标输入

测站点坐标（N、E、Z，即 X、Y、H）可以预先设置在仪器内，以便计算未知点坐标。仪器开机后，在测量模式下，按坐标测量键，进入坐标测量模式。测站点坐标的输入如表 5-15 所示。

表 5-15　测站点坐标的输入

操 作 步 骤	显　　示	说　　明
①在坐标测量模式下，按［F4］键，进入功能键信息第 2 页	N:-0.3298m E:-6.610m Z: 0.290m 瞄准｜放样｜记录｜P1 镜高｜仪高｜测站｜P2	显示坐标为上一次观测输入的坐标值。N 即纵坐标 X，E 即横坐标 Y，Z 即高程 H
②按［F3］（测站）键，进入测站坐标输入显示	N>　　−0.328m E:　　−6.610m Z:　　　0.290m 输入｜- -｜- -｜确认	

③按［F1］（输入）键，进入数字输入状态，按表 5-4 数字的输入方法所示，输入测站坐标 N 的数值。测站坐标 N 的数值输入完成后，按"▼"键，使">"号出现在"E"的后面，显示"E>"，然后进行 E 坐标的输入；E 坐标输入完成以后，按"▼"键，使">"号出现在"Z"的后面，显示"Z>"，然后进行 Z 坐标的输入

2）设置仪器高/棱镜高

确认在坐标测量模式下，操作如表 5-16。

表 5-16　仪器高/棱镜高的设置

操 作 步 骤	显　　示	说　　明
①在坐标测量模式下，按［F4］键，进入功能键信息第 2 页	N: -0.3298m E: -6.610m Z: 0.290m 瞄准｜放样｜记录｜P1 镜高｜仪高｜测站｜P2	
②按［F1］（镜高）键，进入棱镜高输入	棱镜高输入 RHT：0.000m 输入｜- -｜- -｜确认	RHT 表示棱镜高
③按［F1］（输入）键，进入数字输入状态，按表 5-4 数字的输入方法所示，输入棱镜高的数值，如 1.324m	棱镜高输入 RHT：1.324m 输入｜- -｜- -｜确认	

操 作 步 骤	显　　示	说　　明
④按［F4］（确认）键，仪器返回到第 2 页	N：　−0.328m E：　−6.610m Z：　　0.290m 镜高｜仪高｜测站｜P2	
⑤按［F2］（仪高）键，进入仪器高输入	输入仪器高 RHT：0.000m 输入｜- - ｜- - ｜确认	此处 RHT 表示仪器高

⑥与棱镜高输入的方法一样，输入仪器高的数值

3）后视点坐标的输入

确认在坐标测量模式下，操作如表 5-17。

表 5-17　后视点坐标的输入

操 作 步 骤	显　　示	说　　明
①在坐标测量模式下，按［F4］键两次，进入功能键信息第 3 页	N: −0.328m E: −6.610m Z: 0.290m 瞄准｜放样｜记录｜P1 镜高｜仪高｜测站｜P2 偏心｜模式｜后视｜P3	
②按［F3］（后视）键，进入后视点坐标的输入	N＞　0.000m E：　0.000m Z：　0.000m 输入｜- - ｜- - ｜确认	

③按［F1］（输入）键，进入数字输入状态，按表 5-4 数字的输入方法所示，输入后视点的 N 坐标数值，N 的数值输入完成后，按“▼”键，使“＞”号出现在“E”的后面，显示“E＞”，然后进行 E 坐标的输入，直至输完

| ④按［F4］（确认）键，仪器自动计算出方位角，并显示 | 方位角设置

HR：270°00′00″

＞照准？　　是　否 | ＞照准？询问望远镜是否已精确照准后视点？“是”按 F3，“否”按 F4 |

⑤进行坐标测量时，当照准后视目标后，按［F3］键选择“是”，仪器返回到坐标测量信息第 1 页界面

在坐标测量模式中，输入测站点坐标、仪器高、棱镜高和后视点的坐标后，仪器将保持最后一次输入的值，即使仪器关机也不会丢失。

4）坐标测量的操作

在完成了测站点坐标、仪器高、棱镜高和后视点的坐标输入后，坐标测量的操作步骤如表 5-18。

表 5-18　坐标测量的操作

操作步骤	显　示	说　明
①设置测站点坐标、仪器高/棱镜高和后视点坐标，若未输入以上数据，则仪器将保持最后一次输入的值	方位角设置 HR：270°00′00″ ＞照准?　　是　否	在坐标测量模式中，测站至后视点方位角仪器自动算出
②照准后视目标，按［F3］（是）键，仪器返回到坐标测量信息第 1 页界面	N：　－0.328m E：　－6.610m Z：　　0.290m 瞄准｜放样｜记录｜P1	此时显示的坐标值为上次观测站的坐标
③照准镜站点，按［F1］（瞄准）键，仪器发出光束，准备测距	N：　　　　　m E：　　　　　m Z：　　　　　m 测距｜放样｜记录｜P1	.
④按［F1］（测距）键，仪器开始测距	N：　－5.678m E：　　8.540m Z：　　0.290m 停止｜记录｜条件｜P1	此时显示的坐标为经机内程序计算得镜站的坐标
⑤按［F1］（停止）键，仪器停止测距，显示屏显示最后的一次测量结果	N：　－5.678m E：　　8.540m Z：　　0.290m 瞄准｜记录｜条件｜P1	

● 坐标测量和距离测量虽然含义不同，但两项工作的操作步骤是相同的。同时，测距条件和测距模式的设置也和距离测量的设置一样

5.3.3 仪器使用的注意事项

电子全站仪是一种结构复杂而价格昂贵的光、机、电相结合的仪器，使用和保管中应严格按说明书的要求和步骤进行，做到专人保管与维护。

（1）安置测站时，首先把三脚架安稳，然后再装上全站仪。

（2）当作业迁站时，仪器电源要关闭，仪器要从三脚架上取下装箱，近距离迁站可不装箱，但务必握住仪器的提手稳步行进。

（3）不得将仪器直接放置于地面上，仪器箱不能当凳子坐。

（4）在需要进行高精度的观测时，应采取遮阳措施，防止阳光直射仪器和三脚架。

（5）仪器的镜头千万不要用手去摸，如发现镜头表面脏时，先用箱内毛刷掸去灰尘，然后再用专用镜头纸轻轻擦拭。

（6）仪器装箱时，应先将仪器的电源关掉，确保仪器与箱内的安置标志相吻合，仪器的物镜朝向基座。

练 习 题

1. 什么叫全站仪？它的结构有哪几种？其精度主要是指哪些？

2. OTS 全站仪操作键与功能键各指什么？有什么不同？

3. 如何进行 OTS 全站仪棱镜常数、温度、气压以及目标条件的设置？

4. 简述全站仪测量距离的步骤。应注意什么问题？

5. 绘示意图说明全站仪进行坐标测量的基本原理。

学 习 辅 导

1. 本章学习目的与要求

目的：了解全站仪的功能、结构及特点，掌握苏一光 OTS 全站仪的使用方法。

要求：

（1）认识全站仪是光、机、电相结合新型仪器，它的功能、结构分类及精度。

（2）掌握全站仪测角水平角、竖直角、距离、坐标的方法。

（3）掌握全站仪棱镜常数、气温、气压以及观测条件等参数的设置。

2. 本章学习要领

（1）在学习各种仪器时，应首先认真阅读说明书，熟悉各个操作键。OTS 全站仪操作键 6 个，其功能是固定的。而显示屏下的 4 个功能键，其功能随观测模式而改变。

（2）通过实际操作掌握常用的功能。

（3）无论是坐标测量及各种程序测量，都是由最基本的角度测量和距离测量经仪器内部程序计算得出结果，因此，首先应熟练掌握角度测量和距离测量方法。

（4）全站仪的电池应定期进行充电，一般 3 个月应充电一次，并且在放电结束后进行充电，以便延长电池使用寿命。

第6章 测量误差理论的基本知识

6.1 测量误差概述

测量工作中，对某个未知量进行观测必定会产生误差。例如，对三角形三个内角进行观测，三个内角观测值总和通常都不等于真值 $180°$。不同工具丈量某一边长，其结果存在差异。这些现象表明，观测值中不可避免地存在误差。

何谓误差？误差就是某未知量的观测值与其真值的差数。该差数称为真误差。即

$$\Delta_i = l_i - X \tag{6-1}$$

式中　Δ_i——真误差；

　　　l_i——观测值；

　　　X——真值。

一般情况下，某未知量的真值无法求得，此时计算误差时，用观测值的最或然值代替真值。观测值与其最或然值之差，称为似真误差。观测值的最或然值是接近于真值的最可靠值，将在本章最后一节讨论。即

$$v_i = l_i - x \tag{6-2}$$

式中　v_i——似真误差；

　　　l_i——观测值；

　　　x——观测值的最或然值。

6.1.1 测量误差来源

所有的测量工作都是观测者使用仪器和工具在一定的外界条件下进行的，由此可知测量误差来源主要有以下三个方面：

（1）观测者：由于观测者的视觉、听觉等感官的鉴别能力有一定的局限，所以在仪器的使用中会产生误差，如对中误差、整平误差、照准误差、读数误差等。

（2）仪器误差：测量工作中使用的各种测量仪器，其零部件的加工精密度不可能达到百分之百的准确，仪器经检验与校正后仍会存在残余微小误差，这些都会影响到观测结果准确性。

（3）外界条件的影响：测量工作都是在一定的外界环境条件下进行的，如温度、风力、大气折光等因素，这些因素的差异和变化都会直接对观测结果产生影响，必然给观测结果带来误差。

通常把仪器误差、观测者的技术条件（包括观测者的技能及使用的方法）及外界条件这三个因素综合起来，称为观测条件。观测条件相同的各次观测称为等精度观测。相反，观测条件之中，只要有一个不相同的各次观测称为不等精度观测。

6.1.2 测量误差的分类

按测量误差对观测结果影响性质的不同，可将测量误差分为系统误差和偶然误差两大类。

（1）系统误差

在相同的观测条件下，对某量进行的一系列观测中，数值大小和正负符号固定不变，或按一定规律变化的误差，称为系统误差。

系统误差具有累积性，对观测结果的影响很大，但它们的符号和大小有一定的规律。因此，系统误差可以采用适当的措施予以消除或减弱其影响。通常可采用以下三种方法：

1）观测前对仪器进行检校。例如水准测量前，对水准仪进行三项检验与校正，以确保水准仪的几何轴线关系的正确性。

2）采用适当的观测方法，例如水平角测量中，采用正倒镜观测法来消除经纬仪视准轴的误差和横轴的误差对测角的影响。

3）研究系统误差的大小，事后对观测值加以改正。例如钢尺量距中，应用尺长改正、温度改正及倾斜改正等三项改正公式，可以有效地消除或减弱尺长误差、温度误差以及地面倾斜对量距的影响。

（2）偶然误差

在相同的观测条件下，对某量进行一系列的观测，其误差出现的符号和大小都不一定，表现出偶然性，这种误差称为偶然误差，又称随机误差。

例如，水准尺读数时的估读误差，经纬仪测角的瞄准误差等。对于几个偶然误差没有什么规律，但大量偶然误差则具有一定的统计规律。

【例 6-1】 在相同的观测条件下，对一个三角形三个内角重复观测了 100 次，由于偶然误差的不可避免性，使得每次观测三角形内角之和不等于真值 $180°$。用下式计算真差 Δ_i，然后把这 100 个真误差按其绝对值的大小排列，列于表 6-1。

$$\Delta_i = a_i + b_i + c_i - 180° \qquad (i = 1, 2, \cdots, 100)$$

表 6-1 三角形内角和真误差分布情况

误差大小区间	正 Δ 的个数	负 Δ 的个数	总　　和
$0.0''\sim0.5''$	21	20	41
$0.5''\sim1.0''$	14	15	29
$1.0''\sim1.5''$	7	8	15
$1.5''\sim2.0''$	5	4	9
$2.0''\sim2.5''$	2	2	4
$2.5''\sim3.0''$	1	1	2
$3.0''$ 以上	0	0	0
合　　计	50	50	100

从表 6-1 看出，误差的分布是有一定的规律性，总结偶然误差有以下 4 个统计特性：

1）有界性：在一定的观测条件下，偶然误差的绝对值不会超过一定的限度，本例最大误差为 $3.0''$；

2）集中性：绝对值小的误差比绝对值大的误差出现的机会多，$0.5''$ 以下的误差有 41 个；

3）对称性：绝对值相等的正负误差出现的机会相等，本例正负误差各为 50 个；

4）抵偿性：偶然误差的算术平均值趋近于零，即

$$\lim_{n \to \infty} \frac{\Delta_1 + \Delta_2 + \cdots + \Delta_n}{n} = \lim_{n \to \infty} \frac{[\Delta]}{n} = 0$$

由偶然误差的统计特性可知，当对某量有足够多的观测次数时，其正负误差可以互相抵消。因此，可以采用多次观测，并取其算术平均值的方法，来减少偶然误差对观测结果的影响，从而求得较为可靠的结果。

偶然误差是测量误差理论主要研究对象。根据偶然误差的特性对该组观测值进行数学处理，求得最接近于未知量真值的估值，称为最或然值。另外，根据观测列的偶然误差大小，来评定观测结果的质量，即评定精度。

6.1.3　多余观测

为了防止错误的发生和提高观测成果的质量，测量工作中进行多于必要观测量的观测，称为多余观测。

例如，一段距离往返观测，如果往测为必要的观测，则返测称多余观测；一个三角形观测 3 个角度，观测其中 2 个角为必要观测，观测第 3 个角度称多余观测。

有了多余观测，观测值之间或与理论值比较必产生差值（不符值、闭合差），因此，可以根据差值大小评论测量的精度（精确程度），当差值超过某一数值，就可认为观测值有错误，称为误差超限。差值不超限，这些误差认为是偶然误差，进行某种数学处理称为平差，最后求得观测值的最或然值，即求得未知量的最后结果。

6.1.4　观测值的精度与数字精度

观测值接近真值的程度，称为准确度。愈接近真值，其准确度愈高。系统误差对观测值的准确度影响极大，因此，在观测前，应认真检校仪器，观测时采用适当的观测法，观测后对观测的结果加以计算改正，从而消除系统误差或减弱至最低可以接受的程度。

一组观测值之间相互符合的程度（或其离散程度），称为精密度。一观测列的偶然误差大小反映出观测值的精密度。准确度与精密度两者均高的观测值才称得上高精度的观测值。所谓精度包含准确度和精密度。

例如，AB 两点距离用高精度光电测距仪测量结果为 100m，因误差极小，相对于钢尺量距，可认为真值。现用钢尺丈量其长度，结果如下：

A 组：100.015m，100.012m，100.011m，100.014m

B 组：100.010m，99.992m，100.007m，99.995m

C 组：100.005m，100.003m，100.002m，99.998m

A 组的平均值为 100.013m，与真值相差 0.013m，而四个数据内部符合很好，最大较差 0.004m。这说明精密度高，但准确度并不高。B 组平均值为 100.001m，与真值十分接近，说明准确度高，但四个数据最大较差达 0.018m，说明精密度并不好。C 组平均值为 100.002m，与其值相差为 0.002m，四个数最大较差为 0.004m，因此 C 组精度最高，因为准确度与精密度均高。

数字的精度是取决于小数点后的位数，相同单位的两个数，小数点后位数越多，表示精度越高。因此，小数点后位数不可随意取舍。例如，17.62m 与 17.621m，后者准确到 mm，前者只准确到 cm。从这里可知：17.62m 与 17.620m，这两个数并不相等，17.620m 准确至毫米，毫米位为 0。因此，对一个数字既不能随意添加 0，也不能随意消去 0。

6.2 衡量观测值精度的标准

衡量观测值精度高低必须建立一个统一衡量精度的标准，主要有：

（1）中误差

我们先来考察下面例子。

【例 6-2】 甲、乙两人，各自在相同精度条件下对某一三角形的三个内角观测 10 次，计算得三角形闭合差 Δ_i 如下：

甲：+30，−20，−40，+20，0，−40，+30，+20，−30，−10

乙：+10，−10，−60，+20，+20，+30，−50，0，+30，−10

（上列数据单位均为秒） 试问哪个观测精度高？

【解】 我们很自然可以想到，甲、乙两人平均的真误差有多少？按真误差的绝对值总和取平均，即

$$\theta_{甲} = \frac{\sum |\Delta|}{n} = \frac{30+20+40+20+0+40+30+20+30+10}{10} = 24''$$

$$\theta_{乙} = \frac{\sum |\Delta|}{n} = \frac{10+10+60+20+20+30+50+0+30+10}{10} = 24''$$

用平均误差衡量结果是：$\theta_{甲} = \theta_{乙}$。但是，乙组观测列中有较大的观测误差，按常识判断乙组观测精度低于甲组，但计算平均误差 θ 时，大的误差反映不出来，所以平均误差 θ 衡量观测值的精度是不可靠的。

根据数理统计推导可知：某组观测值的中误差 m 可用下式计算

$$m = \pm \sqrt{\frac{[\Delta\Delta]}{n}} \tag{6-3}$$

式中 $[\Delta\Delta]$——各偶然误差平方和；

n——偶然误差的个数。

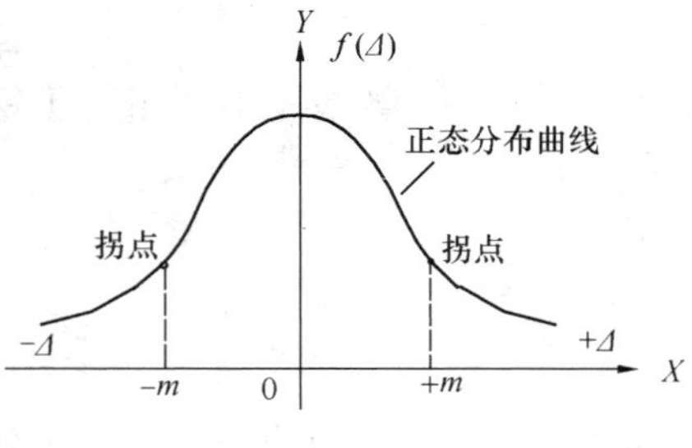

图 6-1 偶然误差呈正态分布曲线

m 表示该组观测值的误差，表示任意一个观测值的中误差，并非一组观测值平均误差，m 可以代表该组中任何一个观测值的误差。根据数理统计推导可知偶然误差与其出现次数的关系呈正态分布，其曲线拐点的横坐标 $\Delta_{拐}$ 等于中误差 m，如图 6-1 所示，这就是中误差的几何意义。

上述例 2 用中误差公式计算得：

$$m_{甲} = \pm \sqrt{\frac{[\Delta\Delta]}{n}} = \pm \sqrt{\frac{7200}{10}} = \pm 27'' \qquad m_{乙} = \pm \sqrt{\frac{[\Delta\Delta]}{n}} = \pm \sqrt{\frac{9000}{10}} = \pm 30''$$

$m_{甲}=\pm27''$，表示甲组中任意一个观测值的误差。$m_Z=\pm30''$，表示乙组中任意一个观测值的误差。甲组观测值的精度较乙组高。

当观测值的真值未知时，首先计算多次观测值 l_1、l_2、l_3、$\cdots$、l_n 的算术平均值。即

$$x = \frac{l_1 + l_2 + \cdots + l_n}{n} = \frac{[l]}{n} \tag{6-4}$$

此时，用来衡量观测值中误差的计算公式，根据推导（见 6.4.2）为

$$m = \pm\sqrt{\frac{[vv]}{n-1}} \tag{6-5}$$

公式（6-5）又称贝塞尔公式。式中 v 为观测值的似真误差，即各观测值 l_i 与算术平均值 x 之差：

$$v_1 = l_1 - x, \quad v_2 = l_2 - x \quad \cdots \quad v_n = l_n - x,$$

$[vv]$ 为似真误差的平方和，即

$$[vv] = v_1^2 + v_2^2 + \cdots v_n^2 = \sum_{i=1}^{n} v_i^2$$

（2）相对误差

对于衡量精度来说，有时单靠中误差还不能完全表达观测结果的质量。例如，测得某两段距离，第一段长 100m，第二段长 200m，观测值的中误差均为 ±0.2m。从中误差的大小来看，两者精度相同，但从常识来判断，两者的精度并不相同，第二段量距精度高于第一段，这时应采用另一种衡量精度的标准，即相对误差。

相对误差是误差的绝对值与观测值之比，在测量上通常将其分子化为 1 的分子式，即

$$K = \frac{|m|}{D} = \frac{1}{\dfrac{D}{|m|}} \tag{6-6}$$

式中　K——相对误差。

上例中：

$$K_1 = \frac{|m_1|}{D_1} = \frac{0.02}{100} = \frac{1}{5000}$$

$$K_2 = \frac{|m_2|}{D_2} = \frac{0.02}{200} = \frac{1}{10000}$$

显然，用相对误差衡量可以看出，$K_1 > K_2$。第 1 段丈量误差大于第 2 段。相对中误差愈小（即分母愈大），说明观测结果的精度愈高，反之愈低。常用的相对误差有：中误差的相对误差、距离往返较差的相对误差以及闭合差的相对误差三种，即

$$中误差的相对误差 = \frac{|中误差|}{观测值的最或然值}$$

$$距离往返较差的相对中误差 = \frac{|距离往返较差|}{往返观测值的平均值}$$

$$坐标闭合差的相对中误差 = \frac{|坐标闭合差|}{观测值的最或然值}$$

相对中误差常用于距离与坐标误差的计算中。角度误差不用相对中误差，因角度误差与角度本身大小无关。

（3）容许误差

由偶然误差的第一特性可知，在一定的观测条件下，偶然误差的绝对值不会超过一定的限度。由数理统计和误差理论可知，在大量等精度观测中，偶然误差绝对值大于一倍中误差出现的概率为 32%；大于二倍中误差出现的概率仅为 4.6%；大于三倍中误差的出现的概率仅为 0.3%。因此，在实际测量中观测次数很有限，绝对值大于 2m 或 3m 的误差出现机会很小，故取二倍或三倍中误差作为容许误差（多采用 2m），即

$$\Delta_{容} = \pm 2m \qquad 或 \qquad \Delta_{容} = \pm 3m \qquad (6-7)$$

如果观测值出现了上述限值的偶然误差，可视该观测值不可靠或出现了错误，应舍去不用。

6.3 误差传播定律

在实际测量工作中，某些量的大小往往不是直接观测到的，未知量的值是由直接观测值通过一定的函数关系间接计算求得的。因此，观测值的误差必然使得其函数带来误差。例如在地形图上量线段 l，若有中误差为 m_l，问其对应的实地距离 L 中误差 m_L 为多少？须用计算式是 $L = M \times l$（M 为地形图比例尺分母），L、l 是线性函数关系。又如观测两点斜距 L 及倾斜角 α，则水平距离 $D = L \times \cos\alpha$，这是非线性函数。

研究观测值函数的中误差与观测值中误差之间关系的定律称为误差传播定律。

6.3.1 倍数函数中误差

设倍数函数为

$$y = Kx \qquad (6-8)$$

式中 K 为常数（常数无误差），x 为直接观测值，已知其中误差为 m_x，y 为 x 的倍数函数，求 y 的中误差 m_y。

设 x 有真误差 Δ_x，则函数 y 产生真误差 Δ_y，由式（6-8）可知它们之间的关系为

$$\Delta_y = K \cdot \Delta_x \qquad (6-9)$$

设对 x 观测了 n 次，按式（6-9）可写出 n 个真误差的关系式

$$\Delta_{y1} = K \cdot \Delta_{x1}$$
$$\Delta_{y2} = K \cdot \Delta_{x2}$$
$$\vdots$$
$$\Delta_{yn} = K \cdot \Delta_{xn}$$

将 n 个等式两端平方取和再除以 n，则得

$$\frac{\Delta_{y1}^2 + \Delta_{y2}^2 + \cdots + \Delta_{yn}^2}{n} = K^2 \cdot \frac{\Delta_{x1}^2 + \Delta_{x2}^2 + \cdots + \Delta_{xn}^2}{n}$$

或

$$\frac{[\Delta_y^2]}{n} = K^2 \frac{[\Delta_x^2]}{n}$$

根据中误差公式（6-3），上式中

$$\frac{[\Delta_y^2]}{n} = m_y^2 \qquad \frac{[\Delta_x^2]}{n} = m_x^2$$

代入前式则得

$$m_y^2 = K^2 m_x^2$$

$$m_y = Km_x \qquad (6\text{-}10)$$

即倍数函数中误差等于倍数与观测值中误差的乘积。

【例6-3】 在 1：500 地形图上量得某两点间的距离 $d = 234.5\text{mm}$，其中误差 $m_d = \pm 0.2\text{mm}$，求该两点的地面水平距离 D 的值及其中误差 m_D。

【解】
$$D = 500d = 500 \times 0.2345 = 117.25\text{m}$$
$$m_D = \pm 500 m_d = \pm 500 \times 0.0002 = \pm 0.10\text{m}$$

6.3.2　和、差函数中误差

设和差函数为
$$y = x_1 \pm x_2 \qquad (6\text{-}11)$$
式中 x_1、x_2 是直接观测值，已知其中误差分别为 m_1、m_2，y 是 x_1、x_2 的和、差函数，求 y 的中误差 m_y。

设 x_1、x_2 有真误差 Δ_1、Δ_2，则函数 y 产生真误差 Δy，其间关系为
$$\Delta y = \Delta_1 \pm \Delta_2$$
设对 x_1、x_2 各观测了 n 次，按式（6-11）可写出 n 个真误差的关系式
$$\Delta_{yi} = \Delta_{1i} \pm \Delta_{2i} \qquad (i = 1, 2, \cdots, n)$$
将各等式两端平方得
$$\Delta_{yi}^2 = \Delta_{1i}^2 + \Delta_{2i}^2 \pm 2\Delta_{1i} \cdot \Delta_{2i}$$
将以上 n 个等式两端分别取和再除以 n，得
$$\frac{[\Delta_y^2]}{n} = \frac{[\Delta_1^2]}{n} + \frac{[\Delta_2^2]}{n} \pm 2 \times \frac{[\Delta_1 \cdot \Delta_2]}{n}$$

由于 Δ_1、Δ_2 都是偶然误差，它们的正负误差出现机会相等，所以它们的乘积的正负误差出现机会也相等，具有偶然误差的性质。根据偶然误差的四个特性，上式中
$$\lim_{n \to \infty} \frac{[\Delta_1 \Delta_2]}{n} = 0$$
所以
$$\frac{[\Delta_y^2]}{n} = \frac{[\Delta_1^2]}{n} + \frac{[\Delta_2^2]}{n}$$
根据中误差公式（6-3），上式中
$$\frac{[\Delta_y^2]}{n} = m_y^2 \qquad \frac{[\Delta_1^2]}{n} = m_1^2 \qquad \frac{[\Delta_2^2]}{n} = m_2^2$$
代入前式得
$$m_y^2 = m_1^2 + m_2^2$$
$$m_y = \pm \sqrt{m_1^2 + m_2^2} \qquad (6\text{-}12)$$
当和差函数为
$$y = x_1 \pm x_2 \pm \cdots \pm x_n$$
设 x_1、x_2、$\cdots$、x_n 的中误差分别为 m_1、m_2、$\cdots$、m_n 时，则
$$m_y^2 = m_1^2 + m_2^2 + \cdots + m_n^2$$
$$m_y = \pm \sqrt{m_1^2 + m_2^2 + \cdots + m_n^2} \qquad (6\text{-}13)$$
即和差函数的中误差的平方等于各观测值中误差的平方和。

当 x_1、x_2、$\cdots$、x_n 为等精度观测值时，则
$$m_1 = m_2 = m_3 = \cdots = m_n = m$$

此时公式（6-13）改变为

$$m_y = \pm m \sqrt{n} \qquad\qquad (6-14)$$

【例 6-4】 已知当水准仪距标尺 75m 时，一次读数中误差为 $m_{读} = \pm 2$mm（包括照准误差、估读误差等），若以二倍中误差为容许误差，试求普通水准测量观测 n 站所得高差闭合差的容许误差。

【解】 水准测量每一站高差 $\qquad h_i = a_i - b_i$

则每站高差中误差：

$$m_{站} = \sqrt{m_{读}^2 + m_{读}^2} = \pm m_{读}\sqrt{2} = \pm 2\sqrt{2} = \pm 2.8\text{mm}$$

观测 n 站所得总高差 $\qquad h = h_1 + h_2 + \cdots h_n$

则 n 站总高差 h 的总误差，根据公式（6-14）可写

$$m_{总} = \pm m_{站}\sqrt{n} = \pm 2.8\sqrt{n}\ \text{mm}$$

若以二倍中误差为容许误差，则高差闭合差容许误差为

$$\Delta_{容} = 2 \times (\pm 2.8\sqrt{n}) = \pm 5.6\sqrt{n} \approx \pm 6\sqrt{n}\ \text{mm}$$

【例 6-5】 在水准测量中，采用两次仪器高法进行测站校核，已知读数误差 $m_{读} = \pm 2$mm（包括照准误差、估读误差等），试推求等外水准测量两次仪器高法测量高差较差的容许值应为多少？

【解】 水准测量求两点高差公式：$h = a - b$

所以高差 h 的中误差为 $\qquad m_h = \pm m_{读}\sqrt{2}$

两次观测求高差之差的中误差 m_Δ 为 $\qquad m_\Delta = \pm m_{读}\sqrt{2}\sqrt{2} = \pm 4\text{mm}$

因此，两次仪器高法测量高差较差的容许值

$$\Delta_{容} = \pm 2 \times m_\Delta = \pm 8\text{mm}$$

【例 6-6】 用 DJ$_6$ 级光学经纬仪观测角度 β，瞄准误差为 $m_{瞄}$，读数误差为 $m_{读}$，求

（1）观测一个方向的中误差 $m_{方}$；

（2）半测回的测角中误差 $m_{半}$；

（3）两个半测回较差的容许值 $\Delta_{容}$；

【解】 （1）观测一个方向的中误差 $m_{方}$

观测一个方向包含瞄准误差 $m_{瞄}$ 与读数误差 $m_{读}$，

$$m_{瞄} = \pm \frac{60''}{v} = \pm \frac{60''}{28} = \pm 2.1''$$

DJ$_6$ 级光学经纬仪分微尺估读至 $0.1'$，因此 $m_{读} = \pm 6''$。根据式（6-12）得

$$m_{方} = \pm \sqrt{m_{瞄}^2 + m_{读}^2} = \pm \sqrt{2.1^2 + 6^2} = \pm 6''$$

（2）半测回的测角中误差 $m_{半}$

半测回观测角由二个方向之差求得，即 $\beta = b - a$

$$m_{半} = \pm m_{方}\sqrt{2} = \pm 6\sqrt{2} = \pm 8.5''$$

（3）两个半测回较差的容许值 $\Delta_{容}$；

$$\Delta_\beta = \beta_{左} - \beta_{右}$$

所以 $\qquad m_{\Delta\beta} = \pm m_{半}\sqrt{2} = \pm 6\sqrt{2}\sqrt{2} = \pm 12''$

采用容许误差为中误差的 3 倍，则

$$\Delta_{容} = \pm 3 \times 12'' = \pm 36''$$

考虑到其他因素，测回法规定两个半测回较差的容许值 $\Delta_{容} = \pm 40''$。

6.3.3 线性函数

设线性函数为
$$y = K_1 x_1 + K_2 x_2 + \cdots + K_n x_n$$

设 x_1、x_2、$\cdots$、x_n 为独立观测值，其中误差分别为 m_1、m_2、$\cdots$、m_n，求函数 y 的中误差 m_y。

按推求式（6-10）与式（6-12）的相同方法得
$$m_y^2 = K_1^2 m_1^2 + K_2^2 m_2^2 + \cdots + K_n^2 m_n^2$$
$$m_y = \pm \sqrt{K_1^2 m_1^2 + K_2^2 m_2^2 + \cdots + K_n^2 m_n^2} \tag{6-15}$$

即线性函数中误差，等于各常数与相应观测值中误差乘积的平方和，再开方。

【例 6-7】 对某量等精度观测 n 次，观测值为 l_1、l_2、$\cdots$、l_n，设已知各观测值的中误差 $m_1 = m_2 \cdots = m_n = m$，求等精度观测值算术平均值 x 及其中误差 m_x。

【解】 等精度观测值算术平均值 x
$$x = \frac{l_1 + l_2 + \cdots + l_n}{n} = \frac{[l]}{n} \tag{6-16}$$

上式可改写为
$$x = \frac{1}{n} l_1 + \frac{1}{n} l_2 + \cdots + \frac{1}{n} l_n$$

根据式（6-15）算术平均值 x 的中误差 m_x
$$m_x^2 = \frac{1}{n^2} m_1^2 + \frac{1}{n^2} m_2^2 + \cdots + \frac{1}{n^2} m_n^2 = \frac{n}{n^2} m^2 = \frac{1}{n} m^2$$
$$m_x = \pm \frac{m}{\sqrt{n}} \tag{6-17}$$

上式表明，算术平均值的中误差比观测值中误差缩小了 $\sqrt{n}$ 倍，即算术平均值的精度比观测值精度提高 $\sqrt{n}$ 倍。测量工作中进行多余观测，取多次观测值的平均值作为最后的结果，就是这个道理。但是，当 n 增加到一定程度后（例如 $n = 6$），m_x 值减小的速度变得十分缓慢，所以为了达到提高观测成果精度的目的，不能单靠无限制地增加观测次数，应综合采用提高仪器精度等级、选用合理的观测方法或选择有利的外界条件进行观测等，才能达到提高观测成果精度的目的。

6.3.4 一般函数

设一般函数为
$$y = f(x_1, x_2, \cdots, x_n)$$

已知 x_1、x_2、$\cdots$、x_n 为独立观测值，其中误差分别为 m_1、m_2、$\cdots$、m_n，求函数 y 的中误差 m_y。

对于多个变量（变量个数大于 1 时）的函数，取微分时，必须进行全微分，故
$$\mathrm{d}y = \left(\frac{\partial f}{\partial x_1} \right) \mathrm{d}x_1 + \left(\frac{\partial f}{\partial x_2} \right) \mathrm{d}x_2 + \cdots + \left(\frac{\partial f}{\partial x_n} \right) \mathrm{d}x_n$$

由于测量中真误差值都很小，故可用真误差 Δ 代替上式中的微分量。即

$$\Delta_y = \left(\frac{\partial f}{\partial x_1}\right)\Delta_1 + \left(\frac{\partial f}{\partial x_2}\right)\Delta_2 + \cdots + \left(\frac{\partial f}{\partial x_n}\right)\Delta_n$$

函数式与观测值确定后，偏导数均为常数，故上式可视为线性函数的真误差关系式。由公式（6-15）可得

$$m_y^2 = \left(\frac{\partial f}{\partial x_1}\right)^2 m_1^2 + \left(\frac{\partial f}{\partial x_2}\right)^2 m_2^2 + \cdots + \left(\frac{\partial f}{\partial x_n}\right)^2 m_n^2$$

即

$$m_y = \pm\sqrt{\left(\frac{\partial f}{\partial x_1}\right)^2 m_1^2 + \left(\frac{\partial f}{\partial x_2}\right)^2 m_2^2 + \cdots + \left(\frac{\partial f}{\partial x_n}\right)^2 m_n^2} \tag{6-18}$$

式中 $\frac{\partial f}{\partial x_1}$、$\frac{\partial f}{\partial x_2}$、$\cdots$、$\frac{\partial f}{\partial x_n}$ 分别是函数 y 对观测值 x_1、x_2、$\cdots$、x_n 求得的偏导数。故一般函数的中误差等于该函数对每个观测值取偏导数与相应观测值中误差乘积的平方和，再开方。

【例 6-8】 测得两点地面斜距 $L = 225.85 \pm 0.06$m，地面的倾斜角 $\alpha = 17°30' \pm 1'$，求两点间的高差 h 及其中误差 m_h。

【解】 根据题意可写出计算高差 h 的公式为

$$h = L\sin\alpha$$

对上式全微分得

$$\mathrm{d}h = \left(\frac{\partial h}{\partial L}\right)\mathrm{d}L + \left(\frac{\partial h}{\partial \alpha}\right)\mathrm{d}\alpha$$

因为 $\frac{\partial h}{\partial L} = \sin\alpha$，$\frac{\partial h}{\partial \alpha} = L\cos\alpha$，所以上式变为

$$\mathrm{d}h = \sin\alpha\,\mathrm{d}L + L\cos\alpha\,\mathrm{d}\alpha$$

将上式微分转为中误差，根据公式（5-18）上式可写成

$$
\begin{aligned}
m_h^2 &= (\sin\alpha)^2 m_L^2 + (L\cos\alpha)^2 \left(\frac{m_\alpha}{\rho}\right)^2 \\
&= 0.3007^2 \times 0.06^2 + (225.85 \times 0.9537)^2 \left(\frac{1'}{3438'}\right)^2 \\
&= 0.0003 + 0.0039 = 0.0042 \\
m_h &= \pm 0.065\text{m}
\end{aligned}
$$

6.3.5 误差传播定律应用总结

应用误差传播定律解决实际问题是十分重要的手法，解题一般可归纳为三个步骤，现举两个实例加以说明：

例 1：量得圆半径 $R = 31.3$mm，其中误差 $m_R = \pm 0.3$mm，求圆面积 S 的中误差。

例 2：某房屋，长边量得结果：80 ± 0.02m，短边量得结果：40 ± 0.01m。求房屋面积 S 中误差。

第一步：列出数学方程。

例 1：$S = \pi R^2$

例 2：$S = a \times b$

第二步：将方程进行微分，例 2 有 2 个变量则须全微分。

例 1：$dS = 2\pi R dR$

例 2：$dS = a \times db + bda$

第三步：将微分转为中误差。

例 1：$m_S = 2\pi R \times m_R = 2 \times 3.1416 \times 31.3 \times 0.3 = \pm 59 mm$

例 2：$m_S = \pm \sqrt{a^2 m_b^2 + b^2 m_a^2} = \pm \sqrt{80^2 \times 0.01^2 + 40^2 \times 0.02^2} = \pm 1.13 m^2$

这里应特别注意：当一函数式中包含多个变量时，要求各变量必须是相互独立的，例如，改正后三角形内角 A 公式如下：

$$A = \alpha - \frac{1}{3}\omega \quad (\alpha \text{ 为 } A \text{ 角的观测值},\omega \text{ 为三角形闭合差})$$

上式中变量 ω 包含有变量 α，变量 ω、α 互相不独立，因此下式是错误的：

$$m_A^2 = m_\alpha^2 + \frac{1}{9}m_\omega^2$$

应将上述第一式变为下式，此时 α、β、γ 相互独立，可用误差传播定律。即

$$A = \alpha - \frac{1}{3}(\alpha + \beta + \gamma - 180°) = \frac{2}{3}\alpha - \frac{1}{3}\beta - \frac{1}{3}\gamma + 60°$$

微分得
$$dA = \frac{2}{3}d\alpha - \frac{1}{3}d\beta - \frac{1}{3}d\gamma$$

转为中误差得
$$m_A^2 = \left(\frac{2}{3}\right)^2 m^2 + \left(\frac{1}{3}\right)^2 m^2 + \left(\frac{1}{3}\right)^2 m^2 = \frac{2}{3}m^2$$

因此
$$m_A = \pm \sqrt{\frac{2}{3}}m$$

6.4　等精度观测值的平差

何谓平差？对一系列观测值采用适当而合理的方法，消除或减弱其误差，求得未知量的最可靠值，同时，评定测量成果的精度。通常我们把求得的未知量的最可靠的值，称为最或然值，它十分接近未知量的真值。

6.4.1　求未知量的最或然值

设对某未知量进行了 n 次等精度观测，其真值为 X，观测值为 l_1、l_2、$\cdots$、l_n，相应的真误差为 Δ_1、Δ_2、$\cdots$、Δ_n，则

$$\Delta_1 = l_1 - X$$
$$\Delta_2 = l_2 - X$$
$$\vdots$$
$$\Delta_n = l_n - X$$

将上式取和，再除以观测次数 n 便得

$$\frac{[\Delta]}{n} = \frac{[l]}{n} - X = x - X$$

式中 x 为算术平均值，显然 $x = X + \dfrac{[\Delta]}{n}$

根据偶然误差第四个特征，当 $n \to \infty$ 时，$\dfrac{[\Delta]}{n} \to 0$，因此

$$x = \frac{[l]}{n} \approx X \qquad (6\text{-}19)$$

即当观测次数 n 无限多时，算术平均值 x 就趋向于未知量的真值 X。当观测次数有限时，可以认为算术平均值是根据已有的观测数据所能求得的最接近真值的近似值，称为最或是值或最或然值，以它作为未知量的最后结果。

6.4.2 等精度观测值的精度评定

（1）观测值的似真误差

根据中误差定义公式（6-3）计算观测值中误差的 m，需要知道观测值 l_i 的真误差 Δ_i，但是真误差往往不知道。因此，在实际工作中多采用观测值的似真误差来计算观测值的中误差。用 v_i（$i=1$、2、$\cdots$、n）表示观测值的似真误差，或称观测值的最或然误差，而改正数则与误差符号相反。

$$v_1 = l_1 - x$$
$$v_2 = l_2 - x$$
$$\vdots$$
$$v_n = l_n - x$$

等式两端分别取和 $\qquad [v] = [l] - nx$

因为 $x = \dfrac{[l]}{n}$， $\qquad$ 所以 $[v] = 0$ $\qquad (6\text{-}20)$

即观测值的似真误差代数和等于零。式（6-20）可作为计算中的校核，当 $[v]=0$ 时，说明算术平均值及似真误差计算无误。

（2）用似真误差计算等精度观测值的中误差

计算公式为

$$m = \pm \sqrt{\frac{[vv]}{n-1}} \qquad (6\text{-}21)$$

公式（6-21）推导如下：

$$\Delta_i = l_i - X$$
$$v_i = l_i - x$$

以上两个等式相减得：

$$\Delta_i - v_i = x - X$$

令 $\delta = x - X$，代入上式并移项后得

$$\Delta_i = v_i + \delta$$

以上 n 个等式两端分别自乘得

$$\Delta_i \Delta_i = v_i v_i + 2v_i \delta + \delta^2$$

上式有 n 个取和得

$$[\Delta\Delta] = [vv] + 2\delta[v] + n\delta^2$$

因为 $\qquad [v] = 0$

所以 $\qquad [\Delta\Delta] = [vv] + n\delta^2$

等式两端分别除以 n 得

$$\frac{[\Delta\Delta]}{n} = \frac{[vv]}{n} + \delta^2 \qquad (6\text{-}22)$$

式中 $\quad \delta = x - X = \frac{[l]}{n} - X = \frac{[l-X]}{n} = \frac{[\Delta]}{n}$

上式平方得 $\delta^2 = \dfrac{[\Delta]}{n^2} = \dfrac{1}{n^2}(\Delta_1^2 + \Delta_2^2 + \cdots + \Delta_n^2 + 2\Delta_1\Delta_2 + 2\Delta_1\Delta_3 + \cdots)$

$$= \frac{[\Delta\Delta]}{n^2} + \frac{2}{n^2}(\Delta_1\Delta_2 + \Delta_1\Delta_3 + \cdots)$$

由于 Δ_1、Δ_2,$\cdots$、Δ_n 为偶然误差,故非自乘的两个偶然误差之积 $\Delta_1\Delta_2$、$\Delta_1\Delta_3\cdots$仍然具有偶然误差性质,根据偶然误差的第四个特性,当 $n\to\infty$ 时,上式等号右端的第二项趋于零。因此得

$$\delta^2 \approx \frac{[\Delta\Delta]}{n^2}$$

上式代入式（6-22）得

$$\frac{[\Delta\Delta]}{n} = \frac{[vv]}{n} + \frac{[\Delta\Delta]}{n^2}$$

根据中误差公式（6-3）,上式可写为

$$m^2 = \frac{[vv]}{n} + \frac{m^2}{n}$$

$$nm^2 = [vv] + m^2$$

$$m = \pm\sqrt{\frac{[vv]}{n-1}} \qquad (6\text{-}23)$$

【例 6-9】 某段距离用钢尺进行 6 次等精度丈量,其结果列于表（6-2）中,试计算该距离的算术平均值,观测值中误差、算术平均值的中误差及其相对误差。

表 6-2 某段距离等精度丈量精度计算表

序　　号	观测值 l	v	vv
1	256.565	−3mm	9mm²
2	256.563	−5	25
3	256.570	+2	4
4	256.573	+5	25
5	256.571	+3	9
6	256.566	−2	4
Σ	$x=256.568$	$[v]=0$	$[vv]=76$

观测值中误差

$$m = \pm\sqrt{\frac{[vv]}{n-1}} = \pm\sqrt{\frac{76}{6-1}} = \pm 3.9\text{mm}$$

115

算术平均值中误差

$$m_x = \pm \frac{m}{\sqrt{n}} = \pm \frac{3.9}{\sqrt{6}} = \pm 1.6 \text{mm}$$

算术平均值的相对中误差

$$K = \frac{|m|}{D} = \frac{1}{\dfrac{D}{|m|}} = \frac{1}{\dfrac{256.568}{0.0016}} = \frac{1}{160355}$$

6.4.3 等精度双观测值的较差计算中误差

在边长观测中，一般采用往返观测，因此出现等精度双观测列，例如

$$l'_1 \text{ 和 } l''_1, l'_2 \text{ 和 } l''_2, \cdots, l'_n \text{ 和 } l''_n$$

相应双观测列之差：

$$d_1 = l'_1 - l''_1, d_2 = l'_2 - l''_2, \cdots, d_n = l'_n - l''_n$$

如果观测是绝对正确的，那么每个差 d 都应等于 0，即 d 的真值为 0。因此，d_1、d_2、$\cdots$、d_n 可以认为是各差的真误差。按真差求中误差公式（6-3）得

$$m_d = \pm \sqrt{\frac{[dd]}{n}}$$

根据公式（6-12）可知，两等精度观测值之差 d 的中误差为一个观测值中误差 m 的 $\sqrt{2}$ 倍，故

$$m_d = m\sqrt{2}$$

$$m = \frac{m_d}{\sqrt{2}} = \pm \sqrt{\frac{[dd]}{2n}} \tag{6-24}$$

【例 6-10】 6 条边长往返观测成果列于表（6-3），求边长观测值的中误差为多少？

表 6-3 边长观测值的中误差计算表

边序号	往测 l'（m）	返测 l''（m）	d（cm）	dd
1	132.45	132.54	−9	81
2	135.21	135.26	−5	25
3	134.77	134.73	+4	16
4	132.59	132.69	−10	100
5	136.58	136.62	−4	16
6	134.09	134.09	0	0
			$[d] = -24$	$[dd] = 238$

边长观测值的中误差 m：$m = \pm \sqrt{\dfrac{[dd]}{2n}} = \sqrt{\dfrac{238}{2 \times 6}} = 4.5 \text{cm}$

练 习 题

1. 什么叫系统误差？其特点是什么？通常采用哪几种措施消除或减弱系统误差对观测成果的影响。

2. 什么叫偶然误差？它有哪些特性？

3. 什么叫观测值的精度？精密度与准确度这两概念有何区别？试举一实例说明。什么叫数字精度？在计算中应注意什么问题？

4. 衡量观测值精度的标准是什么？衡量角度测量与距离测量精度的标准分别是什么？并说明其原因。

5. 设有九边形，每个角的观测中误差 $m=\pm 10''$，求该九边形的内角和的中误差及其内角和闭合差的容许值。

6. 用某经纬仪观测水平角，已知一测回测角中误差 $m=\pm 14''$，欲使测角中误差 $m_\beta \leqslant \pm 8''$，问需要观测几个测回？

7. 在比例尺为 1：2000 的平面图上，量得一圆半径 $R=31.3\text{mm}$，其中误差为 $\pm 0.3\text{mm}$，求实际圆面积 S 及其中误差 m_S。

8. 水准测量中，设每个站高差中误差为 $\pm 5\text{mm}$，若每公里设 16 个测站，求 1 公里高差中误差是多少？若水准路线长为 4km，求其高差中误差是多少？

9. 对某直线丈量 6 次，观测结果是 246.535m、246.548m、246.520m、246.529m、246.550m、246.537m，试计算其算术平均值、算术平均值的中误差及其相对误差。

学 习 辅 导

1. 本章学习目的与要求

目的：测量误差是客观存在的，通过学习了解误差的来源、种类、分布及特性，掌握误差传播定律和等精度观测值的平差及精度评定，以便正确分析、判断和处理观测成果。

要求：

(1) 理解误差概念，了解系统误差、偶然误差的特点及其相应的处理办法。

(2) 衡量观测精度的标准是什么，理解真误差计算中误差与似真误差计算中误差的概念及公式，理解相对误差与容许误差的概念。

(3) 学会处理等精度观测成果的步骤和精度评定公式。

2. 本章学习要领

(1) 首先要了解什么是误差，它是观测值与理论值之差。例如，测量三角形观测值是 179°59′ 与真值（180°）之差 −1′ 才是误差，而 +1′ 不是误差，而是改正数。把误差与改正数这两个概念加以区别。

(2) 外业工作获得一系列观测值，如果真值已知，则用真误差计算中误差，如真值不知，则用似真误差计算中误差，不用改正数来计算，虽其结果相同，但概念上是错的。

(3) 理解中误差 m 的含义，它代表什么误差？它不代表所在组观测值的平均值的误差，而可以代表其中任一个观测值的误差，显然它又不是每一个观测值的实际误差。

（4）误差传播定律是本章的重点，本章列举很多实例，学生应以此为基础认真学习，可以提高对公式的理解和解决实际问题的能力，建议学生详细阅读 6.3.5 节误差传播定律应用总结。

（5）本章介绍了等精度双观测值的较差计算中误差方法与公式，这是同类教材中极少涉及的实际问题。在边长测量中经常用往返观测，最后测距精度如何计算，学习本节就能解决这样的问题。

第7章　小地区控制测量

7.1　控制测量概述

7.1.1　控制测量及其布设原则

在测量工作中，为了减少误差积累，保证测图精度，以及便于分幅测图，加快测图进度，满足碎部测量需要，就必须遵循"从整体到局部"、"先控制后碎部"及"由高级到低级"的测量组织原则。

无论控制测量、碎部测量和施工测设，其实质都是确定地面点的位置。控制测量是碎部测量和测设工作的基础。即首先在测区内建立控制网，然后根据控制网进行碎部测量和测设。

在测区中选择具有控制意义的点，用精密的仪器和最佳的方法测定其点位（平面位置和高程），这些点称为控制点。由控制点组成的几何图形，称为控制网。测定控制点平面位置和高程（H）的工作，称控制测量。

（1）平面控制测量

测定控制点平面位置（x，y）的工作，称为平面控制测量。平面控制网根据观测方式方法来划分，可以分为三角网、三边网、边角网、导线网、GPS平面网等。

在地面上选择一系列待求平面控制点，并将其连接成连续的三角形，从而构成三角形网，称三角网，如图7-1。

当三角形是沿直线展开时，称为三角锁；三角形附合到一条高级边，观测三角形内角及连接角，此图形为线形锁，如图7-2所示。

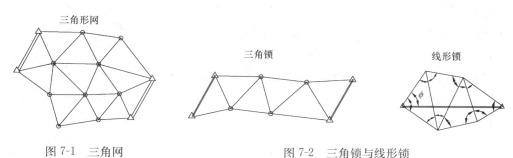

图 7-1　三角网　　　　　　　　　　　　　　图 7-2　三角锁与线形锁

如果不测三角形内角，而测定各三角形的边长，此时的控制网称为三边网或测边网。控制网中测量角度与测量边长相结合，测量部分角度、部分边长，此时的控制网称为边角组合网，简称边角网。利用全球定位系统（GPS）建立的控制网称GPS控制网。

在地面上选择一系列待求平面控制点，并将其依次相连成折线形式，这些折线称为导线，多条导线组成导线网，如图7-3。测量各导线边的边长及相邻导线边所夹的水平角，这

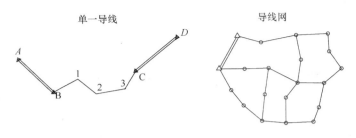

图 7-3　单一导线与导线网

种工作称导线测量。

（2）高程控制测量

测定控制点高程（H）的工作，称为高程控制测量。根据高程控制网的观测方法来划分，可以分为水准网、三角高程网和 GPS 高程网等。

水准网基本的组成单元是水准线路，包括闭合水准线路和附合水准线路。三角高程网是通过三角高程测量建立的，主要用于地形起伏较大、直接水准测量有困难的地区或对高程控制要求不高的工程项目。GPS 高程控制网是利用全球定位系统建立的高程控制网。

（3）控制网的布设原则

控制网的布设原则是：整体控制，全面加密或分片加密，高级到低级逐级控制。整体控制，即最高一级控制网能控制整个测区，例如，国家控制网用一等锁环控制整个国土；对于区域网，最高一级控制网必须能控制整个测区。全面加密，就是指在最高一级控制网下布置全面网加密，例如国家控制网的一等锁环内用二等全面三角网加密；分片加密，就是急用部分先加密，不一定全面布网。高级到低级逐级控制就是用精度高一级控制网去控制精度低一级控制网，控制层级数主要取决于测区的大小、碎部测量的精度要求、工程规模及其精度要求。

目前，平面控制网分为一、二、三、四等，一、二、三级和图根级控制网。根据测区情况和仪器设备条件，将平面控制网和高程控制网分开独立布设，也可以将其合并为一个统一的控制网——三维控制网。

7.1.2　控制网的分类

按控制应用范围，控制网可分为国家基本控制网和区域控制网两大类。

（1）国家控制网

在全国范围内建立的控制网，称为国家控制网。它是由国家专门测量机构，用精密仪器和方法，进行整体控制，逐级加密的方式建立，高级点逐级控制低级点。

国家平面控制网的建立主要采用三角测量的方法。一等三角网是国家平面控制网的骨干，布置成沿经线、纬线的锁环，如图 7-4。三角形边长 20～25km，测角中误差不大于 ±0.7″。它除用于扩展低等平面控制测量外，还为研究地球的形状

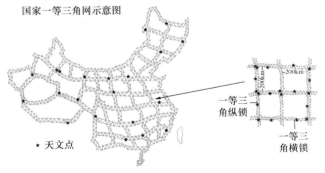

图 7-4　国家一等控制网示意图

和大小提供精密数据。

二等三角网布设于一等三角锁环内，全面布设三角网，如图7-5，平均边长13km，测角中误差不大于±1.0″，并作为下一级控制网的基础。三、四等三角网是二等三角网的进一步加密，有插网和插点两种形式，如图7-6。三等网平均边长8km，测角中误差不大于±1.8″。四等平均边长2～6km，测角中误差不大于±2.5″，用以满足测图和各项工程建设的需要。

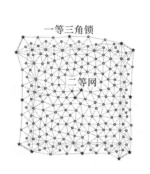

图 7-5　国家二等全面网

△ 二等三角点
○ 三、四等控制点

(a)

(b)

图 7-6　国家三等与四等控制网点
(a) 插网形式；(b) 插点形式

国家高程控制网采用精密水准测量的方法。国家高程控制网同样按精度分为一、二、三、四个等级。如图 7-7 所示，一等水准网是国家高程控制网的骨干，除作为扩展低等高程控制的基础之外，还为科学研究提供依据。二等水准网布设于一等水准网环内，是国家高程控制网的全面基础。三、四等水准网是二等水准网的进一步加密，直接为各种测图和工程建设提供必需的高程控制点。

国家一、二、三、四等平面控制网和高程控制网是国家基本控制网，称为大地控制网，简称大地网，大地网中各类控制点统称大地点。大地点是测绘、编制国家基本图和各项工程建设的依据，同时也为地球科学研究，地壳升降、大陆飘移、地震预报、航天技术、国防科技等科技提供科学根据。

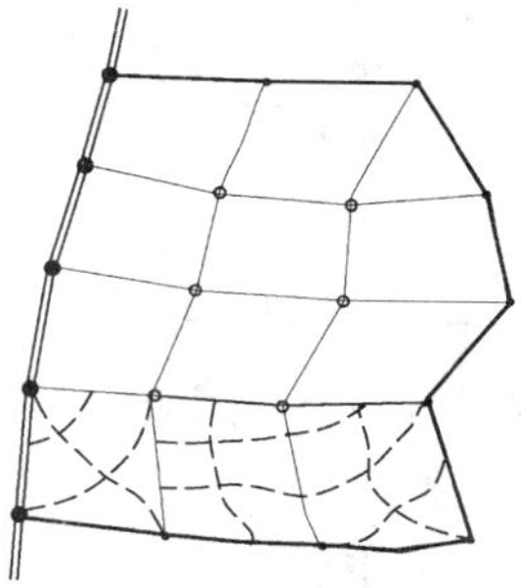

（2）区域控制网

1）城市控制网

在城市或厂矿地区，一般是在国家控制点的基础上，根据测区大小和施工测量的要求，布设不同等级的城市控制网。城市控制测量是国家控制测量的继续和发展。它可以直接为城市大比例尺1∶500测图、城市规划、市政建设、施工管理、沉降观测等提供控制点。

━━━ 一等水准路线
━━ 二等水准路线
─── 三等水准路线
---- 四等水准路线

图 7-7　国家高程控制网

城市平面控制网包括 GPS 网、城市三角网与城市导线。城市三角网依次等级划分是：二、三、四等，一、二级小三角，一、二级小三边。导线网依次等级划分是：三等、四等、一、二、三级。

城市控制网在国家基本控制网的基础上分级布设，建立依据是 1999 年和 1997 年由国家建设部分别制定发布的中华人民共和国行业标准《城市测量规范》（CJJ 8—99）和《全球定位系统城市测量技术规程》（CJJ 73—97）。城市平面控制网的主要技术要求见表7-1、表7-2、表7-3。

121

表 7-1　三角网的主要技术指标

等　　级	平均边长（km）	测角中误差（"）	起始边边长相对中误差	最弱边边长相对中误差
二　　等	9	≤±1.0	≤1/300000	≤1/120000
三　　等	5	≤±1.8	≤1/200000（首级） ≤1/120000（加密）	≤1/80000
四　　等	2	≤±2.5	≤1/120000（首级） ≤1/80000（加密）	≤1/45000
一级小三角	1	≤±5.0	≤1/40000	≤1/20000
二级小三角	0.5	≤±10.0	≤1/20000	≤1/10000

表 7-2　边角网的主要技术指标

等　　级	平均边长（km）	测距中误差（mm）	测距相对中误差
二　　等	9	≤±30	≤1/300000
三　　等	5	≤±30	≤1/160000
四　　等	2	≤±16	≤1/120000
一　　级	1	≤±16	≤1/60000
二　　级	0.5	≤±16	≤1/30000

表 7-3　光电测距导线的主要技术指标

等　　级	闭合环或附合导线长度（km）	平均边长（m）	测距中误差（mm）	测角中误差（"）	导线全长相对闭合差
三等	15	3000	≤±18	≤±1.5	≤1/60000
四等	10	1600	≤±18	≤±2.5	≤1/40000
一级	3.6	300	≤±15	≤±5	≤1/14000
二级	2.4	200	≤±15	≤±8	≤1/10000
三级	1.5	120	≤±15	≤±12	≤1/6000

　　城市高程控制用水准测量与三角高程测量方法。水准测量分为二、三、四等。城市首级高程控制网不应低于三等水准。光电测距三角高程测量可代替四等水准测量。经纬仪三角高程测量主要用于山区的图根控制及位于高层建筑物上平面控制点的高程测定。各等水准测量的主要技术要求见表 7-4。

表 7-4　城市各等水准测量的主要技术要求　　　　　　　　　　　　　（mm）

等级	每千米高差中数中误差		测段、区段、路线往返测高差不符值	测段、路线的左右路线高差不符值	附合路线或环线闭合差		检测已测测段高差之差
	偶然中误差 M_Δ	全中误差 M_w			平原丘陵	山　区	
二等	≤±1	≤±2	≤±4$\sqrt{L_s}$	—	≤±4$\sqrt{L}$		≤±6$\sqrt{L_i}$
三等	≤±3	≤±6	≤±12$\sqrt{L_s}$	≤±8$\sqrt{L_s}$	≤±12$\sqrt{L}$	≤±15$\sqrt{L}$	≤±20$\sqrt{L_i}$
四等	≤±5	≤±10	≤±20$\sqrt{L_s}$	≤±14$\sqrt{L_s}$	≤±20$\sqrt{L}$	≤±25$\sqrt{L}$	≤±30$\sqrt{L_i}$

　　注：1. L_s 为测段、区段或路线长度，L 为附合路线或环线长度，L_i 为检测测段长度，均以 km 计；

　　　　2. 山区是指路线中最大高差超过 400m 的地区；

　　　　3. 水准环线由不同等级水准路线构成时，闭合差的限差应按各等级路线长度分别计算，然后取其平方和的平方根为限差；

　　　　4. 检测已测测段高差之差的限差，对单程及往返检测均适用；检测测段长度小于 1km 时，按 1km 计算。

2）工程控制网

为各类工程建设而布设的测量控制网称为工程控制网。根据不同的工程阶段，工程控制网可以分为测图控制网、施工控制网和变形监测网。其中，测图控制网主要用于工程的勘察设计阶段；施工控制网主要用于工程的施工阶段；变形监测网主要用于工程的施工、运营阶段。工程控制网同样包括平面控制网和高程控制网。其建立依据主要是 1993 年发布的国家标准《工程测量规范》（GB 50026—93），该规范详见随书光盘。

为了工程建设施工放样而布设的测量控制网即为施工控制网。施工控制网可以包括整体工程的控制网和单项工程的控制网，尤其是当某一单项工程要求较高的定位精度时，在整体的控制网内部需要建立较高精度的局部独立控制网。为工程建筑物及构筑物的变形观测布设的测量控制网称为变形监测网。变形监测主要是针对安全性需求较高的工程对象，如高层建筑、大坝等。

3）小地区控制网

面积为 $15km^2$ 以内的小地区范围，为大比例尺测图和某项工程建设而建立的控制网，称为小地区控制网。在这一范围内，水准面可视为平面，不需将测量成果化算到高斯平面上，而是直接投影到测区的水平面上，采用平面直角坐标，直接在平面上计算坐标。当然，小地区控制网也应尽可能与国家（或城市）已建立的高级控制网连测，将国家（或城市）控制点的坐标和高程作为小地区控制网的起算和校核数据。若测区内或附近没有国家（或城市）控制点，或附近虽有这种高级控制点，但不便连测，此时可以建立测区内的独立控制网。

小地区控制网通常采用：三角测量、边角测量、各种交会定点（即用经纬仪进行前方、侧方或后方交会定点）以及导线测量等方法。

4）图根控制网

直接用于地形图测图而布设的控制点，称为图根控制点，又称图根点。测定图根点平面位置和高程的工作，称为图根控制测量。包括高级点在内，图根点的密度与测图比例尺、地物、地貌的复杂程度等有关，一般不宜低于表 7-5 所示。

表 7-5　各种测图比例尺图根点的密度

测 图 比 例 尺	1∶500	1∶1000	1∶2000	1∶5000
图根点密度（点/km²）	150	50	15	5
每幅图图根点数（50cm×50cm）	8	12	15	30

注：1∶5000 图幅大小为 40cm×40cm。

图根控制可布设一级控制或两级控制，首级控制又该用什么方法，应根据城市与厂矿的规模而定。图根控制的方法有图根三角、图根导线以及全站仪极坐标法、经纬仪交会定点法等。图根三角、图根导线可以作为首级控制。它们的技术指标见表 7-6 与表 7-7。

表 7-6　围根三角的技术指标

边　长 （m）	测角中误差 （″）	三角形个数	DJ₆测回数	三角形最大闭合差（″）	方位角闭合差（″）
≤1.7测图最大视距	20	13	1	60	$40\sqrt{n}$

表 7-7　围根导线的技术指标

导线长度	相对闭合差	边长	测角中误差		DJ$_6$ 测回数	方位角闭合差	
			一　般	首级控制		一　般	首级控制
≤1.0M	≤1/2000	≤1.5 测图最大视距	30″	20″	1	$60\sqrt{n}$	$40\sqrt{n}$

注：表 7-6 与表 7-7 摘自《工程测量规范》(GB 50026—93)。

本章主要介绍小地区平面控制网建立的有关问题。着重介绍用导线测量建立小地区平面控制网的方法，以及用三、四等水准测量和三角高程测量建立小地区高程控制网的方法。

7.1.3　导线测量概述

导线测量是建立局部地区平面控制网的常用方法。特别是在地物分布较复杂的建筑区，通视条件较差的隐蔽区、居民区、森林地区和地下工程等的控制测量。

根据测量任务在测区内选定若干控制点，组成的多边形或折线称导线，这些点称导线点。观测导线边长及夹角等测量工作称导线测量。

根据测区的条件和需要，导线可布设成下列三种形式：

(1) 闭合导线

导线从一点出发，经过若干点的转折，最后又回到起点的导线，称为闭合导线。

如图 7-8 所示，导线从已知的高级控制点 B 出发，经过 1、2、3、4 点，最后又回到起点 B，形成一闭合多边形，测量连接角 φ_B 及闭合导线内角。因 n 边闭合多边形内角和应满足理伦值 $(n-2) \times 180°$，因此可检核观测成果。

(2) 附合导线

布设在两已知高级点间的导线，称为附合导线。

如图 7-9 所示，导线从一高级控制点 B 和已知方向 BA 出发，经过 1、2、3 点的转折，最后附合到另一高级控制点 C 和已知方向 CD 上。测量连接角 φ_B、与 φ_c 及附合导线的折角，此种导线布设形式，也具有很好检核观测成果的作用。

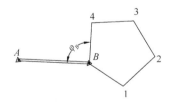

图 7-8　闭合导线

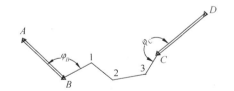

图 7-9　附合导线

(3) 支导线

由一已知点和一已知方向出发，既不附合到另一已知点，又不回到原起点的导线，称为支导线。如图 7-10 所示，B 为已知控制点，测量连接角 φ_B 及 1、2 点的折角，由于支导线缺乏检核条件，不易发现错误，故不得多于 3 条边，总长度不得超过附合导线长的一半。

导线测量的等级与技术要求用导线测量方法建立小地区平面控制网，通常分为一级导线、二级导线、三级导线和图根导线等几个等级，其主要技术要求见表 7-8。

图 7-10　支导线

表 7-8 各级钢尺量距导线主要技术指标

等级	测图比例尺	附合导线长度（m）	平均边长（m）	往返丈量较差的相对中误差（mm）	测角中误差（"）	导线全长相对闭合差 K	测 回 数		方位角闭合差（"）
							DJ$_2$	DJ$_6$	
一级		3600	300	≤1/20000	≤±5	1/10000	2	4	±10$\sqrt{n}$
二级		2400	200	≤1/15000	≤±8	1/7000	1	3	±16$\sqrt{n}$
三级		1500	120	≤1/10000	≤±12	1/5000	1	2	±24$\sqrt{n}$
图根	1：500	500	75	≤1/3000	±20	1/2000		1	±60$\sqrt{n}$
	1：1000	1000	120						
	1：2000	2000	200						

注：摘自中国建工出版社《城市测量规范》（行业标准编号 CJJ8-99），1999 年版第 6 页与第 47 页。

7.2 导线测量外业工作

导线测量的外业工作包括：踏勘选点及建立标志、量边、测角和连测等。

（1）踏勘选点及建立标志

在踏勘选点前，应调查收集测区已有的地形图和高一级控制点的成果资料，然后到现场踏勘，了解测区现状和寻找已知点。根据已知控制点的分布、测区地形条件和测图及工程要求等具体情况，在测区原有地形图上拟定导线的布设方案，最后到实地去踏勘，核对，修改，落实点位和建立标志。

选点时应注意以下几点：

1）邻点间应通视良好，便于测角和量距。

2）点位应选在土质坚实，便于安置仪器和保存标志的地方。

3）视野开阔，便于施测碎部。

4）导线各边的长度应大致相等，除特殊情况外，应不大于 350m，也不宜小于 50m，平均边长见表 7-8 所示。

5）导线点应有足够的密度，分布较均匀，便于控制整个测区。导线点选定后，应在点位上埋设标志。根据实地条件，临时性标志可在点位上打一大木桩，在桩的周围浇上混凝土，桩顶钉一小钉（如图 7-11 所示）；也可在水泥地面上用红漆划一圈，圈内打一水泥钉或点一小点。若导线点需要保存较长时间，应埋设混凝土桩，桩顶嵌入带"十"字的金属标志，作为永久性标志（如图 7-12 所示）。导线点应按顺序统一编号。为了便于寻找，应量出导线点与附近固定而明显的地物点的距离，绘制一草图，注明尺寸（图 7-13），称为"点之记"。

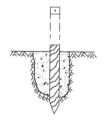

图 7-11 临时性导线点

图 7-12 永久性导线点

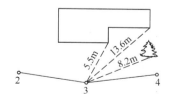
图 7-13 点之记

（2）量边

导线量边一般用钢尺或高精卷尺直接丈量，如有条件最好用光电测距仪直接测量。

125

钢尺量距时，应用检定过的 30m 或 50m 钢尺，对于一、二、三级导线，应按钢尺量距的精密方法进行丈量，对于图根导线用一般方法往返丈量或同一方向丈量两次，取其平均值。丈量结果要满足表 7-8 的要求。

（3）测角

测角方法主要采用测回法，每个角的观测次数与导线等级、使用的仪器有关，可参阅表7-8。对于图根导线，一般用 DJ$_6$ 级光学经纬仪观测一个测回。若盘左、盘右测得的角值较差不超过 $40''$，则取其平均值。

导线测量可测左角（位于导线前进方向左侧的角）或右角，在闭合导线中必须测量内角（如图 7-14，a 图应观测右角；b 图应观测左角）。

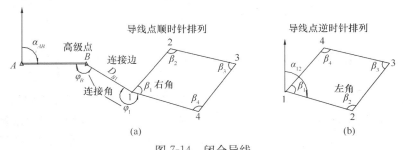

图 7-14　闭合导线

（a）闭合导线与高级点连接；（b）独立闭合导线

（4）连测

若测区中有导线边与高级控制点连接时，还应观测连接角与连接边，如图 7-14a，必须观测连接角 φ_B、φ_1 及连接边 D_{B1}，作为传递坐标方位角和坐标之用。如果附近没有高级控制点，则应用罗盘仪施测导线起始边的磁方位角或用建筑物南北轴线作为定向的标准方向，并假定起始点的坐标作为起算数据。

7.3　导线测量内业计算

导线测量内业计算的目的，就是根据已知的起算数据和外业的观测成果，推算各导线点的坐标。

计算之前，应全面检查导线测量外业记录，数据是否齐全，有无记错、算错，成果是否符合精度要求，起算数据是否准确。然后绘制导线略图，把各项数据注于图上相应位置。

必须注意内业计算中数字取位的要求，对于四等以下的小三角及导线，角值取至秒，边长及坐标取至毫米（mm）。对于图根三角锁及图根导线，角值取至秒，边长和坐标取至厘米（cm）。

7.3.1　坐标计算的基本公式

（1）坐标正算

根据已知点的坐标、已知边长及该边坐标方位角，计算未知点的坐标，称为坐标正算。如图 7-15，设 A 点坐标 x_A、y_A，AB 边的边长 D_{AB} 及其坐标方位角 α_{AB} 为已知，则未知点 B 的坐标为

$$\left.\begin{array}{l} x_B = x_A + \Delta x_{AB} \\ y_B = y_A + \Delta y_{AB} \end{array}\right\} \tag{7-1}$$

式中 Δx_{AB}、Δy_{AB} 称为坐标增量，也就是直线两端点 A、B 的坐标差，从图中可看出坐标增量的计算公式为

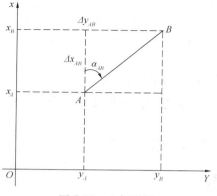

图 7-15　坐标增量

$$\left. \begin{array}{l} \Delta x_{AB} = x_B - x_A = D_{AB}\cos\alpha_{AB} \\ \Delta y_{AB} = y_B - y_A = D_{AB}\sin\alpha_{AB} \end{array} \right\} \qquad (7\text{-}2)$$

（2）坐标反算

根据两个已知点的坐标，求两点间的边长及其方位角，称为坐标反算。当导线与高级控制点连测时，一般应利用高级控制点的坐标，反算求得高级控制点间的边长及其方位角。如图 7-15，若 A、B 两点坐标已知，求方位角及边长公式如下：

$$\tan\alpha_{AB} = \frac{\Delta y_{AB}}{\Delta x_{AB}} = \frac{y_B - y_A}{x_B - x_A}$$

即

$$\alpha_{AB} = \tan^{-1}\frac{\Delta y_{AB}}{\Delta x_{AB}} = \tan^{-1}\frac{y_B - y_A}{x_B - x_A} \qquad (7\text{-}3)$$

$$D_{AB} = \frac{\Delta y_{AB}}{\sin\alpha_{AB}} = \frac{\Delta x_{AB}}{\cos\alpha_{AB}} \qquad (7\text{-}4)$$

或

$$D_{AB} = \sqrt{\Delta x_{AB}^2 + \Delta y_{AB}^2} \qquad (7\text{-}5)$$

应该注意，按公式（7-3）算出的是象限角，还必须根据坐标增量 Δx、Δy 的正负号，确定 AB 边所在的象限，然后再把象限角换算为 AB 边的坐标方位角。

例如：$\Delta x_{AB} = +76.61\text{m}$，$\Delta y_{AB} = -104.21\text{m}$，求 $\alpha_{AB} = ?$ 按（7-3）求得 α_{AB} 的象限角值为 $53°40'43''$。又因 Δx_{AB} 为正，Δy_{AB} 为负，确定 AB 在第 4 象限，因此，$\alpha_{AB} = 360° - 53°40'43'' = 306°19'17''$。

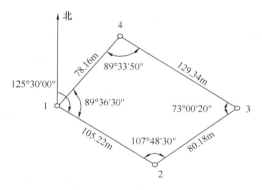

图 7-16　闭合导线举例

7.3.2　闭合导线坐标计算

图 7-16 为一闭合导线实测数据，按下述步骤完成其内业计算。

（1）将校核过的外业观测数据及起算数据填入"闭合导线坐标计算表"（表 7-9）

（2）角度闭合差的计算与调整

由平面几何学可知，n 边形闭合导线的内角和的理论值应为

$$\sum\beta_{理} = (n - 2) \times 180°$$

由于观测值带有误差，使得实测的内角和（$\sum\beta_{测}$）与理论值不符，其差值称为角度闭合差，用 f_β 表示，即

$$f_\beta = \sum\beta_{测} - \sum\beta_{理} \qquad (7\text{-}6)$$

各级导线的角度闭合差的容许值 $f_{\beta容}$ 见表 7-8 中的"方位角闭合差"栏的规定。本例属图根导线，$f_{\beta容} = \pm 60''\sqrt{n}$。如果 f_β 超过容许值范围，说明所测角度不符合要求，应重新检查角度观测值，若 f_β 确实超限，应重测。若不超限，可将闭合差 f_β 反符号平均分配到各观测角中去做修正，即各角的改正数为：

127

$$v_\beta = -\frac{f_\beta}{n} \qquad (7-7)$$

计算得各角改正数 v_β 是相等的，但由于改正数取位至秒，致使 $\sum v_\beta$ 不等于 $-f_\beta$，为此可适当调整秒值，以使计算得 v_β，其总和应等于 $-f_\beta$。改正后的内角和应为 $(n-2) \times 180°$ 进行校核。

（3）导线各边坐标方位角的计算

根据起始边的已知方位角及改正后内角，按下列公式推算其他各导线边的坐标方位角。

表 7-9 闭合导线坐标计算表

点号	观测角（左角）(° ′ ″)	改正数(″)	改正角(° ′ ″)	坐标方位角 α	距离 D (m)	增量计算表 Δx (m)	增量计算表 Δy (m)	改正后增量 Δx (m)	改正后增量 Δy (m)	坐标值 x (m)	坐标值 y (m)
1	2	3	4=2+3	5	6	7	8	9	10	11	12
1				125 30 00	105.22	-2 -61.10	$+2$ $+85.66$	-61.12	$+85.68$	500.00	500.00
2	107 48 30	+13	107 48 43	53 18 43	80.18	-2 $+47.90$	$+2$ $+64.30$	$+47.88$	$+64.32$	438.88	585.68
3	73 00 20	+12	73 00 32	306 19 15	129.34	-3 $+76.61$	$+2$ -104.21	$+76.58$	-104.19	486.76	650.00
4	89 33 50	+12	89 34 02	215 53 17	78.16	-2 -63.32	$+1$ -45.82	-63.34	-45.81	563.34	545.81
1	89 36 30	+13	89 36 43	125 30 00						500.00	500.00
总和	359 59 10	+50	360 00 00		392.90	-0.09	$+0.07$	0.00	0.00		

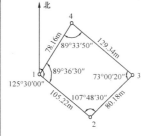

$f_\beta = -50''$ $\qquad f_x = +0.09$ $\qquad f_y = -0.07$

$f_{\beta容} = \pm 60'' \sqrt{n} = \pm 60'' \sqrt{4} = \pm 120''$ $\qquad$ 导线全长闭合差 $f = \sqrt{f_x^2 + f_y^2} = \pm 0.11 \text{m}$

导线全长相对闭合差容许值 $= \dfrac{1}{2000}$ $\qquad$ 导线全长相对闭合差 $K = \dfrac{0.11}{392.90} = \dfrac{1}{3571}$

$$\alpha_前 = \alpha_后 + 180° + \beta_左 \qquad （适用于测左角） \qquad (7-8)$$

$$\alpha_前 = \alpha_后 + 180° - \beta_右 \qquad （适用于测右角） \qquad (7-9)$$

本例观测左角，按式（7-8）推算出导线各边的坐标方位角，列入表 7-9 的第 5 栏。推算过程中必须注意：

1）如果算得 $\alpha_前 > 360°$，则应减去 360°；$\alpha_前 < 0°$，则应加上 360°。

2）闭合导线各边坐标方位角的推算，最后推算出起始边的坐标方位角，应与原有的已知坐标方位角值相等，否则应重新检查计算。

（4）坐标增量的计算及其闭合差的调整

1）坐标增量的计算

如图 7-17 所示，设点 1 的坐标 x_1、y_1 和 1-2 边的坐标方位角 α_{12} 均已知，边长 D_{12} 也已

测得，则据图示关系，点 2 与点 1 的坐标增量有下列计算公式：

$$\left.\begin{array}{l} \Delta x_{12} = D_{12} \cos \alpha_{12} \\ \Delta y_{12} = D_{12} \sin \alpha_{12} \end{array}\right\} \tag{7-10}$$

上式中的 Δx_{12}、Δy_{12} 正、负号，取决于 $\cos \alpha$、$\sin \alpha$ 的正、负号。

按（7-10）算得坐标增量，填入表 7-9 的第 7、8 两栏中。

2）坐标增量闭合差的计算与调整

从图 7-18 可以看出，闭合导线纵、横坐标增量代数和的理论值应为零，即

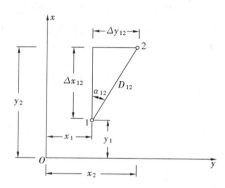

图 7-17　坐标增量的计算

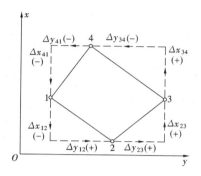

图 7-18　闭合导线各边坐标增量

$$\left.\begin{array}{l} \sum \Delta x_{理} = 0 \\ \sum \Delta y_{理} = 0 \end{array}\right\} \tag{7-11}$$

而实际上由于量边的误差和角度闭合差调整后的残余差，使 $\sum \Delta x_{测}$、$\sum \Delta y_{测}$ 不为零，产生了纵、横坐标增量闭合差 f_x、f_y，即

$$\left.\begin{array}{l} f_x = \sum \Delta x_{测} \\ f_y = \sum \Delta y_{测} \end{array}\right\} \tag{7-12}$$

这就表明，实际计算出的闭合导线坐标并不闭合（如图 7-19），存在一个导线全长闭合差 f，用下式进行计算

$$f = \sqrt{f_x^2 + f_y^2} \tag{7-13}$$

仅从 f 值的大小还不能判断导线测量的精度，应当将 f 与导线全长 $\sum D$ 相比，即导线全长相对闭合差 K 来衡量导线测量的精度，公式如下：

$$K = \frac{f}{\sum D} = \frac{1}{\dfrac{\sum D}{f}} \tag{7-14}$$

不同等级的导线全长相对闭合差的容许值 $K_{容}$ 见表 7-8。若 K 超过 $K_{容}$，首先应检查内业计算有无错误，然后检查外业观测成果，必要时应重测。如 K 值在容许值范围内，将 f_x 与 f_y 分别以相反

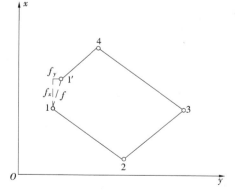

图 7-19　闭合导线闭合差

的符号，按与边长成正比例分配到各边的纵、横坐标增量中去。第 i 边纵坐标增量的改正数 v_{xi}、横坐标增量的改正数 v_{yi} 分别为

$$v_{xi} = -\frac{f_x}{\sum D} \times D_i \tag{7-15}$$

$$v_{yi} = -\frac{f_y}{\sum D} \times D_i \tag{7-16}$$

坐标增量改正数 v_{xi}、v_{yi} 计算后，按下式进行校核：

$$\sum v_{xi} = -f_x \tag{7-17}$$

$$\sum v_{yi} = -f_y \tag{7-18}$$

由于计算的四舍五入，式（7-17）与式（7-18）不能完全满足，可对坐标增量改正数 v_{xi}、v_{yi} 进行适当调整。本例，$\sum v_{xi} = -0.09$，$\sum v_{yi} = +0.07$，满足上述两式。然后计算改正后的坐标增量，填入表 7-9 中 9、10 栏。

$$\Delta x_{改} = \Delta x + v_x \tag{7-19}$$

$$\Delta y_{改} = \Delta y + v_y \tag{7-20}$$

改正后的纵、横坐标增量之和应分别为零，即

$$\sum \Delta x_{改} = 0 \tag{7-21}$$

$$\sum \Delta y_{改} = 0 \tag{7-22}$$

（5）推算各导线点坐标

根据起始点的坐标和各导线边的改正后坐标增量，逐步推算各导线点的坐标（填入表 7-9 中 11、12 栏），公式如下

$$x_{前} = x_{后} + \Delta x_{改} \tag{7-23}$$

$$y_{前} = y_{后} + \Delta x_{改} \tag{7-24}$$

7.3.3 附合导线坐标计算

附合导线的坐标计算步骤与闭合导线基本相同，但由于附合导线两端与已知点相连，在角度闭合差及坐标增量闭合差的计算上有些不同，下面着重介绍这两项计算方法。

（1）角度闭合差的计算与调整

设有附合导线如图 7-20 所示，A、B、C、D 为高级控制点，其坐标已知，AB、CD 两边的坐标方位角 α_{AB}、α_{CD} 均已知。现根据已知的坐标方位角 α_{AB} 及观测右角（包括连接角 β_B、β_C），推算出终边 CD 的坐标方位角 α'_{CD}

$$\alpha_{B1} = \alpha_{AB} + 180° - \beta_B$$

$$\alpha_{12} = \alpha_{A1} + 180° - \beta_1$$

$$\alpha_{2C} = \alpha_{12} + 180° - \beta_2$$

$$\alpha'_{CD} = \alpha_{2C} + 180° - \beta_C$$

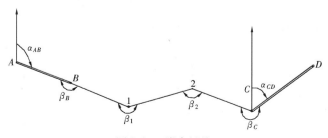

图 7-20　附合导线

即
$$\alpha'_{CD} = \alpha_{AB} + 4 \times 180° - \sum \beta_{测}$$

写成观测右角推算的通用式为
$$\alpha'_终 = \alpha_始 + n \times 180° - \sum \beta_右 \qquad (7-25)$$

观测左角推算的通用式为
$$\alpha'_终 = \alpha_始 + n \times 180° + \sum \beta_左 \qquad (7-26)$$

则角度闭合差 f_β 按下式计算
$$f_\beta = \alpha'_终 - \alpha_终 \qquad (7-27)$$

上式中 $\alpha_终$，在本例为 CD 的坐标方位角，即 α_{CD}。若 f_β 在容许值范围内，则可进行调整。调整的方法与闭合导线基本相同，但必须注意：

观测左角，用左角推算时，假定 f_β 为正，从式（7-27）看出 $\alpha'_终$ 大，再从式（7-26）可知 $\beta_左$ 测大了，故对左角施加改正数应为负，即与 f_β 符号相反。如观测右角，用右角推算时，假定 f_β 为正，即 $\alpha'_终$ 大，说明右角 $\beta_右$ 测小了，右角改正数为正，与 f_β 同号。详见表 7-10 所示计算。

（2）坐标增量闭合差的计算

根据附合导线本身的条件，各边坐标增量代数和的理论值应等于终、始两点的已知坐标值之差，即
$$\sum \Delta x_理 = x_终 - x_始 \qquad (7-28)$$
$$\sum \Delta y_理 = y_终 - y_始 \qquad (7-29)$$

但由于边长与角度观测值均存在误差（此时主要是边长观测误差），所以 $\sum \Delta x_测$、$\sum \Delta y_测$ 与理论值不符，产生附合导线坐标增量闭合差，其计算公式为
$$f_x = \sum x_测 - (x_终 - x_始) \qquad (7-30)$$
$$f_y = \sum y_测 - (y_终 - y_始) \qquad (7-31)$$

坐标增量闭合差的调整方法与闭合导线相同。

表 7-10 为附合导线（右角）计算的实例。

表 7-10　附合导线坐标计算表

点号	内角观测值 (° ′ ″)	改正后内角 (° ′ ″)	坐标方位角 (° ′ ″)	边长 (m)	纵坐标增量 ΔX	横坐标增量 ΔY	改正后坐标增量		坐　标	
							ΔX	ΔY	X	Y
A			127 20 30							
B	128 57 32	128 57 38							509.580	675.890
			178 22 52	40.510	+7 −40.494	+7 +1.144	−40.487	+1.151		
1	295 08 00	295 08 06							469.093	677.041
			63 14 46	79.040	+14 +35.581	+15 +70.579	+35.595	+70.594		
2	177 30 58	177 31 04							504.688	747.635
			65 43 42	59.120	+10 +24.302	+11 +53.894	+24.312	+53.905		
C	211 17 36	211 17 42							529.000	801.540
D			34 26 00							

$f_\beta = +24''$　　$\sum D = 178.670$　$f_x = -0.031$　$f_y = -0.033$

$f = +0.045$　　$K = 1/3953$

7.4　控制点的加密

当测区控制点的密度不能满足工程及大比例尺测图的需要时，有必要进行控制点的加密。一般常用的控制点加密方法主要采用交会定点法，包括前方交会、侧方交会、后方交会与边长交会。

7.4.1　角度前方交会

如图 7-21 所示，设原有控制点 A、B，其坐标分别为 x_A，y_A 及 x_B，y_B。在 A、B 点分别观测 P 点得 α、β 角，则交会可得到 P 点的坐标 x_P，y_P。公式推导如下：

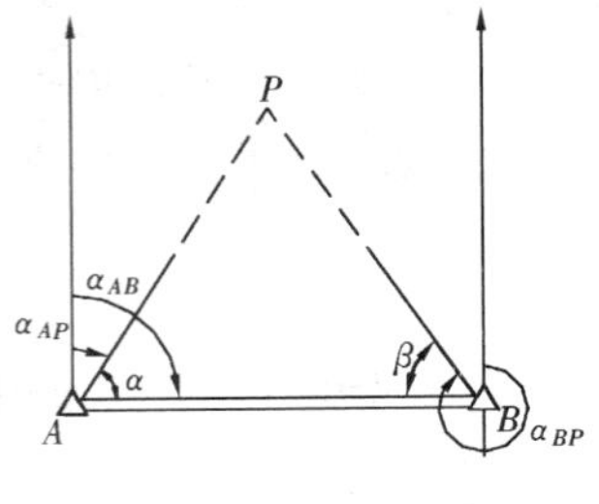

从图中可见

$$x_P = x_A + \Delta x_{AP} = x_A + D_{AP} \cdot \cos \alpha_{AP} \tag{7-32}$$

而

$$\alpha_{AP} = \alpha_{AB} - \alpha$$

$$D_{AP} = \frac{D_{AB} \sin \beta}{\sin \left[180° - (\alpha + \beta) \right]} = \frac{D_{AB} \sin \beta}{\sin (\alpha + \beta)}$$

则

$$x_P = x_A + \frac{D_{AB} \sin \beta}{\sin (\alpha + \beta)} \cos (\alpha_{AB} - \alpha)$$

图 7-21　前方交会

用三角关系式展开有

$$x_P = x_A + \frac{D_{AB} \sin \beta}{\sin \alpha \cos \beta + \cos \alpha \sin \beta} (\cos \alpha_{AB} \cos \alpha + \sin \alpha_{AB} \sin \alpha)$$

$$= x_A + \frac{D_{AB} \sin \beta \cos \alpha_{AB} \cos \alpha + D_{AB} \sin \beta \sin \alpha_{AB} \sin \alpha}{\sin \alpha \cos \beta + \cos \alpha \sin \beta}$$

经简化得

$$x_P = x_A + \frac{D_{AB} \cos \alpha_{AB} \operatorname{ctan}\alpha + D_{AB} \sin \alpha_{AB}}{\operatorname{ctan}\beta + \operatorname{ctan}\alpha} \tag{7-33}$$

根据坐标增量计算公式有

$$D_{AB} \cos \alpha_{AB} = \Delta x_{AB}$$

$$D_{AB} \sin \alpha_{AB} = \Delta y_{AB}$$

则

$$x_P = x_A + \frac{\Delta x_{AB} \operatorname{ctan}\alpha + \Delta y_{AB}}{\operatorname{ctan}\beta + \operatorname{ctan}\alpha} \tag{7-34}$$

而

$$\Delta x_{AB} = x_B - x_A$$

$$\Delta y_{AB} = y_B - y_A$$

则经简化计算后有

$$x_P = \frac{x_A \operatorname{ctan}\beta + x_B \operatorname{ctan}\alpha + (y_B - y_A)}{\operatorname{ctan}\beta + \operatorname{ctan}\alpha} \tag{7-35}$$

同理得

$$y_P = \frac{y_A \operatorname{ctan}\beta + y_B \operatorname{ctan}\alpha - (x_B - x_A)}{\operatorname{ctan}\beta + \operatorname{ctan}\alpha} \tag{7-36}$$

132

式（7-35）和式（7-36）适用于计算器计算 P 点坐标。但要注意，应用上述公式时 A，B，P 点的点号必须按逆时针次序排列。

上述前方交会中，如 α、β 角测量错误，则在计算过程中无法检查，故对 α、β 角度测量务必仔细，可多测一个测回以作校核。在实践中，为了防止可能发生的错误和提高 P 点坐标的计算精度，常采用如图 7-22 所示的图形。即由另一控制点 B 与 C 组合，加测 α_2 及 β_2 角，由此推算出 P 点的另一组坐标，若两组坐标值相差 e 不超过两倍的比例尺精度即可，用公式表示为

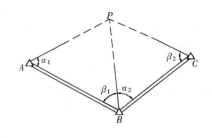

图 7-22　三点进行前方交会

$$e = \sqrt{\delta_x^2 + \delta_y^2} \leqslant e_容 = 2 \times 0.1 \times M(\text{mm}) \quad (7\text{-}37)$$

式中　δ_x——$x'_P - x''_P$；

δ_y——$y'_P - y''_P$；

M——测图比例尺分母。

表 7-11 实例中：$\delta_x = 4628.558 - 4628.586 = -0.028\text{m}$

$\delta_y = 8105.245 - 8105.210 = +0.035\text{m}$

$e = 0.045\text{m}$

$e_容 = 2 \times 0.1 \times 1000 = 200\text{mm}$

观测结果计算得 $e \leqslant e_容$，说明观测结果达到精度要求；若超过容许范围，应检查原因，确实超限应重测。最后取平均值作为 P 点坐标，本例 P 点坐标为

$$x_P = 4628.572\text{m} \qquad y_P = 8105.288\text{m}$$

表 7-11　角度前方交会点坐标计算表

略图 北			公式			
			$x_P = \dfrac{x_A \text{ctan}\beta + x_B \text{ctan}\alpha + (y_B - y_A)}{\text{ctan}\beta + \text{ctan}\alpha}$ $y_P = \dfrac{y_A \text{ctan}\beta + y_B \text{ctan}\alpha - (x_B - x_A)}{\text{ctan}\beta + \text{ctan}\alpha}$			
已知 数据	$x_A = 4807.86\text{m}$ $y_A = 6936.06\text{m}$ $x_B = 3552.77\text{m}$ $y_B = 7417.68\text{m}$ $x_C = 3729.17\text{m}$ $y_C = 8684.70\text{m}$		Ⅰ组	$\alpha_1 = 60°17'16''$	$\text{ctan}\alpha_1$	0.570673
				$\beta_1 = 53°34'38''$	$\text{ctan}\beta_1$	0.727877
			Ⅱ组	$\alpha_2 = 49°29'32''$	$\text{ctan}\alpha_2$	0.854315
				$\beta_2 = 65°07'57''$	$\text{ctan}\beta_2$	0.463495
			(1)	$\text{ctan}\alpha + \text{ctan}\beta$	Ⅰ组	1.308550
					Ⅱ组	1.317810
(2)	$x_A \text{ctan}\beta$	Ⅰ组	3547.609	(3)	$y_A \text{ctan}\beta$ Ⅰ组	5117.959
		Ⅱ组	1646.691		Ⅱ组	3438.058
(4)	$x_B \text{ctan}\alpha$	Ⅰ组	2027.470	(5)	$y_B \text{ctan}\alpha$ Ⅰ组	4233.070
		Ⅱ组	3185.886		Ⅱ组	7419.469

133

略图					

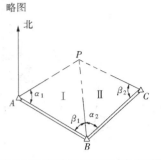

公式

$$x_P = \frac{x_A \operatorname{ctan}\beta + x_B \operatorname{ctan}\alpha + (y_B - y_A)}{\operatorname{ctan}\beta + \operatorname{ctan}\alpha}$$

$$y_P = \frac{y_A \operatorname{ctan}\beta + y_B \operatorname{ctan}\alpha - (x_B - x_A)}{\operatorname{ctan}\beta + \operatorname{ctan}\alpha}$$

(6)	$y_B - y_A$	I 组	481.62	(7)	$-(x_B - x_A)$	I 组	+1255.09
		II 组	1267.02			II 组	−176.40
(8)	(2)+(4)+(6)	I 组	6056.699	(9)	(3)+(5)+(7)	I 组	10606.119
		II 组	6099.597			II 组	10681.127
(10)	$x_P = \dfrac{(8)}{(1)}$	I 组	4628.558	(11)	$y_P = \dfrac{(9)}{(1)}$	I 组	8105.245
		II 组	4628.586			II 组	8105.210

7.4.2 测角侧方交会

如果不便在两个已知点上安置仪器（如图 7-23 中 B 点），这时可以在一已知点 A 和待定点 P 安置仪器，分别观测内角 α、γ，根据 $\beta = 180° - (\alpha + \gamma)$，再将结果代入式（7-35）和式（7-36）中，可得 P 点的坐标。此方法称为测角侧方交会。

为了检核，侧方交会还应观测第 3 个已知控制点，如图 7-23 中的已知点 C，在 P 点应观测第 3 已知点 C 与已知点 B 的夹角 ε，检查它与已知点坐标计算的 ε 值进行比较。

7.4.3 测角后方交会

如果已知点距离待定测站点较远，也可在待定点 P 上瞄准三个已知点 A、B 和 C，观测 α 及 β 角（图 7-24），这种方法称为后方交会法。

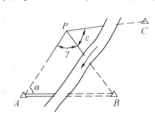

图 7-23　测角侧方交会

用后方交会计算待定点坐标的公式很多，现介绍一种公式如下。引入辅助量 a、b、c、d：

$$\left.\begin{aligned}
a &= (x_B - x_A) + (y_B - y_A)\operatorname{ctan}\alpha \\
b &= (y_B - y_A) - (x_B - x_A)\operatorname{ctan}\alpha \\
c &= (x_B - x_C) - (y_B - y_C)\operatorname{ctan}\beta \\
d &= (y_B - y_C) + (x_B - x_C)\operatorname{ctan}\beta
\end{aligned}\right\} \quad (7\text{-}38)$$

令
$$K = \frac{a - c}{b - d} \quad (7\text{-}39)$$

则

$$\left.\begin{aligned}
\Delta x_{BP} &= \frac{-a + Kb}{1 + K^2} \quad 或 \quad \Delta x_{BP} = \frac{-c + Kd}{1 + K^2} \\
\Delta y_{BP} &= -K\Delta x_{BP}
\end{aligned}\right\} \quad (7\text{-}40)$$

待定点 P 的坐标为

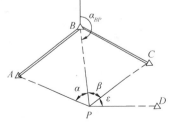

图 7-24　后方交会

$$x_P = x_B + \Delta x_{BP} \atop y_P = y_B + \Delta y_{BP} \Bigg\} \tag{7-41}$$

为了进行检验，应在 P 点观测第 4 个已知点 D，测得 $\varepsilon_测$ 角，同时可由 P 点坐标以及 C、D 点坐标，按坐标反算公式求得 α_{PC} 及 α_{PD}。$\varepsilon_算 = \alpha_{PD} - \alpha_{PC}$，则较差 $\Delta\varepsilon = \varepsilon_算 - \varepsilon_测$。由此可算出 P 点的横向位移 e：

$$e = \frac{D_{PD} \cdot \Delta\varepsilon''}{\rho''} \tag{7-42}$$

在一般测量规范中，规定最大横向位移 $e_允$ 不大于比例尺精度的两倍，即 $e_允 \leqslant 2 \times 0.1Mmm$。$M$ 为测图比例尺的分母。

选择后方交会点 P 时，若 P 点刚好选在过已知点 A、B、C 的圆周上，则无论 P 点位于圆周上任何位置，角度 α、β 都符合要求，因此 P 点位置不定，测量上把该圆叫做危险圆。若 P 点位于危险圆上则无解。因此外业测量时应使 P 点离危险圆圆周的距离大于该圆半径的 1/5。

后方交会计算时，图形编号应与表 7-12 中的图形一致，点号与角度编号不能搞错。在表中 A、B、C 三个已知点按顺时针排列，P 点至 A、B 方向的夹角为 α，P 点至 B、C 方向的夹角为 β。α、β 的余切函数至少应保留 6 位，否则计算精度不够。

表 7-12 后方交会计算表

已知数据		x_A	1406.593	y_A	2654.051
		x_B	1659.232	y_B	2355.537
		x_C	2019.396	y_C	2264.071
观测值		α	51°06′17″	ctanα	0.806762
		β	46°37′26″	ctanβ	0.944864
$x_B - x_A$	+252.639	$y_B - y_A$	−298.514	$x_B - x_C$	−360.164	$y_B - y_C$	+91.466
a	+11.809	b	−502.334	c	−446.587	d	−248.840
$K = \dfrac{a-c}{b-d}$	−1.80831	$Kb-a$	896.567	$Kd-c$	896.567	Δx	+209.969
Δy	+379.689	x_P	1869.201	y_P	2735.226		

计 算 公 式

$$a = (x_B - x_A) + (y_B - y_A)\text{ctan}\alpha$$
$$b = (y_B - y_A) - (x_B - x_A)\text{ctan}\alpha$$
$$c = (x_B - x_C) - (y_B - y_C)\text{ctan}\beta$$
$$d = (y_B - y_C) + (x_B - x_C)\text{ctan}\beta$$

$$\Delta x = \frac{-a + Kb}{1+K^2} \text{ 或} \frac{-c + Kd}{1+K^2} \quad \Delta y = -K \cdot \Delta x$$

7.4.4 极坐标法

在图 7-21 中，在已知点 A 上测出水平角 α 和水平距离 D_{AP}，在 B 点上测出水平角 β 和

水平距离 D_{BP}，则

$$\alpha_{AP} = \alpha_{AB} - \alpha$$
$$\alpha_{BP} = \alpha_{BA} + \beta$$

由 A 点计算 P 点坐标：

$$x_P = x_A + D_{AP}\cos\alpha_{AP}$$
$$y_P = y_A + D_{AP}\sin\alpha_{AP} \tag{7-43}$$

由 B 点计算 P 点坐标：

$$x_P = x_B + D_{BP}\cos\alpha_{BP}$$
$$y_P = y_B + D_{BP}\sin\alpha_{BP} \tag{7-44}$$

求得 P 点两组坐标之差若在限差之内，取平均值作为最后的结果。

有光电测距仪或全站仪时，用极坐标法观测法求点的坐标极为方便。各种全站仪，本身带有程序，观测完毕，测点坐标即可获得。

7.5　三、四等水准测量

三、四等水准测量主要用于测定施测地区的首级控制点的高程。一般布设成闭合水准路线、附合水准路线，特殊情况下允许采用支水准路线。所用水准仪精度不低于 DS_3 级。水准尺一般采用红黑双面尺，尺上匹配有水准器。在测量前必须进行水准仪的检验校正。

7.5.1　三、四等水准测量的技术要求

三、四等水准测量的主要技术要求见表 7-13。

表 7-13　三、四等水准测量的技术要求

等　级	视线长度 (m)	视线高度 (m)	前后视距差 (m)	前后视距累积差 (m)	红黑面读 数差（mm）	红黑面高差 之差（mm）
三等	≤65	≥0.3	≤3	≤6	≤2	≤3
四等	≤80	≥0.2	≤5	≤10	≤3	≤5

7.5.2　三、四等水准测量的观测方法与计算

（1）每一测站的观测程序

三、四等水准测量主要采用双面水准尺观测法。在测站上的观测程序为：

1）用圆水准器整平仪器。

2）后视黑面尺，读下、上视距丝读数（1）、（2），转动微倾螺旋，严格整平水准管气泡，读取中丝读数（3）；

3）前视黑面尺，读下、上视距丝读数（4）、（5），转动微倾螺旋，严格整平水准管气泡，读取中丝读数（6）；

4）前视红面尺，转动微倾螺旋，严格整平水准管气泡，读中丝读数（7）；

5）后视红面尺，转动微倾螺旋，严格整平水准管气泡，读中丝读数（8）。

以上观测程序简称为"后、前、前、后"。其优点是可以减弱仪器下沉误差的影响。观测和记录顺序见表 7-14。

表 7-14 四等水准测量记录表

测站编号	点号	后尺 下丝 上丝	前尺 下丝 上丝	方向及尺号	水准尺读数（m）		K＋黑－红	平均高差/m	备注
		后视距	前视距		黑面	红面			
		视距差 d（m）	∑d（m）						
		(1)	(4)	后	(3)	(8)	(14)		
		(2)	(5)	前	(6)	(7)	(13)		
		(9)	(10)	后－前	(15)	(16)	(17)	(18)	
		(11)	(12)						
1	BM1-ZD1	1.536	1.030	后 5	1.242	6.030	－1		
		0.947	0.442	前 6	0.736	5.422	＋1		
		58.9	58.8	后－前	＋0.506	＋0.608	－2	＋0.5070	
		＋0.1	＋0.1						
2	ZD1-ZD2	1.954	1.276	后 6	1.664	6.350	＋1		水准尺NO.5 K_5＝4.787 水准尺NO.6 K_6＝4.687（K 为尺常数）
		1.373	0.693	前 5	0.985	5.773	－1		
		58.1	58.3	后－前	＋0.679	＋0.577	＋2	＋0.6780	
		－0.2	－0.1						
3	ZD2-ZD3	1.146	1.744	后 5	1.024	5.811	0		
		0.903	1.499	前 6	1.622	6.308	＋1		
		48.6	49.0	后－前	－0.598	－0.497	－1	－0.5975	
		－0.4	－0.5						
4	ZD3-A	1.479	0.982	后 6	1.171	5.859	－1		
		0.864	0.373	前 5	0.678	5.465	0		
		61.5	60.9	后－前	＋0.493	＋0.394	－1	＋0.4935	
		＋0.6	＋0.1						

每页校核：

$$\sum(9)=227.1$$
$$-)\sum(10)=227.0$$
$$+0.1$$
4 站(12)＝＋0.1
总视距 $\sum(9)+\sum(10)=454.1m$

$$\sum[(3)+(8)]=29.151$$
$$-\sum[(6)+(7)]=26.989$$
$$+2.162$$

$$\sum[(15)+(16)]=+2.162$$
$$\sum(18)=+1.081$$
$$2\sum(18)=2\times1.081=+2.162$$

（2）测站的计算与检核

1）视距部分：

后视距离(9)＝(1)－(2)

前视距离(10)＝(4)－(5)

前、后视距差(11)＝(9)－(10)

前、后视距累积差(12)＝本站(11)＋前站(12)

视距部分各项限差详见表 7-13。

2）高差部分：

黑面所测高差(15)＝(3)－(6)

红面所测高差(16)＝(8)－(7)

前视尺黑、红面读数差(13)＝(6)＋K_1－(7)

后视尺黑、红面读数差(14)＝(3)＋K_2－(8)

后尺与前尺读数差之差(17)＝(14)－(13)应等于黑、红面所测高差之差。理由是：

前视尺、后视尺的红、黑面零点差 K_1 和 K_2 和不相等（一个为 4.787m，一个为 4.687m，相差 0.1m），因此（17）项的检核计算为

$$(17)＝(15)－(16)±0.1$$

高差部分各项限差详见表 7-13。

测站上各项限差若超限，则该测站需重测。若检核合格后，计算测站平均高差 (18)＝[(15)＋(16)±0.1]/2，然后搬仪器到下一测站观测。

（3）每页计算总检核

1）高差检核：

因为黑面各站高差总和 $\sum(15)＝\sum(3)－\sum(6)$

红面各站高差总和 $\sum(16)＝\sum(8)－\sum(7)$

由上两式相加得：

$$\sum(15)＋\sum(16)＝\sum[(3)＋(8)]－\sum[(6)＋(7)]＝29.151－26.989＝2.162m$$

偶数站时　$\sum(15)＋\sum(16)＝2\sum(18)＝2×1.081＝2.162$

奇数站时　$\sum(15)＋\sum(16)＝2\sum(18)±0.1m$

2）视检核核：

$$\sum(9)－\sum(10)＝末站视距累积差(12)＝0.1m$$

$$本页总视距＝\sum(9)＋\sum(10)＝454.1$$

7.6　三角高程测量

7.6.1　三角高程测量原理

三角高程测量原理是根据两点间的水平距离及竖直角应用三角学公式计算两点间的高差。三角高程测量主要用于测定图根控制点之间的高差，尤其在测区进行三角高程测量的先决条件为两点间水平距离已知，或用光电测距仪测定距离。如图 7-25 所示，欲测定 A，B 两点间的高差，安置经纬仪于 A 点，在 B 点竖立标杆。设仪器高为 i，标杆高度为 v，已知两点间平距为 D，望远镜瞄准标杆顶点 M 时测得竖直角为 α，从图中看出高差 h_{AB} 公式为

$$h_{AB}＝D\tan\alpha＋i－v \qquad (7-45)$$

已知 A 点高程为 H_A，则 B 点高程 H_B 公式为

$$H_B＝H_A＋h_{AB} \qquad (7-46)$$

上述三角高程公式推导是假设大地水准面是平面，事实上，大地水准面是曲面。因此，还应考虑地球曲率对高差的影响。当距离大时，

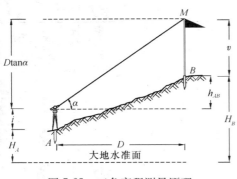

图 7-25　三角高程测量原理

地球曲率的影响不可忽视，从图 7-26 中看出高差值应增加 c，c 称球差改正。另外，由于大气折光的影响，测站望远镜观测目标顶点 M 的视线是一条向上凸的弧线，使 α 角测大了，从图中看出高差值中应减少 γ，γ 称气差改正。从图 7-26 中看出：

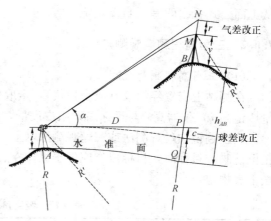

图 7-26　三角高程测量原理（长距离）

$$h_{AB} = NP + PQ - NB$$

上式中：$NP = D\tan\alpha$，$PQ = i + c$，$NB = v + \gamma$，代入后得

$$h_{AB} = D\tan\alpha + i + c - (v + \gamma) \quad (7\text{-}47)$$

即　　　$h_{AB} = D\tan\alpha + i - v + (c - \gamma)$

公式（7-47）为三角高程测量计算公式，式中 $(c - \gamma)$ 即为球差与气差两项改正。

由第 1 章 1.3 节可知球差改正 c 为

$$c = \frac{D^2}{2R} \tag{7-48}$$

式中　R——地球曲率半径；
　　　　D——两点间水平距。

大气垂直折光影响使视线变弯曲，其曲率半径 R' 为变量，设 $K = \dfrac{R}{R'}$，称为大气垂直折光系数，它受地区高程、气温、气压、季节、日照、地面覆盖地物和视线超过地面的高度等诸多因素的影响。通常认为 $R' = 7R$，将其代入折光系数公式得

$$K = \frac{R}{R'} = \frac{R}{7R} = 0.14$$

仿照式（7-47）可写出气差改正的公式为

$$\gamma = \frac{D^2}{2R'} = \frac{D^2}{2 \times 7R} = 0.14\frac{D^2}{2R} \tag{7-49}$$

从式（7-47）看出：球差改正 c 恒为正，气差改正 γ 恒为负。球差改正与气差改正合在一起称为两差改正 f，即

$$f = c - \gamma = \frac{D^2}{2R} - 0.14\frac{D^2}{2R} = 0.43\frac{D^2}{R} \tag{7-50}$$

因此，三角高程测量计算公式（7-46）可写为：

$$h_{AB} = D\tan\alpha + i_A - v_B + f \tag{7-51}$$

从式（7-49）看出，当 D 越长，两差改正越大，当 $D = 1\text{kmm}$ 时，$f = 6.7\text{cm}$。因此，三角高程测量一般采用往返观测，又称对向观测，取往返平均值可以消除两差的影响。因为

由 A 站观测 B 点：　　　$h_{AB} = D\tan\alpha_A + i_A - v_B + f \tag{7-52}$

由 B 站观测 A 点：　　　$h_{BA} = D\tan\alpha_B + i_B - v_A + f \tag{7-53}$

往返取平均得：

$$h = \frac{1}{2}(h_{AB} - h_{BA}) = \frac{1}{2}(D\tan\alpha_A - D\tan\alpha_B) + \frac{i_A - i_B}{2} + \frac{v_A - v_B}{2} \tag{7-54}$$

从上面公式看出两差 f 自动消除了。

7.6.2 三角高程测量观测与计算

(1) 三角高程测量观测

在测站上安置经纬仪（或全站仪），量取仪器高 i，在目标点上量觇标高，或安置棱镜，量棱镜高 v，仪器高 i 与目标高 v 用皮尺量，取至 cm。

用正倒镜中丝观测法或三丝观测法（上、中、下三丝依次瞄准目标）观测竖直角。注意正倒镜瞄准目标时，目标成像应位于纵丝左、右附近的对称位置。竖直角观测测回数与限差按下表规定：

表 7-15　竖直角观测测回数与限差

项 目	四等、一、二、三级导线		图根导线
	DJ$_2$	DJ$_6$	DJ$_6$
测 回 数	1	2	1
各测回竖直角互差	15″	25″	25″
各测回指标差互差	15″	25″	25″

(2) 三角高程测量的计算

三角高程测量往测按式 (7-52)、返测按公式 (7-53) 计算。往返高差较差的容许值 $\Delta h_容$，对于四等光电测距三角高程测量规定为：

$$\Delta h_容 \leqslant \pm 40 \sqrt{D}\ \text{mm} \tag{7-55}$$

式中　D——两点间的水平距离，以 km 为单位。

图根三角高程测量对向观测两次高差的校差，城市测量规范规定应小于或等于 $0.4 \times D$ (m)，D 为边长，以 km 为单位。

图 7-57 为三角高程测量控制网略图，在 A、B、C、D 四点间进行了三角高程测量，构成了闭合线路。已知 A 点的高程为 450.56m，观测数据注于图 7-27 上。计算列于表 7-16 及表 7-17。

由对向观测所求得高差平均值，计算闭合或附合线路的高差闭合差 f_h 的容许值，对于

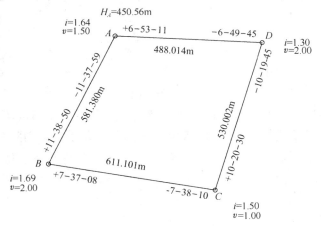

图 7-27　三角高程测量控制网略图

四等光电测距三角高程测量来说同四等水准测量的要求，在山区为：

$$f_{h容} = \pm 25 \sqrt{\sum D_i} \, \text{mm} \tag{7-56}$$

式中　D_i——相邻两点之间的边长。

表 7-16　电磁波三角高程测量高差计算

起　算　点	A		B		…
待　求　点	B		C		…
往　返　测	往	返	往	返	…
观测高差 h'	−119.69	+119.84	81.743	−81.93	…
仪 器 高 i	1.64	1.69	1.69	1.50	…
棱 镜 高 v	1.50	2.00	2.00	1.00	…
两差改正 f	0.02	0.02	0.02	0.02	…
单 向 高 差	−119.53	+119.55	81.43	−81.41	…
平 均 高 差	−119.54		+81.42		…

表 7-17　三角高程测量高差调整及高程计算

点　号	水平距离（m）	计算高差（m）	改正值（m）	改正后高差（m）	高程（m）
1	2	3	4	5	6
A					450.56
	581.380	−119.54	−0.01	−119.55	
B					331.01
	611.101	+81.42	−0.01	+81.41	
C					412.42
	530.002	+97.26	−0.01	97.25	
D					509.67
	488.014	−59.11	0.00	−59.11	
A					450.56
Σ	2210.497	+0.09	−0.05	0	
高差闭合差及容许闭合差	$f_h = +0.03\text{m}$　$f_{h容} = \pm 25\sqrt{2.21} = \pm 0.037\text{m}$				

练　习　题

1. 为什么要进行控制测量？控制测量有几种？

2. 平面控制测量有哪些方法，各有何优缺点？

3. 附合导线与闭合导线的计算有哪些不同点？

4. 经纬仪测角交会主要有哪几种方法？试绘图说明观测的方法与测算的校核法。

5. 图 7-28 所示闭合导线 12341 的已知数据及观测数据如下，用导线坐标表进行各项计算与校核。

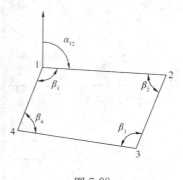

图 7-28

起始边坐标方位角：$\alpha_{12} = 97°58'08''$

观测导线各右角：$\beta_1 = 125°52'04''$

$\beta_2 = 82°46'29''$

$\beta_3 = 91°08'23''$

$\beta_4 = 60°14'02''$

观测导线各边：

$D_{12} = 100.29m$ $D_{23} = 78.96m$

$D_{34} = 137.22m$ $D_{41} = 78.78m$

1 点的坐标：$X_1 = 532.700m$ $Y_1 = 537.660m$

6. 何谓连接角与连接边？它们的作用是什么？试绘图说明。

7. 怎样衡量导线的精度？

8. 四等水准测量观测 2 个测站记录如下表，试完成各项计算。

四等水准测量观测记录计算表

测站编号	后尺 下丝 / 上丝	前尺 下丝 / 上丝	方向及尺号	标尺读数 黑面	标尺读数 红面	K+ 黑—红	平均高差 (m)	备注
	后距	前距						
	视距差 d	∑d						
	(1)	(4)	后	(3)	(8)	(14)		
	(2)	(5)	前	(6)	(7)	(13)		
	(9)	(10)	后—前	(15)	(16)	(17)	(18)	
	(11)	(12)						
1	1.571	0.739	后 3	1.384	6.171			K 为标尺常数 $k_3 = 4.787$ $k_4 = 4.687$
	1.197	0.363	前 4	0.551	5.239			
			后—前					
2	2.121	2.196	后 4	1.934	6.621			
	1.747	1.821	前 3	2.008	6.796			
			后—前					

学 习 辅 导

1. 本章学习目的与要求

目的：理解控制测量目的、控制网的分类及布网的原则，掌握导线测量外业与内业，理解控制点加密方法，掌握四等水准测量与三角高程测量的观测法。

要求：

(1) 明确控制测量的目的、控制网、控制点的概念。了解控制网的分类及布网原则。

(2) 了解城市平面控制网分级及其特点，理解图根控制测量及其主要技术指标。

(3) 掌握导线测量外业步骤。

（4）掌握闭合与附合导线测量的各项计算、检核及精度计算。

（5）理解控制点的加密方法，角度前方交会、侧方交会及后方交会的观测法和计算要点。

（6）掌握四等水准测量的观测、记录与计算。理解三角高程测量概念及观测法。

2. 本章学习要领

（1）测绘工作中无论测图还是施工测量，一般总是先做控制，后做碎部或细部测设，主要是考虑精度控制，其次是考虑分幅测图，加大工作面。

（2）控制网的布设原则：整体控制，整体控制就是从全局的角度和发展眼光去考虑布网；加密可以全面加密或分片加密，前者工作量大，后者工作量小，需要时再加密。逐级控制，高级控制低级，分级数要根据不同测绘的对象、任务、精度要求、采用的仪器设备及使用方法而定。

（3）导线测量外业应注意连测问题，如有高级控制点应加以连测，不仅要连测连接角，而且要测连接边。如无高级控制点，则布设为独立控制。确定起始边坐标方位角有两种做法：一种是用罗盘测量起始边磁方位角作为坐标方位角，此法适用于树木标本园、种子园、苗圃地等生物用地测图；另一种是以测区内现有建筑物南北轴线为 X 轴，纯工业用地采用此法确定起始边方位角为好，以使建筑物南北与图纸方向一致。

（4）确保导线内业计算过程的正确性，步步校核尤为重要，导线计算表的每一纵栏计算都要做校核，其道理要搞清楚。

（5）坐标增量的概念、不同象限坐标增量符号不同，坐标正算与反算等问题，在测绘计算中经常用到。

（6）学习三角高程测量要搞两差的概念：气差与球差，气差是由于大气折光引起的，它使竖直角测大了，致使高差增大，因此用减号。球差是地球曲率引起的改正，三角高程计算初算高差时，以切平面为起始面计算，因而少算了一段 c（切平面与曲面间的差数），所以采用加号。通过往返观又为什么会自动消除两差的影响（不是消除两差，而是消除它对高差的影响）。

第8章 全球卫星定位测量

所谓全球卫星定位测量，就是指利用空间飞行的卫星来实现地面点位的测定。目前正在运行的全球卫星定位系统有美国的 GPS 和俄罗斯的 GLONASS。正在建设中的欧盟 GALILEO，还未投入使用。全球卫星定位系统，一般指美国的 GPS。

8.1　全球卫星定位系统的组成

全球卫星定位系统（GPS）是 Navigation Satellite Timing and Ranging/Global Positioning System 的字母缩写词 NAVSTAR/GPS 的简称，其含义为"授时、测距导航系统/全球定位系统"。利用该系统，用户可以在全球范围内实现全天候、连续、实时的三维导航定位和测速；另外，利用该系统，用户还能够进行高精度的时间传递和高精度的精密定位。

全球卫星定位系统共由三部分组成，即空间部分（由 GPS 卫星组成）、地面监控部分（由若干地面站组成）和用户部分（以接收机为主体）。三部分有着各自独立的功能和作用，但又缺一不可，全球定位系统是一个有机配合的整体系统。如图 8-1 所示。

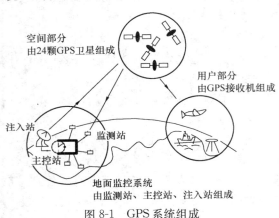

图 8-1　GPS 系统组成

8.1.1　GPS 系统的空间组成部分

（1）GPS 卫星星座

GPS 系统空间部分是由 24 颗卫星组成的星座，如图 8-2 所示。卫星的运行高度为 20200 公里，运行周期 11 小时 58 分，卫星分布在六条升交点相隔 60°的轨道面上，轨道倾角为 55°，每条轨道上分布四颗卫星，相邻两轨道上的卫星相隔 40°。这使得在地球上任何地方、任何时候至少同时可看到 4～11 颗卫星。

（2）GPS 卫星

GPS 卫星主体呈柱形，直径为 1.5m，如图 8-3。星体两侧装有两块双叶对日定向太阳

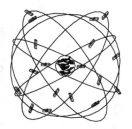

图 8-2　GPS 卫星星座

图 8-3　GPS 卫星

能电池帆板，为卫星不断提供电力。在星体底部装有多波束定向天线，能发射 L_1 和 L_2 波段的信号。在星体两端面上装有全向遥测遥控天线，用于与地面监控网通信。工作卫星的设计寿命为 7.5 年。每颗卫星上装有 4 台高精度原子钟（2 台铯钟，2 台金铷钟），以提供高精度的时间标准。

（3）在 GPS 系统中卫星的作用

1）用 L 波段的两个无线载波（19cm 和 24cm 波）向广大用户连续不断地发送导航定位信号。

2）在卫星飞越注入站上空时，接收由地面注入站不断发送到卫星的导航电文和其他有关信息，并通过 GPS 信号电路，适时地发送给广大用户。

3）接收地面主控站通过注入站发送到卫星的调度命令，适时地改正运行偏差或启用备用时钟等。

8.1.2　GPS 地面监控部分

工作卫星的地面支撑系统包括 1 个主控站、3 个注入站和 5 个监测站，如图 8-4。

（1）主控站

主控站一个，设在美国本土科罗拉多（Colorado Springs）。主控站拥有以大型电子计算机为主体的数据采集、计算、传输、诊断、编辑等设备。它完成下列功能：

1）协调、管理所有地面监控系统工作；

2）根据本站和其他监测站的观测数据，推算编制导航电文，传送到注入站；

3）提供全球定位的时间基准；

4）诊断卫星状况，调度、调整卫星。

（2）注入站

图 8-4　GPS 地面监控部分

注入站有三个，分别在印度洋的狄哥伽西亚（Diego Garcia）、南大西洋的阿松森群岛（Ascension）和南太平洋的卡瓦加兰（Kwajalein）三个美军基地上。注入站的主要设备包括：一台直径 3.6m 的抛物面天线，一台 S 波段发射机和一台计算机。它将主控站传送的卫星导航电文注入各个卫星，并监测注入信息正确性，每天注入 3 次，每次注入 14 天的导航电文。

（3）监测站

监测站有五个，除主控站、注入站兼作监测站外，另外一个设在夏威夷。监测站的主要任务是对每颗卫星进行观测，精确测定卫星在空间的位置，并向主控站提供观测数据。监测站是一种无人值守的数据采集中心，受主控站的控制。由这五个监测站提供的观测数据形成了 GPS 卫星实时发布的广播星历。

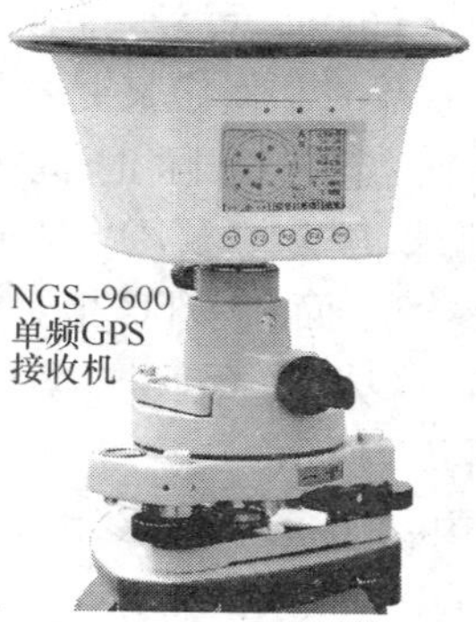

8.1.3　GPS 用户部分

GPS 接收机主要由 GPS 接收机主机、GPS 接收机天线和电源三部分组成。

图 8-5　单频 GPS 接收机

145

GPS 接收机的任务是：能够捕获到按一定卫星高度截止角所选择的待测卫星的信号，并跟踪这些卫星的运行，对所接收到的 GPS 信号进行变换、放大和处理，以便测量出 GPS 信号从卫星到接收机天线的传播时间，解译出 GPS 卫星所发送的导航电文，实时地计算出测站的三维位置，甚至三维速度和时间。

GPS 接收机种类很多，按用途可分为：测地型接收机、导航型接收机、授时型接收机和姿态测量型。按接收卫星信号频率，可分为单频和双频接收机。图 8-5 为我国南方测绘公司研制的单频 GPS 接收机（NGS-9600 型）。

8.2 GPS 卫星定位的基本原理

8.2.1 GPS 卫星信号的组成

（1）载波信号

为提高测量精度，GPS 卫星使用两种不同频率的载波，L_1 载波，波长 $\lambda_1 = 19.03\text{cm}$，频率 $f_1 = 1575.42\text{MHZ}$；L_2 载波，波长 $\lambda_2 = 24.42\text{cm}$，频率 $f_2 = 1227.60\text{MH}_z$。

（2）测距码

GPS 卫星信号中有两种测距码，即 C/A 码和 P 码。

C/A 码：C/A 码是英文粗码/捕获码（Coarse/Acquisition code）的缩写。它被调制在 L_1 载波上。C/A 码的结构公开，不同的卫星有不同的 C/A 码。C/A 码是普通用户用以测定测站到卫星间距离的一种主要的信号。

P 码：P 码的测距精度高于 C/A 码，又被称为精码，它被调制在 L_1 和 L_2 载波上。因美国的 AS（反电子欺骗）技术，一般用户无法利用 P 码来进行导航定位。

（3）数据码（D 码）

数据码即导航电文。数据码是卫星提供给用户的有关卫星的位置，卫星钟的性能、发射机的状态、准确的 GPS 时间以及如何从 C/A 码捕获 P 码的数据和信息。用户利用观测值以及这些信息和数据就能进行导航和定位。

8.2.2 GPS 的常用坐标系

GPS 是一个全球性的定位和导航系统，其坐标也是全球性的，为了使用的方便，通常通过国际协议，确定一个协议地球坐标系（Conventional Terrestrial System）。目前，GPS 测量中所使用的协议地球坐标系称为 WGS-84 世界大地坐标系（World Geodetic System）。

WGS-84 世界大地坐标系的几何定义是：原点是地球的质心，Z 轴指向国际时间局 BIH1984.0 定义的协议地球北极（CTP）方向，X 轴指向 BIH1984.0 的零子午面和 CTP 相对应的赤道交点，Y 轴垂直于 ZOX 平面且与 Z、X 轴构成右手坐标系，如图 8-6 所示。

在实际测量定位工作中，各国一般采用当地坐标系，如我国采用的 C80 坐标系。因此，应将 WGS-84 坐标系坐标转化为当地坐标值。

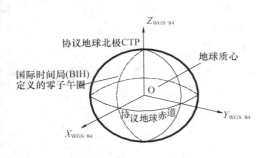

图 8-6 WGS-84 世界大地坐标系

8.2.3 GPS 定位原理

GPS 定位的基本原理是空中后方交会。如图 8-7 所示，用户用 GPS 接收机在某一时刻同时接收三颗以上的 GPS 卫星信号，测量出测站点（接收机天线中心）至三颗卫星的距离 ρ_i（$i=1$、2、3、…），通过导航电文可获得卫星的坐标 (x_i, y_i, z_i)（$i=1$、2、3、…），据此即可求出测站点的坐标 (X, Y, Z)。

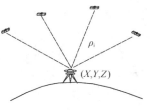

图 8-7 GPS 定位原理

$$\left.\begin{aligned}\rho_1^2 &= (x_1-X)^2 + (y_1-Y)^2 + (z_1-Z)^2\\\rho_2^2 &= (x_2-X)^2 + (y_2-Y)^2 + (z_2-Z)^2\\\rho_3^2 &= (x_3-X)^2 + (y_3-Y)^2 + (z_3-Z)^2\end{aligned}\right\} \tag{8-1}$$

为了获得距离观测量，主要采用两种方法：一是测量 GPS 卫星发射的测距码信号到达用户接收机的传播时间，即伪距测量；另一个是测量具有载波多普勒频移的 GPS 卫星载波信号与接收机产生的参考载波信号之间的相位差，即载波相位测量。采用伪距观测量定位速度最快，而采用载波相位观测量定位精度最高。

8.2.4 伪距测量与载波相位测量

（1）伪距测量

从式（8-1）可知，欲求测站点的坐标 (X, Y, Z)，关键的问题是要测定用户接收机天线至 GPS 卫星之间的距离。站星的距离可利用测距码从卫星发射至接收机天线所经历的时间乘以其在真空中传播速度求得。但应注意，GPS 采用的单程测距原理，它不同于电磁波测距仪中的双程测距。这就要求卫星时钟与接收机时钟要严格同步。但实际上，两者难于严格同步，因此存在不同步误差，另外，测距码在大气中传播还受到大气电离层折射及大气对流层的影响，产生延迟误差。因此，测距码所求得距离值并非真正的站星几何距离，习惯上称其为"伪距"。

由于卫星钟差、电离层折射和大气对流的影响，可以通过导航电文中所给的有关参数加以修正，而接收机的钟差却难以预先准确地确定，所以把接收机的钟差当作一个未知数，与测站坐标一起解算。这样，在一个观测站上要解出 4 个未知参数，即 3 个点位坐标分量和 1 个钟差参数，因此至少同时观测 4 颗卫星。

一般来说，利用 C/A 码进行实时绝对定位，各坐标分量精度在 5～10m。

（2）载波相位测量

利用 GPS 卫星发射的载波作为测距信号，由于载波的波长（$\lambda_1 = 19\text{cm}$，$\lambda_2 = 24\text{cm}$）比测距码波长短很多，因此，对载波进行相位测量，就可能得到较高的定位测量精度，实时单点定位，各坐标分量精度为 0.1～0.3m。

假设在某一时刻接收机所产生的基准信号（即频率、初相都与卫星载波信号完全一致）的相位为 $\Phi^0(R)$，接收到的来自卫星的载波信号的相位为 $\Phi^0(S)$，二者之间的相位差为 $[\Phi^0(R) - \Phi^0(S)]$，已知载波的波长 λ 就可以求出该瞬间从卫星至接收机的距离：

$$\rho = \lambda[\Phi^\circ(R) - \Phi^\circ(S)] = \lambda(N_0 + \Delta\Phi) \tag{8-2}$$

147

式中 N_0——整周数；

$\Delta\Phi$——不足一整周的小数部分。

在进行载波相位测量时，仪器实际能测出的只是不足一整周的部分 $\Delta\Phi$。因为载波只是一种单纯的余弦波，不带有任何识别标志，所以我们无法知道正在量测的是第几周的信号。如是在载波信号测量中便出现了一个整周未知数 N_0（又称整周模糊度），通过其他途径解算出 N_0 后，就能求得卫星至接收机的距离。

8.2.5 GPS 定位方法

GPS 定位的方法有多种，根据接收机的运动状态可分为静态定位和动态定位，根据定位的模式又可分为绝对（单点）定位和相对定位（差分定位），按数据的处理方式可分为实时定位和后处理定位。

（1）绝对定位

绝对定位又称为单点定位，它是利用一台接收机观测卫星，独立地确定接收机天线在 WGS-84 坐标系的绝对位置。绝对定位的优点是只需一台接收机，如图 8-7 所示。该法外业方便，数据处理简单，缺点是定位精度低，受各种误差的影响比较大，只能达到米级。绝对定位一般用于导航和精度要求不高的情况。

（2）相对定位

如图 8-8 所示，用两台 GPS 接收机分别安置在基线两端，同步观测相同的卫星，以

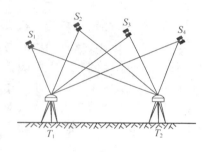

图 8-8　GPS 相对定位

确定基线端点在 WGS-84 坐标系统中的相对位置或基线向量（基线两端坐标差）。由于同步观测相同的卫星，卫星的轨道误差，卫星的钟差，接收机的钟差以及电离层、对流层的折射误差等对观测量具有一定的相关性，因此利用这些观测量的不同组合，进行相对定位，可以有效地消除、削弱上述误差的影响，从而提高定位精度。

此法的缺点是至少需要两台精密测地型 GPS 接收机，并要求同步观测，外业组织和实施比较复杂。

（3）实时定位和后处理定位

对 GPS 信号的处理，从时间上可划分为实时处理及后处理。实时处理就是一边接收卫星信号一边进行计算，实时地解算出接收机天线所在的位置、速度等信息。后处理是指把卫星信号记录在一定的介质上，回到室内统一进行数据处理以进行定位的方法。

（4）静态定位和动态定位

所谓静态定位，就是待定点的位置在观测过程中固定不变。在测量中，静态定位一般用于高精度的测量定位。静态定位由于接收机位置不动，可以进行大量的反复观测，所以可靠性强，定位精度高。

所谓动态定位，就是待定点在运动载体上，在观测过程中是变化的。动态定位的特点是可以测定一个动态点的实时位置，多余观测量少，定位精度较低。

静态相对定位的精度一般在几毫米到几厘米范围内，动态相对定位的精度一般在几厘米到几米范围内。

一般说来，静态定位多采用后处理，而动态定位多采用实时处理。

（5）实时动态定位测量

随着快速静态测量、准动态测量、动态测量尤其是实时动态定位测量工作方式的出现，GPS 在测绘领域中的应用开始深入到各种测量工作之中。

实时动态定位测量，即 GPS RTK 测量技术（其中 RTK 为实时动态的意思，英文是 Real Time Kinematic）。GPS RTK 测量技术原理：

在两台 GPS 接收机之间增加一套无线通信系统（又称数据链），将两台或多台相对独立的 GPS 接收机联成有机的整体。基准站（安置在已知点上的 GPS 接收机）通过电台将观测信息、测站数据传输给流动站（运动中的 GPS 接收机），如图 8-9 所示。流动站将基准站传来的载波观测信号与流动站本身观测的载波观测信号进行差分处理，从而解算出两站间的基线向量。若事先输入相应的坐标转换参数和投影参数，即可实时得到流动站伪三维坐标及其精度，其作业流程如图 8-10 所示。

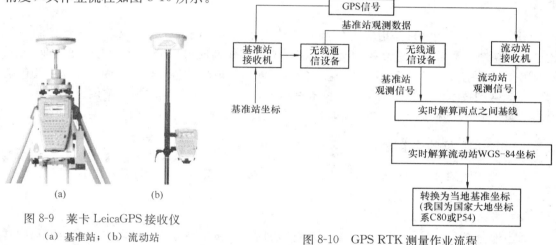

图 8-9　莱卡 LeicaGPS 接收仪

(a) 基准站；(b) 流动站

图 8-10　GPS RTK 测量作业流程

8.2.6　GPS 系统定位的特点

GPS 定位以其高精度、全球性、全天候、高效率、多功能、操作简便、应用广泛等特点著称。

（1）定位精度高

实践证明：伪距观测单点实时定位精度，P 码为 10m 左右，C/A 码为 40m 左右，若事后处理精度可达 3～5m。载波相位测量，相对定位精度可达 $10^{-7}\sim10^{-6}$。在 300～1500m 工程精密定位中，1 小时以上的观测，解其平面位置误差小于 1mm。

（2）观测时间短

目前，20km 以内的相对静态定位，仅需 15～20 分钟，实时动态定位时，每个流动站与基准站相距在 15km 以内时，流动站观测只需 1～2 分钟。

（3）全天候全球覆盖

由于 GPS 有 24 颗卫星，且分布合理，轨道高达 20200km，所以地球上任何地方在任何时间至少都可以同时观测到 4 颗 GPS 卫星，因而可以提供全天候的导航定位服务。由于用户只需接收 GPS 信号，无需发射任何信号，因此，隐蔽性能好，可同时容纳无限量用户使用的特点。

（4）测站间无需通视

GPS 定位测站间无需通视，只需测站上空较为开阔即可，因而节省了大量造标费用，并且选点灵活，可稀可密。

（5）操作简单

随着 GPS 接收机的不断改进，自动化程度越来越高，接收机体积越来越小，重量越来越轻，操作十分简便，使野外工作变得轻松愉快。

（6）功能多，应用广

GPS 系统不仅可用于测量、导航，还可用于测速、测时。测速的精度可达 0.1m/s，测时的精度可达几十毫微米。应用领域从军事、公安到民用各个部门，交通、邮电、石油、煤矿、建筑、气象、地质、测绘、农业、林业、水利、土地管理等都有十分广泛的应用。

8.3　GPS 小区域控制测量

GPS 小区域控制测量是指应用 GPS 技术建立小区域控制网。一般说来，GPS 控制网的建立与常规地面测量方法建立控制网相类似，按其工作性质可以分为外业工作和内业工作。外业工作主要包括选点、建立测站标志、野外观测以及成果质量检核等；内业工作主要包括 GPS 控制网的技术设计、数据处理及技术总结等。下面以 GPS 静态相对定位方法为例，简要地说明一下 GPS 控制测量的实施过程。

8.3.1　GPS 控制网的技术设计

GPS 控制网的技术设计是建立 GPS 网的第一步，其原则上包括以下的几个方面。

（1）充分考虑建立控制网的应用范围

（2）采用的布网方案及网形设计

适当地分级布设 GPS 网，便于 GPS 网的数据处理和成果检核分阶段进行，但不必像常规控制网分许多等级布设。

GPS 网形设计是指根据工程的具体要求和地形情况，确定具体的布网观测方案。通常在进行 GPS 网设计时，需要顾及测站选址、仪器设备装置与后勤交通保障等因素；当观测点位、接收机数量确定后，还需要设计各观测时段的时间及接收机的搬站顺序。GPS 网一般由一个或若干个独立观测环组成，也可采用路线形式。

（3）GPS 测量的精度标准

国家测绘局 1992 年制定的我国第一部"全球定位系统（GPS）测量规范"将 GPS 的测量精度分为 A～E 五级，以适应于不同范围、不同用途要求的 GPS 工程，表 8-1 列出了规范对不同级别 GPS 控制网精度的要求。GPS 测量的精度标准通常用网中相邻点之间的距离中误差来表示，其形式为：

$$\sigma = \pm\sqrt{a^2 + (b \cdot d \cdot 10^{-6})^2} \tag{8-3}$$

式中　σ——距离中误差，单位 mm；

　　　a——固定误差，单位 mm；

　　　b——比例误差系数，单位 ppm；

　　　d——相邻点间的距离，单位 km。

表 8-1　GPS 的测量精度分级

级　别	相邻点平均距离（km）	固定误差 a（mm）	比例误差 b（ppm）
A	300	≤5	≤0.1
B	70	≤8	≤1
C	10～15	≤10	≤5
D	5～10	≤10	≤10
E	0.2～5	≤10	≤20

（4）坐标系统与起算数据

GPS 测量得到的是 GPS 基线向量（两点的坐标差），其坐标基准为 WGS-84 坐标系，而实际工程中，需要的是属于国家坐标系或地方独立坐标系中的坐标。为此，在 GPS 网的技术设计中，必须说明 GPS 网的成果所采用的坐标系统和起算数据。

（5）GPS 点的高程

GPS 测定的高程是 WGS-84 坐标系中的大地高，与我国采用的 1985 年国家高程基准正常高之间也需要进行转换。

8.3.2　选点与建立点位标志

和常规测量相比，GPS 观测站不要求相邻点间通视，因此网形结构灵活，选点工作较常规测量要简便得多。在选定 GPS 点位时，应遵守以下的几点原则：

（1）周围应便于安置接收设备，便于操作，视野开阔，视场内周围障碍物的高度角一般应小于 15°；

（2）远离大功率无线电发射源（如电视台、微波站等），其距离大于 400m；远离高压输电线，其距离大于 200m；

（3）点位附近不应有强烈干扰卫星信号接收的物体，并尽量避开大面积水域；

（4）交通方便，有利于其他测量手段扩展和联测；

（5）地面基础稳定，易于点的保存。

为了较长期地保存点位，GPS 控制点一般应设置具有中心标志的标石，精确地标志点位，点的标石和标志必须稳定、坚固。最后，应绘制点之记、测站环视图和 GPS 网图、作为提交的选点技术资料。

8.3.3　GPS 外业观测

（1）GPS 观测准备工作

1）检查

GPS 接收仪的检查可分为一般性检视、通电检验和试测检验。主要判断仪器能否正常稳定工作。

2）编制 GPS 卫星可见性预报及观测时段的选择

GPS 定位精度与观测卫星的几何图形有密切关系。卫星几何图形的强度越好，定位精度越高。从观测站观测卫星的高度角越小，卫星分布范围越大，则几何精度因子 GDOP 值（Geomatic Dilution Of Precision）越小，定位精度越高，一般要求 GDOP 值小于 6。因此，观测前要编制卫星可见性预报，选择最佳观测时段，拟定观测计划。一般 GPS 接收机的商用数据处理系统都带有卫星可见预报软件。

（2）观测工作

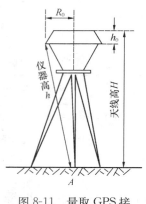

图 8-11　量取 GPS 接收机的仪器高 h

观测工作一般包括：GPS 接收仪安置，气象参数测定，测站记录等。下面以我国南方 NGS-9600 为例略加说明。

1）GPS 接收仪的安置

小心打开仪器箱，取出基座及对中器，将其安放在脚架上，在测站标志点上对中、整平基座。

从仪器箱中取出接收机，将其安放在对中器上，并将其锁紧。

2）量取 GPS 接收机的仪器高度

仪器安置好后，应在各观测时段的前后用小钢尺各量取仪器高 h 一次，量至毫米，两次量高之差不应大于 3mm，取平均值作为最后仪器高，并做好记录。量测时，由地面标志点的顶部量至天线边缘（在输入天线高时，可直接输入仪器高 h，仪器内处理软件可自动计算天线高），如图 8-11 所示。

天线高的计算公式为：

$$H = \sqrt{h^2 - R_0^2} + h_0 \tag{8-4}$$

式中　h_0——天线的相位中心至天线中部的距离；

　　　R_0——仪器天线最大处的半径。

3）开机观测

观测的主要任务，是捕获 GPS 卫星信号并对其进行跟踪、接收和处理，以获取所需的定位观测数据。

如果仪器从室内拿出，且室内外温差较大，应打开电源开关，进行预热和静置约 30 分钟。

南方 NGS-9600 有三种观测模式：智能模式、手动模式和节电模式。在"智能"模式下，GPS 接收机锁住一组卫星后，软件自动判断卫星定位状态和空间位置精度因子 PDOP 值（Position Dilution Of Precision），并显示在液晶屏幕上。

智能模式的观测步骤如下：

①按下电源开关 (PWR) "开关"键，进入如图 8-12 所示初始界面。

②按下 (F1) "智能"键按钮，选择"智能"模式进入主界面，如图 8-13 所示。

从该界面接近中部的圆圈内可以了解天空卫星分布图，锁定的卫星变为黑色显示，只捕捉而未锁定的可视卫星为白色显示，越是接近圆圈中心的卫星高度截止角越高。卫星几何精度因子 PDOP 值显示在该界面右下。界面右侧的系统提示框中显示的内容包括标准北京时间，已记录采集 GPS 星历数

图 8-12　NGS-9600 的开机初始界面

据的时间（单位为分钟、秒），内存剩余空间，采用的电源及电量。

③按下 F3 "测量"键，进入"测量"功能子界面，如图 8-14 所示（可看到接收机状态，测站的经纬度坐标、定位模式、精度因子等）。

④在测量功能子界面中按下 F3 "点名"键，进入"点名输入"功能子界面，如图 8-15 所示。给将要记录的数据命名文件名、并输入时段长度（四等、一级、二级要求 ≥45min，三等 ≥ 60min，一等≥90min）及测站仪器高，最后按 F4 "确定"键。

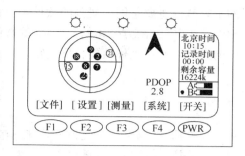

图 8-13　智能模式主界面

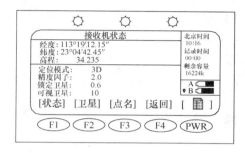

图 8-14　测量功能子界面

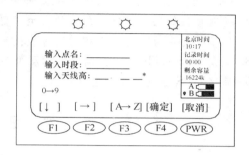

图 8-15　"点名输入"功能子界面

在此界面上，按下 F3 "↓"键，可选择 0～9 中的某一字符，按 F2 "→"键，可移动光标。按 F3 "A→Z"键，可选择 A 至 Z 中的某一字符。

⑤输入完成后，按 F4 确定，返回测量功能子界面（图 8-14）。接收机就开始采集数据，当数据采集时间满足要求后，在图 8-14 中按 F4 "返回"键，退回主界面（见图 8-13)，按"开关"键关机。

观测记录由 GPS 接收机自动形成，自动记录在存储介质（如 PCMCIA 卡等）上，其内容有：GPS 卫星星历及卫星钟差参数；伪距观测值、载波相位观测值、相应的 GPS 时间。

测量手簿在观测过程中由观测人员填写，不得测后补记。手簿的内容还包括天气状况、气象元素、观测人员等内容。

8.3.4　成果检核与数据处理

当外业观测工作完成后，一般当天即将观测数据下载到计算机中，并计算 GPS 基线向量，基线向量的解算软件一般采用仪器厂家提供的软件。当然，也可以采用通用数据格式的第三方软件或自编软件。

当完成基线向量解算后，应对解算成果进行检核，常见的有同步环和异步环的检测。根据规范要求的精度，剔除误差大的数据，必要时还需要进行重测。

当进行了数据的检核后，就可以将基线向量组网进行平差了。平差软件可以采用仪器厂家提供的软件，也可以采用通用数据格式的第三方软件或自编软件。目前，国内用户采用的网平差软件主要是国内研制的软件，比较著名的有：武汉测绘科技大学的 GPSADJ、同济大学的 TJGPS 及南方公司的 Gpsadj 等软件。通过平差计算，最终得到各观测点在指定坐标系中的坐标，并对坐标值的精度进行评定。

练 习 题

1. GPS 全球定位系统由哪几部分组成，各起什么作用？
2. GPS 系统的定位原理是什么？
3. 何谓伪距？简述伪距定位测量的原理。
4. 简述载波相位测量的原理。为什么说载波相位测量定位精度高？
5. GPS 定位采用何种坐标系？它是如何定义的？
6. 绝对定位的实质是什么？为什么至少要同时观测 4 颗卫星？
7. 何谓相对定位？为什么相对定位能提高定位的精度？
8. 何谓 GPS RTK 技术？简述它的测量步骤。
9. 简述 GPS 外业观测的主要项目。

学 习 辅 导

1. 本章学习目的与要求

目的：了解 GPS 系统的组成，理解 GPS 定位的基本原理及定位的几种主要方法。

要求：

（1）了解 GPS 系统组成的三个部分，作用及相互关系。

（2）理解 GPS 定位的基本原理，绝对定位、相对定位的概念。

（3）理解伪距定位测量和载波相位测量的概念。

（4）理解 GPS 坐标系（WGS-84 世界大地坐标系）的概念。

（5）理解 GPS RTK 技术及其测量主要步骤。

2. 学习要领

（1）本章有许多概念问题，什么测距码，数据码，粗码，精码等。码就是表达各种信息的二进制数及其组合。一位二进制的数就叫做一个码元或一个比特 bit，比特是码的度量单位。C/A 码，码长只有 1023bit，码长很短，易于捕获，若以每秒 50 个码元速度搜索，只要 20.5s 便达到目的。C/A 码的码元宽相应距离为 293.1m，为粗码。P 码，码长很长，码长为 2.35×10^{14} bit，码宽很小，相应距离 29.3m，为精码。

C/A 码，英文名为 Coarse/Acquisition Code，波长为 293.1m，被调制在 L_1 载波上。若测距精度为波长的百分之一，则 C/A 码的测距精度为 2.931m，因此称为粗码，用于低精度测距，并且用于快速捕获卫星，故又称为捕获码。

P 码，英文名为 Precise Code，波长 29.31m，被调制在 L_1、L_2 载波上。若测距精度为波长的百分之一，则 P 码的测距精度为 0.2931m，用于精密测距，对普通用户保密（实现所谓选择可用性政策，简称 SA 政策）。

（2）导航电文，主要包含广播星历和卫星星历等数据，以二进制码的形式发给用户，故称为数据码，即 D 码（Data Code），用户利用这些数据可计算出某一时刻 GPS 卫星在轨道上的位置（GPS 接收机自动解译）。在 L_1、L_2 载波上皆调制有导航电文。

（3）重温控制测量后方交会法，需要（观测）已知（坐标）3 个大地点，进一步理解 GPS 定位，实质上就是空间后方交会法，需要已知三颗卫星空间坐标。由于接收机的钟差也是未知数，加测站的 3 个坐标（X，Y，Z）共 4 个未知数，故需至少观测 4 颗卫星。

第 9 章 地形图的测绘

地形图是控制测量与碎部测量的综合成果。图根控制网建立之后，就可根据控制点进行碎部测量，把地面上的地物（人工或自然形成的物体）和地貌（地面高低起伏的形态）测绘在图纸上。碎部测量就是测定地物轮廓转折点和地貌的特征点的位置，然后按规定的符号进行描绘，最后形成地形图。

9.1 地形图的基本知识

9.1.1 地形图比例尺

（1）比例尺种类

图上一线段的长度 d 与地面上相应线段的水平距离 D 之比，称为地形图的比例尺。数字比例尺一般表示为

$$\frac{d}{D} = \frac{1}{M} \tag{9-1}$$

分数值愈大表示比例尺愈大。为了图上量距方便，把数字比例尺用图形表示，称为图示比例尺，最常见的图示比例尺为直线比例尺，图 9-1 为 1：1000 的直线比例尺，取 1cm 为基本单位，在左端 2cm 又分成 20 等份，在尺上注记所代表的实际水平距离。图示比例尺绘于地形图的下方，便于用分规直接在图上量取线段的水平距离，并可避免因图纸伸缩而引起的误差。

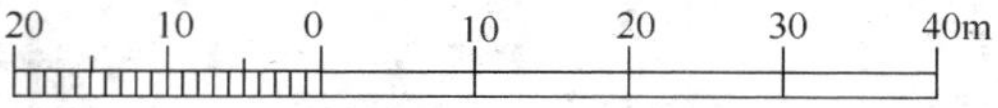

图 9-1 1：1000 的直线比例尺

通常把 1：500、1：1000、1：2000、1：5000 比例尺地形图称为大比例尺图；1：10000、1：25000、1：50000 的地形图称为中比例尺图；1：100000、1：200000、1：500000、1：1000000 的图称为小比例尺图。

本章所讨论的是有关大比例尺（指 1：500，1：1000，1：2000，1：5000）地形图测绘的各项工作。

（2）比例尺精度

正常人眼在图上能分辨两点的最小距离为 0.1mm，因此定义相当于图上 0.1mm 的实地水平距离，称为比例尺精度。例如 1：1000 地形图比例尺精度为 $0.1 \times 1000 = 0.1$m。几种常用的比例尺精度列于表 9-1。

表 9-1 比例尺精度

比例尺	1：500	1：1000	1：2000	1：5000	1：10000
比例尺精度（m）	0.05	0.1	0.2	0.5	1.0

比例尺精度，既是测图时确定测距准确度的依据，又是选择测图比例尺的因素之一。例如在比例尺 1：1000 测图时，根据比例尺精度，可以概略地确定测距精度应为 0.1m，这是比例尺精度的第一个用途。第二个用途就是初步确定测图比例尺，例如要求在图上能反映地面上 0.2m 的精度，则 $\dfrac{d}{D}=\dfrac{0.1\text{mm}}{0.2\text{m}}=\dfrac{1}{2000}$，因此，选用测图的比例尺不得小于 1：2000。比例尺愈大，图上所表示的地物和地貌愈详细，精度就愈高，但是测绘工作量会大大地增加。因此，应按工程建设项目不同阶段的实际需要选择测图比例尺。

（3）地形图比例尺的选用

城市和工程建设的规划、设计和施工阶段中，可参照表 9-2 选用不同比例尺的地形图。

表 9-2　不同比例尺图的用途

比例尺	用　　　途
1：10000	城市管辖区范围的基本图，一般用于城市总体规划、厂址选择、区域布局、方案比较等
1：5000	
1：2000	城市郊区基本图，一般用于城市详细规划及工程项目的初步设计等
1：1000	小城市、城镇街区基本图，一般用于城市详细规划、管理和工程项目的施工图设计等
1：500	大、中城市城区基本图，一般用于城市详细规划、管理、地下工程竣工图和工程项目的施工图设计等

9.1.2　地形图的分幅与编号

各种比例尺的地形图都应进行统一的分幅与编号，以便进行测绘、管理和使用。地形图的分幅方法分为两大类：一类是按经纬线分幅的梯形分幅法；另一类是按坐标格网分幅的矩形分幅法。

梯形分幅法适用于中、小比例尺的地形图，例如 1：100 万比例尺的图，一幅图的大小为经差 6°，纬差 4°，编号采用横行号与纵行号组成，有关梯形分幅编号详见光盘相应章的课件。本章重点介绍适用于大比例尺地形图的矩形分幅法，它是按统一的直角坐标格网划分的。图幅大小如表 9-3 所示：

表 9-3　大比例尺图的图幅大小

比例尺	图幅大小（cm×cm）	实地面积（km²）	每平方公里的幅数
1：5000	40×40	4	1/4
1：2000	50×50	1	1
1：1000	50×50	0.25	4
1：500	50×50	0.0625	16

大比例尺地形图矩形分幅的编号方法主要有：

（1）图幅西南角坐标公里数编号法：例如图 9-2 所示 1：5000 图幅西南角的坐标 $x=32.0$km，$y=56.0$km，因此，该图幅编号为"32-56"。编号时，对于 1：5000 取至 1km，对于 1：1000、1：2000 取至 0.1km，对于 1：500 取至 0.01km。

（2）以 1：5000 编号为基础并加罗马数字的编号法：如图 9-2 所示，以 1：5000 地形图西南坐标公里数为基础图号，后面再加罗马数字Ⅰ、Ⅱ、Ⅲ、Ⅳ组成。一幅 1：5000 地形图

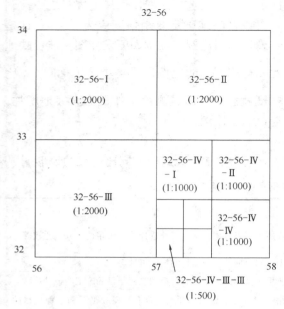

图 9-2　大比例尺地形图矩形分幅

可分成 4 幅 1：2000 地形图，其编号分别为 32-56-Ⅰ、32-56-Ⅱ、32-56-Ⅲ 及 32-56-Ⅳ。一幅 1：2000 地形图又分成 4 幅 1：1000 地形图，其编号为 1：2000 图幅编号后再加罗马数字Ⅰ、Ⅱ、Ⅲ、Ⅳ。1：500 地形图编号按同样方法编号。注意罗马数字Ⅰ、Ⅱ、Ⅲ、Ⅳ 排列均是先左后右，不是顺时针排列。

（3）数字顺序编号法。带状测区或小面积测区，可按测区统一用顺序进行编号，一般从左到右，而后从上到下用数字 1，2，3，4，…编排，如图 9-3 所示，其中"新镇-8"为测区新镇的第 8 幅图编号。

（4）行列编号法。行列编号法的横行是指以 A、B、C、D、…编排，由上到下排列；纵列以数字 1、2、3、…，从左到右排列来编排。编号是"行号-列号"，如图 9-4 所示，"C-4"为其中 3 行 4 列的一图幅编号。

北京市大比例尺地形图采用象限行列编号法，把北京市分成四个象限，每个象限内再按行列编号，详见光盘相应章课件。

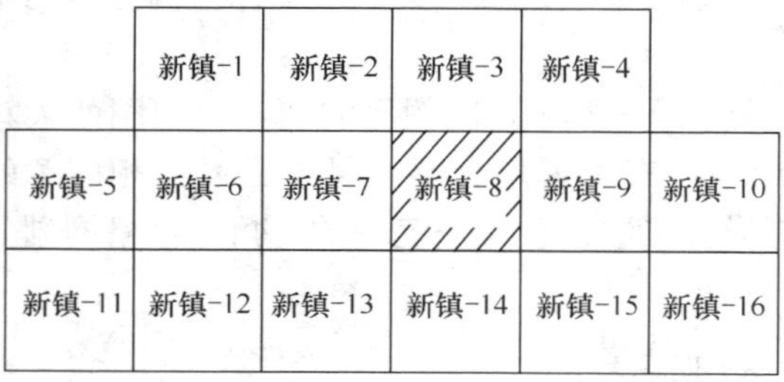

	新镇-1	新镇-2	新镇-3	新镇-4	
新镇-5	新镇-6	新镇-7	新镇-8	新镇-9	新镇-10
新镇-11	新镇-12	新镇-13	新镇-14	新镇-15	新镇-16

图 9-3　数字顺序编号法

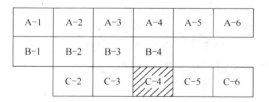

图 9-4　行列编号法

9.2　地物表示方法

地形是地物和地貌的总称。地物是地面上天然或人工形成的物体，如湖泊、河流、房屋、道路、桥梁等。

地面上的地物与地貌，应按国家技术监督局发布的《1：500　1：1000　1：2000 地形图图式》（详见参考文献［8］）中规定的符号表示在图形中。常用的地形图图式见表 9-4。图式中的符号分为地物符号、地貌符号和注记符号三种。其中地物符号分为比例符号、非比例符号、半比例符号和地物注记等四种。

（1）比例符号

地面上的建筑物、旱田等地物，如能按测图比例尺并用规定的符号缩绘在图纸上，称为比例符号。

158

表 9-4 常用地物地貌符号

编 号	符 号 名 称	1：500 1：1000	1：2000
1	一般房屋 混—房屋结构 3—房屋层数	混3	2
2	简单房屋		
3	建筑中的房屋	建	
4	破坏房屋	破	
5	棚房	45°	
6	架空房屋	砼4 砼4 砼4	
7	廊房	混3	
8	柱廊 a. 无墙壁的 b. 一边有墙壁的	a b	
9	门廊	混5	
10	檐廊	砼4	
11	悬空通廊	砼4 砼4	
12	建筑物下的通道	砼 3	
13	台阶	0.6	
14	门墩 a. 依比例尺的 b. 不依比例尺的	a b	

续表

编 号	符 号 名 称	1：500　1：1000		1：2000
15	门顶			
16	支柱（架）、墩 a. 依比例尺的 b. 不依比例尺的	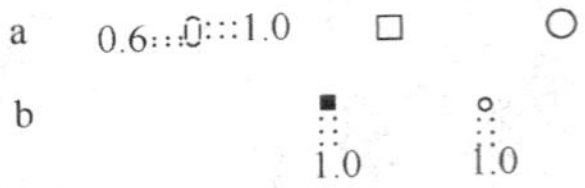 a　0.6∷0∷1.0　□　○ b　■　○ 　　1.0　1.0		
17	打谷场、球场	 球		
18	旱地	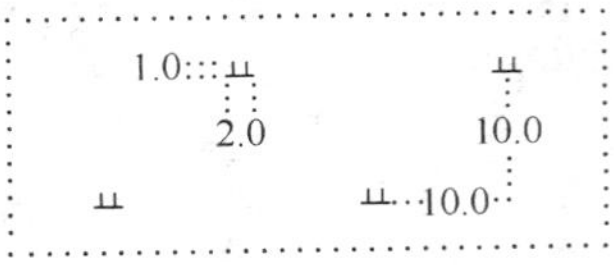 1.0∷⊥ 2.0　10.0 ⊥　⊥∷10.0		
19	花圃	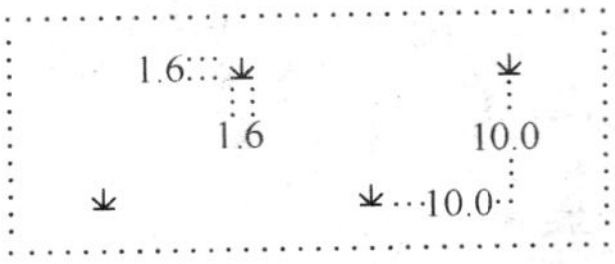 1.6∷⅄ 1.6　10.0 ⅄　⅄∷10.0		
20	人工草地	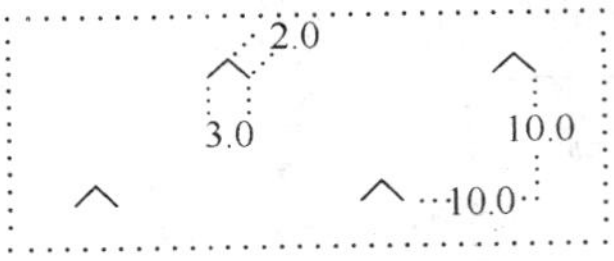 2.0 3.0　10.0 ∧　∧∷10.0		
21	菜地	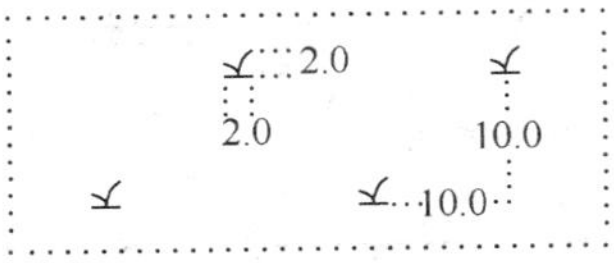 ⅄∷2.0 2.0　10.0 ⅄　⅄∷10.0		
22	苗圃	 ○∷1.0 苗　10.0 ○　○∷10.0		
23	果园	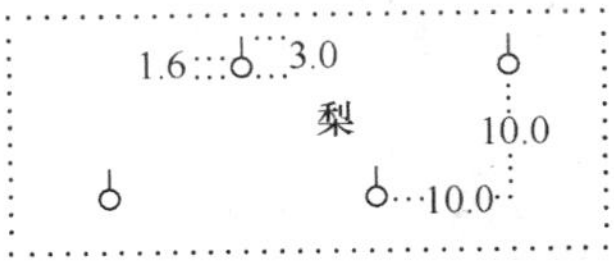 1.6∷○∷3.0 梨　10.0 ○　○∷10.0		
24	有林地	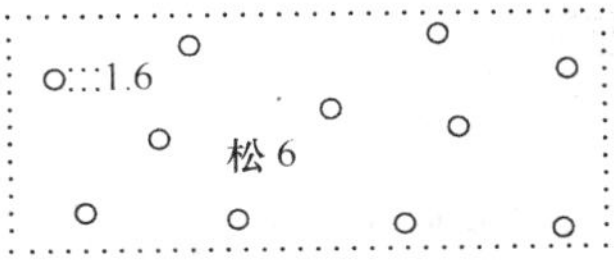 ○∷1.6 松6 ○		

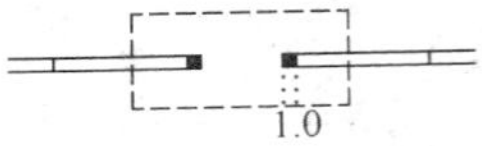

160

编号	符 号 名 称	1：500 1：1000	1：2000
25	稻田、田埂	0.2 ↓3.0 ↓ ↓10.0 1.0 ↓ ↓10.0	
26	灌木林 a. 大面积的 b. 独立灌木丛 c. 狭长的	a 1.0 0.6 b c.1 6.0 10.0 3.0 c.2	
27	等级公路 2—技术等级代码 （G301）—国道路线编号	0.2 2(G301) 0.4	
28	等外公路	0.2	
29	乡村路 a. 依比例尺的 b. 不依比例尺的	4.0 1.0 a 0.2 8.0 2.0 b 0.3	
30	小路	4.0 1.0 0.3	
31	内部道路	1.0 1.0	
32	阶梯路	1.0	
33	三角点 凤凰山—点名 394.468—高程	△ 凤凰山 / 394.468 3.0	
34	导线点 116—等级、点名 84.46—高程	□ 116 / 84.46 2.0	
35	埋石图根点 16—点号 84.46—高程	1.6 ◇ 16 / 84.46 2.6	

编 号	符 号 名 称	1：500 1：1000	1：2000
36	不埋石图根点 25—点号 62.74—高程	1.6:::◎ $\frac{25}{62.74}$	
37	水准点 11 京石 5—等级、点名、点号 32.804—高程	2.0:::⊗ $\frac{\text{II 京石5}}{32.804}$	
38	GPS 控制点 B14—级别、点号 495.267—高程	⊿ $\frac{B14}{495.267}$ 3.0	
39	加油站	1.6:::● 3.6 1.0	
40	照明装置 a. 路灯 b. 杆式照射灯	a 1.6:::⌀ 4.0 2.0 1.0	b 4.0 ⌀ 1.6 1.6 1.0
41	假石山	4.0 ⛰ 2.01.0	
42	喷水池	⌀ 3.6 1.0	
43	纪念碑 a. 依比例尺的 b. 不依比例尺的	a ⊡	b 1.6 ⊓ 4.0 1.6 3.0
44	塑像 a. 依比例尺的 b. 不依比例尺的	a ⊡	b 1.0 ⊓ 4.0 2.0
45	亭 a. 依比例尺的 b. 不依比例尺的	a ⊡	b 3.0 1.6 ⋔ 3.0 1.6
46	旗杆	1.6 4.0 P:::1.0 1.0	
47	上水检修井	⊖:::2.0	

续表

编　号	符　号　名　称	1：500　1：1000	1：2000
48	下水（污水）、雨水检修井	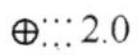 ⊕∷2.0	
49	电信检修井 a. 电信入口 b. 电信手孔	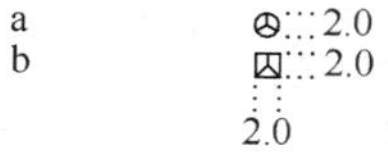 a　⊘∷2.0 b　☑∷2.0 2.0	
50	电力检修井	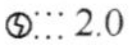 ⊙∷2.0	
51	污水箅子	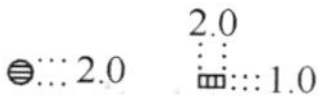 ⊜∷2.0　2.0 ▥∷1.0	
52	消火栓	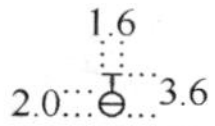 1.6 2.0∷⊖∷3.6	
53	水龙头	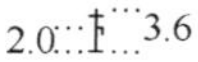 2.0∷╤3.6	
54	独立树 a. 阔叶 b. 针叶	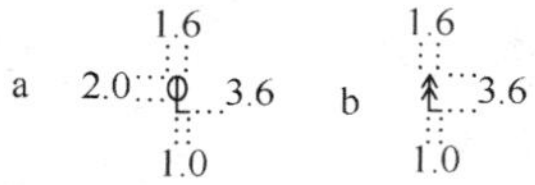 1.6 a　2.0∷⊘∷3.6 1.0	1.6 b　╬∷3.6 1.0
55	围墙 a. 依比例尺的 b. 不依比例尺的	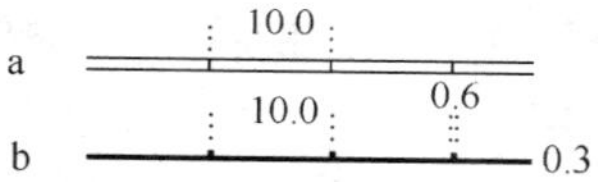 10.0 a 10.0　0.6 b　0.3	
56	栅栏、栏杆	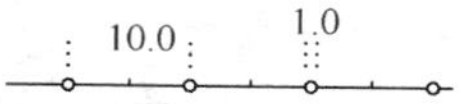 10.0　1.0	
57	篱笆	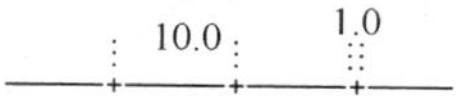 10.0　1.0	
58	活树篱笆	 6.0　1.0　0.6	
59	铁丝网	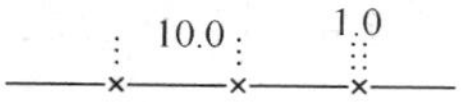 10.0　1.0	
60	电杆及地面上的配电线	 4.0　1.0	
61	电杆及地面上的通信线	 4.0　1.0	
62	陡坎 a. 未加固的 b. 已加固的	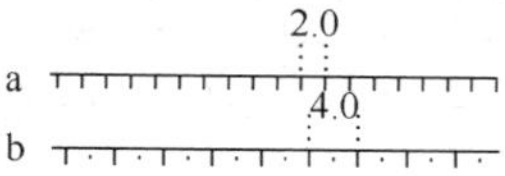 2.0 a 4.0 b	
63	散数、行数 a. 散数 b. 行数	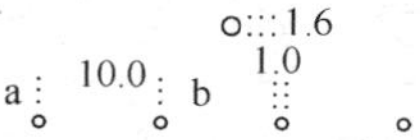 ○∷1.6 1.0 a　10.0　b	

163

编　号	符　号　名　称	1：500　1：1000	1：2000
64	地类界、地物范围线	1.6　0.3	
65	等高线 a. 首曲线 b. 计曲线 c. 间曲线	a　0.15 b　1.0　0.3 c　6.0　0.15	
66	等高线注记	25	
67	一般高程点及注记 a. 一般高程点 b. 独立性地物的高程	a 0.5 · · 163.2	b 75.4

（2）非比例符号

有些地物，如导线点、消火栓等，无法按比例尺缩绘，只能用特定的符号表示其中心位置，称为非比例符号。

（3）半比例符号

一些线状延伸的地物，如电力线、通讯线等，其长度能按比例尺缩绘，而宽度不能按比例表示的符号，称为半比例符号。表9-4所示，为地形图图式中的一些常用符号。

（4）地物注记

对地物用文字或数字加以注记和说明称为地物注记，如建筑物的结构和层数、桥梁的长宽与载重量、地名、路名等。

测定地物特征点后，应随即勾绘地物符号，如建筑物的轮廓用线段连接，道路、河流的弯曲部分须逐点连成光滑的曲线；消火栓、水井等地物可在图上标定其中心位置，待整饰时再绘规定的非比例符号。

9.3　地貌表示方法

地貌是指地表的高低起伏状态。它包括山地、丘陵和平原等。在图上表示地貌的方法很多，而测量工作中通常用等高线表示地貌，本节讨论等高线表示地貌的方法。

9.3.1　等高线概念、等高距、等高线平距、坡度及等高线分类

地面上高程相同的各相邻点所连成的闭合曲线，称为等高线。

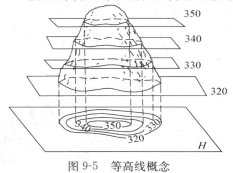

图 9-5　等高线概念

实际上水面静止时湖泊的水边缘线就是一条等高线，如图9-5所示，设想静止的湖水中有一岛屿，起初水面的高程为320m，因此高程为320m的水准面与地表面的交线就是320m的等高线；若水面上涨10m，则高程为330m的水准面与地表面的交线即为330m的等高线，依此类推。把这些等高线沿铅垂线方向投影到水平面上，再按比例尺缩绘于图上，便得到该岛屿地貌的等高线图。由此可见，地

貌的形态、高程、坡度决定了等高线的形状、高程、疏密的程度。因此，等高线图可以充分地表示地貌。

相邻等高线之间的高差称为等高距，一般用 h 表示，图 9-5 中，$h=10m$。一般按测图比例尺和测区的地面坡度选择基本等高距，如表 9-5 所示。在同一幅地形图上，等高距是相同的。

相邻等高线之间的水平距离称为等高线平距，一般以 D 表示。等高线平距随地面坡度而异，陡坡平距小，缓坡平距大，均坡平距相等，倾斜平面的等高线是一组间距相等的平行线。

令 i 为地面坡度，则

$$i = \frac{h}{D} = \frac{h}{d \cdot M}$$

$$i = \tan \alpha = \frac{h}{d \cdot M} \tag{9-2}$$

式中 h——等高距；

d——图上距离；

D——实地距离；

M——图比例尺。

坡度用角度表示，即 α，坡度还常用百分率或千分率表示，即 i，上坡为正，下坡为负。

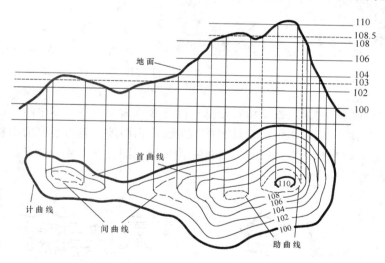

图 9-6　等高线的分类

等高线的分类：按规范规定的基本等高距描绘的等高线称为首曲线，0.15mm 粗实线。为了便于读图，每隔四条首曲线加粗的一条等高线称为计曲线，如图 9-6 所示，线粗0.3mm 实线。在计曲线的适当位置注记高程，注记时等高线断开，字头朝向高处。在个别地方，为了显示局部地貌特征，可按 1/2 基本等高距用虚线加绘半距等高线，称为间曲线，线粗 0.15mm 长虚线；按 1/4 基本等高距用虚线加绘的等高线，称为助曲线，线粗 0.15mm短虚线。

表 9-5　地形图的基本等高距　　　　　　　　　　　（m）

比例尺 \ 地形类别	1：500	1：1000	1：2000
平　地	0.5	0.5	0.5 或 1
丘陵地	0.5	0.5 或 1	1
山　地	0.5 或 1	1	2
高　地	1	1 或 2	2

9.3.2　几种典型地貌的等高线图

地貌尽管千姿百态，变化多端，但归纳起来不外乎由山丘，洼地、山脊、山谷、鞍部等典型地貌组成，如图 9-7 所示。

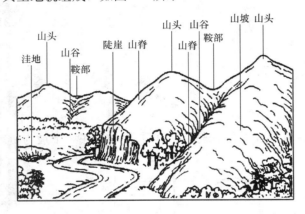

图 9-7　各种典型地貌

（1）山头和洼地

从图 9-8a、图 9-8b 可知，山头和洼地（凹地）的等高线都是一组闭合的曲线，内圈等高线高程较外围高者为山头，反之为洼地，也可加绘示坡线（图中垂直于等高线的短线），示坡线的方向指向低处，一般绘于山头最高、洼地最低的等高线上。

（2）山脊和山谷

如图 9-9，沿着一个方向延伸的高地称为山脊，山脊的最高棱线称为山脊线或分水线。山脊的等高线是一组凸向低处的曲线。两山脊之间的凹地为山谷，山谷最低点的连线称为山谷线或集水线。山谷的等高线是一组凸向高处的曲线。地表水由山脊线向两坡分流，由两坡汇集于谷底沿山谷线流出。山脊线和山谷线统称为地性线，地性线对于阅读和使用地形图有着重要的意义。

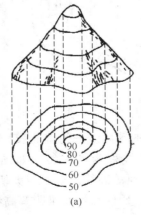

(a)

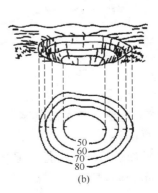

(b)

图 9-8　山头与洼地
（a）山头；（b）洼地

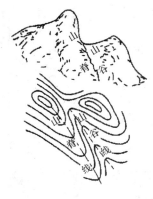

图 9-9　山脊与山谷

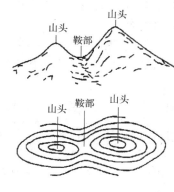

图 9-10　鞍部

（3）鞍部

山脊上相邻两山顶之间形如马鞍状的低凹部位为鞍部，其等高线常由两组山头和两组山谷的等高线组成，如图 9-10 所示。

（4）陡崖和悬崖

近似于垂直的山坡称陡崖（峭壁、绝壁），上部凸出，下部凹进的陡崖称悬崖。陡崖等

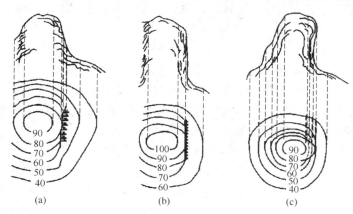

图 9-11　陡崖与悬崖

高线密集，用符号代替，如图 9-11a 表示土质陡崖，图 9-11b 表示石质陡崖。悬崖上部等高线投影到水平面时，与下部等高线相交，俯视看隐蔽的部分等高线用虚线表示如图 9-11c。

（5）冲沟

冲沟是指地面长期被雨水急流冲蚀，逐渐深化而形成的大小沟堑。如果沟底较宽，沟内应绘等高线。如图 9-12 所示。

9.3.3　等高线的特性

掌握等高线的特性，才能合理地显示地貌，正确地使用地形图。其特性有：

（1）等高性：同一条等高线上各点的高程都相等。

图 9-12　冲沟

167

（2）闭合性：每条等高线（除间曲线、助曲线外）必闭合，如不能在同一图幅内闭合，则在相邻其他图幅内闭合。

（3）非叠交性：等高线只在陡崖、悬崖处重叠或相交。

（4）密陡疏缓性：在同一张地形图上，等高线密处（平距小）为陡坡，疏处（平距大）为缓坡。

（5）正交性：等高线应垂直于山脊线或山谷线。

9.4　测图前的准备工作

测图前必须认真做好准备工作，这是能否如期圆满完成任务的第一关。现将几项主要准备工作分述如下：

（1）踏勘测区，收集有关控制测量资料

首先了解测图的目的和要求，然后踏勘测区，调查测区内及其周边控制点的分布、桩点保存以及交通运输等情况，向测绘部门抄录有关平面控制和水准点高程等资料，然后拟定的测图方案并制定切实可行的测图计划。

（2）仪器工具的准备

根据拟定的测图方案及计划，准备好所需测绘、计算等各种仪器工具，并对仪器进行检验校正。查看所有附件是否齐全，工具是否完好。对用来进行碎部测量的经纬仪进行检校，着重检校指标差和视距乘常数。

（3）绘制坐标方格网

为了准确地将控制点展绘在图纸上，首先要在图纸上精确地绘制 10cm×10cm 的直角坐标格网。直角坐标格网是由正方形组成。控制点是根据方格进行展点的，故坐标格网绘制的正确性与精度极为重要。在各种大比例尺测图中，格网的边长统一采用 10cm。绘制的方法，通常有对角线法和坐标格网尺等。现仅介绍对角线法。

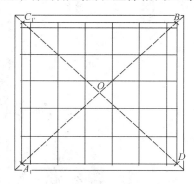

图 9-13　对角线法绘制方格网

如图 9-13 所示，用直尺在图纸对角画出两条对角线 AB 与 CD，相交于 O，自 O 点以适当长度在两对角线截取等长线段得 A、B、C、D 四点，连接这四点便得一矩形。为使方格处于图纸中央，取第 1 点离 A 点适当距离，再从第 1 点沿 AD 每隔 10cm 取一点，由 C 点量相同距离得 $1'$ 点，接着也每隔 10cm 取一点。同样的方法从 A，D 两点起沿 AC、DB 线每隔 10cm 取一点；最后连接对边相应点即得坐标格网。擦去边上无用的线，保留所要的方格格网绘好后，应进行校核。可用直尺检查各方格网的顶点是否在一直线上，同时，还要检查方格的边长、最大误差不应超过 0.2mm。

（4）展绘平面控制点

绘制好坐标格网后，应根据展绘点的坐标最大值与最小值，来确定坐标格网左下角的起始坐标应为多少，并在图上标注纵、横坐标值。然后，根据各平面控制点的坐标进行展点。

如图 9-14，例如 1 点的坐标为：

$$x_1 = 525.43\text{m}$$

$$y_1 = 634.52\text{m}$$

欲将其展绘在方格网图上。首先按其标值确定 1 点在哪个方格，例如，确定其位置在 plmn 方格内。然后，分别从 p、l 点沿 pn 和 lm 线上向上按测图比例尺量取 25.43m 得 a、b 两点，同法在 pl 和 nm 线上向右量取 34.52m 得 c、d 两点，连接 ab 和 cd，其交点即为 1 点的位置。同法展绘其他各导线点。最后，用比例尺量图上各导线边长，与相应实测边长比较，其误差在图上不得超过 0.3mm，相应实际的距离为 0.3mm×M，超限时应进行检查改正。

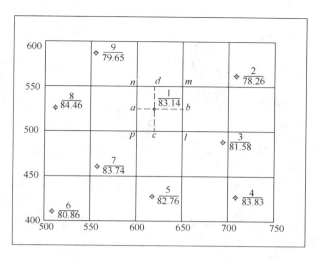

图 9-14　在坐标格网中展绘控制点

点位展绘后，以图式规定的符号描绘，并在其右侧用分子式注明其点号和高程（分子表示点号，分母表示高程）。

9.5　地形图的测绘方法

地形图的测绘又称碎部测量。它是依据已知控制点的位置，使用测绘仪器来测定地物、地貌特征点的平面位置和高程，按照规定的线条或符号（地形图图式），把地物、地貌按测图比例尺缩绘成相似图形，最后形成地形图。

9.5.1　测图仪器简介

常用的测图仪器有大平板仪、中平板仪、小平板仪、经纬仪、光电测距仪以及全站仪等。本节重点介绍大、中、小平板仪的构造及平板仪安置。

（1）大平板仪的构造

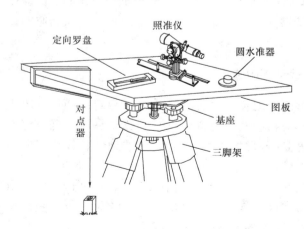

图 9-15　大平板仪及其附件

大平板仪由平板、照准仪和若干附件组成，如图 9-15 所示。平板部分由图板、基座和三脚架组成。基座用中心固定螺旋与三脚架连接。平板可在基座上转动，有制动螺旋与微动螺旋进行控制。

照准仪由望远镜、竖盘和直尺组成。有望远镜与竖盘，光学的方法直读目标的竖角，与塔尺配合可作视距测量。用直尺可在平板上画出瞄准的方向线。对点器可使平板上的点与相应的地面点安置在同一铅垂线上。定向罗盘用于平板的粗略定向。圆水准器用于整平平板。

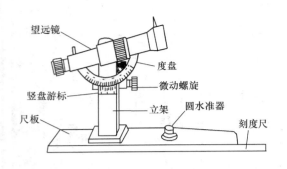

图 9-16　中平板仪的照准仪

（2）中平板仪的构造

中平板仪与大平板仪大致相同，主要不同点在于照准仪，见图 9-16 所示中平板仪的照准仪。照准仪虽有望远镜与竖盘，但竖盘不是光学玻璃度盘，而是一个竖直安置的金属盘，与罗盘仪相同，非光学方法直读竖角，精度很低。

（3）小平板仪的构造

由照准器（又称测斜照准器）、图板、三脚架和对点器（又称移点器）组成，如图 9-17。与大、中平板仪最大的不同就是照准部分，仅仅是一个瞄准目标用的照准器，靠近眼睛一端称接目觇板（有 3 个孔眼），向目标端称接物觇板（中间有一根丝）。直尺上有水准器，作为整平平板之用。长盒罗盘作为粗略定向之用。

（4）平板仪的安置

平板仪测量实质上是在图板上图解画出缩小的地面上图形，图板方位要与实地相同，因此在测站上，不仅要对中、整平，并且要定向。对中、整平、定向，这三步工作互相有影响。为了做好安置工作，首先初步安置，然后精确安置。

1）初步安置

用长盒罗盘将平板粗略定向，移动脚架目估，使平板大致水平，再移动平板使平板粗略对中。

2）精确安置：与初步安置步骤正相反。

①对中：使用对点器，对中允许误差为 $0.05\text{mm}\times M$（M 为测图比例尺分母）。

②整平：用圆水准器或照准仪直尺上的水准器。

图 9-17　小平板仪及其附件

③定向：它的目的是使图上的直线与地面上相应的直线在同一个竖面内。精确定向应使用已知边定向，如图 9-18 所示，将照准器紧靠图上的已知边 ab，转动图板，当精确照准地面目标 B 时，把图板固定住。

9.5.2　碎部点的选择

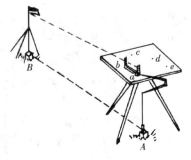

图 9-18　平板仪的安置

地形图上地物、地貌测绘是否正确与详细，取决于碎部点（地物、地貌的特征点）的选择是否正确，碎部点的密度是否合理。对于地物，应选地物特征点，即地物轮廓的转折点，如建筑物的屋角、墙角；道路、管线、溪流等的转折、弯曲点、分岔会合点和最高最低点。由于地物形状极不规则，一般地物凹凸变化小于测图比例尺图上 0.4mm 的，可以忽略不测绘。

至于地貌，其形状更是千变万化的，地性线（即山脊线、山谷线、山脚线）是构成各种地貌的骨骼，骨骼绘正确了，地貌形状自然能绘得相似。因此，其碎部点应注意选在地性线的起止点、倾斜变换点、方向变换点上，如图 9-19。对这些主要碎部点应按其延伸的顺序测定，不能漏测。否则，将造成勾绘等高线时产生很大的错误。在坡度无显著变化的坡面或较平坦的地面，为了较精确地勾绘等高线，也应在图上每隔 2～3cm 测定一点。碎部点最大间距规定如表 9-6 所示。

图 9-19　碎部点的选择

表 9-6　碎部测量的一般规定

测图比例尺	等高距一般采用值（m）	测站至测点的最大视距		碎部点最大间距（m）
		主要地物点（m）	次要地物点（m）	
1:500	0.25, 0.5, 1.0	60	100	15
1:1000	0.5, 1.0, 2.0	100	150	30
1:2000	0.5, 1.0, 2.0, 5.0	180	250	50
1:5000	1.0, 2.0, 5.0, 10.0	300	350	100

9.5.3　碎部点点位测定的几种方法

（1）极坐标法

如图 9-20 所示，测水平角 β，并测量测站点至碎部点的水平距 D，即可求得碎部点的位置。测 β_1，并测量 D_1，即可确定 1 点的位置；测 β_2，并测量 D_2，即可确定 2 点的位置。

（2）直角坐标法

当地面较平坦，当待定的碎部点靠近已知点或已测的地物时，可测量 x、y 来确定碎部点。如图 9-21 所示，由 P 沿已测地物丈量 y_1 定一点，在此点上安置十字方向架，定出直角方向，再量 x_1，便可确定碎部点 1。

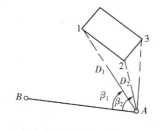

图 9-20　极坐标法

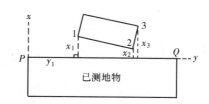

图 9-21　直角坐标法

（3）方向交会法

当地物点距控制点较远，或不便于量距时，如图 9-22 所示，欲测定河对岸的特征点 1、2、3 等点，先将仪器安置在 A 点，经过对中、整平、定向后，瞄准 1、2、3 各点，并在图

171

板上画出各方向线；然后将仪器安置在 B 点，平板定向后，再瞄准 1、2、3 各点，同样在图板上画出各方向线，同名各方向线交点，即为 1、2、3 各点在图板上的位置。

（4）距离交会法

当地面较平坦，地物靠近已知点时，可用量距离来确定点位。例如图 9-23，要确定 1 点，通过量 $P1$ 与 $Q1$ 距离，换为图上的距离后，用两脚规以 P 为圆心，$P1$ 为半径作圆弧，再以 Q 为圆心，$Q1$ 为半径作圆弧，两圆弧相交便得 1 点；同法交出 2 点。连 1、2 两点便得房屋的一条边。

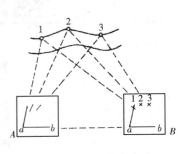
图 9-22　方向交会法

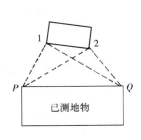
图 9-23　距离交会法

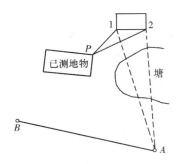
图 9-24　方向距离交会法

（5）方向距离交会法

实地可测定控制点至未知点方向，但不便于由控制点量距，可以先测绘一方向线，临近已测定地物用距离交会定点。如图 9-24，当测站安置好后，从测站 A 测绘 1、2 的方向线，再从 P 点量 $P1$、$P2$ 的距离，以 P 点为圆心，$P1$ 为半径画圆弧交 $A1$ 方向线得 1 点；同法，以 P 点为圆心，$P2$ 为半径画圆弧交 $A2$ 方向线得 2 点。

9.5.4　碎部测量的方法

碎部测量的方法有多种，现介绍较常用的几种。这些方法各有其优缺点，应结合人力、现有仪器和外界条件，因地制宜地采用。

（1）经纬仪测绘法

在控制点上安置经纬仪，测量碎部点的位置数据（水平角、距离、高程），用绘图工具把碎部点展绘到图上的一种方法。施测步骤如下：

1）将经纬仪安置在测站点 A，对中、整平，绘图板安置在经纬仪旁，用皮尺量经纬仪的仪器高 i，测定竖直度盘指标差 x，记入表 9-7 中。

2）以盘左位置，瞄准另一已知点 B。此时将水平度盘配置为 $0°00'00''$，即以已知点 B 方向为零方向，见图 9-25a。

3）转动照准部瞄准碎部点上所立的尺子，读取标尺中丝、上丝、下丝的读数，并读水平度盘读数，该读数即为碎部点与已知方向 AB 线间的夹角 β。还要读竖直度盘读数，记入表中。

4）计算测站至碎部点的水平距离 D 及高差 h，并计算碎部高程 $H_{碎部}$，

$$H_{碎部} = H_{测站} + h$$

5）展绘碎部点：展绘碎部点有两种方法。

图 9-25　经纬仪测绘法
(a) 经纬仪测绘法测量碎部点；(b) 用半圆量角器展绘碎部点

①用量角器手工绘图

由经纬仪测出碎部点与已知方向间的夹角，以及测站点至碎部点的距离，用量角器和比例尺将碎部点位展绘在图纸上，并注明其高程。展点时，绘图员用小针将量角器的圆心插在图板上测站点 a，转动量角器，使图上 ab 方向线正好对准量角器 β 角值的刻线，此时，沿量角器的直尺边线（直径方向）便是碎部点 1 的方向线，在此方向线上按测图比例尺截取 d_{A1} 距离，便得到点 1 在图上位置，如图 9-25b，将其高程 H_1 注于点位的右侧。

实地距离 D 换算为图上距离 d 的简便算法：

例 1∶500　　　　$d=\dfrac{D}{500}=\dfrac{D\times 1000}{500}=D\times 2\text{mm}$（$D$ 以米为单位）

例 1∶2000　　　　$d=\dfrac{D}{2000}=\dfrac{D\times 1000}{2000}=\dfrac{D}{2}\text{mm}$（$D$ 以米为单位）

本例图中 A1 实际距离 $D=53.93$m，测图比例尺 1∶500，按公式很容易心算，实地距离 D 乘 2 即为图上距离，毫米为单位，即 $d=107.9$mm，然后按量角器直径边的毫米分划展绘碎部点。

②用 AutoCAD 绘图

展绘碎部点用量角器，在精度方面损失较大，如有可能，直接用 AutoCAD 来绘图可大大提高精度，并可获得数字化的成果，操作法如下：

用 AutoCAD 绘图时，当然不必预先打方格展绘控制点，而是直接将控制点按其坐标输入计算机中，但应注意原测量 X、Y 值互换后输入。经纬仪测绘法测得水平角及距离，相当于极坐标法的角度与半径。输入时由控制点用 AutoCAD 的相对坐标输入。主要步骤如下：

a. 设置图形界限。AutoCAD 绘图区域可看一幅无穷大的图纸，左下角一般为 0，0，右上角根据实际测区，输入一对较大的数值。选定范围，便于辅助检查绘图的正确性。

b. 设置绘图单位与精度。绘图用距离及角度，故应对长度与角度进行设置。

长度类型与精度设置，长度选小数，精度选 0.000，即毫米。

173

角度类型与精度设置，类型选：度/分/秒，精度选 $0°00'00''$，方向顺时针选项应打√。基准角度，即 $0°$ 角度方向应选北。

c. 控制点坐标输入。原测量 X、Y 值互换后输入。

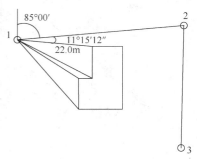

图 9-26 AutoCAD 绘平面图

d. 碎部点输入。从控制点开始，绘碎部点辐射线，用 AutoCAD 的相对坐标输入，以极坐标形式，如 @22.01 $<95°15'12''$，见图 9-26，即表示从控制点 1 开始距离 22.01m，角度为 $95°15'12''$ 展绘碎部点。绘图时注意，测站实测零方向至碎部点的角度为 $11°15'12''$ 应加上零方向的坐标方位角 $85°00'$，故极坐标法输入角度应为 $95°15'12''$。根据野外草图把相关的碎部点相连接便得地物，最后把绘碎部点的辐射线擦去。

这种方法不是完全的数字化测图，但在条件不具备的情况下，手工测图后，通过计算机绘图获得数字化的成果，精度大大高于量角器展绘碎部点，效率也高得多。

经纬仪测绘法利用光电测距仪进行测距，以此代替经纬仪视距法，这样表 9-6 中，测站至测点的最大距离的规定可大大放宽。

表 9-7 碎 部 测 量 记 录 表

仪器编号：J08　竖盘指标差：$x = +0'12''$　测站高程：$H_A = 50.00$m

观测日期：2003 年 5 月 15 日　天气：晴　观测者：×××　记录者：×××

测站仪器高	碎部点号	碎部点的名称	水平角 (° ')	标尺读数 中丝	标尺读数 上丝 下丝	标尺读数 尺间隔	竖盘读数 (° ')	水平距 D (m)	高差 h (m)	高程 H (m)
	1	房东南角	82　30	1.420	1.150 / 1.690	0.540	87　52	53.93	+2.01	52.01
$\dfrac{A}{1.42m}$	2	房西南角	69　10	1.420	1.175 / 1.665	0.490	87　50	48.93	+1.85	51.85
	3	房西北角	57　35	1.420	1.160 / 1.680	0.520	87　48	51.92	+1.94	51.94

注：盘左视线水平时竖盘读数为 $90°$，视线向上倾斜时竖盘读数减少。

（2）小平板仪配合经纬仪测图图解法

该法的特点是将小平板仪安置在测站点上，描绘测站至碎部点的方向，而将经纬仪安置在测站旁，测定经纬仪至碎部点的距离与高差，最后用方向距离交会的方法定出碎部点在图上的位置。施测步骤如下：

1）安置小平板仪：小平板仪安置在测站点上，进行对点、整平和定向。对点时要用对点器。整平是用照准器上的水准器，当两个互相垂直定方向气泡居中时，表示测图板水平。定向是使图板处于正确方位，用长盒罗盘可作粗定向，精确定向必须使用已知边定向，使图上已知边与相应实地边长在同一竖面内，操作时照准器直尺靠已知边 ab，松开图板中心螺旋，转动图板，使照准器瞄准地面点 B，然后固定图板。对点、整平、定向三步工作互相有影响，须反复调试才行。

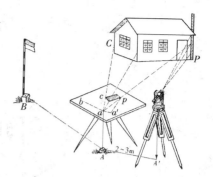

图 9-27　小平板仪配合经纬仪测绘法

2）安置经纬仪：经纬仪安置在测站旁 2～3m 处，如图 9-27 所示，要便于测量碎部点。经纬仪整平，并量仪器高 i，量仪器高时注意应从望远镜横轴中心量至测站 A 标桩顶水平面的竖直距离，量至厘米，这样便于计算测站至碎部点的高差。为了将经纬仪位置标定在小平板上，此时要用小平板的测斜照准器直尺边贴靠测站点 a，然后瞄准经纬仪中心或所悬挂的垂球线，用铅笔绘出该方向线，在此方向线上量取测站点 A 至经纬仪中心的水平距离，按测图比例尺在图纸上标出经纬仪的位置 a'。

3）观测：观测时，各施测人员的工作如下：

①持尺员：在碎部点上竖立视距尺。

②经纬仪观测员：经纬仪整置后，瞄准视距尺，读取上、中、下丝的尺上读数，把竖盘指标自动归零开关打开（老式 J_6 级仪器要使竖盘指标水准管气泡居中），读竖盘读数。

③记录计算员：根据上、下丝读数计算尺间隔，根据读竖盘读数计算竖角值。然后按公式计算平距 D 及高差 h，最后计算测点高程。

④掌板员：将照准器的直尺边紧靠测站点所立小针，瞄准视距尺绘出方向线，如图9-27所示的 ap 线，然后以经纬仪的点位 a' 为圆心，以平距 D 为半径（按测图比例尺缩小的长度）用圆规画弧与 ap 相交于 p 点，即为所测碎部点的图上位置，随即以针刺出其点位，并将高程注记于点的右旁。

同法测其他碎部点，掌板员应在实地依据碎部点位和高程，对照地物勾绘出地物轮廓，对地貌绘出地性线、低层曲线和变化较大的等高线，其他等高线可在室内插绘。

掌板员在测绘过程中要时常检查和防止平板变向，注意相邻测点的位置和高程是否与实地相符，遇不符的要及时通知司经纬仪者及时重测修正。还应注意掌握测点的疏密程度，如漏失主要碎部点，应指挥立尺员补测。立尺不能到达的主要碎部点，可用图解交会法测定。认为图上应增设测站的地方，应指挥立尺员进行选设。

在第一站测完，进行第二站施测时，首先应检查前一站所测绘主要地物、地貌是否正确，可用照准仪瞄方向的方法来检查。

上述展绘碎部点用圆规作图，精度不高。下面再介绍小平板配合经纬仪测图解析法。

（3）小平板配合经纬仪测图解析法

小平板仪配合经纬仪测图解法，求测站至碎部点的距离是通过图解作图，其精度损失很大。实际上 $A1$ 的距离 D_{A1}（见图 9-28）可以通过目前十分普及的编程计算器计算，计算公式为：

$$D_{A1}^2 = D_{AA'}^2 + D_{A'1}^2 - 2D_{AA'}D_{A'1}\cos\beta \tag{9-3}$$

式中　$D_{AA'}$——经纬仪至平板仪的距离，其距离不受上法的限制，可适当放长，便于测碎部点；

D_{A1}——经纬仪至碎部点的距离，由经纬仪用视距法测得，如用光电测距则更好；

β——经纬仪测得 $A'A$ 与 $A'1$ 的水平角，观测时以瞄准 A 作零方向。

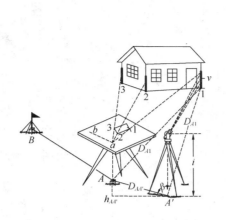

图 9-28　小平板配合经纬仪测图解析法　　　　图 9-29　大平板仪测图法

此法本质上是经纬仪测绘法与小平板相结合的一种碎部测量法，该法测定碎部点的精度大为提高。为了提高计算距离速度，最好使用可编程的计算器。

（4）大平板仪测图法

大平板仪测量碎部点，在测站上一个人就能完成全部测绘工作。在测站上对中、整平、定向后，用照准仪瞄准碎部点画方向线，并测定距离及高程，直接在图纸上定出碎部点，如图 9-29 所示。为了减轻观测者劳动强度，可配备一名记录员。

9.6　地形图的绘制

外业工作中，把碎部点展绘在图上后，就可以对照实地进行地形图的绘制工作了。主要内容就是地物、地貌的勾绘，对于大测区分组施测时，还要进行地形图的拼接、检查，最后进行地形图的整饰。

9.6.1　地物的描绘

地物要按照地形图图式规定的符号表示。房屋轮廓用直线连接起来，而道路、河流的弯曲部分要逐点连成光滑曲线。不能依比例绘制的地物，应按规定以符号表示。

9.6.2　地貌的勾绘

在地形图上，地貌主要以等高线来表示。所谓地貌的勾绘，即等高线的勾绘。

图 9-30a 表示碎部测量后，图板展绘若干个碎部点的情况。勾绘等高线时，首先用铅笔画地性线，山脊线用虚线，山谷线用实线。然后用目估内插等高线通过的点。图中 ab、ad 为山脊线，ac、ae 为山谷线。图中，a 点高程为 48.5m，b 点高程为 43.1m，若等高距为 1m，则 ab 间有 44、45、46、47、48 共 5 条等高线通过。由于同一坡度，高差与平距成正比例，先估算一下 1m 等高距相应的平距为多少，本例 ab 两点高差：48.5－43.1＝5.4m，对应平距为 ab（例如 38mm），按比例算得高差 1m 平距为 7mm。首尾两段高差，a 端为

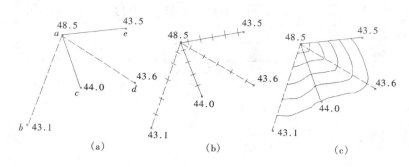

图 9-30 内插勾绘等高线

0.5m（48.5m 与 48m 之差），相应平距为 4mm，即距 a 点 4mm 画 48m 等高线。b 端为 0.9m（43.1m 与 44m 之差），相应平距为 6mm，即距 b 点 6mm 画 44m 等高线。定出 44m 及 48m 等高线位置后，其间其他等高线等分取点。

实际工作中目估即可，不必做上述计算，方法是先"目估首尾，后等分中间"，如图 9-30b 所示。然后对照实际地形，把高程相同的相邻点用光滑曲线相连，便得等高线，如图 9-30c 所示。一般先勾绘计曲线，再勾绘首曲线，当一个测站或一小局部碎部测量完成之后，应立即勾绘等高线，以便及时改正测错和漏测。

9.6.3 地形图的拼接、检查和整饰

（1）地形图的拼接

当测区面积大于一幅图的范围时，必须分幅测图。因测量和绘图误差致使相邻图幅连接处的地物轮廓和等高线不能完全吻合，如图 9-31，左、右两幅图在拼接处的等高线、房屋和道路都有偏差。为了接边，每幅图应测出图廓外 5mm。接边时，对于聚酯薄膜图纸，可直接按坐标格线将两幅图重叠拼接。若测图用的是绘图纸，则必须用透明纸将一幅图图边处的坐标格线、地物、地貌等描下来，再与另一幅图拼接。

拼接时，首先将相邻图幅接边透明纸条与本图幅的坐标格线对齐，然后再查看同名地物、等高线重合情况。若接边两侧的同名地物、等高线之偏差小于表 9-8、表 9-9 中规定的碎部点中误差的 $2\sqrt{2}$ 倍时，可平均配赋，但应注意保持地物、地貌相互位置和走向的正确性。超限时，应到实地检查、纠正。

（2）地形图的检查和整饰

拼接工作完成后，应对本图幅的所有内容进行一次全面检查，包括图面检查、野外巡视和设站检查，以保证成图质量。

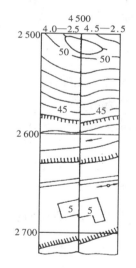

图 9-31 地形图的拼接

表 9-8 图上地物点点位中误差

地区分类	城市建筑区和平地、丘陵地	山地、高山地和设站测困难的旧街坊内部
地物点点位中误差（mm）	±0.5	±0.75

177

表 9-9　等高线插求点的高程中误差

地形类别	平　地	丘陵地	山　地	高山地
高差中误差（等高距）	1/3	1/2	2/3	1

地形图经过拼接、检查和纠正后，还应按照地形图图式规定的要求进行清绘和整饰，然后作为地形图原图保存。

9.7　数字测图

9.7.1　数字测图的基本原理

数字测图（Digital Surveying and Mapping，简称 DSM）是以电子计算机为核心，以测绘仪器和打印机等输入、输出设备为硬件，在测绘软件的支持下，对地形空间数据进行采集、传输、处理编辑、入库管理和成图输出的一整套过程。它是近 20 年发展起来的一种全新的测绘地形图方法。

地面数字测图是利用全站仪或其他测量仪器在野外进行数字地形数据采集，在成图软件的支持下，通过计算机加工处理，获得数字地形图的方法和过程。

传统的测图方法是，在外业测量各地物、地貌的特征点，一般通过测量距离、角度、高差，然后在图纸上展绘碎部点，再按点之间关系进行连线，便显示地物。地貌则是按碎部点高程手工内插描绘等高线。数字测图则由计算机自动完成这样的测绘过程。不难看出，要完成自动绘图，必须赋予点三类信息：

（1）点的三维坐标；

（2）点的属性，告诉计算机这个点是什么点（地物点，还是地貌点，……）；

（3）点的连接关系，与哪个点相连，连实线或虚线，从而得到相应的地物。

在外业测量时，将上述信息记录存储在计算机中，经计算机软件处理（自动识别、检索、连接、调用图式符号等），最后得到地形图。一幅图的各种图形都是以数字形式来存储的。根据用户的需要，可以输出不同比例尺和不同图幅大小的地形图，除基本地形图外，还可输出各种专用的专题地图，例如交通图、水系图、管线图、地籍图、资源分布图等。

9.7.2　数字测图的基本作业过程

（1）数据采集

1）摄影测量法，即借助解析测图仪或立体坐标量测仪对航空摄影、遥感像片进行数字化。

2）对现有地图进行数字化法，即利用手扶数字化仪或扫描数字化仪对传统方法测绘的原图进行数字化。

3）野外地面测量法，即利用电子全站仪或其他测量仪器，在野外采集地形数据，通过便携式电子计算机或野外电子手簿与野外草图，利用测图软件进行野外数字化测图。

（2）数据处理

数据处理指在数据采集到成果输出要进行的各种处理，数据处理主要包括数据传输、数据预处理、数据转换、数据计算、图形生成、图形编辑与整饰等。

数据预处理包括坐标变换、各种数据资料的匹配、图比例尺的统一等。

数据转换内容很多，如将碎部点记录数据（距离、水平角、竖直角等）文件转换为坐标数据文件等。

数据计算主要是针对地貌关系。当数据输入到计算机后，为建立数字地面模型需进行插值模型建立、插值计算及等高线光滑处理三个过程的工作。数据计算还包括对房屋类呈直角拐弯的地物进行误差调整，消除非直角化误差等。

目前，数字测图中生成等高线主要有两种方法：一种是根据实测的离散高程点自动建立不规则的三角网数字高程模型，并在该模型上内插等值点生成等高线；二是根据已建立的规则网格数字高程模型数据点生成等高线。

由于不规则三角网数字高程模型点（三角形的顶点）全为实测的碎部点，地形特征数据得到充分利用，完全依据碎部点高程的原始数据插绘等高线，几何精度高，且算法简单，等高线和碎部点的位置关系与原始数据完全相符，减少了模型中错误的发生。因此，数字测图中，多数采用建立不规则的三角网数字高程模型的方法生成等高线。

图形生成是在地图符号的支持下，利用所采集的地形数据生成图形数据文件的过程。

为了获得一幅规范的地形图，还要对数据处理后生成的"原始"图形，进行编辑、修改、整理，加上汉字注记、高程注记，并填充各种面状地物符号等。还要进行图形拼接、图形分幅和图廓整饰等。

数据处理是数字测图的关键阶段，数字测图系统的优劣取决于数据处理的功能。

（3）图形输出

经过数据处理以后生成的图形文件可以存储在磁盘或光盘上永久保存，也可以通过自动绘图仪打印出纸质地图。还可由打印机输出其他成果（如数据与表格）。通过对图层的控制可以编制输出各种专题地图（地籍图、交通图、管网图、规划图等），以满足不同用户的需要。

绘图仪作为计算机输出图形的重要设备，其基本功能是将计算机中以数字形式表示的图形描绘到图纸上，实现数（x，y 坐标串）一模（矢量）的转换。绘图仪有矢量绘图仪和扫描绘图仪两大类。当用扫描数字化仪采集的栅格数据绘制地形图时，常使用扫描绘图仪。矢量绘图仪依据的是矢量数据或称待绘点的平面（x，y）坐标，常使用绘图笔画线，故矢量绘图仪常称为笔式绘图仪。

矢量绘图仪一般可分为平台式绘图仪和滚筒式绘图仪两种。平台式绘图仪因其具有性能良好的 x 导轨和 y 导轨、固定光滑的绘图面板，以及高度自动化和高精度的绘图质量，故在数字化地形图测绘系统中应用最为普及，但绘图速度较慢。滚筒式绘图仪的图纸装在滚筒上，前后滚动作为 x 方向，电机驱动笔架作为 y 轴方向，因此图纸幅面在 x 轴方向不受限制，绘图速度快，但绘图精度相对较低。

数字测图系统组成见图 9-32。

9.7.3 野外数字测图的主要模式

在一般工程中，使用较多的数字测图方法为野外数字测图服务，目前主要有两种模式（方案）：数字测记法模式和数字测绘法模式。

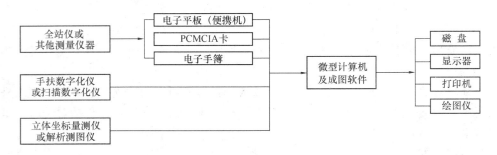

图 9-32　数字测图系统组成

（1）数字测记法模式

将野外采集的地形数据传输给电子手簿，利用电子手簿的数据和野外详细绘制的草图，室内在计算机屏幕上进行人机交互编辑、修改，生成图形文件或数字地图。

（2）数字测绘法模式（又称电子平板模式）

将安装了测图软件的便携机，称为电子平板，在野外利用电子全站仪测量，将采集到的地形数据传输给便携式计算机，测量工作者在野外实时地在屏幕上进行人机对话，对数据、图形进行处理、编辑，最后生成图形文件或数字地图，所显即所测，实时成图，真正实现内、外业一体化。

9.7.4　数字测图的优点

数字测图技术在野外数据采集工作的实质是解析法测定地形点的三维坐标，是一种先进的地形图测绘方法，与传统的图解法相比，具有以下几方面的优点：

（1）自动化程度高

由于采用全站式电子速测仪在野外采集数据，自动记录存储，并可直接传输给计算机进行数据处理、绘图，不但提高了工作效率，而且减少了测量错误的发生，使得绘制的地形图精确、美观、规范。同时由计算机处理地形信息，建立数据和图形数据库，并能生成数字地图和电子地图，有利于后续的成果应用和信息管理工作。

（2）精度高

数字测图采用解析法测定点位坐标，它依据的是测量控制点，精度主要取决于对地物和地貌点的野外数据采集的精度，其他因素的影响很小，而全站仪的解析法数据采集精度大大高于图解法平板绘图的精度。

（3）使用方便

测量成果的精度均匀一致，并且与绘图比例尺无关。地面信息分层存放与管理，不受图面负载量的限制，可以方便地绘制不同比例尺的地形图或不同用途的专题地图，实现了一测多用，同时便于地形图的检查、修测和更新。

练　习　题

1. 测图前应做好哪些准备工作？控制点展绘后，怎样检查其正确性？

2. 准备一张 40cm×40cm 的白绘图纸，按照对角线法绘制 9 格坐标方格网，方格大小

10cm×10cm。测图比例尺为 1：1000。试展绘导线点，并检查展点的正确性（应列出导线边检查的误差值）。已知数据如下：$X_1=532.70$m，$Y_1=537.66$mm，$X_2=518.80$m，$Y_2=639.96$m，$X_3=442.57$m，$Y_3=616.25$m，$X_4=475.89$m，$Y_4=483.12$m，$D_{12}=100.29$m，$D_{23}=78.96$m，$D_{34}=137.22$m，$D_{41}=78.78$m。

3. 试述经纬仪测绘法在一个测站测绘地形图的工作步骤。

4. 根据下列碎部测量记录表中的观测数据，计算水平距离、高差及高程。

测站：A　　　　测站高程：$H_A=94.05$m　　　竖盘指标差：$x=+1'$

测站 仪器高	碎部 点号	碎各部 点名称	水平角 (°′)	标尺 读 数			竖 盘 读 数 (°′)	水平距 (m)	高差 (m)	高程 (m)
				中丝	上丝 下丝	尺间隔				
$\dfrac{A}{1.50\text{m}}$	1		43°30′	1.500	1.300 1.695	0.395	84°36′			
	2		69°22′	1.500	1.210 1.785	0.575	84°36′			
	3		105°00′	2.500	2.200 2.814	0.614	93°15′			

注：盘左视线水平时竖盘读数为 90°，视线向上倾斜时竖盘读数减少。

5. 按图 9-33 所示的地貌特征点高程，用内插法目估勾绘 1m 等高距的等高线。

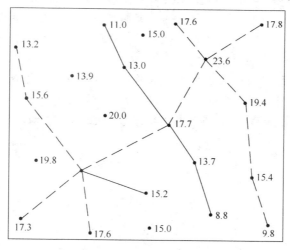

图 9-33

（图中虚线为山脊线，实线为山谷线）

6. 什么叫数字测图？数字测图的基本作业过程有哪些？主要优点有哪些？

学 习 辅 导

1. 本章学习目的与要求

目的：掌握小面积地形图的测绘技术与方法。各项工程建设首先都必须有建设地区的地形图，大比例尺的地形图大多由工程部门自行测绘，因此掌握地形测绘技术也是工程设计与施工主管人员必备的技术。测图是测绘技术的综合应用，所以也是检验学生是否掌握所学知识的重要手段。

要求：

(1) 理解大比例地形图的分幅与编号。

(2) 理解地形图上地物与地貌的表示方法。

(3) 测绘大比例尺地形图传统的方法主要有三种，比较它们的优缺点。

(4) 掌握经纬仪测绘法的步骤，明确司仪器、记录绘图者与扶尺者的各自工作与配合。

(5) 掌握内插等高线的方法。

(6) 了解数字化测图基本原理、基本作业过程及野外数字化测图的两种模式。

2. 本章学习要领

(1) 为什么要对地形图进行分幅编号，一是便于测绘与管理，二是便于用户使用。大比例地形图分幅采用矩形或正方形分幅，以 1：5000 为基础。各省市做法不同，北京市采用象限行列编号法。

(2) 掌握地形图测绘法，测绘前应做好仪器和图纸的准备工作，其中绘制坐标格网最为重要，学生应掌握对角线法绘制坐标格网，如何绘制，该检查什么，如何展绘控制点等技术应掌握好。

(3) 要使所测的图能真实反映现状，选合适的碎部点极为重要，对于地物应选轮廓的转折点，对地貌应选地貌的特征点（坡度变换点及方向变换点）。碎部点平面位置的测定方法主要有极坐标法、直角坐标法、方向交会法、距离交会法、方向距离交会法等。

(4) 测绘地形图由于采用不同仪器可分为经纬仪测绘法、大平板仪测绘法、小平板仪与经纬仪配合测绘法，这是传统的测法。

(5) 目前野外进行数字测图的主要方案（模式）有两种，一是数字测记法模式，较常用的软件有南方测绘公司的 CASS 系列，武汉瑞得测绘公司的 RDMS 数字测图系统等。另一种是数字测绘法模式，也就是电子平板模式，清华山维公司的 EPSW 电子平板测绘系统为公认的最佳系统。

第10章 地形图的应用

10.1 概述

遵循一定的数学法则（即采用某种比例尺、坐标系统及地图投影），将地面上的各种地物、地貌等各种地理信息，在图上用符号系统表示，以反映地理信息的空间分布规律，这种图称为普通地图。普通地图又分为地理图与地形图两种，地理图是指概括程度比较高，以反映要素基本分布规律为主。地理图通常大多数比例尺小于1∶100万，但不是绝对的，也有县、市的普通地图，比例尺可能比较大，但概括程度高，仍属于地理图。

地形图通常是指比例尺大于1∶100万，按照统一的数学基础、图式图例，统一的测量规范，经实地测绘或根据遥感资料编绘而成的一种普通地图。地形图精度高、内容详细，图中可以提取详细的地形信息。1∶100万、1∶50万、1∶25万、1∶10万、1∶5万、1∶2.5万、1∶1万、1∶5000等8种比例尺的地形图，称为国家基本地形图（简称国家基本图），它是由国家测绘管理部门统一组识测绘，作为国民经济建设、国防建设和科学研究的基础资料。国家基本国的特点是：

（1）具有统一的大地坐标系和高程坐标系。采用"1980年中国国家大地坐标系"和"1985国家高程基准"（1985年以前曾采用"1956年黄海高程系"）。

（2）具有完整的比例尺系列和分幅编号系统。它包含1∶100万、1∶50万、1∶25万、1∶10万、1∶5万、1∶2.5万、1∶1万、1∶5000等8种比例尺的地形图，按统一的经差和纬差分幅，并以国际百万分之一地图分幅编号为基础的编号系统。

（3）依据统一的规范和国式。依据国家测绘局统一制定的测量与编绘规范和《地形图图式》。

工程用的小区域大比例尺地形图，有的是按国家统一的坐标系统和高程系统测绘的，有的也可以按某个城市坐标系统或假定的坐标系统和假定的高程系统。

10.2 大比例尺地形图的识读

地形图上包含大量的自然、环境、社会、人文、地理等要素和信息，能够比较全面、客观地反映地面的情况。因此，地形图是国土整治、资源勘察、城乡规划、土地利用、环境保护、工程设计、矿藏采掘、河道整理等工作的重要资料。特别是在规划设计阶段，不仅要以地形图为底图进行总平面的布设，而且还要根据需要，在地形图上进行一定的量算工作，以便因地制宜地进行合理的规划和设计。

地形图是用各种规定的图式符号和注记表示地物、地貌及其他有关资料的。要想正确地使用地形图，首先要能熟读地形图。通过对地形图上的符号和注记的阅读，可以判断地貌的自然形态和地物间相互关系，这也是地形图阅读的主要目的。在地形图阅读时，应注意以下几方面的问题。

10.2.1 图廓外信息识读

图廓外信息主要有图的比例尺、坐标系统、高程系统、基本等高距、测图的年月、测绘单位以及接图表。图 10-1 是一幅 1∶2000 沙湾村地形图，图名下标注 20.0-15.0 表示该图的

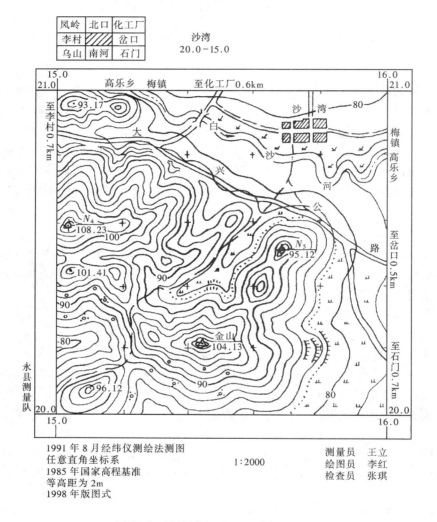

图 10-1　沙湾村 1∶2000 比例尺地形图

编号（采用图幅西南角坐标公里数编号法）。图幅左下角注明测绘日期是 1991 年 8 月，从而可以判定地形图的新旧程度。测图采用经纬测绘法，坐标系采用任意直角坐标系，即假定的平面直角坐标系，高程采用"1985 国家高程基准。"内图廓四个角标注的数字是它的直角坐标值。图内的十字交叉线是坐标格网的交点。图幅左上角是接图表，通过它可了解相邻图幅的图名。

10.2.2 熟悉图式符号

在地形图阅读前，首先要熟悉一些常用的地物符号的表示方法，区分比例符号、半比例

184

符号和非比例符号的不同，以及这些地物符号和注记的含义。对于地貌符号要能根据等高线判断出各类地貌特征（例如，山头、洼地、山脊、山谷、鞍部、峭壁、冲沟等），了解地形坡度变化。

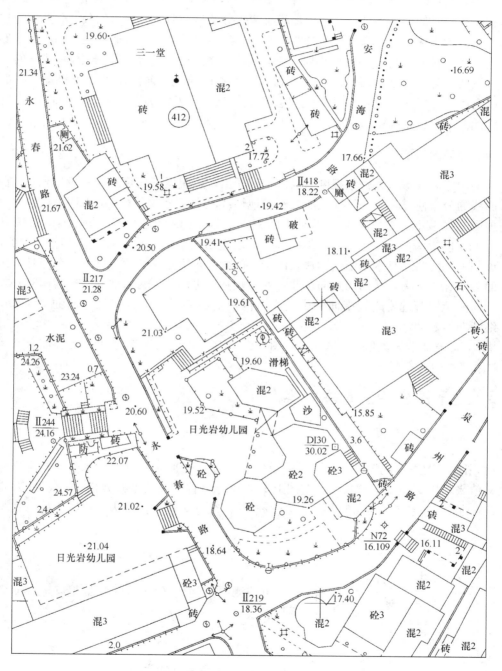

注：图中"砼"代表钢筋混凝土，参照国家标准在绘制地形图时使用此符号。

图 10-2　某城市居民区 1∶500 地形图

10.2.3 地物的识读

认识地物首先要查找居民地、道路与河流。图 10-1 图幅最大的居民地就是沙湾村。道路是大兴公路，该公路的西边通向李村，离李村 0.7km。大兴公路从西北边的山哑口出来，沿山脚向东南延伸。大兴公路在图中地段有两个分岔口，北边分岔口的分岔公路经过白沙河上的一座桥梁去化工厂，南边分岔公路去石门。沙湾村没有公路直通，但村西有大车路与公路相连。沙湾村南面有一条乡村小路通向南边的丘陵地。白沙河为本幅图内唯一的一条河流，河流两岸为平坦地，河北岸至沙湾村有大面积的菜地。河南岸可能为耕地，图上未注明，或有尚待开发的荒地，此处与大兴公路最接近，开发潜力巨大。白沙河中间有境界符号，因此白沙河也是梅镇与高乐乡的分界线。

10.2.4 地貌的识读

从图中等高线形状、密集程度与高度可以看出，地貌属于丘陵地。一般是先看计曲线再看首曲线的分布情况，了解等高线所表示的地性线及典型地貌。东部山脚至图边为缓坡地。丘陵地内有许多小山头，最高的山头为图根点 N4，其高程为 108.23m，最低的等高线为 78m。金山上有一个三角点高程为 104.13m，从金山向东北方向延伸至图根点 N5 的山头，再下坡到大兴公路，是本图幅内的最长山梁。山梁的东边是缓坡地，已开垦为旱地。山梁的西北面为较长的山沟，从西南走向东北，谷底较宽，也已开垦为旱地。沙湾村南有一条乡村小路，向南延伸跨过公路到南面的山沟，沿沟边上山通过一个哑口抵达南面 96.12m 的山头，继续向西延伸。

图 10-2 为城市居民区 1：500 地形图，图中有各种地物符号，其含义请查阅第 9 章表 9-4 常用地物地貌符号。

10.3 地形图应用的基本内容

10.3.1 求图上一点坐标

利用地形图进行规划设计，经常需要知道设计点的平面位置，它是根据图廓坐标格网的坐标值来求出。如图 10-3，欲确定图上 P 点坐标，首先绘出坐标方格 $abcd$，过 P 点分别作 x、y 轴的平行线与方格 $abcd$ 分别交于 m、n、f、g，根据图廓内方格网坐标可知

$$x_d = 21200m$$

$$y_d = 40200m$$

再按测图比例尺（1：2000）量得 dm、dg 实际水平长度

$$D_{dm} = 120.2m$$

$$D_{dg} = 100.3m$$

则

$$x_P = x_d + D_{dm} = 21200 + 120.2 = 21320.2m$$

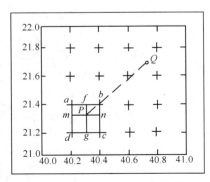

图 10-3 1：2000 图坐标格网

$$y_P = y_d + D_{dg} = 40200 + 100.3 = 40300.3m$$

如果为了检核量测的结果，并考虑图纸伸缩的影响，则还需量出 ma 和 gc 的长度。若 $(dm+ma)$ 和 $(dg+gc)$ 不等于坐标格网的理论长度 l（一般为 10cm），即说明图纸发生变形。此时，为了精确求得 P 点的坐标值，应按下式计算

$$\left.\begin{array}{l} x_P = x_d + \dfrac{l}{da} \cdot dm \cdot M \\[2mm] y_P = y_d + \dfrac{l}{dc} \cdot dg \cdot M \end{array}\right\} \tag{10-1}$$

式中　M——地形图比例尺的分母。

10.3.2　求图上一点的高程

对于地形图上一点的高程，可以根据等高线及高程注记确定。如该点正好在等高线上，可以直接从图上读出其高程，例如图 10-4 中 q 点高程为 64m。如果所求点不在等高线上，根据相邻等高线间的等高线平距与其高差成正比例原则，按等高线勾绘的内插方法求得该点的高程。如图中所示，过 p 点作一条大致垂直于两相邻等高线的线段 mn，量取 mn 的图上长度 d_{mn}，然后再量取 mp 中的图上长度 d_{mp}，则 p 点高程

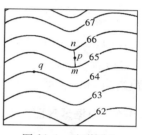

图 10-4　地形图上求点的高程

$$H_P = H_m + h_{mp}$$

$$h_{mp} = \frac{d_{mp}}{d_{mn}} h_{mn} \tag{10-2}$$

式中，$h_{mn}=1$m，为本图幅的等高距，$d_{mp}=3.5$mm，$d_{mn}=7.0$mm，则

$$h_{mp} = \frac{d_{mp}}{d_{mn}} h_{mn} = \frac{3.5}{7.0} \times 1 = 0.5m$$

$$H_P = 65 + 0.5 = 65.5m$$

10.3.3　求图上两点间的水平距离

若精度要求不高，可用毫米尺量取图上 P、Q 两点间距离，然后再按比例尺换算为水平距离，这样做受图纸伸缩的影响较大。

为了消除图纸变形的影响，首先，按式（10-1）求出图上 P、Q 两点的坐标（x_P、y_P）、（x_Q、y_Q），如图 10-5 所示。然后，应根据两点的坐标计算水平距离，即按下式计算水平距离 D_{PQ}

$$\begin{aligned} D_{PQ} &= \sqrt{\Delta x_{PQ}^2 + \Delta y_{PQ}^2} \\ &= \sqrt{(x_Q - x_P)^2 + (y_Q - y_P)^2} \end{aligned} \tag{10-3}$$

10.3.4　确定图上直线的坐标方位角

如图 10-5 所示，欲求直线 AB 的坐标方位角。首先求出图上 A、B 两点的坐标（x_A、y_A）、（x_B、y_B），然后，按照反正切函数，计算出直线 AB 坐标方位

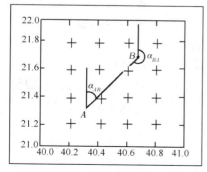

图 10-5　图上确定直线坐标方位角

角，即

$$\alpha_{AB} = \arctan \frac{\Delta y_{AB}}{\Delta x_{AB}} \qquad (10\text{-}4)$$

当直线 AB 距离较长时，按式（10-4）可取得较好的结果。

如果精度要求不高，也可以用图解的方法确定直线坐标方位角。首先过 A、B 两点精确地做坐标格网 X 方向的平行线，然后用量角器量测直线 AB 的坐标方位角。同一直线的正、反坐标方位角之差应为 $180°$。

10.3.5 确定直线的坡度

设地面两点 m、n 间的水平距离为 D_{mn}，高差为 h_{mn}，则直线的坡度 i 为其高差与相应水平距离之比：

$$i_{mn} = \frac{h_{mn}}{D_{mn}} = \frac{h_{mn}}{d_{mn} \cdot M} \qquad (10\text{-}5)$$

式中 d_{mn} 为地形图上 m、n 两点间的长度（以毫米为单位），M 为地形图比例尺分母。坡度 i 常以百分率表示。例如，图 10-4 中 m、n 两点间高差为 $h_{mn}=1.0$m，量得直线 mn 的图上距离为 7mm，并设地形图比例尺为 1∶2000，则直线 mn 的地面坡度为 $i=7.14\%$。

10.3.6 根据地形图绘制指定方向的断面图

在工程设计中，经常要了解在某一方向上的地形起伏情况，例如公路、隧道、管道等的选线，可根据断面图设计坡度，估算工程量，确定施工方案。如图 10-6 所示，绘制 AB 方向的断面图方法如下：

（1）在 AB 线与等高线交点上标明序号，如图 10-6a 中的 1，2，…，10 各点。

（2）如图 10-6b 所示，绘一条水平线作为距离的轴线，绘一条垂线作为高程的轴线。为了突出地形起伏，选用高程比例尺为距离比例尺的 5 倍或 10 倍。

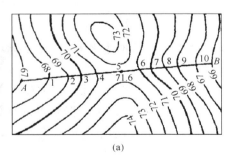

(a)

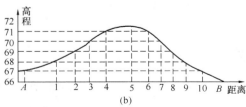

(b)

图 10-6　绘制 AB 方向的断面图

（3）将图 10-6a 中 1，2，…，10 各点距 A 点的距离量出，并转绘于 b 图的距离轴线上。转绘时，一般情况下，断面图采用的距离比例尺与 a 图上用的比例尺一致，必要时也可按其他适宜比例尺展绘。

（4）在图 10-6b 的高程轴线上，按选定的高程比例尺及 AB 线上等高线的高程范围，标出 66～72m 高程点。

（5）在图 10-6b 上，对应横坐标上 A，1，2，…，10，B 各点，在纵坐标上按高程比例尺取点，即得断面上的点，其中第 5 点落在鞍部处实测碎部点，高程为 71.6m。

（6）将所得断面上相邻各点以圆滑曲线相连，即得 AB 方向的断面图。

10.3.7　按规定坡度在地形图上选定最短路线

在做铁路、公路、管道等设计时，要求有一定的限制坡度。例如，要求在地形图上按规定坡度选择最短路线。方法如下：

在图 10-7 中，要求自 A 点（高程 38.0m）向山头 B 点（高程 45.36m）修一条路，允许最大坡度 i 为 8%，地形图比例尺为 1:1000，等高距 h 为 1m，则路线跨过两条等高线所需的最短距离 D 可用坡度公式 $i=\dfrac{h}{D}$ 导出，

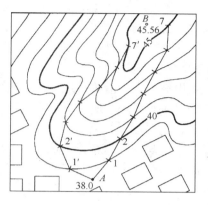

图 10-7　在地形图上选线

$D=\dfrac{h}{i}=\dfrac{1}{0.08}=12.5\mathrm{m}$，化为图上长为 $d=\dfrac{12.5\mathrm{m}}{1000}=$ 12.5mm。以 A 为圆心，d 为半径画弧交 39m 等高线于 1 点；再以 1 点为圆心，d 为半径画弧交 40m 等高线于 2 点；以此类推得 3，4，5，6，7 点。另外以同样方法可得到 1′，2′，…，7′点。至此两条路线均尚未到达 B 点。但是，由于 B 点高程为 45.56m，与 7 或 7′点所在等高线

高程之差为 0.56m，按 8% 坡度所需的最短实地距离是 $\dfrac{0.56\mathrm{m}}{0.08}=7\mathrm{m}$，相应图上距离为 7mm，而图上 $7'B$ 与 $7B$ 量得距离都大于最短距离 7mm，因此，这两条路均符合要求。

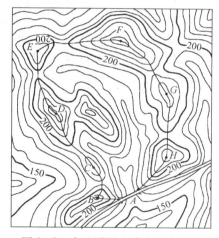

图 10-8　在地形图上确定汇水面积

按上述方法选择路线，仅从坡度不超过 8% 来考虑。实际选线时，还须考虑其他因素，如地质条件、工程量大小、占用农田等问题做综合分析，才能最后确定路线。

10.3.8　在地形图上确定汇水面积

在公路、铁路的勘测设计中，遇有跨越河流、山谷或深沟时，需要修建桥梁和涵洞。桥梁的跨度、涵洞的孔径与水流量有关，水量的大小又与该区域内汇集雨水和雪水地面面积的大小有关。某处能汇集到雨（雪）水的范围，该范围的面积称为汇水面积，其大小与该地区的降雨（雪）量有关，这就为工程设计提供有关水量的依据。为了确定汇水面积的范围，须在地形图上画出汇水面积的边界，这个边界实际上是一系列分水线即山脊线的连线。汇水面积边界线的特点是：边界线是通过一系列山脊线连着各山头及鞍部的曲线，并与河道的指定断面形成闭合环线。如图 10-8 所示，A 处为公路跨越山谷的一座桥，桥的设计应考虑通过 A 处的流量，该处的汇水面积界线为从桥的西端起，经 B、C、D、E、F、G、H 回到桥的东端，形成汇水面积界线。

10.4　地形图在工程建设中的应用

工程建设一般分为规划设计、施工、运营三个阶段。在规划设计时，必须有地形、地质

和经济调查等基础资料，其中地形资料主要是地形图。

10.4.1 地形图在城市规划中的应用

在进行城市总体规划时，根据城市用地范围大小，一般要选用 1：25000 或 1：10000 或 1：5000 比例尺的地形图。在详细规划阶段，为了满足房屋建筑和各项工程编制初步设计的需要，还要选用 1：2000、1：1000 比例尺的地形图。

在平原地区进行规划设计时，按规划原理和方法，可以比较灵活地布置建筑群体。但在山地和丘陵地，建筑用地要随着地形特点，例如沿河谷、沟谷一侧或两侧布置建筑群呈带状，山坡上大约沿等高线布置，随地形陡缓而变化。要使绝大部分建筑有良好的朝向，有较好的日照与通风。应避免大挖大填，过量地改变原有地貌，将导致自然环境的破坏，致使地下水、土层结构、植物生态及地区景观剧烈变化，不利于生态平衡。

通风与日照是布置建筑物应考虑的重要问题，利用地形达到自然通风是最佳选择。在设计时要结合地形，参照当地气象资料加以研究。在迎风坡，应将建筑物布置成平行高线或与等高线斜交；在背风坡，可布置一些通风要求不高或不需通风的建筑。日照效果，在平地是和地理位置、建筑物朝向和高度有关；而在山区，日照效果除和上述因素有关外，还和周围地形、建筑物处于向阳坡或背阳坡、地面坡度大小等因素有关，因此，应结合地形具体分析研究。

另外，建筑物的占地问题，建筑物的集中和分散布置问题等，都要取得省地、省工、通风和日照的好效果。一些不宜建筑的地区，如陡坡、冲沟、空隙地、边缘山坡以及由人为采石、取土形成的洼地等，都要分别情况，因地制宜地加以利用。

对地形图上地形进行分析，根据地面坡度与水流方向进行排水设计。例如在 0.5% ～ 1% 地面坡度的地段，排除雨水是方便的。在地面坡度较大的地区内，可根据地形分区排水。由于雨水及污水的排除是靠重力在沟管内自流的，因此，排水沟管应有适当的坡度，同时要利用自然地形，将排水沟管设置在地形低处或顺山谷线处，这样，既能使雨水和污水畅通自流，又能使施工的土方量最小。

自来水厂的厂址选择要依据地形图确定位置，如在河流附近时，要考虑在洪水期厂址不会被淹没，在枯水期又有足够的水量；水源离供水区不应太远，供水区的高差也不应太大。

进行防洪、排涝、涵洞、涵管等的工程设计时，经常需要在地形图上确定汇水面积作为设计的依据。

10.4.2 地形图在水库设计中的应用

水库设计一般要用 1：10000 至 1：50000 比例尺的地形图，以解决下述重要问题：确定水库的淹没范围和面积，计算总库容，设计库岸的防护工程，确定沿库岸落入临时淹没和永久浸没地区的城镇、工厂和耕地，拟定相应工程防护措施，设计航道和码头位置，制定库底清理、居民迁移及交通改建等规划。

在初步设计阶段，还要使用 1：10000 或 1：25000 的地形图，准确选择坝轴线的位置。坝轴线选定以后，还要利用 1：2000 或 1：5000 地形图研究与水利枢纽相配套的永久性建筑物、交通运输线路等。施工设计阶段，还要利用 1：500 或 1：1000 地形图，详细设计工程各部分位置与尺寸。

10.4.3 地形图在公路铁路建设中的应用

在公路、铁路建设中，首先要在中、小比例尺地形图上进行选线，提出可能的几种方案，然后再到实地踏勘。对于大的桥梁和隧道，首先应在 1：25000 或 1：50000 比例尺地形图上研究，然后再到实地进行踏勘，了解地形、地质和水文情况，提出比较方案。之后，还要有 1：500～1：5000 桥址地形图，如果没有还要着手自行测绘，以便进行主体工程和附属工程的设计。

练 习 题

1. 地形图的应用包括哪些基本内容？

2. 图 10-9 为 1：2000 比例尺地形图，试确定：

(1) A、B、C 三点的高程 H_A、H_B、H_C；

(2) A、P、B、C、M 五点的坐标；

(3) 用解析法和图解法分别求出距离 AB、BC、CA 并进行比较；

(4) 用解析法和图解法分别求出方位角 α_{AB}、α_{BC}、α_{CA} 并进行比较；

(5) 求 AC、CB 连线的坡度 i_{AC} 和 i_{CB}。

3. 怎样在图上设计一定坡度的线路最短的路线？图 10-9 为 1：2000 的地形图，试在图上绘出从西庄附近的 M 出发至鞍部（垭口）N 的坡度不大于 8% 的路线。

4. 图 10-9 为 1：2000 的地形图，试沿 AB 方向绘制纵断面图（水平距离比例尺为 1：2000，高程比例尺为 1：200）。

5. 什么是汇水面积？图 10-10 为 1：5000 的地形图，欲在 AB 处建水坝，试勾绘汇水面积的界线。

学 习 辅 导

1. 本章学习目的与要求

目的：对各种比例尺地形图的认识与应用是极其重要的问题，当然不同专业有不同的要求，一般建筑类专业学生能识读大比例尺的地形图就可以了，但对于规划类专业或承担较大工程的技术人员来说，还要能识读中、小比例尺的地形图，本教材未列入，但在光盘相应章的课件中有此项。

要求：

(1) 认识大比例尺（1：500～1：5000）地形图，认识地物符号，熟悉各种典型地貌的等高线表示法。

(2) 掌握地形图应用的一般问题，例如求点的坐标、高程、某方向坡度、方位角等。

(3) 掌握地形图绘断面图、设计路线及汇水面积边界的勾绘方法。

2. 学习要领

(1) 认真阅读教材中提供的 1：500，1：2000 二张图，以求读懂。

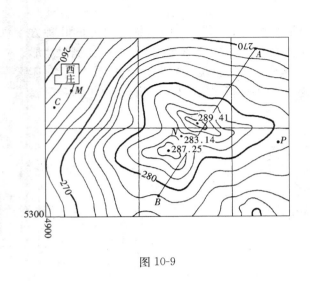

图 10-9

图 10-10

（2）认真完成地形图应用的各项作业，达到掌握地形图应用的技术。

第 11 章　测设的基本工作

测设，又称放样，测设工作与测图工作恰好相反。它是根据控制网，把图纸上设计的建（构）筑物平面位置和高程放样到实地上去，以便施工。放样时必须首先搞清设计建（构）筑物对于控制网或原有建筑物的相互关系，求出其间的角度、距离和高程，这些资料称为放样数据。因此，放样基本工作不外乎是在地面上测设已知水平距离、测设已知水平角度和测设已知高程。本章除着重介绍这三项基本工作的放样方法外，还介绍点的平面位置和设计坡度线的放样方法。

11.1　水平距离、水平角和高程的测设

11.1.1　测设已知水平距离

在施工放样中，经常要把房屋轴线（或边线）的设计长度在地面上标定出来，这项工作称为测设已知水平距离。

测设已知水平距离不同于测量未知水平距离，它是由一个已知点起，沿指定方向量出设计的水平距离，定出第二点。测设已知距离的方法有二，分述如下：

（1）一般方法

如图 11-1，设 A 为地面上已知点，$D_{设}$ 为设计的水平距离，要在地面的 AB 方向上测设出水平距离 $D_{设}$ 以定出 B 点。将钢尺的零点对准 A 点，沿 AB 方向拉平钢尺，根据设计水平距离往测初定出 B' 点，然后从 B' 点返测回 A 点，取往返结果的平均值 $D_{平}$。$D_{平}$ 值就是初定的 AB' 段的准确距离，其差值为 $\Delta D = D_{设} - D_{平}$

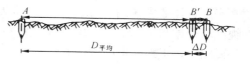

图 11-1　测设已知水平距离一般方法

如果设计水平距离 $D_{设} > D_{平}$，则向外延长量 ΔD，打木桩 B，即为所求的点。如果 $D_{设} < D_{平均}$，则应向内量 ΔD，打木桩 B。

（2）精确方法

若要求测设精度高，应按钢尺量距的精密方法进行测设。即根据已知水平距离，结合地面起伏状况，及所用钢尺的实际长度，测设时的温度等，进行尺长、温度和倾斜改正。算出在地面上应量出的距离 D。

从第 4 章可知，要获得精确的距离必须对实地丈量距离 D 进行三项改正，即

$$D_{设} = D + \Delta D_d + \Delta D_t + \Delta D_h$$

所以实地丈量距离 D 应为
$$D = D_{设} - \Delta D_d - \Delta D_t - \Delta D_h \tag{11-1}$$

【例 11-1】　如图 11-1，设已知图上设计距离 $D_{设} = 46.000\text{m}$，所用钢尺名义长度为 $l_0 = 30.000\text{m}$，经检定该钢尺实际长度 30.005m，测设时温度 $t = 10℃$，钢尺的膨胀系数 $\alpha = 1.25 \times 10^{-5}$，测得 AB 的高差 $h = 1.380\text{m}$。试计算测设时在地面上应量出的距离 D。

【解】 首先计算各项改正数：

（1）尺长改正数

$$\Delta D_d = \frac{l - l_0}{l_0} D = \frac{30.005 - 30.000}{30.000} \times 46.000 = +0.008\text{m}$$

（2）温度改正数

$$\Delta D_t = \alpha(t - t_0)D = 1.25 \times 10^{-5} \times (10 - 20) \times 46.000 = -0.006\text{m}$$

（3）倾斜改正数

$$\Delta D_h = -\frac{h^2}{2D} = \frac{(1.38)^2}{2 \times 46.000} = -0.021\text{m}$$

按公式（11-1）实地丈量距离 D 为

$$D = D_设 - \Delta D_d - \Delta D_t - \Delta D_h$$
$$= 46.000 - 0.008 - (-0.006) - (-0.021)$$
$$= 46.019\text{m}$$

见图 11-1，从 A 点起，沿 AB 方向用钢尺量 46.019m 定出 B 点，则 AB 的水平距离即为 46.000m。

11.1.2　测设已知水平角度

测设已知水平角与测量未知水平角也不同。它是根据地面上一个已知方向（该角之始边）及图纸上设计的角值，用经纬仪在地面上标出设计方向（该角之终边），以作施工依据。

有两种测设已知水平角度的方法，分述如下：

（1）一般方法

如图 11-2，设 OA 为地面上的已知方向，β 为设计的角度，今求设计方向 OB。放样时，在 O 点安置经纬仪，盘左时，置水平度盘读数为 $0°00'00''$，瞄准 A 点。然后转动照准部，使水平度盘读数为 β，在视线方向上标定 B' 点；用盘右位置再测设 β 角，标定 B'' 点。由于存在视准轴误差与观测误差，B' 与 B'' 点往往不重合，取其中点 B。则角 AOB 即为 β，方向 OB 就是要求标定于地面上的设计方向。

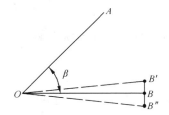

图 11-2　测设已知水平角一般方法

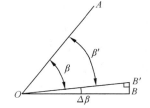

图 11-3　测设已知水平角精确方法

（2）精确方法

如图 11-3，可先用盘左按设计角度转动照准部测设 β，标定出 B' 点。再用测回法（测回数根据精度要求而定）测量 $\angle AOB'$ 的角值，设为 β'。用钢尺量出 OB' 的长度，从图中可知：

$$BB' = OB' \cdot \Delta\beta / \rho$$

上式中 $\Delta\beta = \beta - \beta'$。

以 BB' 为依据改正点位 B'。若 $\beta > \beta'$，即 $\Delta\beta$ 为正值时，作 OB' 的垂线，从 B' 起向外量

取支距 $B'B$，以标定 B 点；反之，向内量取 $B'B$ 以定 B 点。则，$\angle AOB$ 即为所要测设的 β 角。

11.1.3 测设已知设计高程

在施工放样中，经常要把设计的建筑物第一层地坪的高程（称±0 标高）及房屋其他各部位的设计高程在地面上标定出来，作为施工的依据。这项工作称为测设已知高程。

（1）测设±0 标高线

如图 11-4 所示，为了要将某建筑物 ±0 标高线（其高程为 $H_设$）测设到现有建筑物墙上。现安置水准仪于水准点 R 与某现有建筑物 A 之间，水准点 R 上立水准尺，水准仪观测得后视读数 a，此时视线高程 $H_视$ 为：$H_视 = H_R + a$。另一根水准

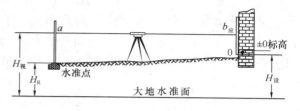

图 11-4　测设已知设计高程

尺由前尺手扶持使其紧贴建筑物墙 A 上，则该前视尺应读数 $b_应$ 为：$b_应 = H_视 - H_设$。因此操作时，前视尺上下移动，当水准仪在尺上的读数恰好等于 $b_应$ 时，紧靠尺底在建筑物墙上画一横线，此横线即为设计高程位置，即±0 标高线。为了醒目，在横线处用红油漆画一倒三角形，如"▼"，并在标志上注明"±0.000"。

（2）高程上下传递法

若待测设高程点的设计高程与水准点的高程相差很大，如测设较深的基坑标高或测设高层建筑物的标高。只用标尺已无法放样，此时可借助钢尺，将地面水准点的高程传递到在坑底或高楼上所设置的临时水准点上，然后再根据临时水准点测设其他各点的设计高程。

图 11-5 所示，是将地面水准点 A 的高程传递到基坑临时水准点 B 上。在坑边木杆上悬挂经过检定的钢尺，零点在下端，并挂 10kg 重锤，为减少摆动，重锤放入盛废机油或水的桶内，在地面上和坑内分别安置水准仪，瞄准水准尺和钢尺读数（见图中 a、b、c 和 d），则

$$H_B + b = H_A + a - (c - d)$$

即

$$H_B = H_A + a - (c - d) - b \tag{11-2}$$

H_B 求出后，即可以临时水准点 B 为后视点，测设坑底其他各待测设高程点的设计高程。

图 11-6 所示，是将地面水准点 A 的高程传递到高层建筑物上，方法与上述相仿，任一

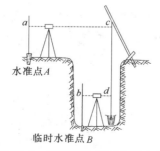

图 11-5　测设基坑临时水准点 B

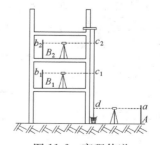

图 11-6　高程传递

层上临时水准点 B_i 的高程为

$$H_{B_i} = H_A + a + (c_i - d) - b_i \qquad (11-3)$$

H_i 求出后，即可以临时水准点 B_i 为后视点，测设第 i 层高楼上其他各待测设高程点的设计高程。

11.2 点的平面位置的测设方法

施工之前，需将图纸上设计的建（构）筑物的平面位置测于实地，其实质是将该房屋诸特征点（例如各转折点）在地面上标定出来，作为施工的依据。放样时，应根据施工控制网的形式、控制点的分布、建（构）筑物的大小、放样的精度要求及施工现场条件等因素，选用合理的、适当的方法。常用五种方法，分述如下：

（1）直角坐标法

所谓的直角坐标法测设点的平面位置，是指用已知坐标差 Δx、Δy 测设点位。当根据建筑方格网或矩形控制网放样时，采用此法准确、简便。

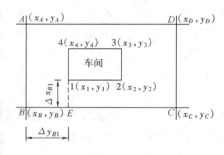

图 11-7 直角坐标法测设

如图 11-7，已知某厂房矩形控制网四角点 A、B、C、D 的坐标设计总平面图中，已确定某车间四角点 1、2、3、4 的设计坐标。现在以据 B 点测设点 1 为例进行说明其放样步骤：

1）先算出 B 与点 1 的坐标差：$\Delta x_{B1} = x_1 - x_B$，$\Delta y_{B1} = y_1 - y_B$。

2）在 B 点安置经纬仪，瞄准 C 点，在此方向上用钢尺量 Δy_{B1} 得 E 点。

3）在 E 点安置经纬仪，瞄准 C 点，用盘左、盘右位置两次向左测设 $90°$ 角，在两次平均方向 $E1$ 上从 E 点起用钢尺量 Δx_{B1}，即得车间角点 1。

4）同法，从 C 点测设点 2，从 D 点测设点 3，从 A 点测设点 4。

5）检查车间的四个角是否等于 $90°$，角度误差一般不应超过 $20''$；各边长度是否等于设计长度，边长误差根据厂房放样精度而定，一般不低于 1/5000。

（2）极坐标法

此方法是根据已知水平角度和水平距离测设点位。测设前必须根据施工控制点（例如导线点）及测设点的坐标，按坐标反算公式求出 AP 方向的坐标方位角 α_{AP} 和水平距离 D_{AP}，再根据两

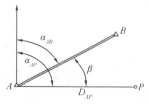

图 11-8 极坐标法测设

个坐标方位角之差求出水平角 β。如图 11-8，水平角 $\beta = \alpha_{AP} - \alpha_{AB}$，以及计算水平距离为 D_{AP}。所有计算公式如下：

$$\left.\begin{aligned}
\alpha_{AP} &= \arctan \frac{y_P - y_A}{x_P - x_A} \\
\alpha_{AB} &= \arctan \frac{y_B - y_A}{x_B - x_A} \\
\beta &= \alpha_{AP} - \alpha_{AB} \\
D_{AP} &= \sqrt{(x_P - x_A)^2 + (y_P - y_A)^2}
\end{aligned}\right\} \qquad (11-4)$$

求出放样数据 β、D 以后，即可安置经纬仪于控制点 A，按 11-1 节第二种所述方法测设 β 角，以定出 AP 方向。在 AP 方向上，从 A 点起用钢尺测设水平距离 D_{AP}，定出 P 点的位置。

设计建筑物上各点测设之后，应按设计建筑物的形状、尺寸检核角度和长度误差，若在允许范围内，才认为放样合格。

（3）角度交会法

此方法是在量距困难地区，用两个已知水平角度测设点位的方法，效果很好。但必须有第三个方向进行检核，以免发生错误。

如图 11-9，A、B、C 为三个控制点，其坐标为已知，P 为待放样点，其设计坐标亦为已知。先用坐标反算公式求出：α_{AP}、α_{BP} 和 α_{CP}，然后，由相应坐标方位角之差，求出放样数据 β_1、β_2、β_3 与 β_4，并按下述步骤放样：

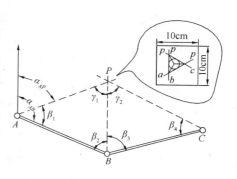

图 11-9　角度交会法测设

用经纬仪先定出 P 点的概略位置，在概略位置处打一个顶面积约为 10cm×10cm 的大木桩。然后在大木桩的顶面上精确放样。由仪器指挥，用铅笔在顶面上分别在 AP、BP、CP 方向上各标定两点（见小图中 a、p；b、p；c、p），将各方向上的两点连起来，就得 ap、bp、cp 三个方向线，三个方向线理应交于一点，但实际上由于放样等误差，将形成一个示误三角形。一般规定，若示误三角形的最大边长不超过 3～4cm 时，则取示误三角形内切圆的圆心，或示误三角形角平分线的交点，作为 P 点的最后位置。

应用此法放样时，宜使交会角 γ_1、γ_2 在 30°～150°之间，最好使交会角 γ 近于 90°，以提高交会点的精度。

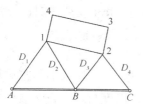

图 11-10　距离交会法测设

（4）距离交会法

在便于量距地区，且边长较短时（例如不超过一钢尺长），可用此法。

距离交会法是根据两段已知距离交会出点的平面位置。如图 11-10，由已知控制点 A、B、C 测设房角点 1、2，根据控制点的已知坐标及 1、2 点的设计坐标，反算出放样数据：D_1、D_2、D_3 和 D_4。分别从 A、B、C 点，用钢尺测设已知距离 D_1、D_2、D_3 和 D_4。D_1 和 D_2 的交点即为点 1，D_3 和 D_4 的交点即为点 2。最后量点 1 至点 2 的长度，与设计长度比较作为校核。

11.3　已知设计坡度线的测设方法

在铺设管道、修筑道路工程中经常需要在地面上测设给定的坡度线。测设已知的坡度线就是根据附近的水准点、设计坡度和坡度线端点的设计高程，用测设高程的方法将坡度线上各点标定在地面上的测量工作。测设方法分水平视线法和倾斜视线法两种。

（1）水平视线法

如图 11-11 所示，A、B 为设计坡度线的两端点，A 点设计高程为 H_A，B 点高程可计

算得 $H_B = H_A + i \times D_{AB}$。为了施工方便，每隔一定的距离 d 打入一木桩，要求在木桩上标出设计坡度为 i 的坡度线。施测步骤如下：

1）标定两端点，并计算中间各桩高程：先用高程放样的方法，将坡度线两端点 A、B 的高程标定在地面木桩上；然后，按照公式 $H_n = H_{n-1} + i \times d$（$n$ 表示某桩号点）计算出中间各桩点的高程，即：

$$\text{第 1 点的计算高程} \quad H_1 = H_A + i \times d$$
$$\text{第 2 点的计算高程} \quad H_2 = H_1 + i \times d$$
$$\vdots$$
$$B \text{ 点的计算高程} \quad H_B = H_n + i \times d = H_A + i \times D_{AB}（\text{用于计算检核}）$$

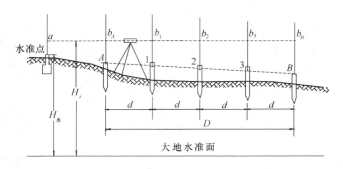

图 11-11 水平视线法测设坡度线

2）计算中间各点水准尺应有前视读数：在坡度线上靠近已知水准点附近安置水准仪，瞄准立在水准点上的标尺，读后视读数 a，并计算视线高程 $H_i = H_水 + a$。根据各桩点已知的高程值，分别计算中间点上水准尺应有前视读数 $b_n = H_i - H_n$。

3）实地打桩：沿 AB 方向，打木桩按一定间距 d 标定出中间 1、2、3、……n。

4）测设高程标志线：在各桩处立水准尺，上下移动水准尺，当水准仪视线对准该尺前视读数 b_n 时，水准尺零点位置即为所测设高程标志线，在木桩上画横线。

（2）倾斜视线法

如图 11-12 所示，倾斜视线法是利用水准仪视线与设计坡度相同时，其间垂直距离相等的原理，来确定设计坡度线上各桩点高程位置的一种方法。当设计坡度与地面自然坡度较接

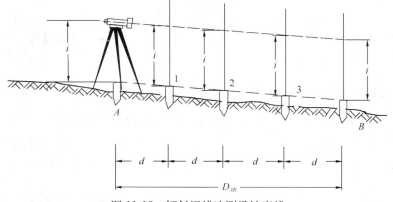

图 11-12 倾斜视线法测设坡度线

近时，适宜采用这种方法。

1）先用高程放样的方法，将坡度线两端点 A、B 的设计高程标定在地面木桩上，则 AB 的连线已成为符合设计要求的坡度线。

2）细部测设坡度线上中间各点 1、2、3……，先在 A 点旁安置水准仪，使基座上一只脚螺旋位于 AB 方向线上，另两只脚螺旋的连线与 AB 方向垂直；量出仪器高 i；用望远镜瞄准立在 B 点上的水准尺，转动在 AB 方向上的另一只脚螺旋，使十字丝横丝对准尺上读数为仪器高 i，此时，仪器的视线与设计坡度线平行。

3）在 AB 的中间点 1、2、3……的各桩上立尺，逐渐将木桩打入地下，直到桩上水准尺读数均为 i 时，各桩顶连线就是设计坡度线。

当坡度更大时，宜采用经纬仪来做，经纬仪和水准仪测设原理相同。

练 习 题

1. 用水准仪测设已知坡度线时，安置仪器有何要求？

2. 在地面上要设置一段 48.000m 的水平距离 AB，所使用的钢尺方程式为 $l_t = 30 + 0.005 + 0.000012 (t - 20°) \times 30$m。测设时钢尺的温度为 12℃，所施于钢尺的拉力与检定时的拉力相同。当概量后测得 AB 两点间桩顶的高差 $h = +0.40$m，试计算在地面上需要丈量的长度。

3. 叙述在实地测设某已知角度一般方法（盘左盘右分中法）的步骤。

4. 在地面上要求测设一个直角，先用一般方法测设出 $\angle AOB$，再测量该角若干测回取平均值为 $\angle AOB = 90°00'24''$，已知 OB 的长度为 100m，试计算改正该角值的垂距，改正的方向是向内还是向外？

5. 利用高程为 57.531m 的水准点，测设高程为 57.831m 的室内 ±0.000 标高。水准仪安置在水准点与某永久性的建筑之间，假设水准仪后视读数（瞄准水准点上的水准尺）为 1.600m，求前视尺上（水准尺紧靠某建筑的墙）应有的读数为多少？并叙述具体测设步骤。

6. 要在 AB 方向测设一个坡度为 -1% 的坡度线，已知 A 点的高程为 36.425m，AB 之间的水平距离为 130m，另又在 AB 间架设水准仪，测得 B 点水准尺的读数为 3.638m，试求视线高程、A 点水准尺的读数及 B 点的高程。

7. 测设点的平面位置有哪几种方法？各适用于什么情况？

8. 已知 M 点的坐标为 $x_M = 13.89$m，$y_M = 87.02$m；M 点至 N 点坐标方位角为 $\alpha_{MN} = 279°15'30''$，若要测设坐标为 $x_P = 45.78$m，$y_P = 84.98$m 的 P 点，求仪器安置在 M 点用极坐标法测设 P 点的所需数据，并叙述测设步骤。

学 习 辅 导

1. 本章学习目的与要求

目的：测设是测绘工作的第二大任务，是测绘的重要基础知识。通过本章学习应掌握水平距离、水平角、高程、点位以及坡度的测设。

要求：

（1）掌握水平距离测设的一般方法及精密方法。

（2）掌握水平角测设的一般方法及精密方法。

（3）掌握高程测设法。

（4）掌握极坐标法、直角坐标法及角度交会法测设点位。

（5）掌握坡度测设法。

2. 学习要领

（1）学习水平距离测设的精密方法时，应很好复习第 4 章距离丈量中的精密量距，在实地精密量距后要做三项改正才得到精确的水平距离。

（2）水平角测设常用一般方法（即正倒镜取中法），重点掌握该法的原理和操作法。

（3）极坐标法测设点位是最常用的方法，学习时可结合第 7 章讲的坐标正算与反算问题，以加深理解。

（4）对于坡度的测设可与高程测设相联系进行学习。

第 12 章　土地整理测量

12.1　概述

本章介绍土地整理测量，是针对土建工程建设中，土地面积和土地平整两个问题。土地是国家极其宝贵的资源，一寸土地一寸金，其面积的准确性至关重要，无论工程建设单位，还是承建方对此都不会含糊。要想求得准确的土地面积，办法是靠测量。根据不同的建设任务、要求和条件，采用相应不同精度要求的面积测定方法。大体上可以分为图上测量法和实地测量法两大类。

图上面积测定方法常用的有图解法、网格法、平行线法、机械求积仪法、电子求积法以及控制法等。实地测量法，可以分为几何图形解析法（测量距离与角度，按三角公式计算面积）和坐标解析法（测量点的坐标，通过公式计算面积）。

另一个问题就是土地的平整（或称场地平整），它是工程开工前的一项重要工作。通常建筑物要建在相对平整的场上，对于山坡地，也要建在阶梯的台面上（局部的平整地面上），因此土地的平整也是重要问题。平整土地的方法有三大类，即（1）利用地形图进行土地平整，主要有：方格法、断面法、等高线法；（2）实地土地平整法，有实地方格法及散点法两种；（3）数字地面模型法（DTM 模型法）等。

12.2　图上面积量测方法

12.2.1　图解法

具有几何图形的面积，可用图解几何图形法来测定，即：将其划分成若干个简单的几何图形，从图上量取图形各几何要素，按几何公式来计算各简单图形的面积，并求其和，即得待测图形的面积。图解几何图形法测定面积的常用方法有：三角形底高法、三角形三边法、梯形底高法、梯形中线与高法。

三角形底高法就是量取三角形的底边长 a 和高 h，按 $S=\dfrac{1}{2}a \cdot h$ 来计算其面积。

三角形三边法就是量取三角形的三边之长 a、b、c，然后，按海伦（Heran）公式 $S=\sqrt{L(L-a)(L-b)(L-c)}$ ［式中 $L=(a+b+c)/2$］ 计算其面积。

梯形底高法就是量取梯形上底边长 a 和下底边长 b 及高 h，按 $S=\dfrac{1}{2}(a+b) \cdot h$ 计算其面积。

梯形中线与高法，就是量取梯形的中线长 c 及高 h，按 $S=c \cdot h$ 来计算其面积。

图解法的精度取决原图的精度与量测几何图形要素的精度。图解法一般精度较低，对面积精度要求不高的场合采用。

12.2.2　网格法

网格法是测定不规则图形面积的一种手工方法。它是利用绘有毫米方格的透明方格纸（文具店可买到），或其他类型的网格的透明纸（或透明模片）来测定图斑面积的。

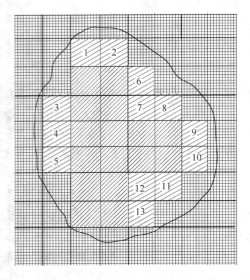

图 12-1　网格法（用透明方格纸）

网格法测定面积时，可将绘有正方形网格的透明纸（或透明膜片）蒙在欲测定的图斑上，固定不动，然后把图形边界仔细描在透明纸上。认真数图形边界内的方格数，如图 12-1，先数 $1cm^2$ 的方格数（本例有 4 个），再数 $0.25cm^2$ 的方格数（本例有 13 个），接着再数 $1mm^2$ 的方格数（本例有 244 个），最后数边界线通过 $1mm^2$ 的方格数（本例有 76 个），边界线上毫米方格折半计算，因此，总面积 S 为

$$S = 4 \times 1cm^2 + 13 \times 0.25cm^2 +$$
$$244 \times 0.01cm^2 + \frac{76 \times 0.01cm^2}{2}$$
$$= 484cm^2$$

如果此图比例尺为 1：5000，则实地面积 S 为：

$$S = 484cm^2 \times 5000^2 = 12100m^2$$

网格法测定面积具有操作简便、易于掌握，能保证一定的精度。在土地调查中，当缺少仪器设备的情况时，可以采用，但该法的主要缺点是效率低。

12.2.3　平行线法（积距法）

平行线法是利用绘有平行线组（间距为 2mm 或 5mm）的透明膜片，将图形分割成若干梯形而求其面积的。

如图 12-2 所示，将透明膜片蒙在待测面积的图形上，转动膜片使图形的上下边界（如 a、b 在两点）处于平行线间的中央位置后，固定膜片。此时，整个图形被平行线切割成一系列的梯形，梯形的高为平行线的间距 h，梯形中线为平行线在图形内的部分 d_1、d_2、……、d_n。查看图中 1 个梯形面积，例如画斜线的梯形面积为 $d_2 \cdot h$，显然，总的面积 S 是

$$S = d_1 \cdot h + d_2 \cdot h + \cdots + d_{n-1} \cdot h + d_n \cdot h$$
$$= h(d_1 + d_2 + \cdots + d_{n-1} + d_n)$$

从上式看出：图形总面积为各中线长相加后乘以平行线间隔 h，最后，再根据地形图比例尺，将其换算为实地面积。

平行线法测定面积的关键是量各中线长并求其和，故又称为积距法、纵距和法。

为了提高量测中线长的速度，量中线长有两种方法：

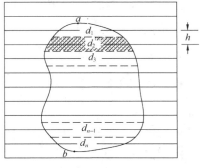

图 12-2　平行线法

（1）两脚规法：先在一张纸上画一直线，然后用两脚规截取各中线长，将其图解累加在直线上，再用直尺量取总长。

（2）长纸条量法：准备一张宽1～2cm长纸条，长度根据量测图形大小而定。用长条纸去比量第1中线长，并在长条纸上画两个短线记号，移动纸条使标志第1中线右短线记号与图形第2中线起点重合，然后在长条纸上画第2中线终点记号，照此一直量到最后一段中线长。最后，用直尺量起点短线记号至终点短线记号间的长度，即得各中线长之和。

12.2.4 机械求积仪法

机械求积仪是一种专供图上测定面积的仪器，其优点是速度快、操作简便，适用于各种不同形状图形面积的量算。

（1）求积仪的构造

求积仪是根据近似积分原理制成的面积测定仪器，主要由极臂、航臂（描迹臂）和计数机件三部分组成，如图12-3所示。在极臂的一端有一个重锤，重锤下面有一个短针。航臂长是航针尖端至短柄旋转轴间的距离。极臂长是极点至短柄旋转轴间的距离。

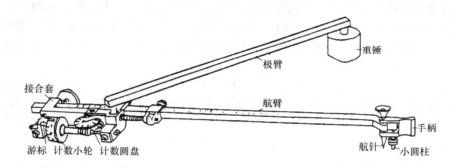

图 12-3　机械求积仪

求积仪最重要的部件是计数机件（图12-4）。它包括计数小轮、游标和计数圆盘。当航臂移动时，计数小轮随着转动。当计数小轮转动一周时，计数圆盘转动一格。计数圆盘共分十格，标有数字0至9。计数小轮分为10等分，每一等分又分成10个小格。在计数小轮旁附有游标，可直接读出计数小轮上一小格的十分之一。因此，根据这个计数机件可读出四位数字。首先从计数圆盘上读得千位数，在计数小轮上读得百位数和十位数，最后按游标与测轮分划线位置读取个位数，如图中所示的读数为3687。

（2）求积仪的使用

操作时，将极臂与航臂连接，在图形之外选一个极点，最佳位置是当描针位于图形中心时，航臂与极臂的夹角约为八九十度，也可安置极点后大致绕行图形一周，两臂夹角介于30°至150°之间。开始量时，在图形轮廓线上选一个起始点并使航臂与极臂的夹角接近于直角，起始点作记号，

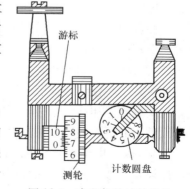

图 12-4　求积仪的计数机件

读出计数机件的起始读数 n_1。然后手扶把手使航针尖端顺时针方向平稳而准确地沿图形轮廓线绕行，待回到起始点时，读取读数 n_2。根据两次读数，即可按下式计算出待测图形的实地面积 S，即：

$$S = C \cdot (n_2 - n_1) \tag{12-1}$$

式中　C——求积仪的分划值（即与一个读数单位对应的面积）。

使用求积仪时必须注意：对于面积 $2 \sim 3 cm^2$ 的小图形，使用求积仪测定面积时应多绕行几圈，再将每圈的平均值代入公式（12-1）求取面积。但对于面积为 $1 \sim 2 cm^2$ 的小图形，不宜使用求积仪进行测定。当面积过大时，应分块进行测定，并把极点放在图形之外。

（3）求积仪分划值 C 的测定

求积仪的分划值 C 是指求积仪单位读数所代表的面积，也即游标上读得的一个分划所代表的面积。C 值所代表的图上面积，称 C 的绝对值，可写为 $C_{绝对}$，C 值所代表的实地面积，称 C 的相对值，可写为 $C_{相对}$。根据求积仪的原理可知，C 的绝对值等于测轮周长千分之一乘航臂长。C 的绝对值与 C 的相对值在求积仪盒内卡片上标明，两者的关系是

$$C_{相对} = C_{绝对} \times M^2 \tag{12-2}$$

式中 M 为图形比例尺分母。为了测定分划值 C，可在图纸上画出任意正规的图形（如圆、正方形、矩形）。把航臂安置为某一定的长度。在极点位于图形之外的情况下，沿图形轮廓线绕行一周，得到开始和结束的读数 n_1、n_2。根据此读数和图形的已知面积 S_0 即可求得 C，即：

$$C = \frac{S_0}{n_2 - n_1} \tag{12-3}$$

为了提高求积仪分划值的测定速度和精度，在求积仪的仪器盒中，备有特制的金属检验

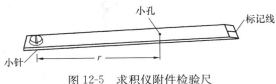

图 12-5　求积仪附件检验尺

尺，如图 12-5 所示，它一端有小针，可固定于图板上，尺上有一小孔可插入航针，小针与小孔的距离 r 由厂家精确测定。因此，以小针为圆心，航针插入小孔转动一周的圆面积是已知的，其值预先刻在尺上或载于附表中。将此面积作为已知面积，可较准确地求出求积仪的分划值。

12.2.5　动极式电子求积仪

图 12-6 所示为日本索佳公司生产的 KP-90N 型动极式电子求积仪，它在机械装置（测轮、动极轴、描迹臂）的基础上，增加了电子脉冲计数设备和微处理器，测量的面积能自动显示，并有面积分块测定后相加、多次测定取平均值和面积单位换算等功能。因此，其性能较机械求积仪优越，具有测量范围大、精度高和使用方便等优点。

（1）动极式求积仪的构造

动极式求积仪构造如图 12-6 所示，包括微处理器、键盘、显示屏、跟踪臂、跟踪放大镜，与微处理器相连的动极轴，在动极轴两端，有两个动极轮，动极轮只能向动极轴的垂直方向滚动，而不能向动极轴方向滑动。

KP-90N 型电子求积仪的反面装有积分车，相当于机械求积仪的测轮，其转动数值由电子脉冲设备计数。装有专用程序的微处理器，8 位液晶显示所测的面积，使用功能键可对单位、比例尺进行设定和面积换算。对测定的图形可以分块测定相加、相减和多次量测自动显

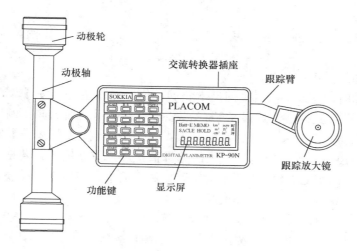

图 12-6　KP-90N 型电子求积仪

示平均值。测量范围上、下最大幅度达 325mm，左右在滚轮移动方向不受限制。量测面积精度为±0.2％脉冲，即相对误差为 $\frac{1}{500}$。

仪器面板说明：设有 22 个功能键，一个显示窗，上部显示状态区，用来显示电池、存储器、比例尺、暂存以及面积单位，下部为数据区，用来显示量算结果和数入值。下面在面积量测方法中进一步说明。

（2）面积测定时的准备工作

将图纸固定在平整的图板上。安置求积仪时，使垂直于动极轴的中线通过图形中心，如图 12-8 所示。然后，用描迹点沿图形的轮廓线转一周，以检查动极轮和测轮是否能平滑移动，必要时重新安放动极轴位置。

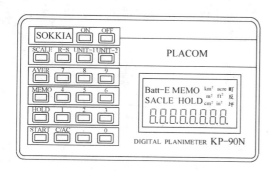

图 12-7　KP-90N 型电子求积仪键盘

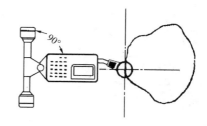

图 12-8　面积测量方法

（3）面积测量的方法

1）打开电源：按下【ON】键。

2）选择面积显示单位，可供选择的面积单位有：公制单位（km²，m²，cm²），英制单位（acre，ft²，in²），日制单位（町，反，坪）。（注：1acre＝4046.86m²，1ft²＝0.092903m²，1 町＝9917.4m²）

按【UNIT-1】键，对单位制进行选择；在单位制确定的情况下，按【UNIT-2】键，选定实际的面积单位。

3）设定比例尺：要在非测量的状态下设置比例尺，例如图的比例尺为 1∶500，先按【SCALE】键，再按 500，最后按【SCALE】键结束比例尺输入，显示比例尺分母的平方（250000），确认图的比例尺已设置好。

在量测断面图时，若纵、横向比例尺不相同，仪器操作法是：按【SCALE】键后，状态区显示"SCALE"，数据区左边显示字符"A"，右边显示当前纵向比例尺的分母值，用户重新输入，若纵向比例尺为 1∶100，则输入 100。然后再按【SCALE】键，数据区左边显示字符"b"，右边显示当前横向比例尺的分母值，用户重新输入，若横向比例尺为 1∶1000，则输入 1000，最后按【SCALE】键结束比例尺输入。如果比例尺输入有误，可以立即按【C/AC】键清除。

4）单个图形一次测量法：在图形轮廓线上选取一点作为量测起点，按【START】键，蜂鸣器发出声响，数据区左边显示数字"1"，表示测量次数，右边显示数字"0"。表示可以开始面积测量，使描迹点准确沿轮廓线按顺时针方向移动，直至回到起点。此时，显示屏显示的数值为脉冲数（相当于测轮读数）。按【AVER】键，则显示图形面积值。

5）同一图形多次测量法：如果对同一图形测量 n 次，每绕图形一周，不按【AVER】键而按【MEMO】键（记忆测量值键），这样重复 n 次（使用记忆键累加不得超过 10 次），结束时，按【AVER】键，则显示 n 次测量的面积平均值。

6）图形累加和累减测量法：如图 12-9 所示，设对图形 A 和 B 进行面积测量，最后要相加，则先对图形 A 选开始点，描迹点按顺时针绕图形一周操作，但最后一步不按【AVER】键而按【HOLD】键（保持测量值键，"HOLD"字样显示）。然后，描迹点移至图形 B 选开始点，再按【HOLD】键（"HOLD"字样消失），显示器显示 0，顺时针绕图形 B 一周后（注意不能逆时针绕图形转），最后按【AVER】键，显示 A 和 B 面积的总和。

欲量测图 12-10 的圆环，先测 A 图形面积，后测 B 图形面积，两图形面积机器自动相减便得圆环面积。量 A 图形面积与上法相同，量 B 图形面积时，注意描迹点必须逆时针绕图形 B 转，最后按【AVER】键，显示 A 和 B 面积之差。

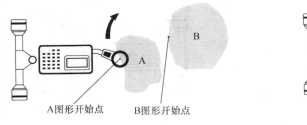

图 12-9　图形累加测法

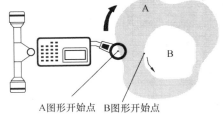

图 12-10　图形累减测法

7）单位换算：面积测量结束，按【AVER】键显示测得面积（按事前指定的面积单位）。此时，如果需要改变面积单位，可以按【UNIT-1】键和【UNIT-2】键，显示所需要的面积单位。再按【AVER】键，则显示重新指定单位的面积值。

12.2.6　求积仪量测面积的精度

用求积仪量测图形面积的误差，除了与求积仪仪器误差与操作误差有关外，还与测图比例尺与成图精度有关。对于成图精度，情况复杂难以具体分析。对于测图比例尺，比例尺越大，图解精度越高。因此，讨论求积仪量测图形面积的误差，先不考虑成果精度与测图比例尺，仅考虑求积仪量测图形本身的误差，其中包括求积仪的最小读数误差和操作时沿图形轮廓的描迹误差。图上面积误差的计量单位一般采用 cm^2，求算实地面积误差还应乘以测图比例尺分母的平方。

求积仪的最小读数误差引起面积误差约为 $\pm 0.1cm^2$，而描迹误差与图形面积 S 的平方根大致成正比。因此求积仪量测面积误差经验公式为：

$$m_S = 0.1 + 0.015\sqrt{S} \tag{12-4}$$

12.2.7 数字化仪求积法

数字化仪求积法是利用数字化仪将图形轮廓线转换为线上各点的坐标（x_i、y_i）串，记录于存储器中，借助于电子计算机利用坐标法求面积的公式而求取图形的面积。

使用手扶跟踪数字化仪对图形轮廓线数字化时，应先在轮廓线上找一点作为起始点，将跟迹器的十字丝交点对准该点，打开开关记下起点坐标。然后顺时针沿轮廓线绕行一周后再回到起点。在绕行跟踪过程中，每隔一定时间（例如每隔 $0.5\sim1.0s$）或一定的间距（例如每隔 $0.7\sim0.8mm$）取一点的坐标值，记录在存储器内，然后送入计算机计算其面积。

12.2.8 控制法测量图上面积

控制法是将方格法和求积仪法相结合的面积测定方法。当图形面积超过 $400cm^2$ 时，若欲获得较高的精度，宜采用控制法进行测定。

控制法是利用公里网格，将待量测面积的图形划分为整方格和非整方格的破格两部分。整格部分面积可由公里网格的理论面积乘以格数而求得；为量测破格的面积，可将几个公里网格分为一组，用求积仪分别测定其图形内的破格部分面积和图形外部分的面积。用公里网格的理论面积，作为控制对图形内的破格面积进行平差。平差后的破格面积与整格面积之和，即为待测图形的面积。

例如，在图 12-11 中，图形内有 6 个整公里网格（每个网格的理论面积为 p）和 14 个破格。将 14 个破格分为四组。用求积仪分别对每组的破格部分和图形外部分进行量测，具体操作计算如下：

（1）求积仪量测 1、2、3、4 图形读数差为 a_1，量测图形外部分读数差为 b_1，已知第 1 组理论面积为 $4km^2$，则求积仪分划值

$$C_1 = \frac{4km^2}{a_1 + b_1}$$

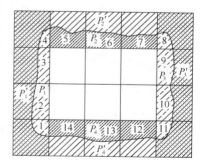

图 12-11　控制法测量图上面积

因此，第 1 组图内面积 P_1 为 $P_1 = C_1 \times a_1$，图外面积 P'_1 为 $P'_1 = C_1 \times b_1$，此时 P_1 与 P'_1 之和必等于理论面积 $4km^2$，因为：

$$P_1 + P'_1 = C_1 \times a_1 + C_1 \times b_1 = C_1(a_1 + b_1) = 4km^2$$

（2）求积仪量测 5、6、7 图形读数差为 a_2，量测图形外部分读数差为 b_2，已知第 2 组理论面积为 3km^2，则求积仪分划值

$$C_2 = \frac{3\text{km}^2}{a_2 + b_2}$$

因此，第 2 组图内面积 P_2 为 $P_2 = C_2 \times a_2$，图外面积 P'_2 为 $P'_2 = C_2 \times b_2$，此时 P_2 与 P'_2 之和必等于理论面积 3km^2。

（3）求积仪量测 8、9、10、11 图形读数差为 a_3，量测图形外部分读数差为 b_3，已知第 3 组理论面积为 4km^2，则求积仪分划值

$$C_3 = \frac{4\text{km}^2}{a_3 + b_3}$$

因此，第 3 组图内面积 P_3 为 $P_3 = C_3 \times a_3$，图外面积 P'_3 为 $P'_3 = C_3 \times b_3$，此时 P_3 与 P'_3 之和必等于理论面积 4km^2。

（4）求积仪量测 12、13、14 图形读数差为 a_4，量测图形外部分读数差为 b_4，已知第 4 组理论面积为 3km^2，则求积仪分划值

$$C_4 = \frac{3\text{km}^2}{a_4 + b_4}$$

因此，第 4 组图内面积 P_4 为 $P_4 = C_4 \times a_4$，图外面积 P'_4 为 $P'_4 = C_4 \times b_4$，此时 P_4 与 P'_4 之和必等于理论面积 4km^2。

最后求得此图形的总面积 S 为：

$$S = 6p + P_1 + P_2 + P_3 + P_4$$

12.3　土地面积野外实测方法

12.3.1　几何图形解析法

此法就是将地段分成若干最简单的几何图形，测量其图形元素，然后按已知的几何公式

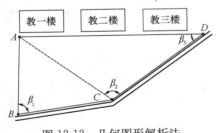

图 12-12　几何图形解析法

计算图形面积。这种方法有别于几何图形图解法，称为几何图形解析法。例如，在现有 3 栋建筑南边征用土地形状 $ABCD$，如图 12-12。为了求得 $ABCD$ 的面积，可将它分成两个三角形，丈量 AB、BC、CD，测量水平角 β_1、β_2、β_3，就可以用下列公式分别计算 $\triangle ABC$ 面积 S_1 及 $\triangle ACD$ 面积 S_2。从图中可知：

$$S_1 = \frac{1}{2}AB \cdot BC \cdot \sin\beta_1$$

按正弦定律有

$$\frac{AD}{\sin\beta_2} = \frac{CD}{\sin[180° - (\beta_2 + \beta_3)]}$$

$$\therefore \quad AD = \frac{CD}{\sin(\beta_2 + \beta_3)}\sin\beta_2$$

仿照 S_1 基本公式得 　$S_2 = \frac{1}{2}AD \cdot CD \cdot \sin\beta_3$

因此，$ABCD$ 总面积 $= S_1 + S_2$

注意实际工作中应进行多余观测，增加测角与测边，以便进行检核。

12.3.2 坐标解析法

（1）坐标解析法原理

使用全站仪（或其他仪器）在野外实测土地边界各转折点的坐标（或实测角度距离算得坐标），然后，根据各转折点的坐标来计算图形的面积，称为坐标解析法。

有如图 12-13 所示的 n 边形，其角点按顺时针编号为 1、2、…、n，设各角点的坐标值均为正值（这个假设并不会使其在应用上失去一般性，但会使公式的推导变得简单），其坐标值依次为 x_1、y_1，x_2、y_2，…，x_n、y_n。由图可以看出，若从各角点向 y 轴作垂线，则将构成一系列的梯形（如 $1A_1A_22$、$2A_2A_33$、…）其上底和下底分别为过相邻两角点的两条垂线（其长度为 x_i 和 x_{i+1}），其高为前一点（$i+1$ 号点）与后一点（i 号点）的 y 坐标之差，即 $y_{i+1}-y_i$，于是可知，第 i 个梯形的面积 S_i 为

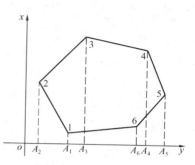

图 12-13　坐标解析法

$$S_i = \frac{1}{2}(x_{i+1}+x_i)(y_{i+1}-y_i)$$

考察图 12-13 可看出，该 6 边形的面积是 2 点、3 点、4 点的 3 个梯形面积减去 5 点、6 点、1 点的 3 个梯形面积。从上式还可看出，当 $i+1$ 号点位于 i 号点之右方时，$y_{i+1}-y_i$ 为正，相应的面积为正；反之，$i+1$ 号点位于 i 号点之左方时，$y_{i+1}-y_i$ 为负，相应的面积为负。因此只要将上式计算的各梯形面积相加就可得多边形面积，即 n 边形的面积 S 可按下式计算：

$$2S = (x_2+x_1)(y_2-y_1)+(x_3+x_2)(y_3-y_2)+(x_4+x_3)(y_4-y_3)+\cdots$$
$$+(x_n+x_{n-1})(y_n-y_{n-1})+(x_1+x_n)(y_1-y_n)$$
$$=x_1y_2-x_2y_1+x_2y_3-x_3y_2+\cdots+x_{n-1}y_n-x_ny_{n-1}+x_ny_1-x_1y_n$$

即：

$$S = \frac{1}{2}\left(\sum_{i=1}^{n} x_iy_{i+1} - \sum_{i=1}^{n} y_ix_{i+1}\right) \tag{12-5}$$

因为是闭合多边形，所以上式中，当 $i=n$ 时，y_{n+1} 即为 y_1，x_{n+1} 即为 x_1。为了便于记忆公式（12-5），将多边形各点坐标按下列的顺序排列，注意第 1 点坐标重复列在最后，见下面的示意图：

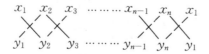

2 倍多边形面积＝实线两端坐标相乘之和－虚线两端坐标相乘之和

把示意图与公式（12-5）对照可看出：2 倍多边形面积就等于实线两端坐标相乘之和减去虚线两端坐标相乘之和。

上列公式是在角点按顺时针编号的约定下推导出来的。若角点按逆时针编号，按上式计

算的面积将是负值，即与角点按顺时针编号时计算的面积值等值反号。公式（12-5）计算极富规律性，特别适合编程计算。下面举一例用计算器计算。为了计算检核，可从第 2 点开始再按表 12-1 计算一遍。

表 12-1　坐标解析法计算面积表

点　　名	纵坐标 x	横坐标 y	面积计算项目	
			$x_i \times y_{i+1}$	$y_i \times x_{i+1}$
A	375.12	120.51	103326.8040	57920.7213
B	480.63	275.45	204709.9296	69077.3510
C	250.78	425.92	52871.9474	74842.6624
D	175.72	210.83	21176.0172	79086.5496
A	375.12	120.51		
面积计算公式：$\Sigma1 = \sum_{i=1}^{n} x_i y_{i+1}$　$\Sigma2 = \sum_{i=1}^{n} y_i x_{i+1}$ $S = \frac{1}{2}(\Sigma1 - \Sigma2)$			本列总和 $\Sigma1 = 382084.6982$	本列总和 $\Sigma2 = 280927.2843$
			$2S = \Sigma1 - \Sigma2$	101157.4130m²
			面积 S　5.057871 公顷	75.87 亩

注意算法的规律性：实线两端箭头的两个数相乘写入（$x_i \times y_{i+1}$）栏，虚线两端箭头的两个数相乘写入（$y_i \times x_{i+1}$）。

【例 12-1】　如图 12-14 所示四边形 ABCD，各点坐标为

图 12-14　计算
四边形面积

A 点：$x_A=375.12$m，$y_A=120.51$m；

B 点：$x_B=480.63$m，$y_B=275.45$m；

C 点：$x_C=250.78$m，$y_C=425.92$m；

D 点：$x_D=175.72$m，，$y_D=210.83$m。

试用坐标解析法求四边形 ABCD 的面积为多少？

计算列于表 12-1。

（2）坐标解析法野外施测方案

采用坐标解析法野外施测方案应根据测区大小、通视情况以及仪器设备等条件而定。一般常采用下列两种施测方案：

1）测站放射测量法：如果测区较小，且通视条件较好，则可在测区中间选一测站点，假定其坐标，以某建筑物南北轴线为 x 轴，用全站仪观测土地边界各转折点坐标。一般全站仪都有面积测量的内置程序，用它可直接测得土地面积。如果没有全站仪，也可使用经纬仪，但距离依精度要求，要改用卷尺丈量或用视距法。首先要用公式计算出土地边界各转折点坐标，然后用坐标解析法计算土地面积。

2）以导线为基础测量法：如图 12-15 所示，首先在测区布置闭合导线 ABCDE，计算得各导线点坐标，然后从各导线点再来施测土地边界各转折点 1、2、3、4……坐标。最后用坐标解析法计算土地面积。

（3）坐标解析法求面积的精度

从公式（12-5）得知：

$$2S = \sum_{i=1}^{n} x_i y_{i+1} - \sum_{i=1}^{n} y_i x_{i+1}$$

即

$$2S = x_1 y_2 - x_2 y_1 + x_2 y_3 - x_3 y_2 + \cdots + x_n y_1 - x_1 y_n$$

对上式两边取微分：

$$2\mathrm{d}S = y_2 \mathrm{d}x_1 + x_1 \mathrm{d}y_2 - y_1 \mathrm{d}x_2 - x_2 \mathrm{d}y_1 + y_3 \mathrm{d}x_2 + x_2 \mathrm{d}y_3 -$$
$$y_2 \mathrm{d}x_3 - x_3 \mathrm{d}y_2 + y_1 \mathrm{d}x_n + x_n \mathrm{d}y_1 - y_n \mathrm{d}x_1 - x_1 \mathrm{d}y_n$$
$$= [(y_2 - y_n)\mathrm{d}x_1 + (y_3 - y_1)\mathrm{d}x_2 + \cdots + (y_1 - y_{n-1})\mathrm{d}x_n -$$
$$[(x_2 - x_n)\mathrm{d}y_1 + (x_3 - x_1)\mathrm{d}y_2 + \cdots + (x_1 - x_{n-1})\mathrm{d}y_n]$$

式中　x_i、y_i——独立变量。

将 $\mathrm{d}x_i$、$\mathrm{d}y_i$ 用中误差 m_{x_i}、m_{y_i} 代替，按误差传播定律得

$$4m_S^2 = \sum_{i=1}^{n}(y_{i+1} - y_{i-1})^2 m_{x_i}^2 + \sum_{i=1}^{n}(x_{i+1} - x_{i-1})^2 m_{y_i}^2 \qquad (12\text{-}6)$$

设 $D_{i+1,i-1}$ 为第 i 点左右相邻两点的连线（即间隔点连线）的长度，如图 12-16，则

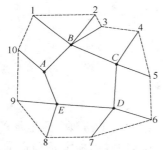

图 12-15　导线为基础测量法

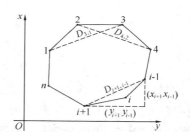

图 12-16　多边形间隔点连线

$$D_{i+1,i-1}^2 = (x_{i+1} - x_{i-1})^2 + (y_{i+1} - y_{i-1})^2 \qquad (12\text{-}7)$$

可以认为各点坐标中误差都相等，即

$$m_{x_i} = m_{y_i} = m \qquad (12\text{-}8)$$

将式（12-7）、式（12-8）代入式（12-6），整理后得坐标解析法量测面积中误差公式为

$$m_S = \frac{m}{2} \sqrt{\sum_{i=1}^{n} D_{i+1,i-1}^2} \qquad (12\text{-}9)$$

12.4　土地平整测量与土方计算

根据建筑设计要求，将拟建的建筑物场地范围内高低不平的地形整为平地，称为土地平整或称场地平整。场地平整的基本原则：总挖方与总填方大致相等，使场地内挖填基本平衡。此外，场地平整还要考虑满足总体规划、生产施工工艺、交通运输和场地排水等要求。

12.4.1　利用地形图进行土地平整

（1）方格网法

如图 12-17 所示，拟在地形图上将原地貌按填、挖土（石）方量平衡的原则，改造成某

一设计高程的水平场地，然后估算填、挖土（石）方量。其具体步骤如下：

1）在地形图上绘制方格网

首先找一张大比例尺地形图，在拟建场地范围内打方格，如图12-17所示。方格网的网格大小取决于地形图的比例尺大小、地形的复杂程度以及土（石）方量估算的精度。方格的边长一般取为10m或20m。本例方格的边长为10m。对方格进行编号，纵向（南北方向）用A、B、C、D……进行编号，横向（东西方向）用1、2、3、4……进行编号，因此，各方格顶点编号由纵横编号组成，例如本图北边线方格点的编号为$A1$、$A2$、$A3$、$A4$，最南边线方格点的编号为$C1$，$C2$，$C3$，等等，如图12-17所示。

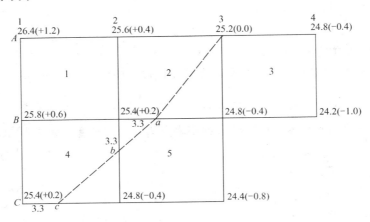

图12-17　方格网法平整土地

2）求各方格顶点的高程并计算设计高程

为保证填、挖土（石）方量平衡，设计平面的高程应等于拟建场地内原地形的平均高程。根据地形图上的等高线内插求出各方格顶点的高程，并注记在相应方格顶点的左上方，如图12-17所示。然后，将每一方格顶点的高程相加除以4，从而得到每一方格的平均高程，再把每个方格的平均高程相加除以方格总数，就得到拟建场地的设计平面高程H。

第1方格平均高程＝（$H_{A1}+H_{A2}+H_{B1}+H_{B2}$）/4；

第2方格平均高程＝（$H_{A2}+H_{A3}+H_{B2}+H_{B3}$）/4；

$$\vdots$$

$$\vdots$$

第5方格平均高程＝（$H_{B2}+H_{B3}+H_{C2}+H_{C3}$）/4。

所以平整土地总的平均高程H。为5个方格平均高程再取平均，即

$$H_0=\frac{1}{4n}[(H_{A1}+H_{A4}+H_{B4}+H_{C3}+H_{C1})+2(H_{A2}+H_{A3}+H_{C2}+H_{B1})+3H_{B3}+4H_{B2}]$$

分析设计高程H_0的公式可以看出：方格网的$A1$、$A4$、$C1$、$C3$、$B4$的高程只用了一次，称为角点；$A2$、$A3$、$B1$、$C2$的高程用了2次，称为边点；$B3$的高程用了3次，称为拐点；而中间点$B2$的高程用了4次，称为中点。因此，计算设计高程的一般公式为：

$$H_0=\frac{1}{4n}(\sum H_{角}+2\sum H_{边}+3\sum H_{拐}+4\sum H_{中})\qquad(12\text{-}10)$$

式中 $H_角$、$H_边$、$H_拐$、$H_中$——表示角点、边点、拐点、中点的高程；

n——方格总数。

将图 12-17 中方格网顶点的高程代入公式（12-10），计算出设计高程为 25.2m。

3）计算填、挖高度（施工量）

根据设计高程和方格顶点的高程，可以计算出每一方格顶点的挖、填高度：

$$挖、填高度 ＝ 地面高程 － 设计高程 \tag{12-11}$$

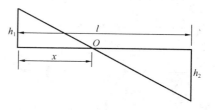

各方格顶点的挖、填高度写于相应方格顶点的右上方。正号为挖深，负号为填高。挖、填高度又称施工量，如图 12-17 方格顶点旁括号内数值。

4）确定填、挖边界线

当方格边上一端为填高，另一端为挖深，中间必存在不填不挖的点，称为零点（零工作点、填挖分界点），如图 12-18 所示。零点 O 的位置由下式计算 x 值来确定：

图 12-18　确定填挖分界点

$$x = \frac{|\,h_1\,|}{|\,h_1\,|+|\,h_2\,|}l \tag{12-12}$$

式中　　　　　　l——方格的边长；

　　$|\,h_1\,|$、$|\,h_2\,|$——方格边两端点挖深、填高的绝对值；

　　　　x——填、挖分界点距标有 h_1 方格顶点的距离。

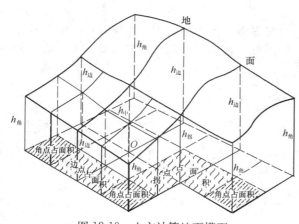

图 12-19　土方计算地面模型

本例 $B2\sim B3$，$B2\sim C2$ 及 $C1\sim C2$ 三个方格边两端施工量符号不同，必存在零点。按公式（12-12）算得结果均为 3.3m。根据求得 x 值，在图上标出，参照地形顺滑连接各零点便得填、挖分界线，如图 12-17 中的虚线。施工前，在实地撒上白灰以便施工。

5）计算填、挖方量

首先列表格（如表 12-2），填入所有方格顶点编号、挖深及填高，然后，各点按其性质，即角点、边点、拐点和中点分别进行计算，它们的公式从图 12-19 很容看出是：

$$
\left.
\begin{array}{l}
角点: V_角 ＝ h_角 \times \dfrac{1}{4} S_格 \\[2mm]
边点: V_边 ＝ h_边 \times \dfrac{2}{4} S_格 \\[2mm]
拐点: V_拐 ＝ h_拐 \times \dfrac{3}{4} S_格 \\[2mm]
中点: V_中 ＝ h_中 \times \dfrac{4}{4} S_格
\end{array}
\right\} \tag{12-13}
$$

最后，按挖方与填方分别求和，可求得总控方量与总填方量。计算过程列于表 12-2。

表 12-2　挖方与填方土方计算表

点　号	挖深（m）	填高（m）	点的性质	所代表面积（m²）	挖方量（m³）	填方量（m³）
A1	+1.2		角	25	30	
A2	+0.4		边	50	20	
A3	0.0		边	50	0	
A4		−0.4	角	25		10
B1	+0.6		边	50	30	
B2	+0.2		中	100	20	
B3		−0.4	拐	75		30
B4		−1.0	角	25		25
C1	+0.2		角	25		
C2		−0.4	边	50	5	20
C3		−0.8	角	25		20
				Σ	105	105

这种方法计算挖填方量简单，但精度较低。下面介绍另一种方法，精度较高，但计算量大。

该法特点是逐格计算挖方与填方量，遇到某方格内存在填、挖分界线时，则说明该方格既有挖方，又有填方，此时要求分别计算，最后再计算总挖方量与总填方量。本例第 1 方格全为挖方，其数值可用下式计算：

$$V_{1w} = \frac{1}{4}(1.2 + 0.4 + 0.6 + 0.2) \times 100 = 60\text{m}^3$$

第 2 方格既有挖方，又有填方，因此

$$V_{2w} = \frac{1}{4}(0.4 + 0 + 0 + 0.2) \times \frac{3.3 + 10}{2} \times 10 = 0.15 \times 66.5 = 9.98\text{m}^3$$

$$V_{2T} = \frac{1}{3}(0.4 + 0 + 0) \times \frac{6.7 \times 10}{2} = 0.13 \times 33.5 = 4.36\text{m}^3$$

第 3 方格只有填方，可求得：$V_{3T} = 45\text{m}^3$。

第 4 方格既有挖方，又有填方，可求得：$V_{4w} = 15.51\text{m}^3$，$V_{4T} = 2.92\text{m}^3$。

第 5 方格既有挖方，又有填方，可求得：$V_{5w} = 0.38\text{m}^3$，$V_{4T} = 30.26\text{m}^3$。

因此，$\sum V_w = 85.87\text{m}^3$，$\sum V_T = 82.54\text{m}^3$

方格法由于计算简单，精度高，是建筑工程中最广泛使用的方法。

（2）断面法

断面法是以一组等距（或不等距）的相互平行的截面将拟整治的地形分截成若干"段"，计算这些"段"的体积，再将各段的体积累加，从而求得总的土方量。此法比较适合于不太复杂、同样坡向的山坡地形场地的平整。

214

断面法的计算公式如下：

$$V = \frac{S_1 + S_2}{2} \times L \tag{12-14}$$

式中　S_1、S_2——两相邻断面上的填土面积（或挖土面积）；

　　　L——两相邻断面的间距。

此法的计算精度取决于截取断面的数量，多则精，少则粗。断面法根据其取断面的方向不同主要分为垂直断面法和水平断面法（等高线法）两种。

如图 12-20a 所示 1：1000 地形图局部，$ABCD$ 是计划在山梁上拟平整场地的边线。设计要求：平整后场地的高程为 67m，AB 边线以北的山梁要削成 1：1 的斜坡。分别估算挖方和填方的土方量。

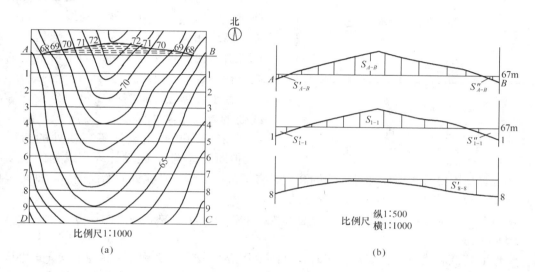

图 12-20　垂直断面法

(a) 1：1000 地形图局部；(b) A-B、1-1、8-8 三个断面图

根据上述的情况，将场地分为两部分来讨论。

1）$ABCD$ 场地部分

根据 $ABCD$ 场地边线内的地形图，每隔一定间距（本例采用的是图上 10cm）画一垂直于左、右边线的断面图，图 12-20b 为 A-B、1-1 和 8-8 的断面图（其他断面省略）。断面图的起算高程定为 67m，这样一来，在每个断面图上，凡是高于 67m 的地面和 67m 高程起算线所围成的面积即为该断面处的挖土面积，凡由低于 67m 的地面和 67m 高程起算线所围成的面积即为该断面处的填土面积。

分别求出每一断面处的挖方面积和填方面积后，根据公式（12-14）即可计算出两相邻断面间的填方量和挖方量。例如：A-B 断面和 1-1 断面间的填、挖方为：

$$V_{填} = V'_{填} + V''_{填} = \frac{S'_{A-B} + S'_{1-1}}{2} \times L + \frac{S''_{A-B} + S''_{1-1}}{2} \times L \tag{12-15}$$

$$V_{挖} = \frac{S_{A-B} + S_{1-1}}{2} \times L \tag{12-16}$$

215

式中　S'、S''——断面处的填方面积；

　　　　S——断面处的挖方面积；

　　　　L——A-B 断面和 1-1 断面间的间距。

同法可计算出其他相邻断面间的土方量。最后求出 ABCD 场地部分的总填方量和总挖方量。

2）AB 线以北的山梁部分

首先按与地形图基本等高距相同的高差和设计坡度，算出所设计斜坡的等高线间的水平距离。在本例中，基本等高距为 1m，所设计斜坡的坡度为 1：1，所以设计等高线间的水平距离为 1m，按照地形图的比例尺，在边线 AB 以北画出这些彼此平行且等高距为 1m 的设计计等高线，如图 12-20a 中 AB 边线以北的虚线所示。每一条斜坡设计等高线与同高的地面等高线相交的点，即为零点。把这些零点用光滑的曲线连接起来，即为不填不挖的零线。在零线范围内，就是需要挖土的地方。

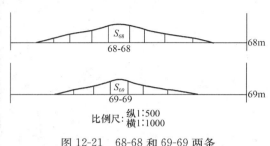

图 12-21　68-68 和 69-69 两条设计等高线处的断面图

为了计算土方，需画出每一条设计等高线处的断面图，如图 12-21 所示，画出了 68-68 和 69-69 两条设计等高线处的断面图（其他断面省略）。画设计等高线处的断面图时，其起算高程要等于该设计等高线的高程。有了每一设计等高线处的断面图后，即可根据公式（12-14）计算出相邻两断面的挖方。

最后，第一部分和第二部分的挖方总和为总的挖方，填方总和为总的填方。

（3）等高线法

当地面高低起伏较大且变化较多时，可以采用等高线法（又称水平断面法）。此法是先在地形图上求出各条等高线所包围的面积，乘以等高距，得各等高线间的土方量，再求总和，即为场地内最低等高线 H_0 以上的总土方量 $V_总$。如要平整为一水平面的场地，其设计高程 $H_设$ 可按下式计算：

$$H_设 = H_0 + \frac{V_总}{S} \tag{12-17}$$

式中　H_0——场地内的最低高程，一般不在某一条等高线上，需根据相邻等高线内插求出；

　　　$V_总$——场地内最低高程 H_0 以上的总土方量；

　　　S——场地总面积，由场地外轮廓线决定。

当设计高程求出以后，后续的计算工作可按方格网法进行。

若在数字地形图上，利用数字地面模型，计算平整场地的挖、填方工程量，则更为方便。先在场地范围内按比例尺设计一定边长的方格网，提取各方格顶点的坐标，并插算各点相应的高程，同时，给出或算出设计高程，求算各点的挖、填高度，按照挖、填范围分别求出挖、填土（石）方量，这种方法比在地形图上手工画图计算更为快捷。

12.4.2　现场平整土地测量法

（1）实地方格法

在地形图上方格法也适用野外作业，在场地上打上方格，例如图 12-22，实地量距打桩，然后进行面水准测量获得各方格顶点的高程。在进行面水准测量时，在适当地点安置仪器，图中Ⅰ、Ⅱ、Ⅲ、Ⅳ为测站，一测站可测若干个方格点。A、B、C、D为转点，构成闭合水准路线。先求得各转点高程，后求得各方格点的高程。

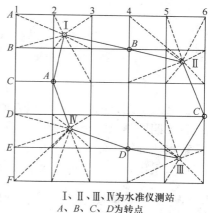

Ⅰ、Ⅱ、Ⅲ、Ⅳ为水准仪测站
A、B、C、D为转点

图 12-22　实地方格法面水准测量

最后，再按图上方格法的相同步骤求得平整场地的填、挖方。这种方法比图上方格法精度高，但工作量大。

（2）散点法

当场地地形起伏不大，可均匀布设地形点，用全站仪直接测量场地内地形点的三维坐标（x、y、H）。最后用公式也可求得挖方和填土的数量。测量与计算步骤如下：

1）确定场地设计高程 $H_设$

可以根据工程规划要求预定场地设计高程 $H_设$。如工程规划无特殊要求，通常是按挖方与填方基本平衡的要求，因此 $H_设$ 可按下式计算：

$$H_设 = \frac{H_1 + H_2 + H_3 + \cdots + H_n}{n} \qquad (12\text{-}18)$$

式中　H_1、H_2、H_3、$\cdots$、H_n——场地内各测点的高程，n 为测点数。

2）初步划分挖方区与填方区

图 12-23　平整土地散点法

最好能找到场区的地形图，如无，则根据 $H_设$ 也能概略确定挖、填分界的位置，从而在现场也可初步划分挖方区与填方区。根据实际地形条件，为减小土方计算误差，还可把挖方区再细分 2 个区，如图 12-23 所示。

3）分区计算挖、填平均高度

可用下列公式计算挖方区平均挖深和填方区平均填高：

$W1$ 挖方区平均挖深：

$$h_{W1} = \frac{\sum H_{W1}}{n_{W1}} - H_设 \qquad (12\text{-}19)$$

$W2$ 挖方区平均挖深：

$$h_{W2} = \frac{\sum H_{W2}}{n_{W2}} - H_设 \qquad (12\text{-}20)$$

填方区平均填高：

$$h_t = H_设 - \frac{\sum H_t}{n_t} \qquad (12\text{-}21)$$

式中　H_{W1}——$W1$ 区各测点的高程，即图 12-23 中，1、2、3、4、5 点高程；

　　　n_{W1}——$W1$ 区测点数；

　　　H_{W2}——$W2$ 区各测点的高程，图中，7、8、9、10 测点高程；

　　　n_{W2}——$W2$ 区测点数；

　　　H_t——填方区各测点的高程，即图中，11～21 测点高程；

　　　n_t——T 区内点数。

217

4) 挖、填土方计算

$$挖方\begin{cases} W1 \ 区:V_{W1} = A_{W1} \times h_{W1} \\ W2 \ 区:V_{W2} = A_{W2} \times h_{W2} \end{cases} \qquad (12\text{-}22)$$

$$填方:V_T = A_T \times h_T \qquad (12\text{-}23)$$

$$总土方量 = V_{W1} + V_{W2} + V_T$$

上列式中挖方面积 A_W 与填方面积 A_T，如有地形图，则从图中查得；如无，则可根据场地各区四周测点的坐标按坐标解析法公式计算求得。

散点法计算土石量精度不及方格法高，但省去方格打桩，工效高，用推土机进行机械化施工可以采用，施工中再用水准仪检测平整场地的设计高程。

12.4.3 数字地面模型（DTM 模型）平整土地法

数字地面模型（Digital Terrain Model，简称 DTM），它是描述地面各种特性空间分布的有序数值阵列。通常情况下，记载地面特性是点的平面直角坐标 (X, Y)，及其高程 Z，此时称数字高程模型（Digital Elevation Model，简称 DEM）。DTM 包含 DEM，DTM 范围更广，除高程外，例如土地权属、地价、土壤类别、岩层深度及土地利用等其他地面特性信息的数据。

DTM 模型平整土地法，是根据地面点的坐标 (X, Y, Z) 与平整土地的设计高程，通过生成三角网计算每个三棱柱的挖、填土方量，最后累计得到指定范围内挖、填土方量，并绘出挖、填分界线。

DTM 模型法，在 CASS 软件中提供有两种方法，一种是进行完全计算；一种是依照图上的三角网进行计算。完全计算法包含重新建立三角网的过程，它分为"根据坐标计算"和"根据图上高程点计算"两种方法；依照图上三角网法是直接采用图上已有的三角形，不再重建三角网。下面分述三种方法的操作过程：

（1）根据坐标计算

用 AutoCAD 多段线的命令绘出一条闭合的多段线（闭合复合线）作为平整土地的边界线。用鼠标点取"工程应用"菜单下的"DTM 法土方计算"子菜单中的"根据坐标文件"。

提示：选择边界线，用鼠标点取所画的闭合复合线。

请输入边界插值间隔（米）：边界插值间隔设定的默认值为 20 米。

屏幕上将弹出选择高程坐标文件的对话框，在对话框中选择所需坐标文件。

提示：平场面积＝××××平方米（注：该值为复合线围成的多边形的水平投影面积）。

平场标高（米）：输入设计高程。

回车后屏幕上显示填、挖方的提示框，命令行显示：

$$挖方量＝××××立方米，填方量＝××××立方米$$

同时图上绘出所分析的三角网、填挖方的分界线（白色线条）。

关闭对话框后系统提示：

请指定表格左下角位置：＜直接回车不绘表格＞用鼠标在图上适当位置单击，CASS 会在该处绘出一个表格，包含平场面积、最大高程、最小高程、平场标高、填方量、挖方量和图形。如图 12-24 所示。

（2）根据图上高程点计算

首先要展绘高程点，然后用多段线画出所要平整土地的区域，要求同上。

用鼠标点取"工程应用"菜单下"DTM法土方计算"子菜单中的"根据图上高程点计算"。

提示：选择边界线用鼠标点取所画的闭合复合线。

请输入边界插值间隔（米）：<20>边界插值间隔的设定的默认值为 20 米。

提示：选择高程点或控制点，此时可逐个选取要参与计算的高程点或控制点，也可拖框选择。如果键入"ALL"回车，将选取图上所有已经绘出的高程点或控制点。

提示：平场面积＝××××平方米

平场标高（米）：键入设计高程

回车后屏幕上显示填、挖方的提示框，命令行显示：

挖方量＝××××立方米，填方量＝××××立方米

同时图上绘出所分析的三角网、填挖方的分界线（白色线条）。

关闭对话框后系统提示：

请指定表格左下角位置：<直接回车不绘表格>用鼠标在图上适当位置单击，CASS 会在该处绘出一个表格，包含平场面积、最大高程、最小高程、平场标高、填方量、挖方量和图形。

（3）根据图上的三角形计算

用上面的完全计算功能生成的三角网进行必要的添加和删除，使结果符合实际地形。

用鼠标点取"工程应用"菜单下"DTM法土方计算"子菜单中的"依图上三角网计算"。

提示：平场标高（米）：输入平整的目标高程。

请在图上选取三角网：用鼠标在图上选取三角形，可以逐个选取也可拉框批量选取。回车后屏幕上显示填、挖方的提示框，同时图上绘出所分析的三角网、填挖方的分界线（白色线条）。

三角网法土石方计算

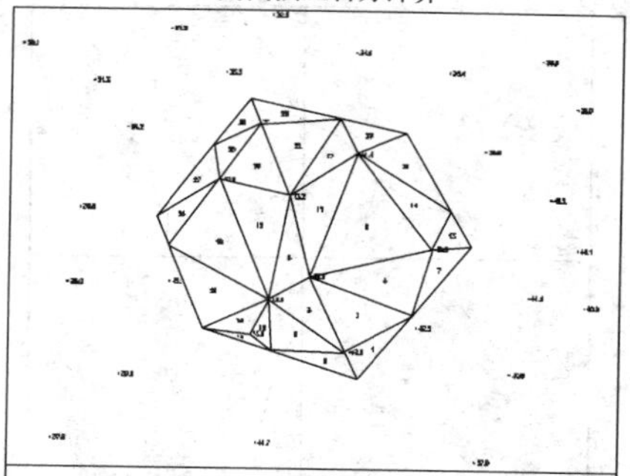

平场面积=2822.3平方米
最小高程=37.514米
最大高程=43.900米
平均标高=12.000米
挖方量=84442.7立方米
填方量=0.0立方米

计算日期：2003年4月1日　　　　计算人：

图 12-24　填、挖方量计算结果表格

练 习 题

1. 图上面积测定方法有哪几种方法？各适用于什么场合？实地面积测量法又有哪几种？

2. 动极式电子求积仪和机械求和仪有哪些相同之处，又有哪些不同之处？

3. 现有一多边形地区，在地形图上求得各边界特征点的坐标分别为 A（500.00，500.00）、B（375.57，593.32）、C（363.02，615.82）、D（472.12，674.05）、E（514.37，610.18），试计算该地区的土地面积。

4. 对一台航臂可调式求积仪的 C 值检定时，航臂长为 297.4，求算出 $C_{绝对}$＝9.84mm^2。

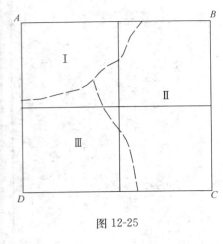

图 12-25

如何使 $C_{绝对}＝10mm^2$？若用此台求积仪量测 1：5000 地形图上一块面积，得读数值 $n_1＝4528$，$n_2＝5643$，求此块实地面积为多少公顷？折合为多少亩？

5. 如图 12-25 所示 $ABCD$ 为地形图上 4 个公里方格网，其面积 S 为 $4km^2$，其中 Ⅰ 为草地，Ⅱ 为稻田，Ⅲ 为果园。现用求积仪分别量测这 3 个地类面积得分划数：$\gamma_1＝2995$，$\gamma_2＝6123$，$\gamma_3＝3121$，量测 $ABCD$ 总的分划数 $\gamma＝12251$。试问量测达到精度要求否？用控制法求这 3 个地类面积各为多少公顷？

6. 图 12-26 表示某一缓坡地，按填、挖基本平衡的原则平整为水平场地。首先在该图上用铅笔打方格，方格边长为 10m。其次，由等高线内插求出各方格顶点的高程。以上两项工作已完成，现要求完成以下内容：

(1) 求出平整场地的设计高程（计算至 0.1m）；

(2) 计算各方格顶点的填高或挖深量（计算至 0.1m）；

(3) 计算填、挖分界线的位置，并在图上画出填、挖分界线并注明零点距方格顶点的距离；

(4) 分别计算各方格的填、挖方以及总挖方和总填方量（计算取位至 0.1m³）。

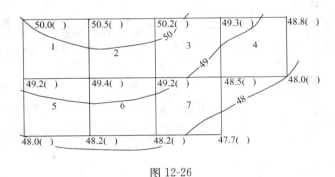

图 12-26

学 习 辅 导

1. 本章学习目的与要求

目的：土地面积和土地平整是两大重要问题。面积量测在农、林、水等工作中占有重要地位，例如，量测土地面积、森林面积、房产面积、水库面积等，其重要性是众所周知的。深入掌握坐标解析法，因该法精度最高，适用于土地面积、房地产面积的量测。

在土地平整方面，书中介绍三种方法（利用地形图方格法、实地测量及 DTM 模型法），通过学习，要求学生能根据不同任务要求与条件合理选择。

要求：

(1) 掌握现场测量面积的两种方法，即几何图形解析法和坐标解析法求土地面积的测量和计算步骤。

（2）掌握图上测量面积的各种方法，即网格法、平行线法、机械求积仪法、电子求积仪法及控制法。

（3）掌握平整土地最常用的方格法（包括图上方格法及实地方格法）。

2. 学习要领

（1）坐标解析法的公式有规律性，用计算器计算并按教材提供表格计算很方便。用该公式编写程序，则计算效率大为提高。当前许多数字测图软件，都提供了程序计算。

（2）网格法，使用透明方格纸按教材介绍的步骤操作，也可达到较高的精度，优于求积仪法，但效率低。平行线法在公路设计计算断面面积中广泛采用。

（3）使用求积仪法量测面积应注意：图纸要平整；量测小图形要用短航臂；应采用轮左轮右量测；量测时极点位置不得产生位移，多次量测应更换极点位置，以免极点孔眼太大而发生位移；沿图形描迹时应保持匀速，避免跑线。

第 13 章　工民建施工测量

13.1　施工测量概述

各种工程建设，都要经过规划设计、建筑施工、经营管理等几个阶段，每一阶段都要进行有关的测量工作，在施工阶段所进行的施工测量，其目的就是把设计好的建筑物、构筑物的平面位置和高程，按设计要求以一定的精度测设到地面上，以便施工。

13.1.1　施工测量的主要任务

（1）施工场地平整测量

各项工程建设开工时，首先要进行场地平整。平整方法详见第 12 章。

（2）建立施工控制网

施工测量也按照"从整体到局部"、"先控制后碎部"的原则进行。因此，要在施工场地建立平面控制网和高程控制网，作为建（构）筑物定位及细部测设的依据。

（3）建（构）筑物定位和细部放样测量

建筑物定位，就是把建（构）筑物外轮廓各轴线的交点（称角点），其平面位置和高程在实地标定出来，然后根据这些角点进行其他轴线和细部放样。

（4）竣工测量

施工结束应实地检查施工质量，并根据检测验收的记录，整理和编绘竣工资料与竣工图，为鉴定工程质量和日后维修与改扩建提供依据。

（5）建（构）筑物的变形观测

对于高层建筑、大型厂房或其他重要建（构）筑物，在施工过程中及竣工后，应进行变形观测，以保证建筑物的安全使用，同时也为鉴定工程质量、验证设计和施工的合理性提供依据。

13.1.2　施工测量的特点

（1）施工测量是直接为工程施工服务的，它必须与施工组织计划相协调。测量人员应与设计、施工部门密切联系，熟悉图纸上的尺寸和高程数据，了解施工的全过程，随时掌握工程进度及现场的变动，使测设精度与速度满足施工的需要。

（2）测设的精度主要取决于建筑物或构筑物的大小、性质、用途、建材和施工方法等因素。一般高层建筑物的测设精度应高于低层建筑物；自动化和连续性厂房的测设精度应高于一般厂房；钢结构建筑物的测设精度应高于钢筋混凝土结构、砖石结构的建筑物；装配式建筑物的测设精度应高于非装配式建筑。

（3）施工现场各工序交叉作业，运输频繁，地面情况变动大。因此，测量标志从形式、选点到埋设均应考虑便于使用、保管和检查，如标志在施工中被破坏，应及时恢复。

13.2 施工控制网测量

13.2.1 施工控制网概述

在勘测阶段所建立的测图控制网，由于它是为测图而建立的，未考虑施工的要求，其控制点的分布、密度和精度都难以满足施工测量要求。因此，在施工以前，建筑场地还必须重新建立施工控制网。施工控制网分为平面控制网和高程控制网。

平面控制网的布设形式，应根据建筑总平面图、建筑场地的大小和地形、施工方案等因素来确定。对于地形起伏较大的山区或丘陵地区，常用三角网或测边网；对于地形平坦而通视比较困难的地区或建筑物布置不很规则的情况，可采用导线网。

对于地势平坦、建筑物众多且布置比较规则和密集的工业场地，一般采用建筑方格网。建筑方格网各边组成正方形或矩形，并且与拟建的建筑物轴线平行。对于地面平坦的小型施工场地，常布置一条或几条建筑基线，组成简单的图形。

建筑场地高程控制网应布设成闭合环线、附合路线或结点网，其高程用水准测量方法测定。

13.2.2 建筑场地的平面控制测量

如果直接利用测量控制点进行建筑物定位存在两个缺点：一是控制点少，不便于作业，也难以保证定位精度；二是利用原测量控制点进行定位需作大量计算工作。因此，在面积不大，且不十分复杂的建筑场地，布设建筑基线；面积大、较复杂的建筑场地，布设建筑方格网。下面就有关问题作详细介绍。

（1）施工坐标系与测量坐标系

1）施工坐标系

在实际工作中，为了设计与施工测量方便，设计者按主要建筑物方向建立的独立坐标系，其坐标轴与建筑物轴线平行或垂直，这种坐标称建筑坐标系，或称施工坐标系，如图 13-1 所示。纵轴用 A 表示，横轴用 B 表示。施工坐标系的原点设置于总平面图的西南角，以便使所有建（构）筑物的设计坐标均为正值。由于纵轴记为 A 轴，横轴记为 B 轴，施工坐标也称 A、B 坐标。例如，某厂房角点 A 的施工坐标为 $\dfrac{2A+20.00}{3B+24.00}$，即 A 点的纵坐标为 220.00m，横坐标为 324.00m。设计人员在设计总平面图上给出的建筑物的设计坐标，均为施工坐标。

当施工坐标系与测量坐标系不一致时，如图 13-1，两者之间的关系可由施工坐标系原点 O' 的测量坐标 $x_{O'}$、$y_{O'}$ 及 $O'A$ 轴的坐标方位角 α 来确定。在进行施工测量时，上述数据由勘测设计单位给出。

2）施工坐标系与测量坐标系的换算

在建筑方格网测设时，需要将主轴点的施工坐标换算成测量坐标，以便求算在测量控制点上测设主轴点的测设数据（角度、距离）；在进行施工时，为了便于施工

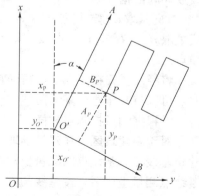

图 13-1 施工坐标系与测量坐标系

223

测量，对方格网点的测量坐标，则又要将测量坐标换成施工坐标，以便于测设建筑物。

如图 13-1，在测量坐标系 xOy 中，P 点的坐标为 x_p、y_p；在施工坐标系中，P 点的坐标为 A_P、B_P；$x_{O'}$、$y_{O'}$ 为施工坐标系原点 O' 在测量坐标系内的坐标，α 为施工坐标系 $O'A$ 轴与测量坐标系 Ox 轴之间的夹角（即 $O'A$ 轴在测量坐标系的坐标方位角）。

将施工坐标换算为测量坐标的计算公式为：

$$x = x_{O'} + A\cos\alpha - B\sin\alpha$$
$$y = y_{O'} + A\sin\alpha + B\cos\alpha$$

(13-1)

在同一施工坐标系中，$x_{O'}$、$y_{O'}$ 和 α 的数值均为常数。若将测量坐标换算为施工坐标时，计算公式为：

$$A = (x - x_{O'})\cos\alpha + (y - y_{O'})\sin\alpha$$
$$B = (y - y_{O'})\cos\alpha - (x - x_{O'})\sin\alpha$$

(13-2)

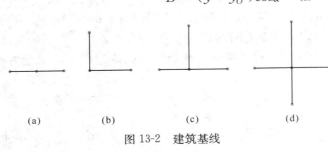

（a）　　　　　（b）　　　　　（c）　　　　　（d）

图 13-2　建筑基线

（2）建筑基线

1）布设形式

当建筑场不大时，根据建筑物的分布、场地地形等因素，布设一条或几条轴线，作为施工测量的基准线，简称为建筑基线。常用的形式有"一"字形、"L"字形、"T"字形和"+"形（如图 13-2）。

2）建筑基线的布置要求

①建筑基线应与主要建筑物轴线平行或垂直，并尽可能靠近主要建筑物，以便于用直角坐标法进行测设。

②基线点位应选在通视良好和不易被破坏的地方。为了能长期保存，要埋设永久性的混凝土桩。

③基线点应不少于三个，以便检测基线点位有无变动。

3）建筑基线的放样方法

①根据建筑红线放样

所谓建筑红线即建筑用地的边界线，它是由城市规划与测绘部门测设的，可作为建筑基线放样的依据。如图 13-3，AB、AC 是建筑红线，Ⅰ、Ⅱ、Ⅲ 是建筑基线点，从 A 点沿 AB 方向量取 d_2 定 Ⅰ'点，沿 AC 方向量取 d_1，定 Ⅰ"点。通过 B、C 作红线的垂线，并沿垂线量取 d_1、d_2 得 Ⅱ、Ⅲ 点，则 Ⅱ、Ⅰ" 与 Ⅲ、Ⅰ' 相交于 Ⅰ 点。Ⅰ、Ⅱ、Ⅲ 点即为建筑基线点。

将经纬仪安在 Ⅰ 点处，精确观测 $\angle$ ⅡⅠⅢ，如果建筑红线完全符合作为建筑基线的条件时，可以将其作建筑基线用。

②根据测量控制点放样

对于新建筑区，在建筑场地中没有建筑红线作为依据时，要利用附近已有控制点来测设建筑基线点。基线点的测量坐标一般由设计单位给出，也可由总平面图上用图解法求得某一基线点测量坐标后，按基线的方位角与距离推算出其他基线点的测量坐标值。

基线点的坐标和附近已有控制点的关系用极坐标法计算出放样数据，然后放样。如图

13-4 所示，A、B 为附近已有的控制点，Ⅰ、Ⅱ、Ⅲ 为选定的建筑基线点。首先根据已知控制点和待测设点的坐标关系反算出测设数据 β_1、d_1，β_2、d_2，β_3、d_3，然后用经纬仪和钢尺按极坐标法测设Ⅰ、Ⅱ、Ⅲ点。由于存在测量误差，测设的基线点往往不在同一直线上，精确检验 ∠ⅠⅡⅢ 的角值 β，若此角值 β 与 180° 之差超过限差 ±5″，则应对点位进行调整。

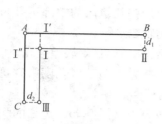

图 13-3　根据建筑红线放样

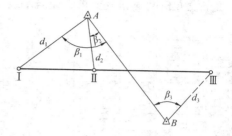

图 13-4　根据测量控制点放样

4）建筑基线的调直方法

调直的方法如图 13-5 所示，当Ⅰ′、Ⅱ′、Ⅲ′不在一条直线上，应将该三点沿与基线相垂直的方向各移动相等的调整量 δ，其值按下式计算：

$$\delta = \frac{ab}{2(a+b)} \times \frac{180° - \beta}{\rho''} \tag{13-3}$$

式中　δ——各点的调整量（单位为 m）；

a——ⅠⅡ 的长度；

b——ⅡⅢ 的长度；

ρ''——206265″。

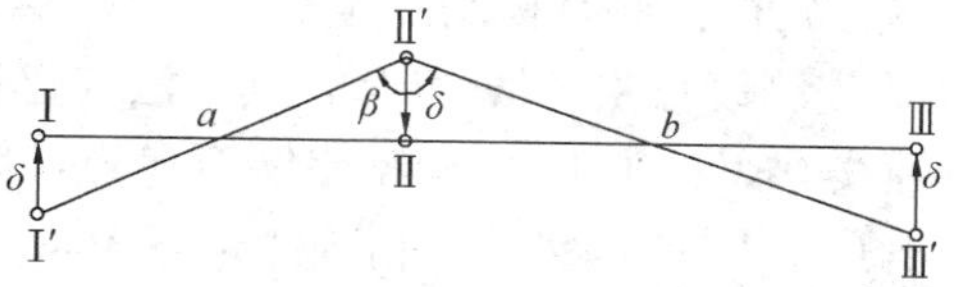

计算得调整量 δ 后，用钢尺在实地丈量 δ 值，要注意丈量的方向。得到改正后的Ⅰ、Ⅱ、Ⅲ三个点，用经纬仪再作检查，直至达到精度要求。

图 13-5　建筑基线的调直

注：公式（13-3）推导如下：

$$\mu = \frac{\delta}{\frac{a}{2}}\rho = \frac{2\delta}{a}\rho$$

$$\gamma = \frac{\delta}{\frac{b}{2}}\rho = \frac{2\delta}{b}\rho$$

∵

$$180° - \beta = \mu + \gamma = \left(\frac{2\delta}{a} + \frac{2\delta}{b}\right)\rho = 2\delta\left(\frac{a+b}{ab}\right)\rho$$

∴

$$\delta = \frac{ab}{2(a+b)} \times \frac{180° - \beta}{\rho''}$$

【例 13-1】　如图 13-5，设 $a=400\text{m}$，$b=600\text{m}$，$\beta=179°59'36''$，则

$$\delta = \frac{400 \times 600}{2(400 + 600)} \times \frac{180° - 179°59'36''}{206265''} = 0.014\text{m}$$

（3）建筑方格网

1）建筑方格网的布设

由正方形或矩形格网组成的施工控制网称为建筑方格网，或称矩形网。它是建筑场地常用的控制网形式之一，适用于按正方形或矩形布置的建筑群或大型、高层建筑的场地。建筑

225

方格网轴线与建筑物轴线平行或垂直，因此可用直角坐标法进行建筑物的定位，放样较为方便，且精度较高。布设方格网时，应根据建（构）筑物、道路、管线的分布，结合场地的地形情况，先选定方格网的主轴线（图13-6中 A、O、B、C、D 为主轴线点）。主轴线的定位点称主点，一条主轴线的主点不少于3个，其中一个为纵横主轴线的交点 O。以主轴为基础再全面布设方格网。布设要求与建筑基线基本相同，另需考虑下列几点：

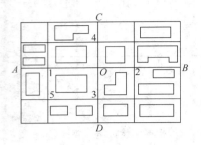

图13-6　建筑方格网的布设

①方格网的主轴线应选在建筑区的中部，并与总平面图上所设计的主要建筑物轴线平行。

②纵横主轴线应严格正交成 $90°$，误差应在 $90°\pm5''$。

③主轴线长度以能控制整个施工区长度为宜，一般为 $300\sim500$m，以保证定向精度。

④方格网的边长一般为 $100\sim300$m，边长的相对精度视工程要求而定，一般为 $1/10000\sim1/30000$。相邻方格网点之间应保证通视，便于量距和测角，点位应选在不受施工影响并能长期保存的地方。

在设计方格网时，可将方格网绘在透明纸上，再覆盖到总平面图上移动，以求得一个合适的布网方案，最后再转绘到总平面图上。

2）主轴线的测设

首先根据原有控制点坐标与主轴线点坐标计算出测设数据，然后测设主轴线点。如图13-7先测设长主轴线 AOB，其方法与建筑基线测设相同。再测设与长主轴线相垂直的另一主轴线 COD，此时安置经纬仪于 O 点，瞄准 A 点，依次旋转 $90°$ 和 $270°$，以精密量距初步定出 C'、D' 点，然后，精确测定 $\angle AOC'$、$\angle AOD'$，如果角值与 $90°$ 之差 ε_1 和 ε_2，再按下式计算 C' 点与 D' 点的改正数 l_1 和 l_2。

$$l_i = L_i\frac{\varepsilon_i}{\rho''} \tag{13-4}$$

式中　L_i——OC' 的距离 L_1，OD' 的距离 L_2。

由 C' 和 D' 分别沿 OC' 和 OD' 的垂直方向改正 l_1 和 l_2 得调整后的主点 C 和 D。精密丈量 OC、OD 的距离，精度应达 $1/10000$。各轴线点应埋设混凝土桩，桩顶设置一块 $10\text{cm}\times10\text{cm}$ 的铁板，供调整点位用。

3）建筑方格网点测设

测设出主轴线后，如图13-6所示，从 O 点沿主轴线方向进行精密丈量，定出 1、2、3、4 等点。定 5 点的方法是：经纬仪分别安置在 1、3 两点，以 O 点为起始方向精密测设 $90°$ 角，用角度交会法定出 5 点。同法测设其余网点位置。所有方格网点均应埋设永久性标志。

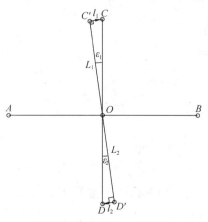

图13-7　测设另一主轴线

13.2.3　建筑场地的高程控制测量

建筑场地高程控制点的密度，应尽可能满足在施工放样时安置一次仪器即可测设出所需的高程点，而且在施工期间，高程控制点的位置应稳固不变。对于小型施工场地，高程控制网可一次性布设，当场地面积较大时，高程控制网可分为首级网和加密网两级布设，相应的水准点称为基本水准点和施工水准点。

（1）基本水准点

基本水准点是施工场地高程首级控制点，用来检核其他水准点高程是否有变动，其位置应设在不受施工影响、无震动、便于施测和能永久保存的地方，并埋设永久性标志。在一般建筑场地上，通常埋设三个基本水准点，布设成闭合水准路线，并按城市四等水准测量的要求进行施测。

（2）施工水准点

施工水准点用来直接测设建（构）筑物的高程。通常可以采用建筑方格网点的标桩加设圆头钉作为施工水准点。对于中、小型建筑场地，施工水准点应布设成闭合水准路线或附合水准路线，并根据基本水准点按城市四等水准点或图根水准测量的要求进行施测。

为了施工放样的方便，在每栋较大的建筑物附近，还要测设±0.000水准点，其位置多选在较稳定的建筑物墙、柱的侧面，用红漆绘成上顶为水平线的"▽"形。

13.3 民用建筑施工测量

13.3.1 概述

民用建筑指的是住宅、办公楼、商场、俱乐部、医院、学校等建筑物。由于建筑物类型不同，其放样方法和精度要求也有所不同，但放样过程基本相同。民用建筑施工测量包括建筑物定位、细部放样、基础工程施工测量、墙体工程施工测量等。

施工测量前应做好以下各项工作：

（1）熟悉设计图纸

设计图纸是施工测量的依据，施工以前应认真阅读设计图纸及其有关说明，了解施工的建筑物与相邻地物之间的关系，以及建筑物的尺寸和施工要求等。测设时必须具备下列图纸资料：

1）总平面图，是施工测量的总体依据，建筑物就是根据总平面图上所给的尺寸关系进行定位的。

2）建筑平面图，给出建筑物各定位轴线间的尺寸关系及室内地坪标高等。

3）基础平面图，给出基础轴线间的尺寸关系和编号。

4）基础详图（即基础大样图），给出基础设计宽度、形式、设计标高及基础边线与轴线的尺寸关系，是基础施工的依据。

5）立面图和剖面图，给出基础、地坪、门窗、楼板、屋架和屋面等设计高程，是高程测设的主要依据。

在熟悉上述主要图纸基础上，要认真核对各种图纸总尺寸与各部分尺寸之间的关系是否相符、以防止测设时出现差错。

（2）现场踏勘

目的是为了解施工现场周围地物以及测量控制点的分布情况，并对测量控制点的点位进行检核，以取得正确的起始数据。

（3）拟定放样方案，绘制放样略图

根据总平面图给定的建筑物位置以及现场控制点情况，拟定放样方案、绘制放样略图。在略图上标出建筑物轴线间的主要尺寸以及有关的放样数据，供现场放样时使用。

此外，应准备好放样所需的仪器、工具，对主要的仪器应进行认真的检验校正。平整和清理施工现场，以便进行测设工作。

13.3.2　民用建筑定位测量及建筑物放线

建筑物的定位是根据设计图纸，将建筑物外墙的轴线交点（也称角点）测设到实地，作为建筑物基础放样和细部放样的依据。由于设计方案常根据施工场地条件来选定，不同的设计方案，其建筑物的定位方法也不一样。

（1）民用建筑定位测量

1）根据与原有建筑物的关系定位

在建筑区内新建或扩建建筑物时，一般设计图上都给出新建筑物与已建建筑物或道路中心线的相互位置关系，如图 13-8 所示的几种情况。

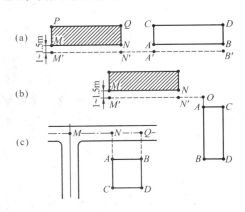

图 13-8　与原有建筑物的关系定位

图 13-8a 中所示，拟建建筑物轴线 AB 在已建建筑物轴线 MN 的延长线上，可用延长直线法定位。具体步骤如下：

第一步，作 MN 的平行线 $M'N'$，即沿已建建筑物 PM 与 QN 墙面向外拉细线，量出 $MM' = NN' = a$，由此在地面上定出 M' 和 N' 两点。

第二步，在 M' 点安置经纬仪照准 N' 点，在其视线方向按照图纸所给定的 NA 和 AB 距离值，从 N' 点用钢尺量距依次定出 A'、B' 两点。

第三步，分别在 A' 和 B' 点上安置经纬仪，测设 $90°$，于相应的垂线上测设给定距离值 a、AC 和 a、BD，从而定出 A、C 点和 B、D 点。

图 13-8b 中所示，拟建建筑物轴线 AB 垂直于已建建筑物轴线 MN，可用直角坐标法定位。按照上面 13-8a 与原有建筑物的关系定位所述的第一步作出 MN 的平行线 $M'N'$，然后在 N' 点安置经纬仪作 $M'N'$ 的延长线，在 $M'N'$ 的延长线上用钢尺量取 $N'O$ 定出 O 点；移动经纬仪到 O 点，在 O 点照准 N' 点，也称后视 N' 点，向左测设 $90°$，沿这个垂直方向用钢尺量取 OA 距离值，定出 A 点，量取 AB 距离值，定出 B 点。同法，移动经纬仪于 A、B 两点，可分别定出 C 点和 D 点。

图 13-8c 中所示，拟建建筑物与道路中心线平行，根据图示条件，主轴线的测设仍可用直角坐标法。先用拉尺分中法找出道路中心线，按照给定距离值定出 J、Q 点，再根据建筑物的尺寸，同样用上述 O 点的步骤定出拟建建筑物的轴线。

2）根据建筑方格网定位

当建筑场地上已有建筑方格网，并且拟建建筑物轴线与方格网边线平行或垂直，则可根据建筑物的拐角点和方格网点的坐标，用直角坐标法测设。如图 13-9 所示，建筑物的定位点为 A、B、C、D，根据各点的坐标值可计算出 $AB = a$ 和 $AD = b$，a、b 分别为建筑物的长、宽，以及 MA'、$B'N$ 和 AA'、BB' 的距离值。测设定位点的具体步骤如下：

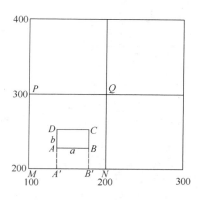

图 13-9　根据建筑方格网定位

1）沿方格网 MN 方向，用钢尺量取 MA' 得 A' 点，量取 $A'B'=a$ 得 B' 点，再由 B' 点沿视线方向量取 $B'N$ 长度以作校核。

2）经纬仪安置于 A' 点，照准 N 点，也称后视 N 点，向左测设 $90°$，沿这个垂直方向量取 $A'A$ 得 A 点，再量取建筑物的宽度 b 得 D 点。

3）安置经纬仪于 B' 点，同法定出 B、C 点。

4）为了校核，应用钢尺丈量 AB、CD 及 AD、BC 的长度，检查其是否等于建筑物的设计值 a 和 b。检测距离，其值与设计长度的相对误差不应超过 $\frac{1}{2000}$。

（2）建筑物的放线

建筑物放线就是根据已测设的角点桩（建筑物外墙主轴线交点桩）及建筑物平面图，详细测设建筑物各轴线的交点桩（或称中心桩）。如图 13-10 所示，测设方法是，在角点上设站（M、N、P、Q）用经纬仪定向，钢尺量距，依次定出②、③、④、⑤各轴线与Ⓐ轴线和Ⓓ轴线的交点（中心桩），然后再定出Ⓑ、Ⓒ轴线与①、⑥轴线的交点（中心桩）。建筑物外轮廓中心桩测定后，继读测定建筑物内各轴线的交点（中心桩）。

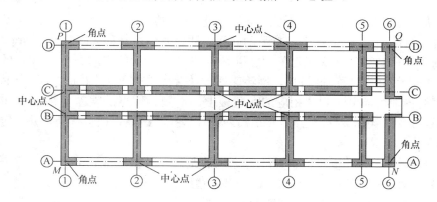

图 13-10　建筑物各轴线交点的测设

测设应注意：用经纬仪定向时，应用倒镜检查；量距时，应使钢尺零端始终对准同一点上，以减少量距误差。

（3）测设轴线控制桩或龙门板

由于基槽开挖后，角桩和中心桩将被挖掉，为了便于施工中恢复各轴线位置，应把各轴线延长到槽外安全地点，并做好标志。其方法有设置轴线控制桩和龙门板两种形式。

1）测设轴线控制桩（引桩）

如图 13-11a，将经纬仪安置在角桩上、瞄准另一角桩，沿视线方向用钢尺向基槽外侧量取 3～5m。打下木桩，桩顶钉上小钉，准确标志出轴线位置，并用混凝土包裹木桩（如图 13-11c 所示）。

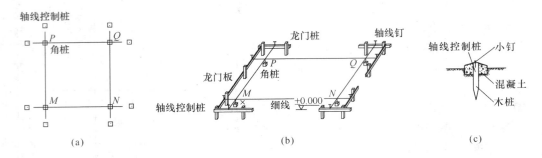

图 13-11　轴线控制桩与龙门桩龙门板
(a) 轴线控制桩布设；(b) 龙门桩龙门板；(c) 轴线控制桩式样

对于多、高层建筑物，为了便于向上引测轴线，可将轴线控制桩设在离建筑物稍远的地方，如附近有永久性建筑物，把轴线投测到永久性建筑物的墙基上并作为标志。

2) 设置龙门板

在一般民用建筑中，常在基槽开挖线外一定距离处钉设龙门板（如图 13-11b 所示），其步骤和要求如下：

①在建筑物四角和中间定位轴线的基槽开挖线外约 1.5～3m 处（根据土质和槽深而定）设置龙门桩，桩要钉得竖直、牢固，桩外侧面应与基槽平行。

②根据场地内的水准点，用水准仪将±0 的标高测设在每个龙门桩上，用红铅笔划一横线。

③沿龙门桩上测设的±0 线钉设龙门板，使板的上边缘高程正好为±0，若现场条件不许可时，也可测设比±0m 高或低一整数的高程。测设龙门板高程的限差为±5mm。

④如图 13-11b，将经纬仪安置在 M 点，瞄准 N 点，沿视线方向在 N 点附近的龙门板上定出一点，钉小钉标志（称轴线钉）。倒转望远镜，沿视线在 M 点附近的龙门板上也钉一小钉。同法可将各轴线都引测到各相应的龙门板上。引测轴线点的误差应小于±5mm。如果建筑物较小，则可用锤球对准桩点，然后沿两锤球线拉紧线绳，把轴线延长并标定在龙门板上（如图 13-11b 所示）。

⑤用钢卷尺沿龙门板顶面检查轴线钉之间的距离，其精度应达到 1∶2000～1∶5000。经检核合格后，以轴线钉为准，将墙边线、基础边线、基槽开挖边线等标定在龙门板上。标定基槽上口开挖宽度时，应按有关规定考虑放坡的尺寸。

机械化施工时，一般仅测设轴线控制桩而不设龙门板和龙门桩。

13.3.3　民用建筑基础施工测量

(1) 基槽开挖边线放线与水平桩的测设

1) 基槽开挖边线放线

在基础开挖之前应按照基础详图上的基槽宽度再加上口放坡的尺寸，由中心桩向两边各量出相应尺寸，并作出标记；然后在基槽两端的标记之间拉一细线，沿着细线在地面用白灰撒出基槽边线，施工时就按此灰线进行开挖。

2) 测设水平桩

为了控制基槽开挖深度，在即将挖到槽底设计标高时，用水准仪在槽壁上测设一些水平的小木桩（图 13-12），使木桩的上表面离槽底设计标高为一固定值（如 0.500m），用以控制挖槽深度。为了施工时使用方便，一般在槽壁各拐角处和槽壁每隔 3～4m 处均测设一水平桩，水平桩可作为挖槽深度、修平槽底和打基础垫层的依据。水平桩高程测设允许误差为 ±10mm。如图 13-12，假设槽底设计标高为－1.700m，按图中所列数据，测站上应有的前视读数为 $a+1.200$（a 为后视读数），此时打水平桩，则水平桩的标高即为

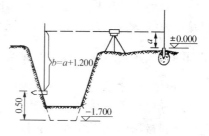

图 13-12　测设水平桩

－1.200m。施工时，自水平桩面向下量取 0.500m 即为槽底的设计位置。

（2）基础施工测量

1）垫层中线的测设

基础垫层浇注后，根据龙门板上的轴线钉或轴线控制桩，用经纬仪或用拉绳挂锤球的方法（见图 13-13），把轴线投测到垫层面上，并用墨线弹出墙中心线和基础边线，作为砌筑基础的依据。由于整个墙身砌筑均以此线为准，所以要进行严格校核。

2）基础墙标高的控制

基础墙是指 ±0.00 以下的墙。当墙中心线投在垫层上，用水准仪检测各墙角垫层面标高后，即可开始基础墙的砌筑。基础墙的高度是用基础"皮数杆"控制的。

皮数杆用一根木杆制成，在杆上按照设计尺寸将砖和灰缝的厚度，分皮一一画出，每五皮砖标注上皮数（基础皮数杆的层数从 ±0.000 向下注记）并标明 ±0.000、防潮层和需要预留洞口的标高位置等。如图 13-14 所示。立皮数杆时，可先在立杆处打一木桩，用水准仪在木桩侧面定出一条高于垫层标高某一数值（如 10cm）的水平线；然后将皮数杆上标高相同的一条线与木桩上的水平线对齐，并用大铁钉把皮数杆与木桩钉在一起，作为基础墙砌筑的标高依据。

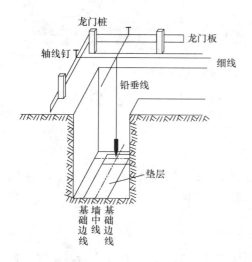

图 13-13　基础垫层中线的测设

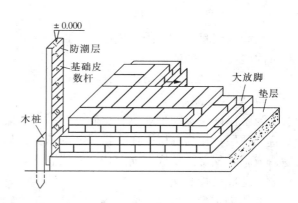

图 13-14　基础墙标高的控制

当基础墙砌到 ±0 标高下一皮砖时，要测设防潮层标高，容许误差为 ≤±5mm。有的防潮层是在基础墙上抹一层防水砂浆，也作为墙身砌筑前的抹平层。

基础施工结束后，应检查基础面的标高是否符合设计要求。可用水准仪测出基础面四角和其他轴线交点是否水平，其高程与设计高程相比较，允许误差为±10mm。

13.3.4 民用建筑墙体施工的测量

（1）墙体定位

基础墙砌筑到防潮层以后，可根据轴线控制桩或龙门板上中线钉，用经纬仪或拉细线，把这一层楼房的墙中线和边线投测到基础墙面或防潮层上，并弹出墨线，如图13-15，检查外墙轴线交角是否等于90°；符合要求后，把墙轴线延伸到基础墙的侧面上画出标志，作为向上投测轴线的依据。同时把门、窗和其他洞口的边线也在外墙基础立面上画出标志。

（2）墙体标高的控制

墙体砌筑时，其标高也常用皮数杆控制。在墙身皮数杆上根据设计尺寸，按砖和灰缝的厚度画线，并标明门、窗、过梁、楼板等的标高位置。杆上注记从±0.000向上增加（图13-16）。立墙身皮数杆时，同立基础皮数杆一样，先在立杆处打入木桩，用水准仪在木桩上测设出±0标高位置，测量允许误差为±3mm。然后，把皮数杆上的±0线与木桩上±0线对齐，并用钉钉牢。为了保证皮数杆稳定，可在皮数杆上加钉两根斜撑。

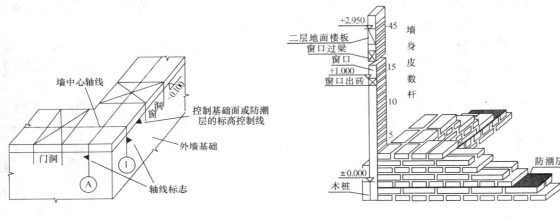

图13-15　墙体定位　　　　　　图13-16　墙体皮数杆设置与标高控制

在墙身砌起1m以后，在室内墙面上定出+0.500m的标高线，以此作为该层地面施工和室内装修施工的依据。

（3）二层以上楼层轴线和标高的测设

1）轴线投测

为了保证建筑物轴线位置正确，在纵、横向各确定1～2条轴线作为控制轴线，从底层一直到顶层，作为各层平面丈量尺寸的依据。如果不设控制轴线，而以下层墙体为依据，容易造成轴线偏移。从底层向上传递轴线有两种方法：

①经纬仪投测法

墙体砌筑到二层以上时，为了保证建筑物轴线位置正确，通常把经纬仪安置在轴线控制桩上，如图13-17所示，经纬仪安置在 A 轴与 B 轴的控制桩上，瞄准底层轴线标志 a、a'，b、b'，用盘左盘右取平均的方法，将轴线投测到上一层楼板边缘，并取中点作为该层中心轴线点，a_1、a'_1 和 b_1、b'_1 两线的交点 o' 即为该层的中心点。此时轴线 $a_1 o' a'_1$ 与 $b_1 o' b'_1$ 便是该层细部放样的依据。将所有端点投测到楼板上，用钢尺检核其间距，相对误差不得大于 1/2000。随着建筑物不断升高，同法逐层向上投测。

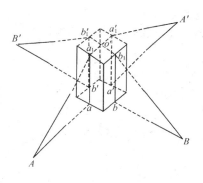

图 13-17　经纬仪投测法

②吊锤球引测法

用较重的垂球悬吊在楼板或柱顶边缘，当垂球尖对准基础面上的轴线标志时，垂球线在楼板或柱边缘的位置即为楼层轴线位置。画出标志线，同样地可投测出其余各轴线。经检测，各轴线间距符合要求即可继续施工。但当测量时风力较大或楼层建筑物较高时，投测误差较大，此时应采用经纬仪投测法。

2）楼层面标高的传递

①利用皮数杆传递：一层楼房砌好后，把皮数杆移到二层楼继续使用，为了使皮数杆立在同一水平面上，用水准仪测定楼板面四角的标高，取平均值作为二楼的地坪标高，并竖立二层的皮数杆，以后一层一层往上传递。

②利用钢尺丈量：在标高精度要求较高时，可用钢尺从墙脚±0 标高线沿墙面向上直接丈量，把高程传递上去。然后钉立皮数杆，作为该层墙身砌筑和安装门窗、过梁及室内装修，地坪抹灰时控制标高的依据。

③悬吊钢尺法：在外墙或楼梯间悬吊钢尺，钢尺下端挂一重锤，然后使用水准仪把高程传递上去。一般需 3 个底层标高点向上传递，最后用水准仪检查传递的高程点是否在同一水平面上，误差不超过±3mm。

此外，也可使用水准仪和水准尺按水准测量方法沿楼梯将高程传递到各层楼面。

框架结构的民用建筑，墙体砌筑是在框架施工后进行的，故可在柱面上画线，代替皮数杆。

13.4　高层建筑施工测量

13.4.1　高层建筑轴线引测

高层建筑的施工测量主要包括基础定位及建立控制网、轴线点投测和高程传递等工作。关于基础定位及控制网的放样工作，前已论述。高层建筑施工放样的主要问题是各轴线如何精确地向上引测的问题，也就是将建筑物的基础轴线准确的向高层引测，并保证各层相应的轴线位于同一竖直面内。由于高层建筑的特点，即层数多，高度高，结构复杂，特别是由结构的竖向偏差而直接影响工程的受力情况，所以，在施工测量中对竖向投点的精度要求非常高。

为了控制与检核轴线向上投测的竖向偏差，要求竖向误差在本层内不超过 5mm，全楼累计误差值不大于 2H/10000（H 为建筑物总高度），且应满足下面限值：

30m＜H≤60m 时，不应大于 10mm；

60m＜H≤90m 时，不应大于 15mm；

90m＞H 时，不应大于 20mm。

高层建筑物轴线投测，主要采用经纬仪引桩投测或激光铅垂仪投测，此外也有使用吊线坠的方法。

高层建筑物轴线投测，常规采用经纬仪引桩投测法，现代多用激光铅垂仪投测法。

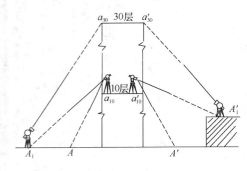

图 13-18　经纬仪引桩投线测法

（1）经纬仪引桩投测法

如 10 层以上时，经纬仪向上投测的仰角增大，投测精度随着仰角增大而降低，且操作不方便。因此，必须将主轴控制桩引测到远处稳固地点或附近大楼屋面上，以减小仰角。如图 13-18 所示。

引测的方法是：将经纬仪安置在已投上去的轴线上，如 $a_{10}a'_{10}$ 上，瞄准地面上原有两条轴线的控制桩 A、A'，应注意分别用正、倒镜延长轴线，在远处定出 A_1、A'_1 点，并埋设标志固定其点位，作为轴线延长线上新的控制桩。将经纬仪安置于新的控制桩 A_1、A'_1，分别用 a_{10}、a'_{10} 定向，然后逐层向上设测轴线。

投测前，应严格检校仪器，要注意照准部水准管应严格垂直于竖轴，横轴严格垂直于竖轴，投测时应仔细整平仪器。

（2）激光铅垂仪投测

1）激光铅垂仪简介

激光铅垂仪是一种专用铅直定位的仪器，适用于烟囱、塔架和高层建筑的竖直定位测量。

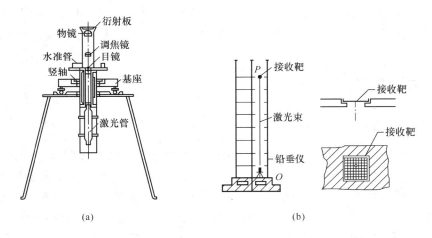

（a）　　　　　　　　　　　　（b）

图 13-19　激光铅垂仪投测法

激光铅垂仪构造如图 13-19a 所示，主要由氦氖激光管、竖轴、发射望远镜、管水准器和基座等部件组成。激光器通过两组固定螺钉固定在套筒内。仪器的竖轴是一个空心轴，两端有螺扣，激光器套筒安装在下端（或上端），发射望远镜装在上端（或下端），即构成向上（或向下）发射的激光铅直仪。仪器上设置有两个互成 $90°$ 的管水准器，分划值一般为 $20''/$ mm，仪器配有专用激光电源。

2）激光铅垂仪投测轴线

为了把建筑物首层轴线投测到各层楼面上，使激光束能从底层直接打到顶层，各层楼板上应预留孔洞约300mm×300mm，有时也可利用电梯井、通风道、垃圾道向上投测。注意不能在各层轴线上预留孔洞，应在距轴线500～800mm处，投测一条轴线的平行线，至少有两个投测点。如图13-19b所示即为激光铅垂仪的轴线投测方法，其操作步骤如下：

①在底层轴线控制点上安置激光铅垂仪，利用激光器底端所发射的激光束进行严格对中，通过调节基座整平螺旋，使管水准器气泡严格居中。

②在上层施工楼面预留孔处，放置接收靶。

③接通激光电源，启辉激光器发射铅垂激光束，作为铅垂基准线。通过发射望远镜调焦，使激光束会聚成红色耀目光斑，投射到上层绘有坐标网的接收靶上。

④水平移动接收靶，使靶心与红色光斑重合，固定接收靶。此时靶心位置即为轴线控制点在该楼面上的投影点，并以此作为该层楼面上的一个控制点。

（3）吊线坠法

此种方法适用于高度在50～100m的高层建筑施工中。它是利用钢丝悬挂重锤球的方法，进行轴线竖向投测。锤球重量随施工楼面高度而异，约15～25kg，钢丝直径为1mm左右。投测方法如下：

如图13-20所示，在预留孔上面安置十字架，挂上锤球，对准首层预埋标志。当锤球线静止时，固定十字架，并在预留孔四周作出标记，作为以后恢复轴线及放样的依据。此时，中心即为轴线控制点在该楼面上的投测点。

用吊线坠法施测时，要采取一定的措施，一般是将重锤浸在废机油中并采取挡风措施，以减少摆动。

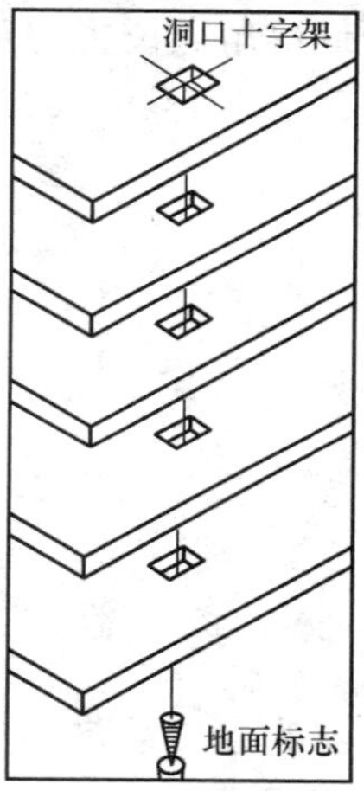

13.4.2 高程传递

高层建筑物施工中，传递高程的方法有以下几种。

（1）利用皮数杆传递高程

在皮数杆上自±0.000m标高线起，门窗口、过梁、楼板等构件的标高都已注明。一层楼砌好后，则从一层皮数杆起逐层往上接。

（2）利用钢尺直接丈量

在标高精度要求较高时，可用钢尺沿某一墙角自±0.000m标高处起向上直接丈量，把高程传递上去。然后根据由下面传递上来的高程立皮数杆，作为该层墙身砌筑和安装门窗、过梁及室内装修、地坪抹灰等控制标高的依据。

（3）悬吊钢尺法

在楼梯间悬吊钢尺，钢尺下端挂一重锤，使钢尺处于铅垂状态，用水准仪在下面与上面楼层分别读数，按水准测量原理把高程传递上去。

图13-20　吊线坠法

13.5　工业厂房施工测量

13.5.1　工业厂房控制网的测设

厂区已有控制点的密度和精度往往不能满足厂房施工放样的要求，因此对于每幢厂房还应建立独立的厂房控制网，作为厂房施工测量的基本控制。厂房控制网大多为矩形状，故又称厂房矩形控制网。

对于中、小型厂房，可建立单一厂区矩形控制网，如图 13-21，A、B、C、D 为矩形控制网的角点，测设方法是：首先根据厂区已有的控制点定出长边上的 A、B 两点，然后以 AB 边为基线再测设 C、D 两点，最后在 C、D 处安置仪器，检查角度，并丈量 CD 边长进行检查。

对于大型工业厂房或系统工程，首先根据厂区已有的控制点定出矩形控制网的主轴线，然后根据主轴线测设矩形控制网，如图 13-22。主轴线端点应布置在开挖范围以外，并埋 1～2 个辅助点桩。测设方法是：先测设长轴 AOB，然后以长轴为基线测设 COD，并进行方向改正，使两条主轴线严格垂直，误差 $\pm 3'' \sim \pm 5''$。以 O 点为起点，精密量距法确定主轴线端点 A、B、C、D 的位置，量距精度不低于 $1/30000$。然后测设矩形控制网其他各点，在 A、B、C、D 分别安置经纬仪，都以 O 点为后视点，测设直角，交会出 E、F、G、H 角点，最后再精密丈量 AH、AE、GB、BF、CH、CG、DE、DF，精度要求与主轴线相同，若量得角点位置与角度交会定点位置不一致，则应调整。

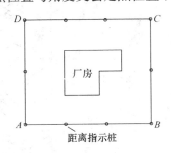

图 13-21　中小型厂房矩形控制网测设

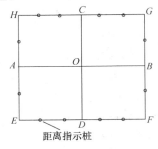

图 13-22　大型厂房矩形控制网测设

为了以后进一步测设，在测设矩形控制网时，沿控制网各边每隔几个柱子间距应设置距离指示桩，距离指示桩的间距一般为柱距的整数倍（但以不超过使用尺长为限）。

13.5.2　厂房柱列轴线与柱基施工测量

（1）厂房柱列轴线测设

根据厂房平面图上所注的柱间距和跨距尺寸，用钢尺沿矩形控制网各边量出各柱列轴线控制桩的位置，如图 13-23 中的 $1'$、$2'$……，并打入大木桩，桩顶用小钉标出点位，作为柱基测设和施工安装的依据。丈量时应以相邻的两个距离指标桩为起点分别进行，以便检核。柱基定位和放线步骤如下：

1）安置两台经纬仪，在两条互相垂直的柱列轴线控制桩上，沿轴线方向交会出各柱基的位置（即柱列轴线的交点），此项工作称为柱基定位。

2）在柱基的四周轴线上，打入四个定位小木桩 a、b、c、d（见图 13-23 所示），其桩位应在基础开挖边线以外，比基础深度大 1.5 倍的地方，作为修坑和立模的依据。

3）按照基础详图所注尺寸和基坑放坡宽度，用特制角尺，放出基坑开挖边界线，并撒出白灰线以便开挖，此项工作称为基础放线。

4）在进行柱基测设时，应注意柱列轴线不一定都是柱基的中心线，而一般立模、吊装

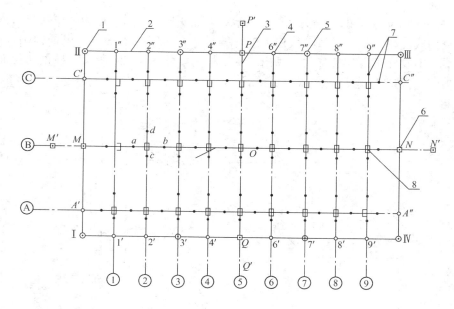

图 13-23　柱列轴线与柱基测设

1—矩形控制网角桩；2—矩形控制网四边；3—主轴线；4—柱列轴线控制桩；
5—距离指标桩；6—主轴线桩；7—柱基中心定位桩；8—柱基

等习惯用中心线。此时，应将柱列轴线平移，定出柱基中心线。

（2）柱基施工测量

当基坑挖到接近设计标高时，应在基坑四壁离坑底设计标高 0.5m 处测设几个水平桩，作为基坑修坡和检查坑底标高的依据。此外，还应在基坑内测设垫层的标高，即在坑底设置小木桩，使桩顶高程恰好等于垫层的设计标高。

基础垫层打好后，根据基坑周边定位小木桩，用拉线吊锤球的方法，把柱基中心轴线投到垫层上，并弹出墨线，用红漆画出标记，作为柱基立模板和布置基础钢筋的依据。立模板时，将模板底部中心线对准垫层上柱基中心轴线，并用垂球检查模板是否竖直。最后用水准仪将柱基的设计标高测设到模板的内壁上。在立杯底模板时，为了拆模后填高修平杯底，应使杯底面比设计标高低 3～5cm，作为抄平调整的余量。

13.6　厂房预制构件安装测量

装配式单层工业厂房主要预制构件有柱子、吊车梁、屋架等。在安装这些构件时，必须使用测量仪器进行严格检测、校正，才能正确安装到位，即它们的位置和高程必须与设计要求相符。

（1）柱子安装测量

1）柱子安装前的准备工作有以下几项：

①在柱基顶面投测柱列轴线。在杯形基础拆模以后，由柱列轴线控制桩用经纬仪把柱列轴线投测在杯口顶面上（见图 13-24），并弹出墨线，用红漆画上"▶"标志，作为吊装柱子时确定轴线方向的依据。

②在杯口内壁，用水准仪测设一条标高线，并用"▼"表示。该标高线可设为

−0.600m（一般杯口顶面的标高为−0.500m），如图 13-24 所示，作为杯底找平的依据。

③柱身弹线。将每根柱子按轴线位置进行编号。在每根柱子的三个侧面弹出柱中心线，并在每条线的上端和下端靠近杯口处画出"▶"标志，如图 13-25 所示。根据牛腿面的设计标高，从牛腿面向下用钢尺量出−0.600m 的标高线，并画出"▼"标志。

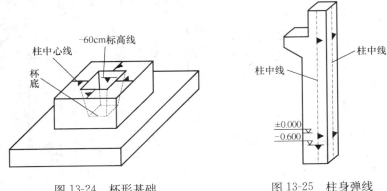

图 13-24　杯形基础　　　　　　图 13-25　柱身弹线

④柱长检查与杯底找平。先量出柱子的−0.600m 标高线至柱底面的长度，再在相应的柱基杯口内，量出−0.600m 标高线至杯底的高度，并进行比较，以确定杯底找平厚度，用水泥砂浆根据找平厚度，在杯底进行找平，使牛腿面符合设计高程。

2）柱子的安装测量。柱子吊装测量的目的是保证柱子平面和高程位置符合设计要求，柱身铅直。

①预制的钢筋混凝土柱子起吊插入杯口后，应使柱子三面的中心线与杯口中心线对齐，用木楔或钢楔临时固定。

②柱子立稳后，立即用水准仪检测柱身上的±0.000m 标高线，其容许误差为±3mm。

③如图 13-26a 所示，用两台经纬仪，分别安置在柱基纵、横轴线上，与柱子的距离不小于柱高的 1.5 倍，先用望远镜瞄准柱底中心线标志，固定照准部后，再缓慢抬高望远镜观察柱子偏离十字丝竖丝的方向，指挥用钢丝绳拉直柱子，直至从两台经纬仪中观测到的柱子中心线都与十字丝竖丝重合为止。

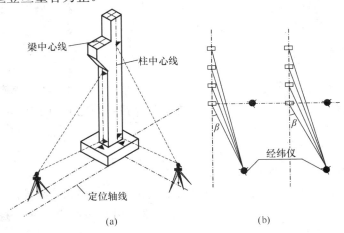

(a)　　　　　　　(b)

图 13-26　柱子垂直度校正

④在杯口与柱子的缝隙中浇入混凝土，以固定柱子的位置。

在实际安装时，一般是一次把许多柱子都竖起来，然后进行垂直校正。这时，可把两台经纬仪分别安置在纵、横轴线的一侧，一次可校正几根柱子，见图13-26b所示，但仪器偏离轴线的角度，应在15°以内。

在柱子的安装过程中，必须要考虑垂直校正的有关事项。柱子垂直校正用的经纬仪必须进行检验和校正。操作时，应使照准部的水准管气泡严格居中。校正时，除注意柱子垂直外，还应随时检查柱子中心线是否对准杯口柱列轴线标志，以防柱子吊装就位后，产生水平位移。当安装变截面的柱子时，经纬仪必须安置在轴线上进行垂直校正，以免产生差错。在日照下校正柱子的垂直度，要考虑温度的影响。因为柱子受太阳照射后，阴面与阳面形成温度差，柱子会向阴面弯曲，使柱顶产生水平位移，一般可达 3～10mm，细长柱子可达40mm。故垂直校正工作宜在阴天或早、晚时进行。柱长小于 10m 时，一般不考虑温差影响。

（2）吊车梁安装测量

吊车梁的安装测量主要是保证吊车梁中线位置和吊车梁的标高满足设计要求。

1）吊车梁安装前的准备工作：

①在柱面上量出吊车梁顶面标高，即根据柱子上的±0.000m标高线，用钢尺沿柱面向上量出吊车梁顶面设计标高线，作为调整吊车梁面标高的依据。

②在吊车梁上弹出梁的中心线，如图13-27所示，在吊车梁的顶面和两端面上，用墨线弹出梁的中心线，作为安装定位的依据。

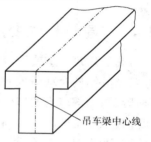

图 13-27　弹出吊车梁的中心线

③在牛腿面上弹出梁的中心线。根据厂房中心线，在牛腿面上投测出吊车梁的中心线，投测方法如下：

利用厂房中心线 A_1A_1，根据设计轨道间距，在地面上测设出吊车梁中心线 $A'A'$ 和 $B'B'$（也是吊车轨道中心线），如图13-28a所示。在吊车梁中心线的一个端点 A'（或 B'）上安置经纬仪，瞄准另一个端点 A'（或 B'），固定照准部，抬高望远镜，即可将吊车梁中心线投测到每根柱子的牛腿面上，并用墨线弹出梁的中心线。

2）安装测量

安装时，使吊车梁两端的梁中心线与牛腿面梁中心线重合，这是吊车梁初步定位。采用平行线法，对吊车梁的中心线进行检测，校正方法如下：

①在地面上从吊车梁向厂房中心线方向量出长度 a（1m），得到平行线 $A''A''$ 和 $B''B''$，如图13-28b所示。

②在平行线一端点 A''（或 B''）上安置经纬仪，瞄准另一端点 A''（或 B''），固定照准部，抬高望远镜进行测量。此时，另外一人在梁上移动横放的木尺，当视线正对准尺上 1m 刻画线时，尺的零点应与梁面上的中心线重合。如不重合，可用撬杠移动吊车梁，使吊车梁中心线到 $A''A''$（或 $B''B''$）的间距等于 1m 为止。

吊车梁安装就位后，先按柱面上定出的吊车梁设计标高线对吊车梁面进行调整，然后将水准仪安置在吊车梁上，每隔 3m 测一点高程，并与设计高程比较，误差应在±3mm 以内。

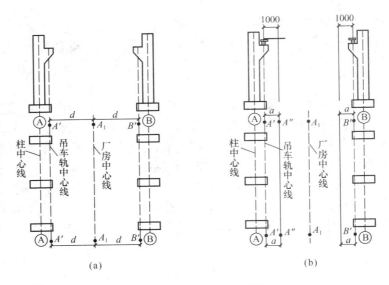

图 13-28　吊车梁的安装测量

13.7　建筑物的变形观测

高层建筑、重要厂房和大型设备基础在施工期间和使用初期，由于建筑物本身的荷重、建筑物的结构及动荷载的作用，引起基础及其四周地形变形，而建筑物本身因基础变形及外部荷载与内部应力的作用，也要发生变形。这种变形在一定限度内应视为正常的现象，但如果超过了规定的限度，则会导致建筑物结构变形或开裂，影响其正常使用，严重的还会危及建筑物的安全。为了建筑物的安全使用，研究变形的原因和规律，为建筑物的设计、施工、管理和科学研究提供可靠的资料，在建筑物的施工和使用初期，必须要对其进行变形观测。

建筑物的变形包括建筑物的沉降、倾斜、裂缝和平移。建筑物变形观测的任务是周期性地对设置在建筑物上的观测点进行重复观测，求得观测点位置的变化量。

13.7.1　建筑物的沉降观测

建筑物的沉降是地基、基础和上层结构共同作用的结果。沉降观测就是测量建筑物上所设观测点与水准点之间随时间的高差变化量。通过此项观测，研究解决地基沉降问题和分析相对沉降是否有差异，以监视建筑物的安全。

（1）水准点和观测点的设置

水准点是沉降观测的基准，它应埋设在沉降影响范围以外，距沉降观测点 20～100m，观测方便，且不受施工影响的地方。为了相互校核并防止由于某个水准点的高程变动造成差错，一般至少埋设三个水准点。

水准点之间的高差应用 DS_1 级水准仪和精密水准测量方法进行测定，将水准点组成闭合水准路线，或进行往返观测，其闭合差不得超过 $\pm 0.5\sqrt{n}\,\mathrm{mm}$（$n$ 为测站数）。水准点的高程自国家或城市水准点引测，或者假定。

观测点的数目和位置应能全面正确反映建筑物沉降的情况，一般情况下，在民用建筑中，沿房屋四周每隔 10～15m 布置一点。另外，在房屋转角及沉降缝两侧也应布设观测点。

观测点的埋设要求稳固，通常采用角钢、圆钢或铆钉作为观测点的标志，并分别埋设在砖墙上、钢筋混凝土柱子上和设备基础上，如图13-29所示。

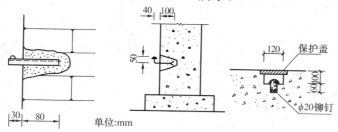

图13-29　观测点的设置

（2）观测时间、方法及精度

一般在增加荷重前后，如浇灌基础、回填土、安装柱子和厂房屋架、砌筑砖墙、设备安装、设备运转等都要进行沉降观测。施工期间，高层建筑物每升高1～2层或每增加一次载荷，如基础浇灌、安装柱子等，就要观测一次。当基础附近地面荷重突然增加，周围大量积水、暴雨及地震后，或周围大量挖方等均应观测。工程完工以后，应连续进行观测，观测时间的间隔可按沉降量的大小及速度而定。开始可隔1～2个月观测一次。以后，随着沉降速度的减慢，可逐渐延长观测时间，直至沉降稳定为止。

沉降观测方法主要是使用普通水准测量，观测时从水准点开始，逐点观测所设的沉降观测点，前、后视最好使用同一支水准尺。每个测站上读完各沉降点读数后，要再观测后视读数，两次后视读数之差不能大于1mm。

对重要建筑物、设备基础、高层钢筋混凝土框架结构及地基土质不均匀的建筑物的沉降观测，水准路线的闭合差不能超过$\pm\sqrt{n}$mm（n为测站数）。对一般建筑物的沉降观测，闭合差不能超过$\pm2\sqrt{n}$mm。

（3）沉降观测的成果整理

沉降观测是一项长期、连续的工作，为了保证观测成果的正确性，应尽可能做到四定，即固定观测人员；使用固定的水准仪和水准尺；使用固定的水准基点；按固定的实测路线和测站进行。

沉降观测应有专用的外业手簿，并需将建筑物、构筑物施工情况详细注明，随时整理，沉降观测成果表格可参考表13-1的格式。

表13-1　沉降观测记录表

观测次数	观测时间	各观测点的沉降情况						3…	施工进展情况	荷载情况（t/m²）
		1			2					
		高程（m）	本次下沉（mm）	累积下沉（mm）	高程（m）	本次下沉（mm）	累积下沉（mm）	…		
1	1985.01.10	50.454	0	0	50.473	0	0	…	一层平口	
2	1985.02.23	50.448	−6	−6	50.467	−6	−6		三层平口	40
3	1985.03.16	50.443	−5	−11	50.462	−5	−11		五层平口	60

241

观测次数	观测时间	各观测点的沉降情况						3…	施工进展情况	荷载情况 (t/m²)
		1			2			…		
		高程 (m)	本次下沉 (mm)	累积下沉 (mm)	高程 (m)	本次下沉 (mm)	累积下沉 (mm)			
4	1985.04.14	50.440	—3	—14	50.459	—3	—14		七层平口	70
5	1985.05.14	50.438	—2	—16	50.456	—3	—17		九层平口	80
6	1985.06.04	50.434	—4	—20	50.452	—4	—21		主体完	110
7	1985.08.30	50.429	—5	—25	50.447	—5	—26		竣 工	
8	1985.11.06	50.425	—4	—29	50.445	—2	—28		使 用	
9	1986.02.28	50.423	—2	—31	50.444	—1	—29			
10	1986.05.06	50.422	—1	—32	50.443	—1	—30			
11	1986.08.05	50.421	—1	—33	50.443	0	—30			
12	1986.12.25	50.421	0	—33	50.443	0	—30			

注：水准点高程 BM.1：49.538mm；BM.2：50.123mm；BM.3：49.776mm。

根据所观测、记录的数据计算沉降量及累积沉降量，计算内容和方法如下：沉降观测点的本次沉降量等于本次观测高程减去上次观测高程；累积沉降量等于本次沉降量加上上次累积沉降量。将计算出的本次沉降量、累积沉降量和观测日期、荷载情况等记入"沉降观测表"（表 13-1）中。最后绘制沉降曲线，如图 13-30 所示，沉降曲线分为两部分，即时间与沉降量关系曲线和时间与荷载关系曲线。

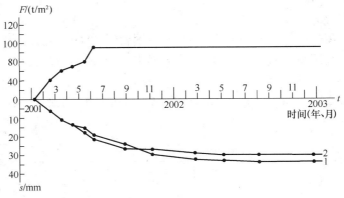

图 13-30　沉降曲线图

绘制时间与沉降量关系曲线，即以沉降量 s 为纵轴，以时间 t 为横轴，组成直角坐标系。然后，以每次累积沉降量为纵坐标，以每次观测日期为横坐标，标出沉降观测点的位置。最后，用曲线将标出的各点连接起来，并在曲线的一端注明沉降观测点号码，这样就绘制出了时间与沉降量关系曲线，如图 13-30 下半部所示。

绘制时间与荷载关系曲线，首先以荷载为纵轴，以时间为横轴，组成直角坐标系。再根据每次观测时间和相应的荷载标出各点，将各点连接起来，即可绘制出时间与荷载关系曲线，如图13-30上半部所示。

13.7.2 建筑物的倾斜观测

基础不均匀的沉降将是建筑物倾斜所引起的，对于高大建筑物影响更大，严重的不均匀沉降会使建筑物产生裂缝甚至倒塌。因此，必须及时观测、处理，以保证建筑物的安全。

对需要进行倾斜观测的一般建筑物，要在几个侧面观测。如图13-31所示，在距离墙面大于墙高

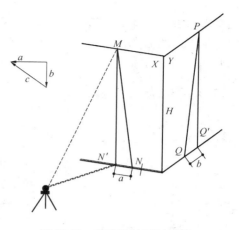

图 13-31　建筑物的倾斜观测

的地方选一点 A，安置经纬仪，分别用正、倒镜瞄准墙顶一固定点 M，向下投影取其中点 N，并作标志。过一段时间，再用经纬仪瞄准同一点 M，向下投影得 N' 点。若建筑物沿侧面方向发生倾斜，M 点已移位，则 N 与 N' 点不重合，于是量得水平偏移量 a。同时，在另一侧面也可测得偏移量 b，以 H 代表建筑物的高度，则建筑物的倾斜度 i 为：

$$i = \frac{\sqrt{a^2 + b^2}}{H} \tag{13-5}$$

当测定圆形建筑物，如烟囱、水塔等的倾斜度时，首先要求顶部中心 O' 点对底部中心 O 点的偏心距，如图 12-31 所示中的 OO'。其做法如下。

如图 13-32 所示，在烟囱底部边沿平放一根标尺，在标尺的垂直平分线方向上安置经纬仪，使经纬仪距烟囱的距离不小于烟囱高度的 1.5 倍。用望远镜瞄准顶部边缘两点 A、A' 及底部边缘两点 B、B'，并分别投点到标尺上，得读数 y_1、y_1' 及 y_2、y_2'，则横向倾斜量：

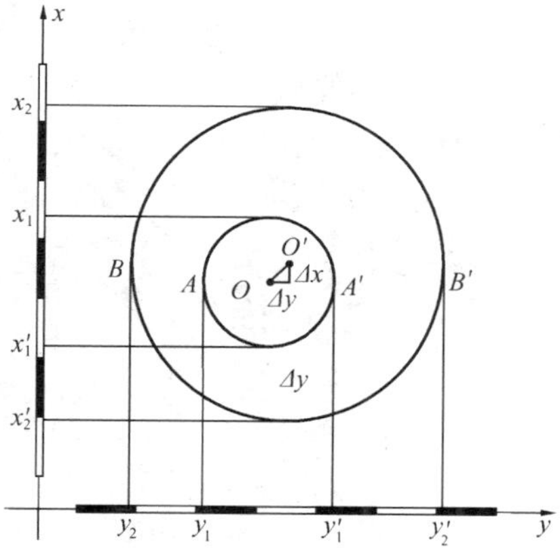

$$\Delta y = \frac{y_1 + y_1'}{2} - \frac{y_2 + y_2'}{2} \tag{13-6}$$

图 13-32　圆形建筑物的倾斜观测

同法再安置经纬仪及标尺于烟囱的另一垂直方向，测得底部边缘和顶部边缘在标尺上投点读数为 x_1、x_1' 及 x_2、x_2'，则纵向倾斜量：

$$\Delta x = \frac{x_1 + x_1'}{2} - \frac{x_2 + x_2'}{2} \tag{13-7}$$

烟囱的总倾斜量为：

$$\Delta D = \sqrt{\Delta x^2 + \Delta y^2} \tag{13-8}$$

根据总偏移值 ΔD 和圆形建（构）筑物的高度 H 即可计算出其倾斜度 i。

以上观测，要求仪器的水平轴应严格水平。因此，观测前仪器应进行检验与校正，使观测误差在允许误差范围以内，观测时应用正、倒镜观测两次取其平均数。

建筑物倾斜观测的周期，可视倾斜速度的大小，每隔 1～3 个月观测一次。如遇基础附

近因大量堆载或卸载，场地降雨长期大量积水而导致倾斜速度加快时，应及时增加观测次数。施工期间的观测周期与沉降观测周期取得一致。倾斜观测应避开强日照和风荷载影响大的时间段。

13.7.3 裂缝与位移观测

（1）裂缝观测

当建筑物发生裂缝时，应进行裂缝变化的观测，并画出裂缝的分布图，根据观测裂缝的

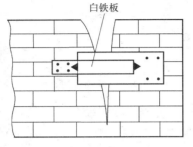

图 13-33　建筑物的裂缝观测

发展情况，在裂缝两侧设置观测标志；对于较大的裂缝，至少应在其最宽处及裂缝末端各布设一对观测标志。裂缝可直接量取或间接测定，分别测定其位置、走向、长度、宽度和深度的变化。

如图 13-33 所示，观测标志可用两块白铁皮制成，一片为 150mm×150mm，固定在裂缝的一侧，并使其一边和裂缝边边缘对齐；另一片为 50mm×200mm，固定在裂缝的另一侧，并使其一部分紧贴在 150mm×150mm 的白铁皮上，两块白铁皮的边缘应彼此平行。标志固定好后，

在两块白铁皮露在外面的表面涂上红色油漆，并写上编号和日期。标志设置好后如果裂缝继续发展，白铁皮将逐渐拉开，露出正方形白铁皮上没有涂油漆部分，它的宽度就是裂缝加大的宽度，可以用尺子直接量出。

（2）位移观测

位移观测是根据平面控制点测定建筑物在平面上随时间而移动的大小及方向。首先，在建筑物纵、横方向上设置观测点及控制点。控制点至少 3 个，且位于同一直线上，点间距离宜大于 30m，埋设稳定标志，形成固定基准线，以保证测量精度。

有些建筑物只要求测定某特定方向的位移量，如大坝在水压方向上的位移量，这种情况可采用基准线法进行水平位移观测。观测时，先在位移方向的垂直方向建立一条基准线，如图 13-34，A、B 为控制点，P 点为观测点，只要定期测量出观测点 P 与基准线 AB 的角度变化值 $\Delta\beta$，其位移量可按下式计算：

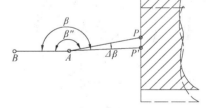

图 13-34　位移观测

$$\delta = D_{AP} \cdot \frac{\Delta\beta''}{\rho''} \tag{13-9}$$

式中　D_{AP}——A、P 两点间的水平距离；

　　　　$\Delta\beta$——两期观测角度的变化；

　　　　ρ''——206265"。

13.8　竣工总平面图的编绘

竣工总平面图是设计总平面图在施工后实际情况的全面反映。由于在施工过程中可能会因设计时没有考虑到的问题而使设计有所变更，所以设计总平面图不能完全代替竣工总平面

图。编绘竣工总平面图的目的，首先是把变更设计的情况通过测量全面反映到竣工总平面图上；其次是将竣工总平面图应用于对各种设施的管理、维修、扩建、事故处理等工作，特别是对地下管道等隐蔽工程的检查和维修；同时还为企业的扩建提供了原有各项建筑物、构筑物、地上和地下各种管线及交通线路的坐标、高程资料。通常采用边竣工边编绘的方法来编绘竣工总平面图。竣工总平面图的编绘，包括室外实测和室内资料编绘两方面的内容。

13.8.1 竣工测量的内容

在每一个单项工程完成后，必须由施工单位进行竣工测量。提出工程的竣工测量成果，作为编绘竣工总平面图的依据。其内容包括以下各方面：

（1）工业厂房及一般建筑物。包括房角坐标、各种管线进出口的位置和高程，并附房屋编号、结构层数、面积和竣工时间等资料。

（2）铁路与公路。包括起终点、转折点、交叉点的坐标，曲线元素，桥涵、路面、人行道等构筑物的位置和高程。

（3）地下管网。窨井、转折点的坐标，井盖、井底、沟槽和管顶等的高程，并附注管道及窨井的编号、名称、管径、管材、间距、坡度和流向。

（4）架空管网。包括转折点、结点、交叉点的坐标，支架间距，基础面高程等。

（5）特种构筑物。包括沉淀池、烟囱、煤气罐等及其附属建筑物的外形和四角坐标，圆形构筑物的中心坐标，基础面标高，烟囱高度和沉淀池深度等。

竣工测量完成后，应提交完整的资料，包括工程的名称、施工依据和施工成果，作为编绘竣工总平面图的依据。

13.8.2 竣工总平面图的编绘

竣工总平面图上应包括建筑方格网点、水准点、建（构）筑物辅助设施、生活福利设施、架空及地下管线、铁路等建筑物或构筑物的坐标和高程，以及相关区域内空地等的地形。有关建筑物、构筑物的符号应与设计图例相同，有关地形图的图例应使用国家地形图图式符号。

建筑区地上和地下所有建筑物、构筑物绘在一张竣工总平面图上时，往往因线条过于密集而不醒目，为此可采用分类编图。如综合竣工总平面图、交通运输总平面图和管线竣工总平面图等。比例尺一般采用1：1000。如不能清楚地表示某些特别密集的地区，也可在局部采用1：500的比例尺。

当施工的单位较多，工程多次转手，造成竣工测量资料不全，图面不完整或与现场情况不符时，需要实地进行施测，这样绘出的平面图，称为实测竣工总平面图。

练 习 题

1. 施工测量的主要任务是什么？
2. 建筑场地为什么要建立施工测量控制网？
3. 建筑场地一般都有测量坐标系，为什么还要重新建立施工坐标系？
4. 简述民用建筑物施工中的主要测量工作。

5. 轴线控制桩和龙门板的作用是什么？如何设置？

6. 多层建筑物施工中，如何由下层楼板向上层传递高程？

7. 试述多层和高层建筑物施工中，如何将底层轴线投测到各层楼面上？

8. 某建筑物的±0.000高程为7.831m，建筑物的层高为3.00m，放样建筑第六层墙上"＋50cm"的标高线，第一层观测值为 $a_1＝1.570m$、$b_1＝0.200m$，第六层观测值为 $a_2＝15.014m$、$b_2＝1.415m$，问现在第六层地面高程为多少？观测水准尺多少厘米处即为该层"＋50cm"的标高线位置？

9. 为什么要建立专门的厂房矩形控制网？试述大型厂房矩形控制网的测设方法。

10. 如何根据厂房矩形控制网进行杯形柱基的放样？试述柱基施工测量的方法。

11. 为什么要对建筑物进行变形观测？主要观测项目有哪些？

12. 何谓建筑物的沉降观测？其中，水准基点和沉降观测点的布设要求分别是什么？

13. 试述建筑物沉降观测的观测方法与精度要求。

14. 为什么要编绘竣工总平面图？竣工总平面图包括哪些内容？如何进行编绘？

学 习 辅 导

1. 学习本章目的与要求

目的：了解建筑施工测量的概念、任务及特点；掌握施工控制网的布设；学会民用建筑的定位测量，各轴线放样及细部放样；了解工业厂房控制网的布设及施工放样。

要求：

(1) 掌握建筑基线及建筑方格网测设的方法。

(2) 熟知一般民用建筑施工放样的全过程。

(3) 学会民用建筑的定位测量，各轴线放样及细部放样。

(4) 了解高层民用建筑测量的二个问题：轴线投测及高程传递。

(5) 了解工业厂房控制网的布设和柱列轴线的测设方法。

(6) 了解变形观测的方法。

2. 学习本章要领

(1) 施工场地建立统一的平面和高程控制网在于保证各个建筑物、构筑物在平面和高程上都能符合设计要求，互相连成统一的整体，然后以此控制网为基础，测设出各个建筑物和构筑物主要轴线。平面控制网的布设应根据总平面图设计和建筑场地的地形条件确定。对于面积较小的居住建筑区，常布置一条或几条建筑轴线组成简单的图形；而对于建筑物多，布局比较规则和密集的工业场地，由于建筑物一般为矩形而且大多沿着两个互相垂直的方向布置，因此控制网一般都采用格网形式，即通常所说的建筑方格网。一般情况下，建筑方格网各点也同时作为高程控制点。

(2) 根据建筑场地上建筑轴线的主点或其他控制点进行建筑物定位，即把建筑物外廓的各轴线交点测设在地面上，并用木桩标志出来，然后再根据这些点进行细部放样。在一般民用建筑中，为了方便施工，还在基槽外一定距离处设龙门板。根据龙门板或轴线控制桩的轴线位置和基础宽度，并顾及到基础挖深应放坡的尺寸，在地面上用白灰标出基础开挖线。根据施工的进程，再进行各项基础施工测量。

（3）工业厂房的施工测量应首先进行工业厂房控制网的测设，再进行厂房柱列轴线的测设和柱基施工测量及厂房结构安装测量。在各项放样过程中，要注意限差的要求。

（4）在每一项单项工程完成后，必须由施工单位进行竣工测量，提供工程的竣工测量成果等编制竣工总平面图，以全面反映工程施工后的实际情况，作为运行和管理的资料及今后工程改建和扩建的依据。

第14章　公路工程测量

14.1　公路测量概述

公路测量通常称公路勘测，业务包括勘察与测量，依据公路技术标准的高低和地形复杂的程度，公路勘测分一阶段勘测与两阶段勘测。

（1）一阶段勘测

一阶段勘测主要是针对路线方案比较明确、修建任务比较急、技术等级较低的公路，在现场参照图上设计方案，在现场一次定测。

（2）两阶段勘测

1）初测

为公路的初步设计提供带状地形图和有关资料的踏勘测量，称为初测。初测阶段的任务是：在指定的范围内布设导线；测量各方案的带状地形图和纵断面图；收集沿线水文，地质等相关资料。为纸上定线、编制比较方案、初步设计提供依据。

导线一般应敷设为附合导线。对于一般公路，方位角闭合差为 $\pm 30''\sqrt{n}$（ n 为测站数），距离相对闭合差为 1/2000。带状地形图的比例尺一般选择为 1：2000。带状地形图的宽度视道路的等级和要求不同而异，一般为规划道路中线左右两侧各 100~200m。

在带状地形图上确定公路中线及交点位置称为"纸上定线"。

2）定测

根据选定方案进行的中线测量、纵横断面测量等详细测量，称为定测。定测阶段的任务是：在选定设计方案的路线上进行中线测量、纵断面和横断面测量以及局部地区的大比例尺地形图的测绘等，为路线纵坡设计，工程土石方量计算等道路的技术设计提供详细的测量资料。

14.2　公路踏勘选线及中线测量

14.2.1　公路踏勘选线

公路选线应考虑地区经济发展近期的要求，也要顾及今后发展的需要，通过图上与实地踏勘选线，达到工程造价最低，线路最优。

（1）图上选线

收集中、小比例尺的地形图，在图上选定一条或几条较为合理的路线。

（2）实地踏勘选线

在图上选线的基础上，沿图上选择的路线进行实地踏勘。根据公路建设目的、等级，结合线路地质地形条件，确定一条最经济、最合理的路线。

选线工作是一项政策性很强的工作，既要充分利用地形、地物，节约用地，少占农田，保护历史文物等，又要考虑今后发展的需要。

1) 平原微丘区路线，应处理好线路与农田水利、道路、村庄和其他建筑物的关系，路线应短捷、舒顺，并注意整体线形的协调和连续性。

2) 越岭路线，应选择好垭口和坡面，需要展线时，应充分利用自然坡面展线，不得已时可用回头展线。

3) 沿河线，应根据河岸两侧自然条件、农田、水利、居民点分布和洪水淹没等情况，确定应走的河岸及跨河换岸的位置；调查洪水位，合理控制线路高程。

4) 山腰线，应布设于地形、地质、水文情况良好的一侧山坡，并应通过纵坡调整，避开支沟发育、剥蚀严重的"鸡爪"地形和悬岩陡坡。

5) 山脊线，应对分水岭各垭口进行放坡试线，确定垭口控制点，尽量利用平顺、开阔的山脊布线；如需沿分水岭侧面布设时，应按山腰线的要求处理。

对于低等级公路，一般采用一阶段勘测，现场选定路线，在路线转折处打交点桩，编号冠以 JD，即 JD$_1$、JD$_2$、JD$_3$、……。高等级公路采用两阶段勘测，选线由工程师执行，路线转折处插大旗，为初测导线指明前进方向。

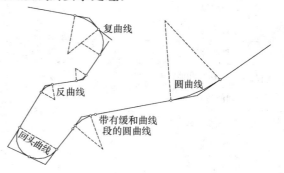

图 14-1　公路由直线与各种曲线组成

14.2.2　中线测量

中线测量是把公路的中心线（中线）标定在实地上。从平面上看，公路一般由直线和各种曲线组成，如图 14-1 所示。

中线测量的工作包括：测设公路中线各交点（JD）、量距和钉桩、测量路线各偏角（△）及测设曲线等。如图 14-2 所示。

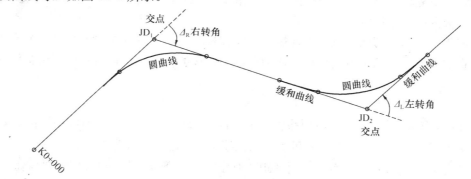

图 14-2　公路中线测量

图 14-2 中测量符号可采用英文（包括国家标准或国际通用）字母或汉语拼音字母。一条公路宜使用一种符号。《公路勘测规范》对公路测量符号有统一规定，常用符号列于表 14-1。

表 14-1　公路测量符号

名　　称	中文简称	汉语拼音或 国际通用符号	英文符号
交　点	交　点	JD	I. P.
转　点	转　点	ZD	T. P.

名　称	中文简称	汉语拼音或 国际通用符号	英文符号
导线点	导点	DD	R. P.
圆曲线起点	直圆	ZY	B. C.
圆曲线中点	曲中	QZ	M. C.
圆曲线终点	圆直	YZ	E. C.
公里标		K	K
转角		Δ	
左转角		Δ_L	
右转角		Δ_R	
平、竖曲线半径		R	R
曲线长（包括缓和曲线）		L	L
圆曲线长		L_Y	L_C
平、竖曲线切线长		T	T
平、竖曲线外距		E	E
（校正值）切曲差		J	D

14.2.3　路线交点和转点的测设

路线的交点，对于低等级公路，一阶段勘测，现场直接选定。对于高等级公路，采用两阶段勘测，一般先在初测的带状地形图上进行纸上定线，然后将图上确定的路线交点位置，计算出测设数据在实地标定。

定线测量中，当相邻两交点互不通视或直线较长时，需要在其连线上测定一个或几个转点，以便在交点测量转角和直线量距时作为照准和定线的目标。转点的测设方法有下列两种情况：

（1）两交点间设转点

如图 14-5a 所示，JD_5、JD_6 为相邻而互不通视的两个交点，ZD' 为初步确定的转点。今欲检查 ZD' 是否在两交点的连线上，可置经纬仪于 ZD'，用正倒镜分中法延长直线 JD_5—ZD' 至 JD_6'。设 JD_6' 与 JD_6 的偏差为 f，用视距法测定 a、b，则 ZD' 应横向移动的距离 e 可按下式计算：

$$e = \frac{a}{a+b} \cdot f \tag{14-1}$$

将 ZD' 按 e 值移至 ZD。再将仪器移至 ZD，按上述方法逐渐趋近，直至偏差 f 符合要求为止。

（2）延长线上设转点

如图 14-3b 所示，JD_8、JD_9 互不通视，可在其延长线上初定转点 ZD'。将经纬仪置于

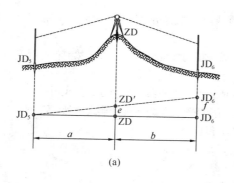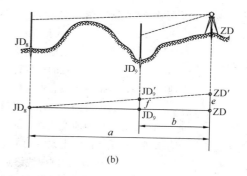

图 14-3　交点之间不通视测设转点

(a) 两交点间设转点；(b) 在延长线设转点

ZD'，用正、倒镜照准 JD_8，并以相同竖盘位置俯视 JD_9，得两点后取其中点得 JD_9'。若 JD_9' 与 JD_9 重合或偏差值 f 在容许范围内，即可将 JD_9' 作为交点。否则应重设转点，量出 f 值，用视距法测出 a、b，则 ZD' 应横向移动的距离 e 的计算式为：

$$e = \frac{a}{a - b} \cdot f \qquad (14\text{-}2)$$

将 ZD' 按 e 值移至 ZD。再将仪器移至 ZD，按上述方法重复，直至偏差 f 符合要求为止。

14.2.4　路线转角的测定

在路线的交点处应根据交点前、后的转点或交点，测定路线的转角，通常测定路线前进方向的右角 β 来计算路线的转角，如图 14-4 所示。

当 $\beta < 180°$ 时为右偏角，表示线路向右偏转；当 $\beta > 180°$ 时为左偏角，表示线路向左偏转。转角的计算公式为：

$$\begin{cases} \Delta_R = 180° - \beta \\ \Delta_L = \beta - 180° \end{cases} \qquad (14\text{-}3)$$

图 14-4　路线转角测量

在 β 角测定以后，直接定出其分角线方向 C，如图 14-4 所示，在此方向上钉临时桩，以作此后测设道路的圆曲线中点之用。

14.2.5　里程桩的测设

路线中线上设置里程桩的作用是：

（1）标定路线中线的位置的长度；

（2）作为施测路线纵、横断面的依据。设置里程桩的工作主要是定线、量距和打桩。距离测量可以用钢尺或测距仪。

在公路中线处打桩，以表示该点至路线起点的里程，均称为里程桩。里程桩分为整桩和加桩两种。

整桩：是由路线起点开始，每隔 10m，20m 或 50m 的整倍数桩号而设置的里程桩。百米桩、公里桩属于整桩。

里程桩

地形加桩：是指沿中线地面起伏突变处、横向坡度变化处以及天然河沟处等所设置的里程桩。

加桩

地物加桩：是指沿中线有人工构筑物的地方（如桥梁、涵洞处，路线与其他公路、铁路、渠道、高压线等交叉处、拆迁建筑物处、土壤地质变化处）加设的里程桩。

曲线加桩：是指曲线上设置的主点桩，即圆曲线起点（ZY）、圆曲线中点（QZ）、圆曲线终点（YZ）。

关系加桩：是指路线上的转点（ZD）桩和交点（JD）桩。

如图 14-5 所示，每个桩的桩号表示该桩距路线起点的里程。如某加桩距路线起点的距离为 1934.16m，则其桩号记为 K1＋934.16，如图 14-5a 所示。

加桩分为地形加桩、地物加桩、曲线加桩和关系加桩，如图 14-5b 和图 14-5c 所示。

钉桩时，对于交点桩、转点桩以及距路线起点每隔 500m 处的整桩、公里桩、重要地物加桩（如桥、隧位置桩）以及曲线主点桩，均应打下断面为 6cm×6cm 的方桩（如图 14-5d），桩顶钉以中心钉，桩顶露出地面约 2cm，并在其旁边钉一指示桩（如图 14-5e，为指示交点桩的板桩）。其余里程桩一般使用板桩，一半露出地面，为了后续工组找桩方便，指示桩的背面循环书写 1～10，并面向后面的里程桩。

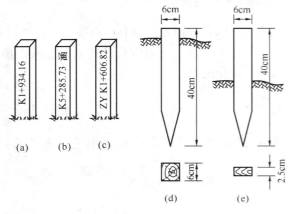

图 14-5 里程桩
(a)、(b)、(c) 加桩的书写 (d) 里程桩尺寸 (e) 指示桩

14.3 圆曲线主点计算与测设

公路中线由直线、平曲线所组成。当路线由一个方向转到另一个方向时，必须用曲线来连接。曲线的形式较多，其中圆曲线（又称单曲线）是最常用的一种平曲线。

圆曲线是指具有一定半径的圆弧线。圆曲线的测设工作一般分两步进行，先定出曲线上起控制作用的起点（直圆点 ZY）、中点（曲中点 QZ）和终点（圆直点 YZ），如图 14-6 所示，称为圆曲线的主点。然后在主点基础上进行加密，定出曲线上其他各点，称为圆曲线细部测设，从而完整地标定出曲线的位置。

（1）圆曲线主要素的计算

在进行曲线主点的测设之前，应根据实测的路线偏角 Δ 和设计半径 R（根据公路的等级和地形状况确定）计算出圆曲线的主要素，即切线长 T、曲线长 L、外矢距 E 和切曲差 J。

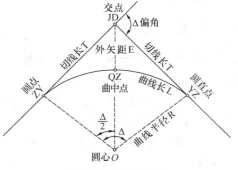

图 14-6 公路圆曲线

252

$$切线长 \qquad T = R \cdot \tan \frac{\Delta}{2}$$

$$曲线长 \qquad L = R \cdot \frac{\Delta}{\rho}$$

$$外矢距 \qquad E = \frac{R}{\cos \frac{\Delta}{2}} - R = R(\sec \frac{\Delta}{2} - 1)$$

$$切曲差 \qquad J = 2T - L \tag{14-4}$$

【例 14-1】 已知 JD_6 的桩号为 K5+178.64，转角为 $\Delta_R = 39°27'$（右偏），设计圆曲线半径为 R=120m，求各测设元素。按上式可以求得：

$$切线长 \qquad T = 120 \cdot \tan \frac{39°27'}{2} = 43.03m$$

$$曲线长 \qquad L = 120 \cdot \frac{39°27'}{3437.75'} = 82.62m$$

$$外矢距 \qquad E = 120 \left(\sec \frac{39°27'}{2} - 1 \right) = 7.48m$$

$$切曲差 \qquad J = 2 \times 43.025 - 82.624 = 3.44m$$

（2）圆曲线主点里程的计算

一般情况下，交点的里程由中线丈量求得，由此可以根据交点的里程桩号及圆曲线测设元素推求出圆曲线各主点的里程桩号。其计算公式为：

$$\left. \begin{array}{l} 直圆点(ZY)里程 = JD 里程 - T \\ 曲中点(QZ)里程 = ZY 里程 + L/2 \\ 圆直点(YZ)里程 = QZ 里程 + L/2 \end{array} \right\} \tag{14-5}$$

为了避免计算错误，可用下列公式检验：

$$YZ 里程 = JD 里程 + T - J \tag{14-6}$$

在上例中，JD_6 的桩号为 K5+178.64，按上式可计算出：

JD_6 桩号	K5+178.64
$-T$	43.03
ZY 桩号	K5+135.61
$+L/2$	41.31
QZ 桩号	K5+176.92
$+L/2$	41.31
YZ 桩号	K5+218.23

按公式（14-6）进行检核计算：

$$YZ 桩号 = 5K+178.64+43.03-3.44 = 5K+218.23$$

两次计算 YZ 桩号的数值相同，证明计算结果无误。

（3）圆曲线主点的测设

1）测设曲线的起点（ZY）与终点（YZ）

将经纬仪安置于交点 JD 桩上，分别以路线方向定向，自 JD 点起沿切线方向量出切线长 T，即得曲线的起点和终点。

2）测设曲线的中点（QZ）

后视曲线的终点，测设角度 $\frac{180°-\Delta}{2}$ 得分角线方向，沿此方向从交点 JD 桩开始，量取外矢距 E，即得曲线的中点 QZ。

14.4 圆曲线细部测设

在一般情况下，当地形条件较好、曲线长度不超过 40m 时，只要测设出曲线的三个主点即能满足工程施工的要求。但当地形变化复杂、曲线较长或半径较小时，就要在曲线上每隔一定的距离测设一个加桩，以便把曲线的形状和位置详细地表示出来，这个过程称为曲线的细部测设。

公路中线测量中加桩一般采用整桩号法，即将曲线上靠近曲线起点（ZY）的第一个桩的桩号凑成整数桩号，然后按整桩距 l_0 向曲线的终点（YZ）连续设桩。由于地形条件、精度要求和使用仪器的不同，细部点的测设主要有以下几种方法。

14.4.1 切线支距法（直角坐标法）

切线支距法是以曲线的起点（ZY）或终点（YZ）为坐标原点，通过曲线上该点的切线为 X 轴，以过原点的半径方向为 Y 轴，建立直角坐标系，从而测定各加桩点的方法，如图 14-7 所示。

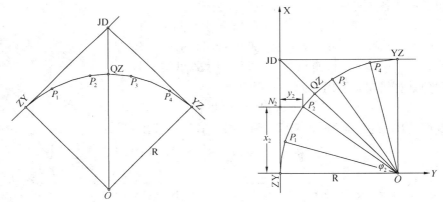

图 14-7　直角坐标法圆曲线细部测设

（1）计算公式

通常情况下，采用整桩号测设曲线的加桩，曲线上某点 P_i 的坐标可依据曲线起点至该点的弧长 l_i 计算。设曲线的半径为 R，l_i 所对的圆心角为 φ_i，则计算公式为：

$$\left.\begin{array}{l} \varphi_i = \dfrac{l_i}{R}\left(\dfrac{180°}{\pi}\right) \\ x_i = R\sin\varphi_i \\ y_i = R(1-\cos\varphi_i) \end{array}\right\} \tag{14-7}$$

【例 14-2】　已知 JD 的桩号为 K8+745.72，偏角为 $\Delta_R=53°25'20''$，设计圆曲线半径为 R=50m，取整桩距为 10m。根据公式计算或查"圆曲线函数表"可知主点测设元素为：T=25.16m，L=46.62m，E=5.97m，J=3.70m。

254

按公式（14-7）计算列于表 14-2。

为了保证测设的精度，避免 y 值（垂线）过长，一般应自曲线的起点和终点向中点各测设曲线的一半。表 14-2 中所列细部桩号的 x、y 值是分别用 ZY 点和 YZ 点作为坐标原点计算的。

表 14-2　直角坐标法圆曲线细部测设计算表 　　　　　　　　　　（m）

已　知	转角：$\Delta_R = 53°25'20''$				设计半径：R=50	
参　数	交点里程：JD 里程=K8+745.72				整桩间距：L_0=10	
曲　线	切线长：T=25.16				曲线长：L=46.62	
元　素	外矢距：E=5.97				切曲差：J=3.70	
主　点	ZY 点里程：ZY 里程=K8+720.65				YZ 点里程：YZ 里程=K8+767.18	
里　程	QZ 点里程：QZ 里程=K8+743.87				JD 点里程：JD 里程=K8+745.72	

主点名称	桩　　号	各桩点至 ZY 或 YZ 点的曲线长	各点间弦长	x	y	备　　注
ZY	K8+720.56	0.00		0.00	0.00	
			9.43			
	+730	9.44		9.38	0.89	
			9.98			
	+740	19.44		18.95	3.73	
			3.87			
QZ	K8+743.87	23.31		22.47	5.34	
			6.13			
	+750	17.18		16.84	2.92	
			9.98			
	+760	7.18		7.16	0.51	
			7.17			
YZ	K8+767.18	0.00		0.00	0.00	

（2）测设步骤

测设时，将圆曲线以曲中点（QZ）为界分成两部分别进行。

1）根据曲线加桩的详细计算资料，用钢尺从 ZY 点（或 YZ 点）向 JD 方向量取 x_1、x_2……等横距，得垂足 N_1、N_2……等点，用测钎作标记，见图 14-7。

2）在各垂足点 N_1、N_2……等处，依次用方向架（或经纬仪）定出 ZY 点（或 YZ 点）切线的垂线，分别沿垂线方向量取 y_1、y_2……等纵距，即得曲线上各加桩点 P_1、P_2……等点。

3）检验方法：用上述方法测定各桩后，丈量各桩之间的弦长进行校核。如不符或超过容许范围，应查明原因，予以纠正。

此法适合于地势比较平坦开阔的地区。使用的仪器工具简单，而且它所测定的各点位是相互独立的，测量误差不会积累，是一种较精密的方法。测设时要注意垂线 y 不宜过长，垂线愈长，测设垂线的误差就愈大。

14.4.2　偏角法细部测设

偏角法是一种类似于极坐标的放样方法。它是利用曲线起点（或终点）的切线与某一段弦之间的弦切角 Δ_i（称为偏角）以及弦长 C_i 来确定 P_i 点的位置的一种方法，如图 14-8 所示。

（1）计算公式

偏角法计算的公式依据是弦切角等于该弦所对圆心角的一半以及圆周角等于同弧所对圆心角的一半。

一般偏角法也是采用整桩号测设曲线的加桩。曲线上里程桩的间距一般较直线段密，按规定为 5m、10m、20m 等，在实际工作中，由于排桩号的需要，圆曲线首尾两段弧不是整数，分别称为首段分弧 l_1 和尾段分弧 l_2，所对应的弦长分别为 C_1 和 C_2。中间为整弧 l_0，所

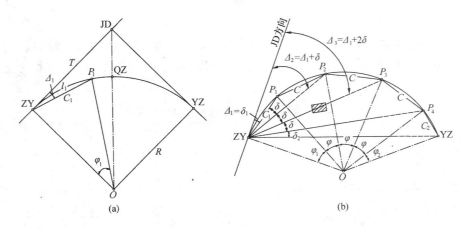

图 14-8　偏角法测设细部

对应的弦长均为 C_0。

图 14-8 中，ZY 点至 P_1 点为首段分弧，测设 P_1 点的数据可从图 14-8a 得出。弧长 l_1 所对的圆心角 φ_1 可由下面的公式计算。

$$\varphi_1 = \frac{l_1}{R}\left(\frac{180°}{\pi}\right)$$

故首段分弧圆周角 δ_1（即偏角 Δ_1）为：

圆周角：
$$\Delta_1 = \frac{\varphi_1}{2} = \frac{l_1}{R}\left(\frac{90°}{\pi}\right) \tag{14-8}$$

弦长：
$$C_1 = 2R\sin\Delta_1 \tag{14-9}$$

P_4 点至 ZY 点为尾段分弧，弧长为 l_2，圆心角为 φ_2，圆周角为 δ_2。同理可知：

圆周角：
$$\delta_2 = \frac{\varphi_2}{2} = \frac{l_2}{R}\left(\frac{90°}{\pi}\right) \tag{14-10}$$

弦长：
$$C_2 = 2R\sin\delta_2 \tag{14-11}$$

圆曲线中间部分，相邻两点间为整弧 l_0，整弧 l_0 所对的圆心角均为 φ，相应的圆周角均为 δ，即

圆周角：
$$\delta = \frac{\varphi}{2} = \frac{l_0}{R}\left(\frac{90°}{\pi}\right) \tag{14-12}$$

弦长：
$$C_0 = 2R\sin\delta \tag{14-13}$$

故各细部点的偏角：

P_1 点：
$$\Delta_1 = \delta_1$$

P_2 点：
$$\Delta_2 = \frac{\varphi_1 + \varphi}{2} = \Delta_1 + \delta$$

P_3 点：
$$\Delta_3 = \frac{\varphi_1 + 2\varphi}{2} = \Delta_1 + 2\delta$$

$$\vdots$$

YZ 点：
$$\Delta_{YZ} = \frac{\varphi_1 + n\varphi + \varphi_2}{2} = \Delta_1 + n\delta + \delta_2 = \frac{\Delta}{2}（用于检核）$$

偏角法测设圆曲线是连续进行，其测设的偏角是通过累计而得，称为各测设点之"累计偏角"，又称为"总偏角"。作为计算的检验，累计偏角应为 $\Delta/2$。

【例 14-3】 已知 JD 的桩号为 K5＋135.22，偏角为 $\Delta_R=40°21'10''$，设计圆曲线半径为 R＝100m，取整桩距为 20m。根据公式计算或查"圆曲线函数表"可知主点测设元素为：T＝36.75m，L＝70.43m，E＝6.54m，J＝3.07m。

采用偏角法由曲线起点（ZY）向终点（YZ）测设，根据以上公式，计算列于表 14-3。

表 14-3　圆曲线偏角法详细测设参数计算表

已　知参　数	转角：$\Delta_R=40°21'10''$		设计半径：R＝100m	
	交点里程：JD 里程＝K5＋135.22		整桩间距：$L_0=20$m	
曲　线元　素	切线长：T＝36.75m		曲线长：L＝70.43m	
	外矢距：E＝6.54m		切曲差：J＝3.07m	
主　点里　程	ZY 点里程：ZY 里程＝K5＋098.47		YZ 点里程：YZ 里程＝K5＋168.90	
	QZ 点里程：QZ 里程＝K5＋133.68		JD 点里程：JD 里程＝K5＋135.22	

主点名称	桩　　号	相邻桩间曲线长（m）	相邻桩间弦长（m）	相邻桩间对应的圆周角 δ（° ′ ″）	ZY 点切线方向至各桩的累计偏角 Δ（° ′ ″）
ZY	K5＋098.47	1.53	1.53	0　26　18	0　00　00
	＋100	20.00	19.97	5　43　46	0　26　18
	＋120	13.68	13.67	3　55　08	6　10　04
QZ	K5＋133.68	6.32	6.32	1　48　38	10　05　12
	＋140	20.00	19.97	5　43　46	11　53　50
	＋160	8.90	8.90	2　32　59	17　37　36
YZ	K5＋168.90				20　10　35

（2）测设步骤

1）将经纬仪安置于曲线起点 ZY（或终点 YZ）上，以度盘 0°00′00″ 照准路线的交点 JD。

2）转动照准部，正拨（按顺时针方法）测设 Δ_1 角（0°26′18″），由测站点沿视线方向量弦长 C_1（1.53m）钉桩，则得曲线上第一点 P_1（K5＋100）的位置。

3）然后测设 P_2（K5＋120）点之累计偏角 Δ_2（6°10′04″），将钢尺端零点对准 P_1 点，以钢尺读数为 C（19.97m）处交于视线方向，即距离与方向相交，则定出曲线上第二点 P_2 点。依此类推，定出其他中间各点，并钉以木桩。

4）最后，测设至曲线终点，视线应恰好通过曲线终点 YZ。P_{n-1} 点至曲线终点的弦长应为 C_2（8.90m），测设得出的曲线终点点位与原定终点点位之差，其纵向闭合差不应超过 ± L/1000（L 为曲线长），横向误差不应超过 ±10cm，否则应进行检查，改正或重测。

偏角法是一种测设精度高、实用性强、灵活性大的常用方法，它可在曲线上的任意一点或交点 JD 处设站。但由于距离是逐点连续丈量的，前面点的点位误差必然会影响后面测点的精度，点位误差是逐渐累积的。如果曲线较大，为了有效地防止误差积累过大，可在曲线中点 QZ 处进行校核，或分别从曲线起点、终点进行测设，在中点处进行校核。

在测设过程中如果遇到障碍阻挡视线，如图 14-8b 中，测设 P_3 点时，视线被房屋挡住，则可将仪器搬至 P_2 点，水平度盘置 0°00′00″，照准 ZY 点，倒转望远镜，转动照准部使度盘读数为 P_3 点的偏角值，此时视线处于 P_2P_3 的方向线上，由 P_2 点在此方向上量弦长 C 即得 P_3 点。

14.4.3　光电测距仪极坐标法

当用光电测距仪或全站仪测设圆曲线时，由于其测设距离受地形条件限制较小，精度高、速度快，可以采用极坐标法直接、独立地测设各点，因此，正在逐渐地被广泛使用。

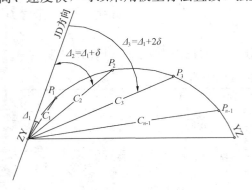

图 14-9　光电测距仪极坐标法

和偏角法一样，极坐标法也可以采用整桩号测设曲线的加桩。利用公式（14-8）～（14-12）分别求出各加桩点的偏角 Δ_1、Δ_2、…、Δ_n 以及测站点至各加桩点的弦长 C_1、C_2、…、C_n。

测设时，如图 14-9 所示，将仪器安置在 ZY 点，以度盘 $0°00'00''$ 照准路线的交点 JD。转动照准部，依次测设 Δ_i 角和相应的弦长 C_i，钉桩，即可分别得到曲线上各点。

极坐标法既发挥了偏角法测设曲线精度高、实用性强、灵活性大，可在曲线上的任意一点或交点 JD 处设站的优点，同时，点位误差又不会逐渐积累，极大地提高了工作效率和测设速度。

14.5　复曲线与反向曲线的测设

14.5.1　复曲线的测设

复曲线是由两个或两个以上互相衔接的同向单曲线（主要是圆曲线）所组成的曲线（如图 14-10）。这种曲线，通常是在地形条件比较复杂地段，一个单曲线不能适合地形的情况下采用。在布设复曲线时，必须先决定或计算出其中一个重点单曲线的半径，这个曲线称为主曲线，然后在满足主曲线的测设要求下，再根据已有条件决定其余副曲线的半径。实际应用中，两个互相衔接的同向单曲线半径可以是相同的，也可以是不同的。

如图 14-10 所示，设 JD_A、JD_B 为相邻两交点，AB 为公切线，GQ 为主曲线和副曲线相衔接的公切

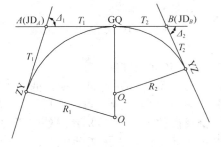

图 14-10　复曲线测设

点，它将公切线分为 T_1 和 T_2 两段。其中主曲线切线长 T_1 可根据给定的半径 R_1 和测定的转角 Δ_1 正算得出，则副曲线切线长为 $T_2 = D_{AB} - T_1$。然后以 T_2 和转角 Δ_2 依公式（14-4）反算求出 R_2。若求出的 R_2 不合技术要求和地形条件，则应修改 R_1，再重新反算 R_2，直至都符合工程的要求。

【例 14-4】　在图 14-10 中，若测得 $\Delta_1 = 30°18'$，$\Delta_2 = 36°42'$，相邻两交点 JD_a、JD_b 间的距离为 $D_{AB} = 36.55\text{m}$，设计选定主曲线半径 $R_1 = 60\text{m}$，求副曲线半径 R_2。

按公式（14-4）可知：$T = R\tan\dfrac{\Delta}{2}$

则

$$T_1 = 60 \times \tan\frac{30°18'}{2} = 16.25\text{m}$$

因 $D_{AB} = 36.55\text{m}$，则有：$T_2 = D_{AB} - T_1 = 36.55 - 16.25 = 20.30\text{m}$

再由切线长 T_2 反求出 R_2，即

$$R_2 = \frac{T_2}{\tan\frac{\Delta_2}{2}} = \frac{20.30}{\tan\frac{36°42'}{2}} = 61.20\text{m}$$

在实际工作中，反算出的 R_2 一般不是整米数，为了计算的方便，可将 R_2 值略减小一些而凑成整米，这样，JD_A、JD_B 之间将会有一小段直线，这在道路工程中是允许的。但是反算出的 R_2 不能增大凑成整米数，因为那将使两个曲线重叠，这在工程中是不允许的。

如果地形条件许可，为了行车的方便，可以使 $R_1 = R_2 = R$，那么此时的 R 值可用下面的公式计算：

$$R = \frac{D_{AB}}{\tan\frac{\Delta_1}{2} + \tan\frac{\Delta_2}{2}} \tag{14-14}$$

复曲线测设时，可按圆曲线主点计算和测设的方法，先将主曲线和副曲线的主元素计算出来，然后将仪器分别安置在 A 点和 B 点上进行实地测设，并推算各主点的桩号。

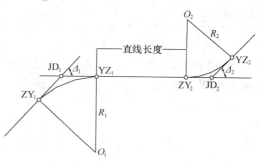

图 14-11　反向曲线

14.5.2　反向曲线的测设

反向曲线是由两个方向相反的圆曲线组成的（如图 14-11）。在反曲线中，由于两个圆曲线方向相反，为了行车的方便和安全，一般情况下，均在前后两段曲线之间加设一过渡直线段，并且长度不小于 20m。

测设反曲线时，先测出两转折点间的距离 D_{12} 和转折角 Δ_1、Δ_2，根据设计选定的半径 R_1，计算并测设出 JD_1 曲线的主点。然后用 $(D_{12} - T_1 - 直线长度)$ 作为 T_2，并根据此值和转折角 Δ_2，反算出 R_2。最后再由 R_2 计算出第二段曲线的主元素并测设曲线。

14.6　缓和曲线的测设

为了行车更安全、舒适，在一些设计行车速度较快、圆曲线半径较小的曲线段，常要求

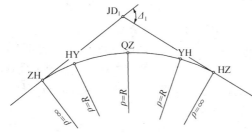

图 14-12　缓和曲线主点

在曲线和直线之间设置一段半径由无穷大逐渐变化到圆曲线半径的曲线，这种曲线称之为缓和曲线。国内、外目前基本采用回旋曲线的一部分作为缓和曲线。如图 14-12 所示。带有缓和曲线的圆曲线共由三部分组成，即第一缓和曲线段 ZH～HY、圆曲线段（即主曲线段）HY～YH、第二缓和曲线段 YH～HZ。依此可知，整个曲线共有五个主要点，即：

直缓点（ZH）：由直线进入第一缓和曲线的点，即整个曲线的起点。

缓圆点（HY）：第一缓和曲线的终点，从这点开始进入圆曲线。

曲中点（QZ）：整个曲线的中间点。

圆缓点（YH）：圆曲线的终点，进入第二缓和曲线的起点。

259

缓直点（HZ）：第二缓和曲线的终点，进入直线段的起点，它也是整个曲线的终点。

14.6.1　缓和曲线的特征及曲线方程

对于某一缓和曲线我们已知的数据有：①路线的转角 Δ；②根据公路的等级和地形状况确定的圆曲线半径 R；③缓和曲线的长度，可根据公路的等级和地形情况依表 14-4 查得；④交点 JD 的里程和曲线加桩的整桩间距。

表 14-4　公路按等级与地形规定缓和曲线的长度

公路等级	高速公路		一		二		三		四	
地　形	平原 微丘	山岭 重丘	平原 微丘	山岭 重丘	平原 微丘	山岭 重丘	平原 微丘	山岭 重丘	平原 微丘	山岭 重丘
缓和曲线长度（m）	100	70	85	50	70	35	50	25	35	20

（1）回旋曲线的特征和方程

缓和曲线是回旋曲线的一部分，回旋曲线的几何特征是：曲线上任何一点的曲率半径 ρ 与该点到曲线起点的长度 l 成反比。即：

$$\rho = \frac{c}{l} \tag{14-15}$$

式中　c——比例参数。我国公路设计规范规定 $c = 0.035V^3$，V 设计的行车速度，以 km/h计。

在缓和曲线的起点 $l = 0$，则 $\rho = \infty$。在缓和曲线的终点（与圆曲线衔接处），缓和曲线的全长为 l_h，缓和曲线的半径 ρ 等于圆曲线的半径，即：$\rho = R$。故式（14-15）可写成：

$$\rho l = R l_h = c = 0.035V^3 \tag{14-16}$$

$$l_h = 0.035 \frac{V^3}{R} \tag{14-17}$$

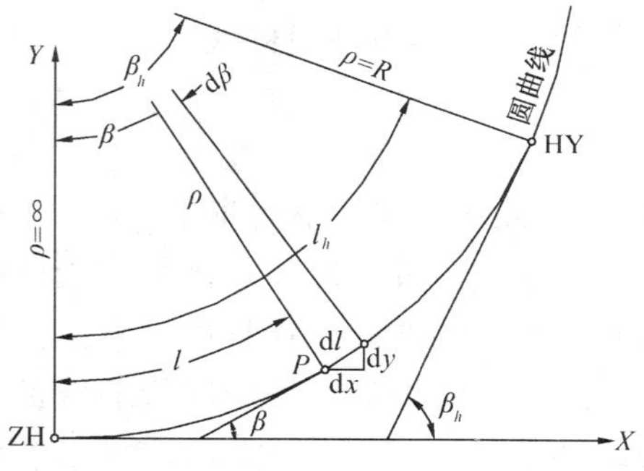

由式（14-17）可知，设计的行车速度愈快，缓和曲线的长度应愈长；设计的圆曲线半径愈大，则缓和曲线的长度就可以相应缩短一些；而当圆曲线半径 R 达到一定的值以后，就可以不设置缓和曲线了。

（2）缓和曲线的切线角公式

缓和曲线上任意一点 P 的切线与曲线起点 ZH 的切线所组成的夹角为 β，β 称为缓和曲线的切线角。缓和曲线切线角 β 实际上等于曲线起点 ZH 至曲线上任一点 P 之间的弧长 l 所对圆心角 β。如图 14-13 所示。

图 14-13　缓和曲线切线角

在 P 点取一微分弧 dl，它所对应的圆心角为 $d\beta$，则：$d\beta = \dfrac{dl}{\rho}$

将公式（14-16）代入上式得

$$d\beta = \frac{dl}{\rho} = \frac{l dl}{R l_h}$$

将上式积分：

$$\beta = \int_0^l \mathrm{d}\beta = \int_0^l \frac{l\mathrm{d}l}{Rl_h} = \frac{l^2}{2Rl_h}$$

$$\beta = \frac{l^2}{2Rl_h} \tag{14-18}$$

当 $l = l_h$ 时，缓和曲线全长 l_h 所对的切线角称为缓和曲线角，以 β_h 表示。

$$\beta_h = \frac{l_h}{2R} \times \frac{180°}{\pi} \tag{14-19}$$

（3）缓和曲线上任一点 P 坐标的计算

如图 14-13 所示，以缓和曲线起点 ZH 为原点，以过该点的切线为 x 轴，垂直于切线的方向为 y 轴。则任一点 P 的坐标可写为：

$$\mathrm{d}x = \mathrm{d}l\cos\beta$$

$$\mathrm{d}y = \mathrm{d}l\sin\beta$$

式中 $\mathrm{d}x$、$\mathrm{d}y$——纵横坐标微量。

将 $\cos\beta$、$\sin\beta$ 按级数展开：

$$\cos\beta = 1 - \frac{\beta^2}{2!} + \frac{\beta^4}{4!} - \frac{\beta^6}{6!} + \cdots$$

$$\sin\beta = \beta - \frac{\beta^3}{3!} + \frac{\beta^5}{5!} - \frac{\beta^7}{7!} + \cdots$$

将上式代入 $\mathrm{d}x$、$\mathrm{d}y$ 式中，并顾及公式（14-18），再经积分整理后得：

$$\left.\begin{array}{l} x_p = l - \dfrac{l^5}{40R^2 l_h^2} \\[3mm] y_p = \dfrac{l^3}{6Rl_h} \end{array}\right\} \tag{14-20}$$

式（14-20）称为缓和曲线的参数方程。

当 $l = l_h$ 时，即得缓和曲线的终点坐标值：

$$\left.\begin{array}{l} x_h = l_h - \dfrac{l_h^3}{40R^2} \\[3mm] y_h = \dfrac{l_h^2}{6R} \end{array}\right\} \tag{14-21}$$

14.6.2 缓和曲线主点元素的计算及测设

（1）圆曲线的内移和切线的增长

在圆曲线和直线之间增设缓和曲线后，整个曲线发生了变化，为了保证缓和曲线和直线相切，圆曲线应均匀地向圆心方向内移一段距离 p，称为圆曲线内移值。同时切线也应相应地增长 q，称为切线的增长值。

在公路建设中，一般采用圆心不动，圆曲线半径减少 p 值的方法，即使减小后的半径等于所选定的圆曲线半径，也就是插入缓和曲线前的半径为 $R+p$，插入缓和曲线后的圆曲线半径为 R。增加的缓和曲线的一半弧长位于直线段内，另一半则位于圆曲线段内。如图 14-14 所示。

由图 14-14 可推导得，圆曲线内移值 p，从图中可看出

$$p = y_h - (R - R\cos\beta) \tag{14-22}$$

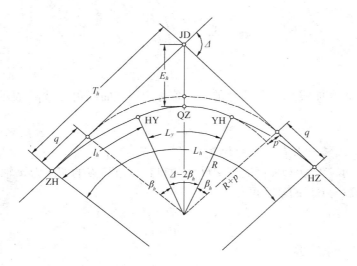

图 14-14　缓和曲线测设

$\cos\beta$ 展开级数（取前两项）代入式（14-22），整理后得

$$p = \frac{l_h^2}{24R}$$ (14-23)

切线的增长值 q，从图可看出为

$$q = x_h - R\sin\beta$$ (14-24)

$\sin\beta$ 也用展开级数代入式（14-24），整理后得

$$q = \frac{l_h}{2} - \frac{l_h^3}{240R^2}$$ (14-25)

从式（14-25）可以看出，当圆曲线半径足够大时，公式的第二项极小，可忽略不计，此时，切线的增长值约为缓和曲线的一半。

（2）缓和曲线主点元素以及里程的推算

1）缓和曲线主元素的计算

①切线长：
$$T_h = (R+p)\tan\frac{\Delta}{2} + q$$ (14-26)

②主曲线（圆曲线部分）长：$L_Y = R(\Delta - 2\beta_h)\frac{\pi}{180°}$ (14-27)

③曲线全长：
$$L_h = L_y + 2l_h$$ (14-28)

④外矢距：
$$E_h = (R+p)\sec\frac{\Delta}{2} - R$$ (14-29)

⑤切曲差：
$$J_h = 2T_h - L_h$$ (14-30)

为了便于计算，将上列公式（14-26）～（14-30）稍做些演变：

切线长 T_h：

$$T_h = (R+p)\tan\frac{\Delta}{2} + q$$

$$T_h = R\tan\frac{\Delta}{2} + \left(p\tan\frac{\Delta}{2} + q\right) = T + t$$ (14-31)

即缓和曲线的切线长 T_h 等于圆曲线的切线长 T 加尾数 t。

主曲线线长 L_Y：

$$L_Y = R(\Delta - 2\beta_h)\frac{\pi}{180°}$$

$$= R\Delta\frac{\pi}{180°} - 2\beta_h\frac{\pi}{180°} = L - 2\left(\frac{l_h}{2R}\frac{180°}{\pi}\right)\frac{\pi}{180°} = L - l_h \qquad (14\text{-}32)$$

即缓和曲线的主曲线线长 L_Y 等于圆曲线长 L 减缓和曲线长 l_h。

曲线全长 L_h：

$$L_h = L_Y + 2l_h = (L - l_h) + 2l_h = L + l_h \qquad (14\text{-}33)$$

即曲线全长 L_h 等于圆曲线长 L 加缓和曲线长 l_h。

外矢距 E_h：

$$E_h = (R + p)\sec\frac{\Delta}{2} - R = \left(R\sec\frac{\Delta}{2} - R\right) + p\sec\frac{\Delta}{2} = E + e \qquad (14\text{-}34)$$

切曲差 D_h：

$$J_h = 2T_h - L_h = 2(T + t) - (L + l_h) = (2T - L) + (2t - l_h)$$

$$J_h = J + d \qquad (14\text{-}35)$$

圆曲线半径 R 和缓和曲线的长度 l_h 是根据公路的等级和地形状况确定的；路线的转角 Δ 是实际测量得到的，据此可按上述公式计算所需的测设元素。如有公路曲线测设用表，首先查取圆曲线的切线长 T，外矢距 E，切曲差 J，然后再加缓和曲线的尾加数表 t、e、d 便得缓和曲线的切线长 T_h，外矢距 E_h，切曲差 J_h。

2）缓和曲线主点里程的计算

直缓点 ZH 里程：	ZH 里程 = 交点 JD 里程 − 切线长 T_h	$(14\text{-}36)$
缓圆点 HY 里程：	HY 里程 = 直缓点 ZH 里程 + 缓和曲线长 l_h	$(14\text{-}37)$
曲中点 QZ 里程：	QZ 里程 = 缓圆点 HY 里程 + 主曲线长 $L_y/2$	$(14\text{-}38)$
圆缓点 YH 里程：	YH 里程 = 曲中点 QZ 里程 + 主曲线长 $L_y/2$	$(14\text{-}39)$
缓直点 HZ 里程：	HZ 里程 = 圆缓点 YH 里程 + 缓和曲线长 l_h	$(14\text{-}40)$

为了检查计算的正确性，可用下式计算 HZ 里程：

$$\text{HZ 里程} = \text{JD 里程} + \text{切线长 } T_h - \text{切曲差 } J_h \qquad (14\text{-}41)$$

【例 14-5】 某一高速公路的设计行车速度为 120 公里/小时，已知某一交点 $JD8$ 的里程桩号为 K9+658.86，转角为 $\Delta = 20°18'26''$，半径为 $R = 600$ 米，试计算曲线测设的主元素和曲线主点里程。

从表 14-4 可知，对于高速公路我们可以取缓和曲线的长度为 $l_h = 100$ 米。计算步骤是：

①缓和曲线特征参数的计算即计算切线增长值 q，圆曲线内移值 p 以及缓和曲线切线角 β_h。

②缓和曲线主元素的计算即缓和曲线切线长 T_h，缓和曲线的曲线长 L_h，缓和曲线的外距 E_h 以及切曲差 J_h。

③计算缓和曲线各主点的里程

计算列于表 14-4，如有条件配备袖珍电脑或笔记本电脑进行编程计算，则工效更高。

表 14-5 缓和曲线测设记录计算表

工程项目：___×××××___ 地点：___×××___ 交点桩号：___JD₈___ 编号：___K9＋658.86___

观测者：___×××___ 记录者：___×××___ 计算者：___×××___观测日期：__2006__ 年 __8__ 月 __25__ 日

观测点名	盘　位	水平度盘读数 (° ′ ″)	半测回角值 (° ′ ″)	平均角值 (° ′ ″)
JD₂	L	0°00′18″	159°41′30″	159°41′34″
		159°41′48″		
	R	339°42′00″	159°41′38″	
		180°00′22″		

偏角的计算 α	右偏：$\Delta_R=180°-\beta=20°18′26″$	主曲线半径 $R=600m$
	左偏：$\Delta_L=\beta-180°=$	缓和曲线长 $l_h=100m$
	$\dfrac{\Delta}{2}=10°09′13″$	

特征参数计算	切线增长值 $q=\dfrac{l_h}{2}-\dfrac{l_h^3}{240R^2}=50.00m$	切线长尾数 $t=p\tan\dfrac{\alpha}{2}+q=50.12m$
	圆曲线内移值 $p=\dfrac{l_h^2}{24R}=0.69m$	外距尾加数 $e=p\sec\dfrac{\alpha}{2}=0.70m$
	缓和曲线切线角 $\beta_h=\dfrac{l_h}{2R}\times\dfrac{180°}{\pi}=4°46′29″$	切曲差尾加数 $d=2t-l_h=0.24m$

曲线元素计算	切线长 $T=R\tan\dfrac{\Delta}{2}=107.46m$	加缓后切线长 $T_h=T+t=157.58m$
	圆曲线长 $L=R\alpha\dfrac{\pi}{180°}=212.66m$	曲线全长 $L_h=L+l_h=312.66m$
	外距 $E=R\left(\sec\dfrac{\Delta}{2}-1\right)=9.55m$	加缓后外距 $E_h=E+e=10.25m$
	切曲差 $J=2T-L=2.26m$	加缓后切曲差 $J_h=J+d=2.50m$
	主曲线长 $L_y=L-l_h=112.66m$	略图：

主点编号计算	直缓点 ZH＝JD－T_h＝K9＋501.28
	缓圆点 HY＝ZH＋l_h＝K9＋601.28
	曲中点 QZ＝HY＋$\dfrac{L_y}{2}$＝K9＋657.61
	圆缓点 YH＝QZ＋$\dfrac{L_y}{2}$＝K9＋713.94
	缓直点 HZ＝YH＋l_h＝K9＋813.94　校核：HZ＝JD＋T_h－J_h＝K9＋813.94

（3）主点的测设步骤（以例 14-5 说明）

1）将经纬仪安置在交点 DJ_8 上，瞄准直缓点 ZH 方向，沿视线方向量取切线长 $T_h=$ 157.58m，即得直缓点 ZH，桩号 K9＋501.28。

2）仪器不动，以 ZH 点为后视方向，拨角 $(180°-\Delta)/2$，即分角线方向，沿此方向量取外矢距 $E_h=10.25$m，即得曲中点 QZ，桩号 K9＋657.55。

3）再将经纬仪瞄准缓直点 HZ 方向，沿视线方向量取切线长 $T_h=157.58$m，即得缓直点 HZ，桩号 K9＋813.83。

4）以 ZH 点为坐标原点，以 ZH－JD_8 为切线方向建立直角坐标系的 x 轴，垂直方向为 y 轴，用切线支距法量取 $x_h=99.93$m，$y_h=2.78$m，得缓圆点 HY，桩号为 K9＋601.28。

5）同理，以 HZ 点为坐标原点，以 HZ－JD_8 为切线方向建立直角坐标系的 x 轴，垂直方向为 y 轴，用切线支距法量取 $x_h=99.93$m，$y_h=2.78$m，得圆缓点 YH，桩号 K9＋713.83。

6）在测设出的各主点上钉木桩，并在其上钉一小钉作为标心。

14.6.3　带有缓和曲线的曲线的详细测设

带有缓和曲线的圆曲线各主点测设完毕后，为满足设计和施工的需要，也应在曲线上每隔一定的距离测设一个加桩，和圆曲线一样，带有缓和曲线的曲线也采用整桩号法测设曲线的加桩。测设加桩常采用切线支距法和偏角法。

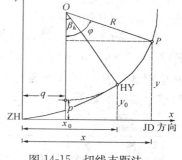

图 14-15　切线支距法
测设缓和曲线

（1）切线支距法（直角坐标法）

切线支距法是以缓和曲线的起点 ZH 或终点 HZ 为坐标原点，以过原点的切线为 x 轴，过原点且垂直于 x 轴的方向为 y 轴。缓和曲线和圆曲线的各点坐标，均按同一坐标系统计算，但分别采用不同的计算公式，如图 14-15 所示。

在缓和曲线段任一点 i 的坐标按下式计算。

$$\left.\begin{array}{l} x_i = l_i - \dfrac{l_i^5}{40R^2 l_h^2} \\[2mm] y_i = \dfrac{l_i^3}{6R l_h} \end{array}\right\} \qquad (14\text{-}42)$$

式中　l_i——缓和曲线上任一点 i 至曲线起点或终点的曲线长。

对于圆曲线段部分，各点的直角坐标仍和以前计算方法一样，但坐标原点已移至缓和曲线起点，因此原坐标必须相应地加 q、p 值，即

$$\left.\begin{array}{l} x = R\sin\varphi + q \\[1mm] y = R(1-\cos\varphi) + p \end{array}\right\} \qquad (14\text{-}43)$$

式中　φ——$\varphi = \dfrac{l}{R} \times \dfrac{180°}{\pi} + \beta_h = \left(\dfrac{l}{R} + \dfrac{l_h}{2R}\right)\dfrac{180°}{\pi}$；

　　　　l——圆曲线上任一点至 HY 点或 YH 点的曲线长；

　　　　l_h——缓和曲线长。

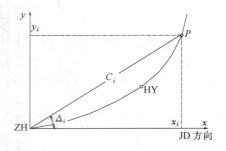

图 14-16 偏角法的测设缓和曲线细部

实际工作中，缓和曲线和圆曲线各点的坐标值也可由曲线表查出，曲线的设置方法和圆曲线的切线支距法测设方法完全相同。

（2）偏角法（极坐标法）

偏角法的测设方法实际是一种极坐标法，它利用一个偏角 Δ 和一段距离 C 来确定曲线上某点，如图 14-16 所示。和切线支距法一样，以缓和曲线的起点 ZH 或终点 HZ 为坐标原点，以过原点的切线为 x 轴，过原点且垂直于 x 轴的方向为 y 轴。曲线上某点 P 至曲线的起点（ZH 点或 HZ 点）的距离为 C_i，P 点和原点的连线与坐标轴的 x 轴之间的夹角为 Δ_i。它们可以通过切线支距法求出的点的坐标 P（x_i、y_i）来进行计算。

$$
\begin{aligned}
\text{弦长} \qquad & C_i = \sqrt{x_i^2 + y_i^2} \\
\text{偏角} \qquad & \Delta_i = \tan^{-1}\frac{y_i}{x_i}
\end{aligned}
\Bigg\} \tag{14-44}
$$

由于弦长 C 是逐步增加的，且距离较大，所以一般可以采用光电测距仪或全站仪进行测设，将仪器安置在 ZH 点或 HZ 点，以度盘 $0°00'00''$ 照准路线的交点 JD。转动照准部，依次测设 Δ_i 角和相应的弦长 C_i，钉桩，即可分别得到曲线上各点。

【例 14-6】 某一高速公路设计行车速度为 $120km/h$，其中某一交点 JD_7 的里程桩号为 $K12+617.86$，转角为 $\Delta=8°46'39''$，半径为 $R=1500m$，通过计算或查表知道曲线的主元素和里程（见表 14-6 上半部分），试按整桩距 $L_0=40m$，试计算用切线支距法和偏角法详细测设整个曲线的数据。

表 14-6　缓和曲线详细测设参数计算表

已　知参　数	转角：$\Delta=8°46'39''$（右偏）　设计圆曲线半径：$R=1500m$　缓和曲线长度：$l_h=100m$　交点里程：JD_7 里程 K12+617.86　整桩间距：$L_0=40m$							
特征参数	切线角：$\beta_h=1°54'39''$　圆曲线内移值：$p=0.28m$　切线增长值：$q=50m$　曲线全长：$L_h=329.68m$　切线长：$T_h=165.14m$　外矢距：$E_h=4.69m$　切曲差：$J_h=0.6m$							
主　点里　程	ZH 点里程：K12+452.72　HY 点里程：K12+552.72　QZ 点里程：K12+617.56　YH 点里程：K12+682.40　HZ 点里程：K12+782.40　JD 点里程：K12+617.86							

主点名称	桩　号	弧　长 (m)	切线支距法		偏角法			
			X (m)	Y (m)	Δ (°)	(′)	(″)	C (m)
ZH	K12+452.72	0	0	0	0	00	00	0
	↓ +500	47.28	47.28	0.12	0	08	43	47.28
	+530	77.28	77.28	0.51	0	22	41	77.28
HY	K12+552.72	100.00	100.00	1.11	0	38	09	100.00
	↓ +580	27.28	127.28	2.27	1	01	18	127.28
	+600	47.28	147.26	3.44	1	20	17	147.28
QZ	K12+617.56	64.84	164.78	4.68	1	37	36	164.84
	↑ +650	32.40	132.40	2.54	1	05	56	132.40
YH	K12+682.40	100.00	100.00	1.11	0	38	09	100.00
	↑ +700	82.40	82.4	0.62	0	25	52	82.40
	+740	42.40	42.40	0.08	0	06	29	42.40
HZ	K1+782.40	0	0	0	0	00	00	0

计算时，按切线支距法的思想，缓和曲线段任一点 i 的坐标按公式（14-42）计算，式中 l_i 为 i 点至曲线起点（ZH 点）或终点（HZ 点）的曲线长。圆曲线段部分按圆曲线细部测设法。为了方便测设，避免支距过长，一般将曲线分成两部分，分别向曲线中点 QZ 测设。

缓和曲线段以 K12＋530 为例：

用切线支距法的数据为

$$x = l - \frac{l^5}{40R^2 l_h^2} = 77.28 - \frac{77.28^5}{40 \times 1500^2 \times 100^2} = 77.28\text{m}$$

$$y = \frac{l^3}{6Rl_h} = \frac{77.28^3}{6 \times 1500 \times 100} = 0.51\text{m}$$

用偏角法的数据为

弦长
$$C = \sqrt{x^2 + y^2} = \sqrt{77.28^2 + 0.51^2} = 77.28\text{m}$$

偏角
$$\Delta = \tan^{-1}\frac{y}{x} = \tan^{-1}\frac{0.51}{77.28} = 0°22'41''$$

圆曲线段以 K12＋600 为例，用切线支距法的数据为

$$\varphi = \left(\frac{l}{R} + \frac{l_h}{2R}\right)\frac{180°}{\pi} = \left(\frac{47.28}{1500} + \frac{100}{2 \times 1500}\right) \times \frac{180°}{\pi} = 3°42'57''$$

$$x = R\sin\varphi + q = 1500 \times \sin 3°42'57'' + 50 = 147.21\text{m}$$

$$y = R(1 - \cos\varphi) + p = 1500 \times (1 - \cos 3°42'57'') + 0.28 = 3.43\text{m}$$

用偏角法的数据为：

弦长
$$C = \sqrt{x^2 + y^2} = \sqrt{147.21^2 + 3.43^2} = 147.25\text{m}$$

偏角
$$\Delta = \tan^{-1}\frac{y}{x} = \tan^{-1}\frac{3.43}{147.21} = 1°20'05''$$

14.7　路线纵断面水准测量

路线纵断面测量又称路线水准测量。它的任务是根据水准点高程，测量路线各中桩的地面高程，并按一定比例绘制路线纵断面图，为路线纵坡设计和挖、填土方计算提供基本资料。

为了提高精度和检验成果，依据"从整体到局部"的测量原则，纵断面测量一般分为两步进行：一是沿路线方向设置若干水准点，建立路线的高程控制，称为基平测量；一是依据各水准点的高程，分段进行水准测量，测定各中桩的地面高程，称为中平测量。基平测量的精度要求比中平测量高，可按四等或稍低于四等水准的精度要求。中平测量只作单程观测，精度按普通水准要求。

14.7.1　基平测量

（1）水准点的布设

水准点是路线高程测量的控制点，在勘测和施工阶段都要长期使用，因此在中平测量前沿路线应设立足够的水准点。水准点应选在道路中线经过的地方两侧 50～100m 左右，地基稳固，易于引测、不受路线施工影响的地方。

根据不同的需要和用途，可设置永久性水准点和临时性水准点。路线的起点和终点、大桥两岸、隧道两端，需要长期观测高程的重点工程附近均应设置永久性水准点，同时对于路线较长的一般地区也应每隔 25～30km 测设一点。永久性水准点要埋设标石，也可设在永久性建筑物上或用金属标志嵌在基岩上。

临时水准点的布设密度，应根据地形复杂情况和工程需要而定。山区每隔 0.5～1km 设置一个，在平原区和微丘陵区每隔 1～2km 设置一个。在一般的中、小桥附近和工程集中的地段均应设置临时性水准点。临时水准点可埋设大木桩，顶面钉入铁钉作为标志。

（2）基平测量方法

基平测量首先应将起始水准点与附近国家水准点进行连测，以获得绝对高程。在沿线其他水准点的测量过程中，凡能与附近国家水准点进行连测的均应连测，以便获得更多的检查条件。如果路线附近没有国家水准点，可根据气压计、国家地形图和邻近的大型工程建筑物的高程作为参考，假定起始水准点的高程。

水准点高程的测定，公路上通常采用一台水准仪往、返观测或同时用两台水准仪同向（或对向）进行观测。往、返测或两台仪器所测高差的不符值不得超过下列允许值：

对于山区：

$$f_{h允} = \pm 30\sqrt{L}\,\text{mm}$$

或

$$f_{h允} = \pm 9\sqrt{n}\,\text{mm}$$

（14-45）

对于大桥两岸和隧洞两端的水准点：

$$f_{h允} = \pm 20\sqrt{L}\,\text{mm}$$

或

$$f_{h允} = \pm 5\sqrt{n}\,\text{mm}$$

（14-46）

式中　L——水准路线长度，以千米为单位，适用于平地；

　　　n——测站数，适用于山地。

闭合差在允许范围内则取两次观测值的均值，作为两水准点间的高差。

14.7.2　中平测量

（1）中平测量及要求

中平测量又名中桩抄平，即测量路线中桩的地面高程。中平测量是以基平测量提供的水准点为基础，以相邻两水准点为一测段，从一个水准点出发，逐个施测中桩的地面高程，闭合在下一个水准点上，形成附和水准路线。其允许误差为：

$$f_{h允} = \pm 50\sqrt{L}\,\text{mm}$$

或

$$f_{h允} = \pm 12\sqrt{n}\,\text{mm}$$

（14-47）

式中　L——水准路线长度；

　　　n——测站数。

测量时，在每一个测站上除了观测中桩外，还需在一定距离内设置用于传递地面高程的转点，每两转点间所观测的中桩，称为中间点。

由于转点起传递高程作用，观测时应先观测转点，后观测中间点。转点读数至毫米，视线长度一般不应超过 150m，标尺应立于尺垫、稳固的桩顶或坚石上；中间点的高程通常采用视线高法求得，读数可至厘米，视线长度也可适当放长，标尺立于紧靠桩边的地面上，其高程误差一般应在±10cm范围内。

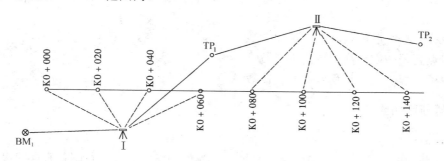

图 14-17　中平测量

当路线跨越河流时，还需测出河床断面图、洪水位和常水位高程，并注明年、月，以便为桥梁设计提供资料。

（2）施测方法

如图 14-17，水准仪置于测站 I，后视水准点 BM₁，前视转点 TP₁，将观测结果分别记入表 14-7 的"后视"和"前视"栏内，然后依次观测 BM₁ 和 TP₁ 间的各个中桩（K0＋000～K0＋060），将读数分别记入"中视"栏内。

表 14-7　中平测量记录表

测　站	测　点	水准尺读数（m）			视线高程（m）	高程（m）	备　注
		后视	中视	前视			
	BM₁	2.126			138.340	136.214	水准点
	K0＋000		1.23			137.11	BM₁＝136.214
	＋020		1.87			136.47	
	＋040		0.85			137.49	
	＋060		1.74			136.60	
	TP₁			1.378		136.962	
	TP₁	1.653			138.615	136.962	
	＋060		1.86			136.76	
	＋080		2.35			136.27	
	＋100		1.42			137.20	
	＋120		1.87			136.76	
	＋140		0.99			137.63	
	TP₂			2.220		136.395	
…	…	…	…	…	…	…	
	TP₆	1.298			138.534	137.236	
	＋620		2.04			136.49	
	＋640		1.36			137.17	水准点
	BM₂			1.153		137.381	BM₂＝137.354

仪器搬至 II 站，后视转点 TP₁，前视转点 TP₂，然后观测各中桩。用同样的方法继续向前观测，直至附合到水准点 BM₂，完成一测段的观测工作。

各站记录后应立即计算各点高程，直至下一个水准点为止，并立即计算测段的闭合差，及时检查是否满足精度要求。如精度符合，可进行下一段的观测工作；否则，应返工重测。

一般不进行闭合差的调整，而以原计算的各中桩点高程作为绘制纵断面图的数据。

每一站的各项计算依次按下列公式进行：

1) 视线高程＝后视点高程＋后视读数

2) 转点高程＝视线高程－前视读数

3) 中桩高程＝视线高程－中间视读数

14.7.3　纵断面的绘制

（1）纵断面图

公路纵断面图是沿中线方向绘制的表示地面起伏和纵坡设计线状图，它反映出各路段纵坡的大小和中线位置的填挖尺寸，是线路设计和施工中的重要资料。

纵断面图一般采用直角坐标系绘制，横坐标为中桩的里程，纵坐标则表示高程。常用的里程比例尺有1：5000、1：2000和1：1000几种，为了明显地表示地面起伏，一般取高程比例尺比里程比例尺大10或20倍，例如，里程比例尺用1：1000时，高程比例尺则取1：100或1：50。

（2）纵断面图的内容

图14-18为一道路的纵断面图。

图的上半部，从左至右绘有贯穿全图的两条线。一条是细折线，表示中线方向的实际地面线，是根据中平测量的中桩地面高程绘制的；另一条是粗折线，表示包含竖曲线在内的纵坡设计线，是纵坡设计时绘制的。此外，在图上还注有水准点的编号、高程和位置，竖曲线的示意图及其曲线元素，桥涵的类型、孔径、跨数、长度、里程桩号和设计水位，其他道路、铁路以及各种管线交叉点的位置、里程和有关说明等。

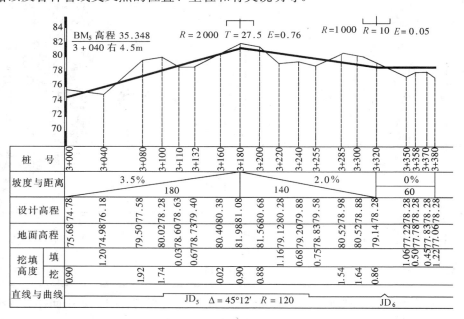

图 14-18　公路纵断面图

图的下部绘有几栏表格，填写有关测量及坡度设计的数据，一般有以下内容：

270

1）桩号：自左至右按规定的里程比例尺注上各中桩的桩号。

2）坡度与距离：用来表示中线设计的坡度大小。一般用斜线或水平线表示，从左向右向上斜表示上坡，向下斜表示下坡，水平线表示平坡。线上方注记坡度数值（以百分比表示），下方注记坡长（水平距离）。不同的坡段以竖线分开。

3）设计高程：填写相应中桩的设计地面高程。

4）地面高程：注上对应于各中桩桩号的地面高程。

5）填挖高度：将填、挖的高度或深度分成两栏填写。

6）直线与曲线：按里程桩号标明路线的直线部分和曲线部分的示意图。曲线部分用直角折线表示，上凸表示路线右偏，下凹表示路线左偏，并注明交点编号及其曲线元素。在转角过小不设曲线的交点位置，用锐角折线表示。

（3）纵断面图的绘制

纵断面图一般自左至右绘制在透明毫米方格纸的背面，这样可防止用橡皮修改时把方格擦掉。

1）打格制表并填写有关测量资料

在透明方格纸上按规定尺寸绘制表格，标出与该图相适宜的纵、横坐标值。在坐标系的下方绘表填写里程、地面高程、直线与曲线等资料。

2）绘地面线

首先确定起始高程在图上的位置，使绘出的地面线处在图上的适当位置。为了便于绘图和阅图，一般将高程为 10m 的整倍数高程定在厘米方格纸的 5cm 粗横线上。然后依中桩的里程和高程，在图上按纵、横比例尺依次定出各中桩地面位置，用细实线连接相邻点位，即可绘出地面线。

在高差变化较大的地区，纵向受到图幅限制时，可在适当地段变更图上高程起算位置，在新的纵坐标下展绘地面线，这时地面线将构成台阶形式。

3）纵坡设计与计算设计高程

此项工作必须等横断面图绘好之后，根据各级公路纵坡和坡长的规定，参照实际地形，尽可能使填、挖基本平衡，试拉坡度线。

根据已设计的纵坡和两点间的坡长，可从起点的高程计算另一点的设计高程。即：

某点的设计高程＝起点高程＋设计坡度×起点至某点的距离

位于竖曲线部分的里程桩的设计高程，应考虑竖曲线对设计高程的修正。

4）计算各桩号的填、挖尺寸

同一桩号的设计高程与地面高程之差即为该桩点的填、挖高度，正号为填土高度，负号为挖土深度。地面线与设计线的交点为不填不挖的"零点"。

5）在图上注记有关资料

如水准点、桥涵、竖曲线示意图、交叉点等。

14.8　路线横断面水准测量

横断面测量就是在各中桩处测定垂直于道路中线方向的地面起伏，然后绘成横断面图。横断面图是设计路基横断面、构筑物的布置、计算土石方和施工时确定路基填、挖边界等的依据。

横断面测量的宽度，由公路等级、路基宽度、地形情况、边坡大小以及有关工程的特殊要求而定，一般在中线两侧各测 20～30m。由于横断面主要是用于路基的断面设计和土石方计算等，测量中距离和高差精确到 0.1m 即可满足工程要求。因此，横断面测量多采用简易的测量工具和方法，以提高工效。

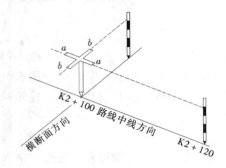

图 14-19　直线段上的横断面方向

14.8.1　横断面方向的测定

（1）直线段的横断面方向

直线段上的横断面方向是与道路中线相垂直的方向。一般可用具有两个相互垂直十字方向架来测定。如图 14-19 所示，将方向架置于测点上，用其中一方向瞄准与该点相邻的前或后方某一中桩，则方向架的另一方向即为该点的横断面方向。

（2）圆曲线段的横断面方向

圆曲线段上横断面方向应与该点的切线方向垂直，即该点指向圆心的方向。一般采用求心方向架测定。求心方向架是在上述方向架上加一根可转动的定向杆 ee，并加有固定螺旋，如图 14-20a 所示。

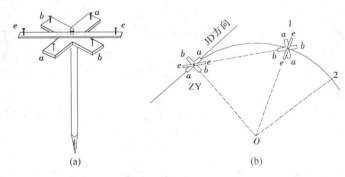

图 14-20　圆曲线段的横断面方向

使用时，如图 14-20b，先将方向架立在曲线起点 ZY 上，用 aa 对准 JD 方向，bb 即为起点处的横断面方向。然后转动定向杆 ee 对准曲线上里程桩 1，拧紧固定螺旋。

移方向架至 1 点，用 bb 对准起点，按同弧段两端弦切角相等的原理，此时定向杆 ee 的方向即为 1 点处的横断面方向，在此方向上立一标杆。

在 1 点的横断面方向定出之后，为了测定下一点 2 的横断面方向，可在 1 点将 bb 对准 1 点的横断面方向，转动定向杆 ee 对准 2 点，拧紧固定螺旋，然后将方向架移至 2 点，用 bb 对准 1 点，定向杆 ee 的方向即 2 点的横断面方向。依此类推，即定出各点的横断面方向。

如果曲线的中桩是按等弧长设置，由于弦切角相同，只需在起点固定好 ee 的位置，保持弦切角不变，在各测点上将方向架 bb 边对准后视点，ee 方向即为测点的横断面方向。

14.8.2　横断面的测量方法

（1）标杆皮尺法

如图 14-21，A、B、C、D 为在横断面方向上选定的坡度变化点，先在离中桩较近的 A

点树立标杆，将皮尺靠中桩的地面拉平，量出中桩至 A 点的距离，此时皮尺在标杆上截取的红白格数（每格 0.2m）即为两点间的高差。同法测出 A 至 B，B 至 C……各段的距离和高差，直至需要的宽度为止。

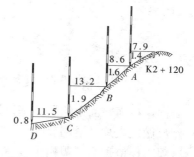

图 14-21　标杆皮尺法测横断面

记录表格如表 14-8，表中按路线前进方向分左、右侧，以分数形式记录各测段两点间的高差和距离，分子表示高差，分母表示距离，正号表示升高，负号表示降低，自中桩由近及远逐段记录。

这种方法的优点是简易、轻便、迅速，但精度较低，适合于山区等级较低的公路。

表 14-8　横断面测量记录表

左	侧			中　桩	右	侧		
$\dfrac{0.8}{11.5}$	$\dfrac{-1.9}{13.2}$	$\dfrac{-1.6}{8.6}$	$\dfrac{-1.4}{7.9}$	K2+120	$\dfrac{-1.1}{4.8}$	$\dfrac{-0.9}{6.3}$	$\dfrac{-1.2}{12.7}$	$\dfrac{0.4}{4.4}$
$\dfrac{-0.4}{4.5}$	$\dfrac{1.9}{16.2}$	$\dfrac{-1.6}{6.3}$	$\dfrac{-1.9}{12.4}$	K2+100	$\dfrac{1.8}{8.3}$	$\dfrac{0.9}{5.7}$	$\dfrac{1.0}{15.5}$	$\dfrac{0.4}{11.9}$
$\dfrac{1.2}{5.4}$	$\dfrac{-1.3}{10.1}$	$\dfrac{-0.3}{8.9}$	$\dfrac{-0.9}{3.8}$	K2+080	$\dfrac{-1.3}{13.1}$	$\dfrac{0.9}{5.2}$	$\dfrac{-1.6}{7.3}$	$\dfrac{1.4}{12.9}$

（2）水准仪皮尺法

在横断面测量精度要求比较高，横断面方向坡度变化不太大的情况下，可用水准仪测量横断面高程。

施测时，在适当的位置安置水准仪，后视立于中桩上的水准尺，读取后视读数，求得视线高程，再前视横断面方向上，立于各坡度变化点上的水准尺，取得前视读数，一般前、后视读数精确至厘米即可。用视线高程减去各前视读数，即得各点的地面高程。实测时，若仪器位置安置得当，一站可测量多个断面。中桩至各坡度变化点的水平距离可用钢尺或皮尺量出，精度至分米。

（3）经纬仪视距法

为测定横断面方向上坡度变化点，安置经纬仪于中桩上，用经纬仪直接定出横断面方向，然后用视距法测出各地形变化点至测站（中桩）的距离和高差。

由于使用了经纬仪，不用直接量距，减轻了外业工作量，因而适用于地形困难，山坡陡峻地段的大型断面。

14.8.3　横断面图的绘制及路基设计

（1）横断面图绘制

横断面图绘制的工作量较大，为了提高工作效率，便于现场核对，往往采取在现场边测边绘的方法。也可以采取现场记录，室内绘图，再到现场核对的方法。

和纵断面一样，横断面图也是绘制在毫米方格纸上。为了计算面积时较简便，横断面图的距离和高差采用相同的比例尺，通常为 1：100 或 1：200。

绘图时，先在适当的位置标出中桩，注明桩号。然后，由中桩开始，分左、右两侧按距离和高程逐一展绘各坡度变化点，用直线把相邻点连接起来，即绘出横断面的地面线，然后

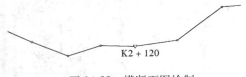

K2 + 120

图 14-22　横断面图绘制

适当地标注有关的地物或数据等，如图 14-22 所示。

（2）设计路基

在横断面图上，按纵断面图上的中桩设计高程以及道路设计路基宽、边沟尺寸、边坡坡度等数据，在横断面上绘制路基设计断面图。具体做法一般是先将设计的道路横断面按相同的比例尺做成模片（透明胶片），然后将其覆盖在对应的横断面图上，按模片绘制成路基断面线，这项工作俗称为"戴帽子"。路基断面的形式主要有全填式、全挖式、半填半挖式三种类型，如图 14-23 所示。

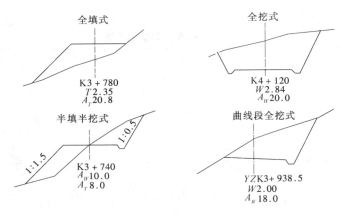

全填式

K3 + 780
T 2.35
A_H 20.8

全挖式

K4 + 120
W 2.84
A_H 20.0

半填半挖式

1：0.5

1：1.5

K3 + 740
A_H 10.0
A_T 8.0

曲线段全挖式

YZK3+ 938.5
W 2.00
A_H 18.0

图 14-23　横断面图上进行路基设计

路堤边坡：土质的一般采用 1：1.5，填石的边坡则可放陡，如 1：0.5、1：0.75 等。挖方边坡：一般采用 1：0.5、1：0.75、1：1 等。边沟一般采用梯形断面，内侧边坡一般采用 1：1～1：1.5，外侧边坡与路堑边坡相同，边沟的深度与底宽一般不应小于 0.4m，一级公路边沟断面应大一些，其深度与底宽可采用 0.8～1.0m。

为了行车安全，曲线段外侧要高于内侧，称为超高。此外，汽车行驶在曲线段所占的宽度要比直线段大一些，因此曲线段不仅要超高，而且要加宽。如图 14-23 中 YZK3＋938.5 中桩处路基宽度加宽，并且左侧超高。

14.9　公路竖曲线测设

在公路的纵坡变换处，为了行车平稳、改善行车的视距，一般采用圆曲线将两段直线进行连接，这种在竖直面内设置的圆曲线称为竖曲线。如图 14-24 所示，竖曲线又有凹形和凸形两种形式，顶点在曲线之上的为凸形竖曲线，顶点在曲线之下的为凹形竖曲线。

竖曲线设计时，采用纵断面设计时所设计的曲线半径 R，用相邻两坡道段的坡度 i_1 和 i_2 计算竖曲线的坡度转折角 α。由于竖曲线的坡度转折角 α 一般很小，故可用代数差形式表

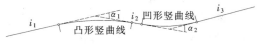

图 14-24　竖曲线

示，在图 14-24 中，坡度转折角 $\alpha_1＝i_1-i_2$，α 为正时表示是凸形竖曲线，α 为负时表示是凹形竖曲线。像平面曲线一样，竖曲线测设元素计算公式可表示为：

$$
\left.\begin{array}{ll}
\text{切线长} & T=\dfrac{1}{2}R(i_1-i_2)\\[2mm]
\text{曲线长} & L=R(i_1-i_2)\\[2mm]
\text{外矢距} & E=\dfrac{T^2}{2R}
\end{array}\right\} \tag{14-48}
$$

为了满足施工以及土方量计算的需要，必须计算出曲线上各点的高程改正数。如图14-25所示，以竖曲线的起点 A 或终点 B 为坐标原点，水平方向为 x 轴，竖方向为 y 轴，建立平面直角坐标系。则竖曲线上任一点 i 距切线的纵距（即标高改正数）的计算公式为：

$$
y_i=\frac{x_i^2}{2R} \tag{14-49}
$$

式中　x_i——竖曲线上任一点 i 至竖曲线起点 A 或终点 B 的水平距离，即点 i 的桩号与竖曲线起点或终点的桩号之差；

　　　y_i——在凸形竖曲线中取负号，在凹形竖曲线中取正号。

由此可得竖曲线上任一点设计高程的计算公式：

$$
\text{竖曲线的设计高程 } H_i=\text{切线高程 } H'_i \pm \text{标高改正数 } y_i \tag{14-50}
$$

在纵断面图绘制的过程中，对填、挖高度的计算应考虑竖曲线的标高改正数。

【例 14-7】　某公路凸形竖曲线的设计半径为 R=3000m，变坡点的里程桩号为 K6+144，变坡点的高程为 H_0=44.50m，相邻坡段的坡度为 i_1=+0.6%，i_2=-2.2%。在曲线上每隔 10m 设置曲线桩，试求测设曲线的数据。

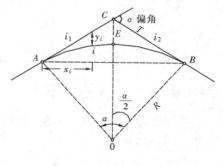

图 14-25　竖曲线测设

（1）计算竖曲线元素

折　角　$\alpha=i_1-i_2=0.006-(-0.022)=0.028$

切线长　$T=(3000\times0.028)\div2=42m$

曲线长　$L=2T=84m$

外矢距　$E=T^2/2R=0.29m$

（2）根据变坡点的里程，计算曲线主点的里程以及切线高程（坡道高程）

曲线起点的里程　　　　K6+144-T=K6+102

曲线起点的坡道高程　　44.50-0.6%×42=44.25m

曲线终点的里程　　　　K6+144+T=K6+186

曲线起点的坡道高程　　44.50-2.2%×42=43.58m

（3）计算竖曲线各加桩高程

坡段上各点的高程（切线高程）H'_i 可依据变坡点的高程 H_0、坡段的坡度 i_1、i_2 及曲线的间距求出，则竖曲线的设计高程为 $H_i=H'_i-y_i$。计算结果如下表 14-9。

竖曲线起点、终点的测设方法和圆曲线的测设方法相同，各加桩点的测设，实质上就是测设加桩点处竖曲线的高程。因此，实际工作中，竖曲线测设可以和路面高程桩测设一并进行。测设时只要将已计算出的各坡道点高程再加上（凹形竖曲线）或减去（凸形竖曲线）对应点的标高改正数即可。

表 14-9　竖曲线测设参数计算表

已 知参 数	设计竖曲线半径：$R=3000$m　相邻点坡度 $i_1=+0.6\%$，$i_2=-2.2\%$变坡点里程：K6+144　变坡点高程：44.50m　整桩间距：$L_0=10$m					
特 征参 数	折　角：$\alpha=0.028$曲线长：$L=84$m		切线长：$T=42$m外矢距：$E=0.29$m			
主 点里 程	起点里程：K6+102　　　　　　终点里程：K6+186					
点　名	桩　号	至竖曲线起点或终点的平距 x（m）	标高改正数 y（m）	坡道线高程 H'（m）	竖曲线设计高程 H（m）	备　注
起　点	K6+102	0	0.00	44.25	44.25	
	+112	10	0.02	44.31	44.29	
	+122	20	0.07	44.37	44.30	
	+132	30	0.15	44.43	44.28	
变坡点	K6+144	42	0.29	44.50	44.21	
	+156	30	0.15	44.24	44.09	
	+166	20	0.07	44.02	43.95	
	+176	10	0.02	43.80	43.78	
终　点	K6+186	0	0.00	43.58	43.58	

14.10　土石方的计算

为了编制道路工程的预算经费、合理安排劳动力、有效组织工程实施，必须对道路工程的土石方进行计算。

（1）横断面面积的计算

路基填方、挖方的横断面面积是指路基横断面图中原地面线与路基设计线所包围的面积，高于原地面线部分的面积为填方面积，低于原地面线部分的面积为挖方面积。一般填方、挖方面积分别计算，如图 14-23 所示。图中中桩 K3+780 处：$T2.35$，$A_T20.8$，分别表示填高 2.35m，该填方断面积为 20.8m²；中桩 K4+120 处：$W2.84$，$A_W20.0$，分别表示挖深 2.84m，该挖方断面积为 20.0m²。公路横断面积的计算方法常用纵距和法（详见第 12 章）。

（2）土石方数量的计算

土石方数量的计算一般采用"平均断面法"，即以相邻两断面面积的平均值乘以两桩号之差计算出体积，然后累加相邻断面间的体积，得出总的土石方量。设相邻的两断面面积分别为 A_1 和 A_2，相邻两断面的间距（桩号差）为 D，则填方或挖方的体积 V 为：

$$V=\frac{A_1+A_2}{2}D \qquad (14-51)$$

表 14-10 为某一道路桩号 K5+000～K5+100 的土石方量计算成果。

表 14-10　土石方数量计算表

桩　　号	断面面积（m²）		平均断面积（m²）		间距（m）	土石方量（m³）		备　注
	填方	挖方	填方	挖方		填方	挖方	
K5+000	41.36	—	31.17	—	20.0	623.40	—	
+020	20.98	—	16.17	4.30	20.0	323.40	86.00	
+040	11.36	8.60	7.98	22.74	15.0	119.70	341.10	
+055	4.60	36.88	2.30	42.70	5.0	11.50	213.50	
+060	—	48.53		42.94	20.0		858.80	
+080	—	37.36	2.80	33.56	20.0	56.00	671.20	
K5+100	5.60	29.75						
Σ						1134.00	2170.60	

练 习 题

1. 公路工程测量主要包括哪些内容？什么叫初测和定测？它们的具体任务是什么？

2. 什么叫路线的交点？什么叫路线的转点？它们各有什么作用？里程桩编号各符号含义是什么？在中线的哪些地方应设置中桩？

3. 已知某一路线的交点 JD_5 处右转角为 $\Delta_R = 65°18'42''$，其桩号为 K9+387.34，中线测量时确定圆曲线半径为 $R = 150m$，试计算圆曲线元素 T、L、E、J，并求出三个主点桩号，并简述三个主点的测设步骤。

4. 以题 3 中的数据为基础，按整桩距 $L_0 = 10m$，试计算用切线支距法和偏角法详细测设整个曲线的数据，并简述其测设步骤。

5. 公路测量在什么情况下需测设反曲线？测设时应注意什么问题？

6. 什么叫复曲线？如何进行测设？

7. 在道路施工中，已知某一路线的交点 JD_7 处右转角为 $\Delta_R = 44°18'42''$，其桩号为 K12+124.23，设计半径为 $R = 250m$，拟用缓和曲线长为 70m，试计算曲线元素 T_h、L_y、L_h、E_h、J_h，并求出五个主点桩号，简述五个主点的测设步骤。

8. 根据第 7 题的数据，每隔 10m 设一加桩，依切线支距法和偏角法计算各法的详细测设数据。

9. 什么是路线的基平测量和中平测量？中平测量与一般水准测量有何不同？中平测量的中丝读数与前视读数有何区别？

10. 简述路线的纵断面图绘制步骤，如何进行拉坡设计？

11. 公路的横断面图测量可以采用哪些方法？各适用于什么情况？

12. 在公路设计中，需要在交点桩 C 处设计一凸形竖曲线，C 点桩号为 K1+026，相邻两坡道的坡度：$i_1 = +0.08$，$i_2 = -0.07$，竖曲线设计半径为 600m，求桩号 K1+000，K1+026，K1+050，K1+060 处的标高改正值 y。

学 习 辅 导

1. 学习本章目的与要求

目的：理解公路测量外业各工序及其相互配合，掌握圆曲线主点和细部测设与计算，掌握缓和曲线主点测设与计算，初步会进行公路内业绘图与设计。

要求：

（1）理解圆曲线元素及三主点的概念，掌握圆曲线主点和细部测设与计算。

（2）理解缓和曲线各要素的含义，掌握缓和曲线 5 个主点测设与计算。

（3）理解基平测量和中平测量的区别与测法。

（4）学会绘制路线纵断面图与横断面，并能进行路线的拉坡设计。

2. 学习本章的方法要领

（1）公路测量的外业：

踏查选线→中线测量（包括量距、测转折角及测设曲线）→纵断水准测量→横断面测量（包括涵洞勘测）。

公路测量的内业：

纵断面图的绘制与拉坡设计→横断面的绘制与路基设计→土石方量的计算

注意：拉坡设计必须等横断面图绘制之后才能进行，因为拉坡设计的控制点必须考虑横断面图。

（2）在公路转弯处要设圆曲线，高等级公路还要设缓和曲线，以便行车更顺畅。掌握缓和曲线的测设与计算，关键点是要搞清缓和曲线是如何插入在整条曲线之中，实际上是接在圆曲线的两端，即缓和曲线—圆曲线—缓和曲线，所以形成五主点：直缓点、缓圆点、曲中点、圆缓点、缓直点。

第 15 章　管道工程测量

15.1　管道工程测量概述

管道工程是工业建设和城市建设的重要组成部分，随着经济建设的高速发展和人民生活水平的不断提高，各种管道工程（上下水、煤气、热力、电力、输油、输气等）越来越多，形式也愈来愈复杂，有地下管道，还有架空管道等。管道工程测量就是为各种管道的设计和施工提供必要的资料和服务。

管道工程测量的主要任务：1）为管道工程的设计提供必要的资料，包括各种带状地形图和纵、横断面图等；2）按工程设计的要求将管道位置施测于实地，指导施工。

管道工程测量的主要内容有：

（1）收集资料。尽可能地收集工程规划范围内的测量资料和原有各种管道的平面图和断面图。

（2）踏勘定线。根据现场勘测情况和已有地形图，在图纸上进行管道的规划和设计，即纸上定线。

（3）中线测量。根据设计要求，在地面测定出管道的起点、转向点和终点，即管道的中线测量。

（4）纵、横断面测量。测绘出管道中线方向和中线两侧垂直于中线方向的地面高低起伏情况。

（5）管道施工测量。在实地铺设管道时所进行的各项测量工作。

（6）竣工测量。施工完成后，将已建管道的位置绘制成图，作为以后管道使用、维修、管理和改造的依据。

15.2　管道中线测量

管道的起点、转向点、终点等通称为管道的主点。主点的位置及管道方向是设计时确定的。管道中线测量就是将已确定的管道中线位置测设于实地，并用木桩标定。

管道中线测量的任务是：测设管道的主点、中桩测设、管道转向角测量以及里程桩手簿的绘制。

15.2.1　管道主点的测设

（1）主点测设数据的准备

测设之前，应准备好主点的测设数据，根据实际情况和工程的精度要求不同，数据准备可采用图解法和解析法。

1）图解法

当管道规划设计图的比例较大，管道主点附近有较为可靠的地物点时，可直接从设计图上量取数据。

如图 15-1 所示，A、B 为原有管道的检修井，1、2、3 为设计管道的主点，欲用距离交会法在地面上测定主点的位置，可依比例尺在图上量出 S_1、S_2、S_3、S_4、S_5，即为主点的测设数据。图解法受图解精度的影响，一般用在对管道中线精度要求不太高的情况下。

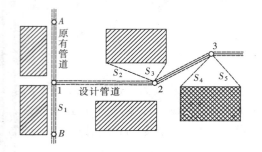
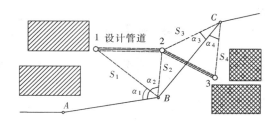

图 15-1　图解法计算主点测设数据　　　　图 15-2　解析法计算主点测设数据

2）解析法

当管道规划设计图上已给出管道主点坐标，而且主点附近有测量控制点，可以用解析法求出测设所需数据。如图 15-2 所示，A、B、C……等为测量控制点；1、2、3……等为管道规划的主点。根据控制点和主点的坐标，可以利用坐标反算公式计算出用极坐标法测设主点所需的距离和角度，如图中的 α_1、S_1，α_2、S_2……，以供测设时使用。在管道中线精度要求较高的情况下，均采用解析法确定测设数据。

（2）主点的测设

管道主点测设是利用上述准备好的数据，采用直角坐标法、极坐标法、角度交会法和距离交会法等将管道主点在现场确定下来。具体测设时，各种方法可独立使用，也可相互配合。

主点测设完毕后，必须进行校核工作。校核的方法是：通过主点的坐标，计算出相邻主点间的距离，然后实地进行量测，看其是否满足工程的精度要求。

在管道建筑规模不大且无现成地形图可供参考时，也可由工程技术人员现场直接确定主点位置。

15.2.2　中桩测设

为了解管线的走向，测量管道沿线的地形起伏以及管线的长度，需从管道的起点开始，沿中线设置整桩和加桩，这项工作称为中桩测设。从起点开始，按规定每隔某一整数设置一桩，这种桩叫整桩。整桩间距可视地形的起伏情况和工程性质而定，当地势起伏较大，整桩间距为 20m、30m；当地势较为平坦，整桩间距可放宽到 50m，但最长不超过 50m。除整桩外，在整桩间如有地面坡度变化以及重要地物（铁路、公路、桥梁、旧有管道等）都应增设加桩。

整桩和加桩的桩号是它距离管道起点的里程，一般用红油漆写在木桩的侧面。例如某一加桩距管道起点的距离为 3154.36m，则其桩号为 3＋154.36，即公里数＋米数。不同管道起点的规定不尽相同，给水管道以水源为起点；排水管道以下游出水口为起点；煤气、热力等管道以来气方向为起点；电力、电讯管道以电源为起点。

中桩之间距离一般可采用钢尺丈量，为提高精度、避免错误应丈量 2 次，量距精度要求高于 1/1000。

15.2.3 管道转向角测量

管道改变方向时，转变后的方向与原方向之间的夹角称为转向角（或称偏角），以 α 表示。转向角有左、右之分，如图 15-3 所示，偏转后的方向位于原来方向右侧时，称为右转向角；偏转后的方向位于原来方向左侧时，称为左转向角。欲测量图 15-3 中 2 点的管道转向角，可在 2 点安置经纬仪，先用盘左瞄准 1 点，纵转望远镜，即在原方向的延长线上读取水平度盘的盘右读数 a，然后转动望远镜照准 3 点，读取盘右读数 b，两次读数之差（$b-a$）即为转折角 $\alpha_右$。为

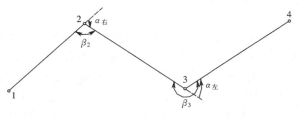

图 15-3　管道中的转折角

了消除误差，可用盘右先瞄准 1 点，同法再观测一次，两次的均值作为最后的结果。也可采用测定路线前进方向的右侧角 β 来计算与确定。

如果管道主点位置均用设计坐标时，转向角应以计算值为准。如果实际值与计算值相差超过限差时，应进行检查与纠正。

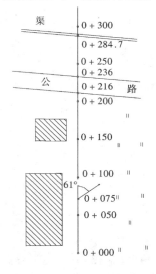

图 15-4　管线里程桩图

有些管道转向角要满足定型弯头的转向角要求，如给水管道使用铸铁弯头时，转向角有 90°，45°，22.5°，11.25°，5.625° 等几种类型。当管道主点之间的距离较短时，设计管道的转向角与定型弯头的转向角之差不应超过 $1^\circ\sim2^\circ$。排水管道的支线与干线汇流处不应有阻水现象，故管道转向角应小于 90°。

15.2.4 绘制管线里程桩图

在中桩测设和转向角测量的同时，应将管线情况标绘在已有的地形图上，如无现成地形图，应将管道两侧带状地区的情况绘制成草图，这种图称为里程桩图（或里程桩手簿），里程桩手簿是绘制纵断面图和管道设计的重要参考资料。

如图 15-4 所示，里程桩图一般绘制在毫米方格纸上，图中以 50m 为整桩距，0+000 为管道的起点。0+075 为管道的转折点，转向后的管线仍按原直线方向绘制，只是在转向点上画一箭头表示管道的转折方向，并注明转向角角值的大小（图中转向角角值 61°）。0+216 和 0+236 是管道与公路交叉时的加桩。0+284.7 是管道与渠道的交叉点。其他均为整桩。

带状地形图的宽度一般以中线为准，左、右各 20m，如遇建筑物，则需测绘到两侧建筑物，并用统一图示表示。测绘的方法主要用皮尺以距离交会法或直角坐标法为主进行，也可用皮尺配合罗盘仪以极坐标法进行测绘。

15.3 管道纵横断面测量

15.3.1 纵断面图的测绘

纵断面图测量的主要任务是根据水准点的高程，测出中线上各桩的地面高程，然后根据这些高程和相应的桩号绘制纵断面图。纵断面图表示了管道中线方向的地面高低起伏和坡度陡缓情况，是设计管道纵坡的主要资料，也是设计管道埋深和计算土石方量的主要依据。

（1）水准点的布设

为了满足纵断面图测绘和施工的精度，在纵断面测量之前，应先沿管道方向布设足够的水准点。水准点的布设和测量精度要求如下：

1）一般在管道沿线每隔 1～2km 设置一永久性水准点，作为全线高程的主要控制点，中间每隔 300～500m 设置一临时性水准点，作为纵断面水准测量和施工时引测高程的依据。

2）水准点应布设在便于引点，便于长期保存，且在施工范围以外的稳定建（构）筑物上。

3）水准点的高程可用附合（或闭合）水准路线自高一级水准点，按四等水准测量的精度和要求进行引测。

（2）纵断面水准测量

纵断面测量通常以相邻两水准点为一测段，从一个水准点出发，逐点测量各中桩的高程，再附合到另一水准点上，进行校核。

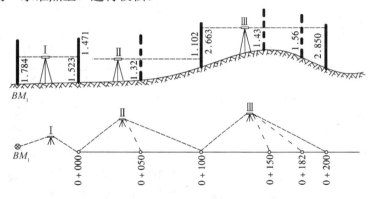

图 15-5　纵断面测量

实际测量中，由于管道中线上的中桩较多且间距较小，在保证精度的前提下，为了提高观测速度，一般应选择适当的管道中桩作为转点，在每一测站上，除测出转点的前、后视读数外，还同时测出两转点之间所有其他中桩点，这些点统称为中间点。由于转点起传递高程的作用，故转点上读数应读至毫米，中间点读数只是为了计算本点的高程，读数至厘米即可。

图 15-5 表示从水准点 BM_1 到 0＋200 水准测量的示意图，其施测方法为：

1）在Ⅰ点安置水准仪，后视水准点 BM_1，读取后视读数 1.784；前视 0＋000，读取前视读数 1.523；

2）仪器搬至Ⅱ点，后视 0＋000，读取后视读数 1.471；前视 0＋100，读取前视读数

1.102。不搬动仪器，将水准仪照准立于 0+050 上的水准尺，读取中间视读数 1.32；

3）仪器搬至Ⅲ点，后视 0+100，读取后视读数 2.663，前视 0+200，读取前视读数 2.850。然后将水准仪照准立于 0+150 和 0+182 上的水准尺，分别读取中间视读数 1.43 和 1.56。

4）按上述方法依次对后面各站进行观测，直至附合到另一水准点为止。

观测完成后，应对水准路线闭合差进行检查，对于一般管道，其闭合差的限差为 $\pm 50\sqrt{L}$ mm；对于重力自流管道，其闭合差的限差为 $\pm 40\sqrt{L}$ mm。如闭合差在容许范围内，一般不需要进行高差闭合差调整，而直接计算各中桩点的高程，转点高程用高差法计算，中间点的高程采用仪器高差法求得。表 15-1 为图 15-5 的记录手簿。

表 15-1　管道纵断面水准测量记录手簿

测站	测点	水准尺读数（m）			视线高程（m）	高程（m）	备注
		后视	前视	中间视			
Ⅰ	BM_1 0+000	1.784	1.523		130.526	128.742 129.003	水准点 BM_1=128.742
Ⅱ	0+000 0+050 0+100	1.471	1.102	1.32	130.474	129.003 129.15 129.372	
Ⅲ	0+100 0+150 0+182 0+200	2.663	2.850	1.43 1.56	132.035	129.372 130.60 130.48 129.185	
⋮	⋮	⋮	⋮	⋮	⋮	⋮	⋮

（3）纵断面图的绘制

纵断面图一般绘制在毫米方格纸上。绘制时，横坐标表示管道的里程，常用的里程比例尺有 1∶5000、1∶2000 和 1∶1000 几种；纵坐标则表示高程，为了明显表示地面起伏，一般可取高程比例尺比里程比例尺大 10 或 20 倍，例如里程比例尺用 1∶1000 时，高程比例尺则取 1∶100 或 1∶50。

纵断面图分为上、下两部分。图的上半部绘制原有地面线和管道设计线。下半部分则填写有关测量及管道设计的数据。图 15-6 为一管道的纵断面图。

管道纵断面图绘制步骤如下：

1）打格制表

在方格纸上绘制与地形相适宜的纵、横坐标以及填写数据的表格。

2）填写数据

在坐标系下方的表格内填写各桩的里程桩号、地面高程等资料。

3）绘地面线

首先确定最低点高程在图上的位置，使绘出的地面线处在图上的适当位置。依各中桩的里程和高程，在图上按纵、横比例依次定出各中桩地面位置，用实线连接相邻点位，即可绘出地面线。

4) 标注设计坡度线

依设计的要求，在坡度栏内注记管道设计的坡度大小和方向。一般用斜线或水平线表示，从左向右向上斜（／）表示上坡，向下斜（＼）表示下坡，水平线（－）表示平坡。线上方注记坡度数值（以千分比表示），下方注记坡长（水平距离）。不同的坡段以竖线分开。

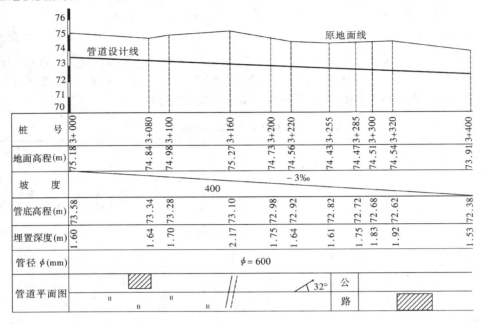

图 15-6　管道纵断面图的绘制

5) 计算管底设计高程

依据管道起点的设计高程、工程的设计坡度以及各中桩之间的水平距离，推算出各管底的设计高程，填写入管底高程栏。要计算某中桩的高程，可根据已设计的坡度和两点间的水平距离，从起点的设计高程计算该点的设计高程。即：

某点的设计高程＝起点高程＋设计坡度×起点至该点的距离

6) 绘制管道设计线

根据起点的设计高程以及设计的坡度，在图的上半部依比例绘制管道设计线。

7) 计算管道埋深

地面实际高程减去管底设计高程即是管道的埋深。将其填入埋置深度栏。

8) 在图上注记有关资料

将一些必要的资料在图上注记。如该管道与旧管道的连接处，与公路、其他建（构）筑物的交叉处等。

15.3.2　横断面图的测量

在中线各整桩和加桩处，垂直于中线的方向，测出两侧地形变化点至管道中线的距离和高差，依此绘制的断面图，称为横断面图。横断面反映的是垂直于管道中线方向的地面起伏情况，它是计算土石方和施工时确定开挖边界等的依据。

管道横断面测量的宽度，由管道的管径和填埋深度而定，一般在中线两侧各测 20m。横断面方向的确定，可用经纬仪或专门用于测定横断面的方向架来测定。横断面测量中，距离和高差的测量方法可用：标杆皮尺法，水准仪皮尺法，经纬仪视距法等。

横断面图一般绘制在毫米方格纸上。为了方便计算面积，横断面图的距离和高差采用相同比例尺，通常为1：100或1：200。绘图时，如图15-7所示，先在适当的位置标出中桩，注明桩号。然后，由中桩开始，按规定的比例分左、右两侧按测定的距离和高程，逐一展绘出各地形变化点，用直线把相邻点连接起来，即绘出管道的横断面图。

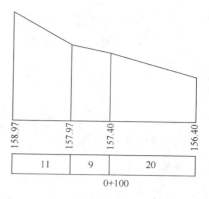

图 15-7　横断面图的绘制

依据纵断面的管底埋深、纵坡设计以及横断面上的中线两侧地形起伏，可以计算出管道施工时的土石方量。

表 15-2　管道横断面水准测量记录手簿

测　站	桩　号	水准尺读数			仪器视线高程	高　程	备　注
		后　视	前　视	中间视			
3	0+100	1.970			159.367	157.397	
	左 9			1.40		157.97	
	左 20			0.40		158.97	
	右 20			2.97		156.40	
	0+200		1.848			157.519	

练　习　题

1. 管道测量主要包括哪些内容？

2. 图 15-8 为一管道的纵断面测量示意图，已知水准点 BM_4 的高程为 44.323m，各测站的观测数据均注于图上，试完成下面各问题：

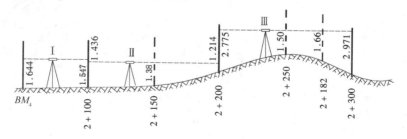

图 15-8　纵断面测量

（1）按表 15-1 的格式填写各项数据，并完成各项计算；

（2）依图 15-6 以一定的比例绘制地面线图；

（3）按桩号 2+100 的设计高程为 43.000m，设计坡度为 +1‰ 绘制设计线；

（4）计算各桩的埋置深度，并填写纵断面图上的有关栏目。

3. 试述管道中心线测设的过程。

学 习 辅 导

1. 学习本章的目的与要求

目的：管道工程在城市建设中占有重要地位，应掌握管道中线测量、纵断面测量及施工测量方法。

要求：

（1）掌握管道中线测量的方法，与公路中线测量进行比较。

（2）掌握纵断面测量及纵断面图的绘制方法。

（3）了解管道施工的方法，以及顶管过程中中线方向和纵坡是如何控制的。

2. 学习方法要领

（1）管道中线测量方法与公路中线测量有许多不同点，它是城市建设的一部分，依据城建规划设计图进行布置，一般可按周围的建筑物、道路测设管道的主点，转折点处不必像公路那样测设曲线，以能满足弯头的安置即可。

（2）纵断面水准测量方法与公路相同，但纵断面的设计大不相同。

附录1　测量实习指导书

第一部分　实习须知

一、测量实习目的与要求

1. 测量实习目的

一方面是为了巩固在课堂上所学的知识，使其系统化，掌握仪器的使用方法，提高学生动手能力；另一方面，使学生在实习中进一步体验测量各工序如何密切配合，培养与提高学生互助友爱、团结协作的团队精神。

2. 实习课的要求

（1）在实习之前，必须复习教材中的有关内容，认真预习实习指导书，明确实习目的要求、方法步骤及注意事项。

（2）实习课开始时，实习小组正、副组长到仪器室领取仪器。组长应当场清点仪器种类、数量及仪器附件，如有不符，应及时提出，组长签字后方可领出。

（3）正组长负责组织与分工，副组长负责保管仪器。实习中，每人都应认真、仔细、严格要求。在教学实习中，对组内成员，既要有明确分工，又要按时轮换，相互配合，以保证实习任务的完成，并达到组内成员共同提高的目的。

（4）实习在规定时间内进行，不得无故缺席或迟到、早退；实习在指定的场地进行，不得擅自变更实习地点。

（5）实习中如出现仪器故障，应及时向指导教师报告，不可随便自行处理。

（6）实习记录必须直接填在规定的表格内，要求书写工整，不可潦草。不得用零散纸张填写，而后再转抄。

（7）各组完成实习后，组长应把实习记录交指导教师审阅，经教师认可后，方可收拾仪器和工具。组长认真清点，如数送还仪器室，结束实习。

二、使用仪器注意事项

1. 携带仪器时，注意检查仪器箱是否扣紧、锁好，拉手和背带是否牢固，并注意轻拿轻放。开箱后，应记清仪器在箱内安放的位置，以便用后按原样放回。提取仪器时，应用双手握支架或基座，轻轻取出，放在三脚架上，保持一手握住仪器，一手拧连接螺旋，使仪器与三脚架牢固连接。仪器取出后，应关好仪器箱，避免灰尘进入箱内。严禁把仪器箱当凳坐。

2. 仪器安置三脚架后，必须有人守护，避免过路行人和车辆碰撞；晴天应撑伞，以避免阳光直晒仪器。

3. 近距离搬站时，应旋紧制动螺旋，并关上竖盘指标自动归零补偿器开关。一手抱住三脚架，一手托住仪器，放置胸前，稳步行走。不准将仪器扛肩上，以免碰伤仪器。

4. 制动螺旋要旋紧，但勿旋得过紧、过死；微动螺旋及脚螺旋都要使用中间部分，切勿旋到极端；在旋转照准部或望远镜之前，牢记一定要先松开相应的制动螺旋，然后匀速旋转。

5. 若发现透镜表面有灰尘或其他污物，须用仪器箱内软毛刷拂去或擦镜头纸轻轻擦去，严禁用手帕或其他纸张擦试，以免损坏镜面。

6. 标杆不能当标枪棍棒使，不能抬东西；塔尺不能坐，观测时，要用双手扶正塔尺，不得随意靠在其他物体上。

7. 钢尺或皮尺不得随意在地上拖，不得扭转拽拉，从盒中向外拉出，当靠近尺的终端时不要用力过猛，免得全部拉掉下来而缠不上；用完擦净尺上尘土，装入盒内。

8. 仪器装箱时，应检查竖盘指标归零开关是否已关上；仪器应按正确位置装入，合上箱盖，如合不上，应检查装放位置是否正确，有时可能还要调节脚螺旋高度；箱外合上扣吊并上锁。

第二部分　实习项目及作业

实习一　水　准　测　量

一、目的和要求

1. 熟悉 S_3 级水准仪的构造；

2. 掌握水准仪的安置、瞄准与读数；

3. 学会水准测量的观测步骤与记录计算。

二、仪器和工具

DS_3 级水准仪 1，水准仪脚架 1，水准尺 2，尺垫 1，记录夹 1，水准测量记录表 1。

三、方法和步骤

（一）第一测站工作

1. 把教师指定的地面某点作为临时水准点 BMA，并假定其高程为 50m。学生自行选待测高程点 P，离临时水准点 BMA 大约 $100\sim200m$，计划两测站到 P 点，选定的 1 点作为转点并安放尺垫，水准尺安放在尺垫上。

2. 把水准仪安置在 BMA 与 1 点之间，并非在两点连线上，目估前、后视距离大致相等处。记录表中第一测站编号写 1。

3. 安置仪器：张开脚架，使其高度适当，架头大致水平，并将三脚架脚尖踩入土中，再开箱取出仪器，将其固连在三脚架上。

4. 认识仪器：弄清仪器各部件的名称，了解各螺旋功能及其使用方法。认识水准尺的分划与注记，以便能在望远镜视场中准确读数。

5. 粗略整平：先用双手同时向内（或向外）转动一对脚螺旋，使圆水准器气泡移动到适当位置，再转动另一只脚螺旋使圆气泡居中，通常须反复进行。记住气泡移动的方向与左手拇指运动的方向一致。

6. 瞄准、精平与读数

瞄准与消除视差：首先，调整目镜，使十字丝分划清晰。然后，瞄后视尺，松开水准仪制动螺旋，水平转动望远镜，通照门和准星粗略瞄准水准尺，固定制动螺旋，接着转动水平微动螺旋，使十字丝的纵丝对准水准尺，调整物镜对光螺旋，使目标成像清晰。眼睛上下移动观察是否存在视差现象，若存在视差，应仔细调整物镜对光螺旋予以消除。

精平：转动微倾螺旋，使水准器气泡两端的影像精确符合。

读数：用中丝在水准尺上读取 4 位读数，即米、分米、厘米及毫米。先估出毫米数后一次读出 4 位数，记入表中后视读数栏内。

松开水平制动螺旋，水平转动望远镜瞄准前视点尺 1，注意消除视差，然后用微倾螺旋精平（切勿调圆水准器，那样做将会改变仪器高度），最后读数，记入表中前视读数栏内。

7. 变动仪器高后再重测一次。

升高（或降低）仪器约 10cm 以上，重新粗平仪器，第 2 次观测一般先瞄准前尺，精平与读数；然后瞄准后尺，精平与读数。

8. 计算高差

$$高差 h = 后视读数 a - 前视读数 b$$

同一测站两次仪器高测得高差值之差不大于 8mm 时，取其平均值。

（二）搬站观测

确认两次仪器高测的高差在允许范围内，才可搬站。搬站观测时，前尺即 1 点水准尺不动（绝对不可动尺垫），后尺即 BMA 点的水准尺搬到 P 点，P 点为未知点，测 P 点的地面高程，不放尺垫。

（三）从 P 点返测回临时水准点

从 P 点再测回临时水准点 BMA。重新选一转点 2，以 P 点为后视，返测 2 个测站，回到临时水准点 BMA。

（四）计算高差闭合差 f_h

$$f_h = \sum h$$

容许高差闭合差 $f_{h容}$ 平坦地区：$f_{h容} = \pm 40\sqrt{L}$

山　地：$f_{h容} = \pm 12\sqrt{n}$

高差闭合差 f_h 大于容许高差闭合差 $f_{h容}$，首先检查计算是否有误，如计算无误，则为观测问题，应返工。本次实习高差闭合差可按山地标准要求。

四、内业计算

1. 计算各测站高差改正数 δ_h

$\delta_h = \dfrac{-f_h}{n}$（式中：$f_h$ 为高差闭合差，n 为往返水准路线总测站数）

检查：各测站高差改正数 δ_h 总和，其绝对值应等于高差闭合差 f_h。

2. 计算各测站改正后高差 $h_{改正}$：

$$h_{改正} = h_{观测} + \delta_h$$

检查：水准路线往返各测站改正后高差总和应为 0，即 $\sum h_{改正} = 0$。

3. 计算 P 点高程

根据临时水准点 BMA 的已知高程 50.000m 加第一测站改正后高差得 1 点高程，逐点计算，算得 P 点高程，最后又推算得 BMA 的高程应为 50.000m。

五、注意事项

1. 安置测站应使前、后视距离大致相等。

2. 瞄准水准尺一定要消除视差。

3. 每次读数前，应使水准管气泡严格居中（符合）。读数时，水准尺要严格扶直，不得前、后、左、右倾斜。读数应估读至毫米。

4. 临时水准点为已知高程点，不要放尺垫，待定点 P 也不要放尺垫，转点要放尺垫，观测时将水准尺放在尺垫半圆球的顶点上。

5. 每站测完后，应立即计算，如两次高差值之差对于等外水准不能超出 8mm，否则应立即重测。符合要求后，后尺才可搬动，前尺不挪动，转点放置的尺垫绝对不可移动或踩压，以确保正确传递高程。

6. 全程测完后，应当场计算高差闭合差，如超限应重测。

六、应交作业

完成水准测量记录表的计算，并回答下列问题：

1. 如何进行水准仪粗平？为什么第一次旋转一对脚螺旋，第二次只能旋转第 3 个脚螺旋，而不是一对脚螺旋？

2. 圆水准器气泡居中和管水准器气泡符合分别达到什么目的？

3. 什么叫转点？本次实习哪几个点是转点？它在水准测量中起什么作用？

本科生应加做下题：

为什么在读完后视读数后，望远镜转到前视时，管水准器气泡一般都不居中，其根本原因是什么？观测过程中，如发现圆水准器气泡不居中，可以调整吗？为什么？应如何处理？

实习二　经纬仪的认识及水平角测量

一、目的和要求

1. 认识 J_6 级经纬仪的基本构造及各螺旋的名称与功能；

2. 练习经纬仪对中、整平、瞄准与读数的方法，掌握其操作要领；

3. 练习测回法测量水平角。

二、仪器和工具

经纬仪 1（含经纬仪脚架），记录夹 1，全班领标杆 3，每人带水平角观测记录表 1。

三、方法和步骤

（一）认识经纬仪

1. 照准部：包括望远镜及其制动、微动螺旋，水平制动和微动螺旋，竖盘，管水准器，圆水准器以及读数设备（DJ6-1 型与 TDJ6 型读数设备不同，以 TDJ6 型为主）。

DJ6-1 型仪器有复测器扳手（度盘离合器）。

TDJ6 型仪器有光学对中器及竖盘指标自动归零开关（或称补偿器开关）以及拨盘螺旋（或称度盘变换螺旋）。

2. 度盘部分：系玻璃度盘，刻划从 $0°\sim360°$ 顺时针刻划，DJ6-1 型的最小刻划为 $30'$，TDJ6 型的最小刻划为 $1°$。

3. 基座部分：有脚螺旋及轴座固定螺旋（切不可随意旋松，以免仪器脱落）。

（二）经纬仪的安置

在地面上作一标志，可在水泥地上划十字作为测站点。

松开三脚架，安置于测站上，使高度适当，架头大致水平。打开仪器箱，手握住仪器支架，将仪器取出，置于架头上。一手紧握支架，一手拧紧连接螺旋。

1. 对中

（1）粗对中：挂上垂球，平移三脚架，使垂球尖大致对准测站点，并注意架头水平，在泥土地上应用脚踩架腿铁突固定三脚架。可稍松连接螺旋，两手扶住基座，在架头上平移仪器，使垂球尖端对测站点，对中差 1～2cm 即可。

（2）精对中操作步骤如下：

1）粗平：调脚螺旋使圆水准器气泡居中，达到仪器的竖轴基本竖直。

2）操作光学对中器：旋转光学对中器的目镜使分划板分划圈清晰，推拉目镜筒看清地面的标志。略松中心连接螺旋，在架头上平移仪器（尽量不转动仪器），直到地面标志中心与对中器分划中心重合，最后旋紧连接螺旋。这样做可保证对中误差不超过 1mm。

2. 整平

松开水平制动螺旋，转动照准部，使水准管平行于任意一对脚螺旋的连线，两手同时向内（或向外）转动这两只脚螺旋，使气泡居中。然后，将仪器绕竖轴转动 90°，使水准管垂直于原来两脚螺旋的连线，转动第三只脚螺旋，使气泡居中。反复操作至少 2 次，以使仪器在两次垂直的方向，气泡均为居中时为止。

（三）起始目标配置度盘为 0°00′00″ 的方法

1. 对于 DJ6-1 型经纬仪操作步骤：

（1）扳上复测器扳手，首先转动测微轮，使测微尺上读数为 0′0″；

（2）旋转照准部，边看水平度盘的度数，边旋转照准部，当靠近 0° 时，固定水平制动螺旋，旋转水平微动螺旋，使 0° 分划平分双指标线，当达到准确对准 0°00′00″ 时，扳下复测器扳手，此时度盘读数保持住 0°00′00″；

（3）松开水平制动螺旋，望远镜精确瞄准左目标 A。

2. TDJ6 型经纬仪对 0°00′00″ 的步骤：

（1）将望远镜精确瞄准左目标 A。

（2）把拨盘螺旋的杠杆按下并推进螺旋，接着旋转拨盘螺旋使度盘的 0° 分划线对准分微尺的 0 分划线，立即放松。

（3）再按一下杠杆，此时拨盘螺旋弹出。

（四）瞄准目标的方法

1. 粗瞄准：用望远镜上的瞄准器去瞄准目标，瞄准后立即固紧水平及望远镜的制动螺旋。

2. 精瞄准：一般粗瞄准完成后，目标必在望远镜视场内，此时，仔细调物镜对光螺旋，使目标影像清晰，并消除视差，再调望远镜和水平微动螺旋，使十字丝的纵丝、单丝平分目标（或将目标夹在双丝中间），达到准确瞄准目标。

（五）读数方法

TDJ6 型读数法

它属于分微尺测微器读数法，分微尺的长度整好是度盘 1° 分划间隔，分微尺的 0～6，

表示 $0'\sim 60'$，共 60 小格，每格为 $1'$，分微尺的 $0'$ 分划线就是读数指标线，$0'$ 分划线的位置就是读数的位置。先读整度数，再从 $0'$ 向整度分划线数有几个小格，估读到 $0.1'$，即 $6''$。

（六）水平角测量方法

测回法测量水平角 $\angle AOB$ 步骤详见教材。

四、注意事项

1. 只有在盘左位置时，对起始目标度盘配置某一度数开始观测，盘右不得再重新配置，以确保正倒观测时，水平度盘位置不变。

2. 对于 TDJ6 仪器，用拨盘螺旋配置好度数之后，切勿忘记按一下杠杆，以使拨盘螺旋弹出，此时照准部与度盘分离。

3. 转动照准部之前，切记应先松开水平制动螺旋。否则，转动照准部会带动度盘，造成测角极大误差。

五、应交作业

每人应交测回法记录表，并回答下列问题：

1. 叙述 TDJ6 型（或 DJ6-1 型）经纬仪，起始目标水平度盘配置 $90°02'00''$ 的步骤。不同测回对起始目标配置不同度盘位置观测，其目的是什么？

2. 计算水平角时，为什么要用右目标读数减左目标读数（即箭头减箭尾）？如果不够减应如何计算？

3. 光学经纬仪如何进行对中？精对中时为什么必须先粗平？

实习三　经纬仪方向观测法及竖角测量

一、目的和要求

1. 掌握方向观测法操作步骤、记录与计算。要求每人独立观测 4 个方向 1 测回。

2. 掌握竖角观测步骤、记录与计算，要求每人独立观测 2 个目标 1 测回。

二、仪器和工具

经纬仪 1 台，记录夹 1 个，每人应带方向观测法记录表及竖角测量记录表各 1 张。

三、方法和步骤

（一）全圆方向观测法

1. 安置仪器于测站点 0，对中（粗对中与精对中）、整平（粗平与精平）。

2. 盘左位置，观测时，首先选定的起始方向 A，使水平度盘读数为 $0°$ 或稍大于 $0°$。然后，按顺时针方向转动照准部，依次瞄准目标 B、C、D、A 分别读取水平度盘读数，记入手簿，并计算半测回归零差。规范规定半测回归零差不得大于 $18''$，实习可放宽至 $30''$。

3. 盘右位置，从起始目标 A 开始，按逆时针方向依次瞄准 D、C、B 后归零至起始方向 A，依次读取读数，记入手簿，并计算下半测回归零差，规定同上半测回。

4. 计算二倍照准误差 $2C$ 值：$2C =$ 盘左读数 $-$（盘右读数 $\pm 180°$）

5. 计算各方向的平均读数，记入手簿相应栏内。

$$平均读数 = \frac{1}{2}(盘左读数 + 盘右读数 \pm 180°)$$

由于 A 方向的有两个平均读数，须再取其平均值，写在第一个平均值的上方，并加括号。

6. 计算归零后的方向值，填入手簿相应栏内。

每个实习小组至少观测 2 个测回，测回间变换度盘度数为 $\frac{180°}{n}$（n 为测回数）。

（二）竖角测量

1. 安置仪器于测站点，对中、整平。任选高处一个清晰目标，先盘左用望远镜中横丝瞄准目标，对于 DJ6-1 型仪器，读数前，应调整竖盘指标水准管微动螺旋，使竖盘指标水准管气泡居中，读取竖盘读数 L，并记录。对于 TDJ6 型仪器，应把补偿器开关（自动归零螺旋）打开，使 ON 朝上对准红点，此时竖盘指标处于铅垂位置，这时瞄准目标直接读取竖盘读数 L。

2. 盘右瞄准同一目标，对于 DJ6-1 型，使竖盘指标水准管气泡居中后，读取读数 R，并记录。对于 TDJ6 型经纬仪直接读数即可。

3. 计算竖角角值 α 和指标差 x。其计算公式如下：

$$\alpha = \frac{1}{2}(\alpha_L + \alpha_R) \quad x = \frac{1}{2}(L + R - 360°)$$

限差要求：检查观测各目标求得的指标差的互差应小于 $30''$。

四、注意事项

1. 全圆方向观测法的起始目标应选择远近适当的清晰目标。

2. 半测回归零差超限，应立即返工重测。

3. 一测回观测完毕应立即计算 $2C$，对于 J_6 仪器，规范规定不检查 $2C$ 的变化。但是，$2C$ 变化太大也是不允许的。

五、应交作业

每人应交全圆方向观测法记录表及竖角观测记录表各 1 张。应做问答题：

小组内每人用同一台经纬仪观测不同目标，其竖角各不相同，此时应如何检查观测成果是否达到精度要求？为什么？

实习四　视距测量与罗盘仪测量

一、目的要求

1. 学会视距法测定两点间的距离及高差的方法，熟悉计算公式及用计算器的算法。

2. 熟悉罗盘仪的构造，学会用罗盘仪测量磁方位角。

二、仪器工具

经纬仪 1，塔尺 1，卷尺 1，罗盘仪 1，标杆 1，视距测量记录表 1，计算器自备。

三、实习内容

（一）视距测量

1. 地面上选两点 A、B，相距 $50 \sim 100$m，在地面做一标志，安置仪器于 A 点，对中、整平，量仪器高，在 B 点处竖立塔尺。

2. 用视距法测量 A、B 两点距离及高差

（1）用正镜（盘左）瞄准塔尺，使十字丝纵丝与尺的一边重合或平分尺面，消除视

差。转望远镜使中丝对在尺上和仪器高同高处，固定望远镜制动螺旋，调望远镜微动螺旋，使其准确对准仪器高处，读上丝和下丝读数，求出尺间隔 l。把竖盘指标归零开关打开（对于 DJ6-1 型应调竖盘指标水准管气泡居中），读竖盘读数，并记录。记录格式见下面第四项。

（2）倒镜（盘右）按（1）重测一次。

（3）上述是中丝对仪器高正倒镜观测 1 次。练习中丝不对仪器高，而对任意整数，例如 2m，再观测一次，进行比较。

3. 计算水平距离和高差

（1）分别计算盘左，盘右的近似竖角，取其平均值为竖角值 α，再求出竖盘指标差 x。

（2）求尺间隔 $l=$上丝读数－下丝读数，l 值取盘左、盘右两次平均值。

（3）求水平距离 D 和高差 h

计算公式：$D=Kl\cos^2\alpha \quad h=D\tan\alpha+i-v$

（二）罗盘仪测量

1. 认识罗盘仪，其构造主要由磁针、刻度盘和望远镜组成，了解这三部件之间的关系。掌握用罗盘仪进行对中、整平的操作。

2. 用罗盘仪测量直线 AB 的正、反方位角。

首先把仪器安置在直线的起点 A，对中、整平，然后用望远镜瞄准 B 点，待磁针静止后，读磁针北端的读数与磁针南端读数，磁针南端读数 $\pm180°$ 后，再与北端读数取平均，即为该直线的正磁方位角 $A_{正}$。

罗盘仪搬到 B 站，对中、整平后瞄准 A 点，求得 AB 线的反磁方位角 $A_{反}$。最后按下式求 AB 线的平均磁方位角 A：

$$A=\frac{A_{正}+(A_{反}\pm180°)}{2}$$

3. 罗盘仪读数估读至 $15'$。正、反方位角容许差 $\Delta A<1°$

4. 使用罗盘仪时，应避免与铁制物体、手机接近，不得在铁路、铁栅栏旁、电动机旁或高压线下面进行测量。

四、记录表格式样

（一）视距测量记录

视距测量记录表

测站名称：A　　仪器高：1.40m　　测站高程：50.00m　　班级：　　　小组：

测点名称	测量次数	竖盘位置	标尺读数			尺间隔 L	竖盘读数 （ °　′　″ ）			指标差 x	竖角 α （ °　′　″ ）			水平距离 D	高差 h	高程 H
			上丝	下丝	中丝											
B	1	L	1.800	1.018	1.400	0.782	88	30	20	−20	+1	29	20	78.15	+2.03	52.03
		R	1.800	1.027	1.400		271	29	00							
	2	L	2.400	1.617	2.000	0.783	88	05	12	−24	+1	54	24	78.21	+2.00	52.00
		R	2.400	1.624	2.000		271	54	00							

294

磁方位角测量记录表

测站	目标	正方位角 $A_正$ （ ° ′ ）	反方位角 $A_反$ （ ° ′ ）	差数 $\Delta A = A_正 - (A_反 \pm 180°)$	AB 平均磁方位角 $A = \dfrac{A_正 + (A_反 \pm 180°)}{2}$
A	B	90°30′		$-15'$	90°38′
B	A		270°45′		

五、应交作业

1. 每人应完成视距测量记录表和罗盘仪磁方位角测量记录表的计算。

2. 每人做练习题：视距法测距离及高差时，若中丝对准仪器高与不对仪器高，两种方法测距后结果一样吗？为什么？此两种方法对求初算高差会一样吗？中丝不对仪器高测量后，在计算高差时应增加哪两项？

实习五　经纬仪导线测量内业计算及绘图作业

一、目的要求

1. 掌握闭合导线点坐标计算的方法和步骤；

2. 掌握对角线法绘制坐标方格及展绘导线点的方法。

二、用具

每个学生必须准备图纸1张（30cm×40cm），比例直尺1，导线坐标计算表格1，计算器、铅笔和橡皮等。打方格所需长直尺或丁字尺可几人共用1个。

三、导线外业测量数据

起始边12坐标方位角：$\alpha_{12} = 97°58'08''$（见图附1-1）

1点的坐标：$X_1 = 532.700$m　$Y_1 = 537.660$m

导线各右角观测值：

$$\beta_1 = 125°52'04'' \qquad \beta_2 = 82°46'29''$$
$$\beta_3 = 91°08'23'' \qquad \beta_4 = 60°14'02''$$

导线各边丈量值：

$$D_{12} = 100.29\text{m} \quad D_{23} = 78.96\text{m} \quad D_{34} = 137.22\text{m} \quad D_{41} = 78.78\text{m}$$

四、作业步骤

（一）导线坐标计算

1. 将导线测量外业数据抄入导线坐标计算表格内，抄毕必须核对。

2. 计算导线角度闭合差。

3. 角度闭合差的调整。

4. 坐标方位角的推算。

5. 计算坐标增量。

6. 坐标增量闭合差的计算。

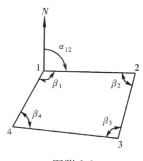

图附1-1

7. 导线全长绝对闭合差 f 及相对闭合差 K 的计算。对于图根导线，钢尺量距时，K 值应小于 1/2000。

8. 坐标增量闭合差的平差，求出各边长坐标增量的改正数。

9. 坐标计算。

（二）绘制坐标方格网及展绘导线点

1. 绘制坐标方格网

用丁字尺和比例尺按教材上介绍的对角线方法绘制坐标方格网，每个方格大小为 $10cm \times 10cm$。绘毕应检查各方格的边长误差不得超过 0.2mm。本次作业应绘制坐标方格数为 6 个，南北方向 2 格，东西方向 3 格，可保证 4 个导线点全部展绘于图中。

2. 展点

比例尺采用 1：1000。根据计算出的各控制点坐标，使导线图画在图纸中央部位的原则下，选坐标格网西南角的坐标，然后根据坐标展绘各导线点。最后用比例尺量取图上各导线边长与相应实测边长作比较，其差值不得超过图上 $0.3mm \times M$（M 为测图的比例尺分母，本次作业 M 为 1000）。检查各边求得差值要作记录，以供教师查阅。

五、每人应交作业

1. 导线坐标计算表；

2. 坐标方格网及展绘的导线点图。

实习六 碎 部 测 量

一、目的和要求

学会经纬仪测绘法一个测站的工作，通过测一个房屋了解观测、计算及绘图各步骤，明确观测者、记录者及绘图者之间是如何分工合作。

本实习各组任选 A、B 两点，测量 AB 的磁方位角，以此为基准方向测绘各碎部点。

二、仪器工具

经纬仪 1，标杆 2，卷尺 1，测钎 2，中平板仪 1，半圆量角器 1，罗盘仪 1，碎部测量记录表 1，铅笔、橡皮、计算器学生自备。

三、实习内容

1. 测量 AB 磁方位角

在测站点 A 上安置罗盘仪，B 点插标杆，用罗盘仪测量 AB 磁方位角。罗盘仪要读磁针南北端读数，南端读数应 $\pm 180°$ 后与北端读数取平均。

2. 观测者工作

移开罗盘仪，在测站点 A 上安置经纬仪，对中、整平后，量取仪器高 i，填入手簿。瞄准 B 点，用拨盘螺旋安置水平度盘读数为 $0°00'00''$。观测者转动经纬仪照准部，瞄准碎部点塔尺中线，首先读水平度盘读数 β，只要读至分。然后读上丝读数，下丝读数，中丝读数 v，竖盘读数 L。测量碎部点仅用盘左位置观测，不必倒镜观测。为减少上下丝估读误差，

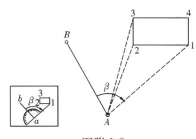

图附 1-2

可将上丝（或下丝）对整分划，然后再读下丝（或上丝）读数。

3. 立尺员工作

立尺员将塔尺立在地物轮廓的特征点上。

4. 记录者工作

记录者将观测值填入碎部测量表。根据尺间隔 l，竖盘读数 L 和竖直角 α，按视距测量公式用计算器计算出碎部点的水平距离。

5. 展绘碎部点（绘图比例尺 1：500）

小平板安置在测站旁，绘图纸贴在图板上，在图纸中适当位置选一点作为测站点。根据 AB 的磁方位角在图上画出 ab 方向线，用它作为绘图的起始方向线。用大头针将量角器的圆心插在图上测站点处，转动量角器上等于观测得碎部点水平角值 β 的刻划线对准起始方向线 ab，此时量角器的零方向线便是碎部点的方向，然后用测图比例尺按测得水平距离在该方向上定出碎部点的位置。同法，测出其余各碎部点的平面位置图上，将碎部点按实际情况相互连接。

四、应交作业

小组应交碎部测量记录及 1：500 平面图 1 张。

实习七　地形图的应用作业

一、目的要求

1. 在地形图上求某点的上高程；

2. 在地形图上绘制某一方向的断面图；

3. 在地形图上平整土地的土方计算。

二、用具

学生应自备：20cm×20cm 的坐标方格纸、直尺、计算器、铅笔、橡皮等。

三、作业内容

（一）在地形图上求某点高程与绘制 AB 方向的断面图。

图附 1-3 为某一局部地形图，比例尺为 1：2000，等高距为 2m。

1. 求图中 AB 线与山谷线交点 9 的高程；

2. 试绘制 AB 方向的断面图，断面图的距离比例尺 1：2000，高程比例尺 1：200。

（二）平整场地

本实习仅要求练习在地形图上平整场地。图附 1-4 表示某一缓坡地，按填、挖基本平衡的原则平整为水平场地。首先在该图上用铅笔打方格，方格边长为 10m。其次，由等高线内插求出各方格顶点的高程。为统一成果，以上面两项工作已完成并给出结果，学生应完成以下内容：

（1）求出平整场地的设计高程（计算至 0.1m）；

（2）计算各方格顶点的填高或挖深

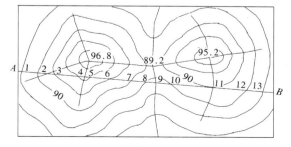

图附 1-3

量（计算至0.1m）；

（3）计算填、挖分界线的位置，并在图上画出填、挖分界线并注明零点距方格顶点的距离；

（4）分别计算各方格的填、挖方以及总挖方和总填方量（计算取位至0.1m³）。

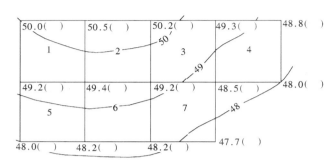

图附1-4

作业步骤如下：

1. 求平整场地的设计高程；

2. 计算各方格顶点的施工量；

3. 计算填、挖分界线的位置；

4. 计算各方格的填方（或/与）挖方量，最后再计算总挖方量与总填方量（计算至0.1m³）。

实习八 求积仪测定面积

一、目的与要求

1. 掌握求积仪单位分划值 C 的测定方法。

2. 掌握机械求积仪测定面积的方法。

二、仪器与工具

每组领 2 台机械求积仪，学生自备 30cm×30cm 坐标方格纸、计算器、铅笔等。

三、方法与步骤

1. 单位分划值 C 的测定

测定 C 值方法有两种：①用仪器盒内的检验尺；②利用已知图形面积（坐标方格纸的方格），例如方格面积 $S=10×10cm^2$。第二种方法测定 C 步骤如下：

（1）坐标方格纸贴在光滑桌面上。

（2）安置航臂长：将航臂长安置在某一位置，可参考盒内比例尺 1∶500 的航臂长。也可将航臂安置在任意位置。

（3）求积仪的极点放在图形之外，选定合适的极点位置。将描针放在图形中间，当航臂与极臂大约垂直时，此时固定好极点位置。

（4）以轮左的位置，选图形轮廓的一点，读起始数 n_1，由圆盘上读千位数，测轮上读百位数及十位数，游标上读个位数。手持航臂上的手柄，将航针沿图形周界，顺时针匀速缓慢绕图形一周回到原点后，读出终了读数 n_2，从而得到读数差 $n_2 - n_1$，用上述方法另选一个起点再测一次，得第二次读数差，两次读数差在 200 个分划以下，允许差 2；200 分划以上允许差 1/300。

（5）再以轮右的位置，同样的方法测定 2 次。将轮左轮右共 4 次测定的读数差取平均得 $(n_2 - n_1)_{平均}$ 进行计算。计算时已知面积 S 按待测图的比例尺化为实地面积（m^2）进行计算。

$$C_{相对} = \frac{S}{(n_2 - n_1)_{平均}}$$

根据求积仪构造原理可知 C 值实际上等于测轮周长的千分之一乘航臂长，因此 C 值与航臂长成正比，航臂长，C 值大；反之，C 值小。

如果按上式求得 C 值不是整数，以后计算麻烦，一般采用改变航臂的长度，以使 C 值为整数。设不为整数的游标单位分划值为 C_1 相应航臂长为 R_1；整数的游标单位分划值为 C，相应的航臂长为 R，则

$$C_1 : C = R_1 : R$$

$$\therefore \qquad R = \frac{C \times R_1}{C_1}$$

用检验尺测定 C 的方法如下：

检验尺的一端有一细针，测定时，将检验尺的细针刺在纸上，检验尺的另一端有一小孔，将航针插入检验尺的小孔，在纸上作一记号，读起始读数 n_1，手持航臂上的手柄，使检验尺以细针为圆心旋转一周又回到原点，读终了读数 n_2。轮左位置测两次；轮右位置测两次。计算方法同上。应注意：检验尺的已知面积即为小孔至细针的距离为半径的圆面积，圆面积一般注在检验尺上。（应注意有的检验尺是注半圆面积）。

2. 测定图形的面积

本实习待测图是将 $10 \times 10 cm^2$ 正方形任意分成两个图形 I 与 II，比例尺为 1：500。测定面积步骤如下：

（1）航臂长可查仪盒内的卡片或按上述求得 C 值所相应的航臂长。

（2）极点置图形之外，轮左测定一次，轮右测定一次，量测方法同上。

（3）用下式计算图形面积：

$$S = C \times (n_2 - n_1)$$

精度计算：误差 $\Delta S = S - (S_1 + S_2)$

$$相对误差 = \frac{1}{S/\Delta S} \ 规定相对误差小于 1/100$$

四、注意事项

1. 图纸应放在平滑的桌面上，图纸本身也要光滑、平整。

2. 选定航针的起始位置，最好使两臂接近于垂直，此时航针移动，测轮读数的变化极小，因此当绕行一周后，若与起始位置不相重合，影响面积误差极微。

3. 当航针顺时针方向绕行图形时，如果计数圆盘的零点经过指标一次，则最后读数 n_2 应加 10000。经过两次，则最后读数应加 20000。当航针反时针方向沿图形绕行时，求读数差应为 $(n_1 - n_2)$。

4. 量测图形面积时，要匀速绕图形轮廓运行，中途不要停顿。如果量测几次读数差都相差较大，应重新安置新的极点位置量测。

五、记录表格式样

（一）求积仪单位分划值 C 的测定

测轮位置及量测次数		起始读数 n_1	终了读数 n_1	读数差 n_2-n_1	读数差 (n_2-n_1) 的平均值	$c=\dfrac{S}{n_2-n_1}$	备 注
轮左	1	6562	8123	1561	1564	1.60m²	已知面积 $S=2500\text{m}^2$
	2	9734	11296	1562			
轮右	3	0090	1665	1565			初安臂长 $R_1=64.1$
	4	1706	3274	1569			
航臂调后检测	轮左	1692	3086	1394	1396	2.00m²	调整后臂长 $R=80.15$
	轮右	6827	8224	1397			

调整航臂长计算如下：$C_1=1.60\text{m}^2$　$R_1=64.1$　要求 $C=2.00\text{m}^2$

则　　　　　　　　　$\therefore R=\dfrac{C\times R_1}{C_1}=\dfrac{2\times 64.1}{1.60}=80.15$

注：航臂不可调的求积仪，上表的最后一栏（航臂调后检测）不做。

（二）地块面积测定记录

航臂长 $R=80.15$　$C_{相对}=2.00\text{m}^2$

地段编号	测轮位置	起始读数 n_1	终了读数 n_2	读数差 n_2-n_1	读数差平均值	地块面积 $S=C(n_2-n_1)$（m²）
1	轮左	1616	2716	1100	1101	2202
	轮右	4540	5642	1102		
2	轮左	1594	2736	1142	1144	2288
	轮右	9829	10975	1146		

量测精度计算：两地块面积之和：$S_1+S_2=2202+2288=2490\text{m}^2$

已知控制面积为 $S=2500\text{m}^2$ 误差 $\Delta S=2500-2490=10\text{m}^2$

相对误差 $=\dfrac{1}{S/\Delta S}=\dfrac{1}{2500/10}=\dfrac{1}{250}$

实习九　圆曲线测设

一、目的要求

1. 通过实习掌握圆曲线主点测设方法及步骤。

2. 练习圆曲线细部测设的两种方法（直角坐标法及偏角法）。表中的计算全部做，现地钉二个细部点便可。

二、仪器和工具

经纬仪1，花杆3，卷尺1，计算器1，斧子1，木桩6，记录夹1，圆曲线主点测设记录计算表与圆曲线细部测设记录计算表。

三、实习步骤

1. 圆曲线主点测设

（1）任意选一公路中线的转点，编号为 JD_1，在路线起点处插一花杆。本实习主要练习圆曲线测设，路线起点距离 JD$_1$ 近一些，以减少量距也不必打桩，须知在正式公路测量中，路线起点是预先确定的。另在前路中线上再选一点插花杆（也不打桩，以作测量转角瞄准目标用）。

（2）经纬仪安置在 JD$_1$，对中整平，用测回法测量右角一测回，记录于表中。

（3）根据观测的右角 β，计算转角 Δ。当右偏时，$\Delta_R = 180° - \beta$；当左偏时，$\Delta_L = \beta - 180°$。判别路线是右偏还是左偏，除根据现地判别外，可根据 β 角的大小，$\beta < 180°$ 为右偏，$\beta > 180°$ 为左偏。

（4）按照地形条件及规程规定拟定圆曲线半径 R。考虑地形条件拟定半径时，可先估计外距长或切线长，看采用多大的半径合适。选择半径不得小于规程规定的最小半径，并应取整数值。

（5）根据选定的半径及转角，求切线长 T，曲线长 L，外距 E 及切曲差 J。曲线元素计算，最好使用可编程计算器编程计算。

（6）计算三个主点的桩号：

曲线起点 ZY 桩号 ＝转点 JD1 桩号－切线长 T

曲线中点 QZ 桩号 ＝ZY 桩号＋L/2

曲线终点 YZ 桩号 ＝QZ 桩号＋L/2（或 ZY 桩号＋L）

桩号计算的校核：

YZ 的桩号 ＝ JD 桩号＋切线长 T－切曲差 J

2. 圆曲线的细部测设

当圆曲线长超过 40m，或曲线和某个地物（如道路、渠道）相交，或曲线经过之处地貌发生显著变化（如跨山沟），此时均应打加桩。一般每隔 10m 或 5m 打一加桩以便于施工。本实习要求学生全部完成两种方法测设细部点的计算，但现地钉桩只要求完成 2 点。先用直角坐标法测设，后用偏角法核对，须知在正式作业时只要用一种方法测设便可。

（1）直角坐标法（切线支距法）

为求某一细部桩点的直角坐标 x，y，可直接查切线支距表，但一般表中只给弧长整米的 x，y 值，非整米的计算不便。使用计算器时用下列公式计算也很方便。

$$\varphi = \frac{S}{R} \times \frac{180°}{\pi}$$

$$x = R\sin\varphi \quad y = R - R\cos\varphi$$

计算结果列于表中。具体测设时，以 ZY 点或 YZ 点为坐标原点，沿切线用皮尺量取 x 值，垂直于切线方向量取 y 值便可确定点位。

（2）偏角法

为测设细部点，先计算细部点所对应的偏角 δ 及弦长 C，计算公式如下：

$$\delta = \frac{\varphi}{2} = \frac{S}{R} \times \frac{90°}{\pi}$$

$$C = 2R\sin\delta$$

实际上，并非每个细部点都要用上列公式计算，一般仅需计算三个不同弧长所对应的偏角及弦长。在下表范例中，仅需把弧长为 8.91，10.00 及 6.28 等 3 个数代入公式计算。偏角计算的结果列于表中"单值"一栏内，"累计值"是偏角单值累加，以便于经纬仪测设。

具体测设时，将经纬仪置于 ZY 点，度盘安置 $0°00'00''$ 瞄准 JD 点，然后松开照准部使度盘得读数为 1 点的偏角 $\delta = 3°24'26''$，在望远镜的视线方向内，从 ZY 点拉皮尺量弦长 $C_1 = 8.91m$ 打下木桩即得 1 点。测设 2 点时，经纬仪设置 2 点偏角即 $\delta_2 = 7°13'37''$。但量距应从 1 点开始量 $C_2 = 9.99m$，C_2 长度刻划同望远镜视线相交即得 2 点。用同样方法测设其余各点，本例测设 4 点与 5 点时，考虑到通视情况，经纬仪要搬到 YZ 点，如果能通视可以不搬站。测得第 5 点后，量 5 至 YZ 点的距离应为 6.28m，其较差一般不应超过 L/1000m（L 为圆曲线的长度）。

四、记录计算表格式样

1. 圆曲线主点测设计算表

圆曲线主点测设记录表

交点桩号：JD_1　　　编号：0＋080　　　班级：　　　小组：

观测点名	盘位	水平度盘读数 （ °　′　″ ）	半测回角值 （ °　′　″ ）	平均角值 （ °　′　″ ）
JD_2	L	0　00　00	137　50　30	137　50　00
0＋000		137　50　30		
0＋000	R	317　50　00	137　49　30	
JD_2		180　00　30		

转角 I 的计算	右偏：$\Delta_R = 180° - \beta = 42°10'$
	左偏：$\Delta_L = \beta - 180° =$

曲　线　元　素　计　算		曲线主点桩号计算	
半径　R	75m	曲线起点 ZY	ZY0＋51.08
切线长　T	28.92	曲线中点 QZ	QZ0＋78.62
曲线长　L	55.20	曲线终点 YZ	YZ0＋106.28
外矢距　E	5.38	校　　核	80＋28.92－2.63＝106.29
切曲差　J	2.63	YZ＝JD＋T－J	

2. 圆曲线细部测设计算表

圆曲线细部测设计算表

交点桩号：JD_1　　　编号：0＋080　　　班级：　　　小组：

点　名	里程编号	弧　长	直角坐标法			偏　角　法		
			坐标原点	X	Y	弦　长	单　值	累计值
ZY	0＋51.08	8.92				8.91	$3°24'26$	0°0'00″
1	0＋60.00	10.00	ZY	8.90	0.53	9.99	$3°49'11$	3　24　26
2	0＋70.00	10.00	ZY	18.72	2.37	9.99	$3°49'11$	7　13　37
3	0＋80.00	10.00	ZY	28.21	5.51	9.99	$3°49'11$	11　02　48
4	0＋90.00	10.00	YZ	16.15	1.76	9.99	$3°49'11$	14　51　59
5	0＋100.00	6.00	YZ	6.67	0.26	6.28	$2°23'56$	18　41　10
YZ	0＋106.00							21　05　06

测设校核	偏角法测设距离较差为：0.05m＜0.055m 容许值：曲线长×（1/1000）＝55.2×（1/1000）＝0.055m

实习十 民用建筑物定位测量

一、目的与要求
掌握民用建筑物定位测量的基本方法。

二、仪器与工具
J6 经纬仪 1，卷尺 1，标杆 2，记录夹 1，斧头 1，木桩 8。

三、方法与步骤

如图附 1-5 所示，西边为原有的旧建筑物，东边为待建的新建筑物。假设新建筑物轴线 AB 在原建筑物轴线 MN 的延长线上。两建筑物的间距及新建筑物的长与宽，根据场地大小由教师规定。实习步骤如下：

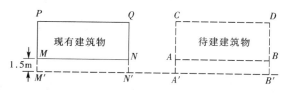

图附 1-5

1. 引辅助线：作 MN 的平行线 M'N'，即为辅助线。做法是：

先沿现有建筑物外墙面 PM 与 QN 墙面向外量出 MM' 与 NN'，大约 1.5～2.0m，并使 MM'=NN'，在地面上定出 M' 和 N' 两点，定点须打木桩，桩上钉钉子，以表示点位。连接 M' 和 N' 两点即为辅助线。

2. 经纬仪置于 M' 点，对中、整平，照准 N' 点，然后沿视线方向，根据图纸上所给的 NA 尺寸（要注意如图上给出的是建筑物间距，还应化为现有建筑物至待建建筑物轴线间距，并查待建建筑物长 AB）。本次实习由教师规定，从 N' 点用卷尺量距依次定出 A'、B' 两点，地面打木桩，桩上钉钉子。

3. 仪器置于 A' 点，对中、整平，测设 90°角在视线方向上量 A'A＝M'M，在地面打木桩，桩顶钉钉子定出 A 点。再沿视线方向量新建筑物宽 AC，在地面打木桩，桩顶钉钉子定出 C 点。注意，须用盘右重复测设，取正倒镜平均位置最终定下 A 点和 C 点。

同样方法，仪器置于 B' 点测设 90°，定出 B 点与 D 点。

4. 检查 C、D 两点之间距离应等于新建筑物的设计长，距离误差允许为 1/2000。在 C 点和 D 点安置经纬仪测量角度应为 90°，角度误差允许为 ±30″。

实习十一 电子经纬仪与全站仪的使用

一、目的要求
1. 学会电子经纬仪安置，掌握测量水平角及竖直角的方法。
2. 学会苏一光 OTS 全站仪安置、开机与关机。学会进行温度、气压、棱镜常数、测距次数以及测量目标条件的设置。
3. 掌握距离测量的方法，了解坐标测量的步骤。

二、仪器和工具
电子经纬仪 1，全站仪 1，单棱镜 1（含装镜箱及三脚架），棱镜对中杆 1。

三、实习内容

（一）南方 ET-05 电子经纬仪的使用

1. 在实习场地选一点作为测站点 O，电子经纬仪安置 O 点，对中、整平，另外选两个目标点 A 和 B，在 A 点上安置单棱镜，在 B 点上安置单棱镜对中杆，安置单棱镜时都要对中、整平，并使棱镜面向电子经纬仪。

2. 电子经纬仪安置 O 点对中、整平。如果整平后，显示屏会出现"b"字样，说明电经竖轴倾斜超过 $3'$，此时应重新整平，"b"字消后才行。在盘左位置望远镜垂直方向上下转动 $1\sim2$ 次，当望远镜通过水平视线时，竖盘指标自动归零，显示屏显示正确的竖直角值。

3. 电经测回法测量水平角：

例如，测量 $\angle AOB$ 水平角，在 HR 状态下，盘左位置，瞄准 A 目标，按 2 次【OSET】键，A 方向水平度盘读数置 $0°00'00''$，顺时针旋转照准部瞄准 B 方向读数，即为半测回内角值。纵转望远镜后成盘右位置，瞄 B 读数，逆时针转瞄 A 读数即完成下半测回。

4. 电经竖角测量

在盘左位置将望远镜在竖直方向上转动 $1\sim2$ 次，当望远镜通过水平视线时，仪器自动将竖盘指标归零，并显示出当时望远镜视线方向的竖角值。竖角观测步骤与光学经纬仪相同。

（二）苏一光 OTS 电子全站仪的使用

1. OTS 电子全站仪显示屏及键盘的认识

OTS 电子全站仪两面都有一个相同的液晶显示屏，右边有 6 个操作键，下边有 4 个功能键，其功能随观测模式的不同而改变。显示屏头三行显示测量数据，最后一行显示随测量模式变化的按键功能。

2. 开机与关机

（1）开机：按住电源键，直到液晶显示屏显示相关信息，然后转动望远镜一周，仪器蜂鸣器发出一短声并进行初始化，仪器自动进入测量模式显示。（注：仪器开机时显示的测量模式为上一次关机时仪器所显示的测量模式）。

（2）关机：按住电源键，并同时按 F1 键，仪器显示"关机"，然后放开所按的键，仪器进入关机状态。

3. 角度测量

按键盘右边操作键▽，进入角度测量模式，操作方法与电子经纬仪相同。

4. 棱常、温度、气压与目标条件设置

距离测量时，反射棱镜常数、大气的温度、气压以及测量目标的条件（目标是反射棱镜、反射片、无棱镜的物体表面）对测量距离有直接影响。为此在测距前应进行设置。设置项目是：

（1）进行反射棱镜常数、大气的温度、气压的设置

①开机后，按距离测量键◢一次进入测距模式；

②按［F3］（条件）键，进入测距条件设置；

③分别按［F1］、［F2］、［F3］键，即可进入棱镜常数、温度、气压的设置。注意：若用苏一光厂配备的反射镜，棱常为 0。

（2）测量目标条件的选择

①在测距模式下，按［F3］（条件）键，进入测距条件设置；

②按［F4］（目标）键，有 3 种目标供选择：F1：NOPRISM（为无棱镜，白色墙体）；F2：SHEET（为反射片）；F3：PRISM（为棱镜）。

（3）测距次数的设置

①按【MENU】键进入主菜单。按"▼"2 次进入主菜单第 3 页；

②再按 F1 键选择"设置"，进入设置子菜单的第 1 页；

③再按"▼"一次进入子菜单的第 2 页，就可看到有测距次数选项。输入测距次数后，按 F4 键确认。

5. 距离及高差测量

（1）开机后，按距离测量键◢一次进入测距模式；

（2）按［F1］键瞄准，用望远镜精确瞄准目标，机内发射红色激光，全站仪自动接收反射光，并立即在显示屏上显示测量距离值及高差，SD 为斜距，HD 为平距，VD 为高差（望远镜横轴至目标的高差）。

6. 坐标测量

在实习场地，对任意目标进行三维坐标测量时，需已知测站点和另一点的三维坐标（或由测站后视该点的坐标方位角），操作步骤如下：

（1）输入测站坐标

①开机后，在测量模式下，按坐标操作键◿，进入坐标测量模式，按［F4］键，进入功能键信息第 2 页，显示上次坐标观测的三维坐标；

②按［F3］（测站）键，进入测站坐标输入显示。

（2）输入测站仪器高和目标棱镜高

①按［F4］（确认）键，进入功能键信息第 2 页，再按［F2］（仪高）键，进入仪器高输入；

②按［F4］键，仪器显示屏返回到第 2 页，再按［F1］（镜高）键，进入棱镜高输入。

（3）输入后视点坐标的输入

①在坐标测量模式下，按［F4］键两次，进入功能键信息第 3 页；

②按［F3］（后视）键，进入后视点坐标的输入。

（4）目标点坐标测量

①照准后视目标，按［F3］（是）键，返回到坐标测量信息第 1 页界面；

②照准镜站点，按［F1］（瞄准）键，仪器发出光束，准备测距；

③按［F1］（测距）键，仪器开始测距；

④按［F1］（停止）键，仪器停止测距，显示屏显示目标的三维坐标。

第三部分　测量教学实习

一、实习目的、任务和要求

测量教学实习是测量教学的重要组成部分，既是巩固和加深课堂所学知识，又是培养学生动手能力、严谨的科学态度和工作作风的重要手段，为以后工作打下良好基础。教学实习的任务与要求是：

1. 每组检验校正水准仪 1 台，经纬仪 1 台，重点是检验，校正必须在辅导教师指导下进行。

2. 每组布设经纬仪导线作为测图的控制。每个学生必须独立完成导线点的坐标计算。

3. 每组测绘比例尺为 1：500 的平面图。每个学生根据观测成果独立绘制 1：500 的平面图。

二、实习时间、组织及注意事项

实习时间为一周，实习按小组进行，每组 4～5 人。实习注意事项如下：

1. 实习中要特别注意安全问题，包括人身安全与仪器安全。实习期间天热，要注意防暑，避免生病。各组所领的仪器要有专人保管，避免丢失与损坏。

2. 组长要全面负责，合理安排，分工轮流使用仪器，以便人人都有操作仪器的机会。组员之间应密切配合，团结协作，确保实习任务顺利完成。

3. 实习过程中应严格遵守测量实习的有关规定。不迟到、不早退、不旷课，有事必须向指导教师请假。不得随意折断树枝，爱护公物。

4. 实习前要做好准备，随着实习进度阅读本指导书及教材的有关章节。

5. 每项测量工作完成后，要及时计算，整理成果。原始数据、资料、成果应妥善保存，不得丢失。

三、实习内容

（一）水准仪与经纬仪的检校

1. 水准仪的检验与校正

先作一般性的检查，主要内容是：①各螺旋是否都起作用？旋转是否顺滑？②望远镜十字丝是否清晰？③水准仪脚螺旋是否晃动？④三脚架是否稳定，蝶形螺旋能固紧架腿吗？等等。具体检校项目有：

（1）圆水准轴应平行于仪器竖轴的检校。

（2）十字丝横丝垂直于仪器竖轴的检校。

（3）水准管轴平行于视准轴的检校。

2. 经纬仪的检验与校正

先作一般性的检查，主要内容是：①制动螺旋与微动螺旋是否起作用？旋转是否顺滑？②竖轴、横轴旋转是否灵活？③望远镜十字丝和读数窗是否清晰？④拨盘螺旋是否起作用？弹出后是否还会出现带动度盘现象？⑤经纬仪脚螺旋是否晃动？⑥三脚架是否稳定，蝶形螺旋能固紧架腿吗？等等。具体检校项目有：

（1）照准部水准管轴应垂直于仪器竖轴的检校

检验时，首先将仪器粗平。然后使水准管平行于一对脚螺旋，使气泡严密居中。将照准部旋转 180°，气泡仍然居中，则条件满足。若气泡偏歪超过一格须进行校正。实习时，为求得较准确气泡的偏歪数，使水准管转 60°平行于另一对脚螺旋，3 个方向各做一次。

校正方法是：

①转动脚螺旋，使气泡退回偏歪格数的一半。

②用校正针拨动水准管校正螺丝，使气泡居中。在水准管校正螺旋拨动前，要认清水准管哪端应升高或降低。水准管有上、下两只校正螺旋。注意校正时应先松一个，然后再紧另一个。螺旋不可旋得过紧，一般情形在螺旋到接触后，只需再旋转 10°至 20°即可，过紧不

仅有可能损坏水准管，而且校正的结果不易保持长久，当然过松也不好。

（2）圆水准器的检校

检验：首先用已检校的照准部水准管，把仪器精确整平，此时再看圆水准器的气泡是否居中，如不居中，则需校正。

校正：在仪器精确整平的条件下，用校正针直接拨动圆水准器底座下的校正螺丝使气泡居中，校正时注意对校正螺丝一松一紧。

（3）十字丝的竖丝应垂直于横轴的检校

检验：①固定水平度盘，以十字纵丝的一端，瞄准远方一清晰目标。旋转望远镜微动螺旋使望远镜绕横轴微微转动，目标应不离开十字竖丝，否则就校正。②记住偏歪的方向（左或右）。

校正：松开十字丝环相邻的两个校正螺旋，微微转动十字丝环，反复检验，直至观测时无显著误差为止，然后拧紧松开的校正螺旋。

（4）望远镜视准轴与横轴应成正交的检校

检验方法详见教材。注意瞄准目标选择远方一清晰目标或白墙上作十字标志，检验后求得视准轴误差 C。如果 $C > \pm 1'$ 应校正。

（5）横轴应与竖轴成正交的检校

检验方法详见教材。本项检校，只做检验，不做校正。

（6）竖盘指标差的检校

检验方法详见教材。实习要求测定 3 个不同目标，分别求得竖盘指标差，取它们的平均值得 x。如 x 超过 $\pm 25''$，则要进行校正。

（7）光学对中器的检校

检验方法详见教材。注意必须至少 3 个位置来检验光学对中器的视准轴与仪器竖轴是否重合。

注意事项：

1）检验时，必须认真和细心，瞄准目标和读数要准确无误，一般各项检验至少做 2 次，当 2 次测定结果较接近时，方可取平均。

2）检校次序不可颠倒，做好前一项校正后，再做后一项的检校。每项检校之后，还须再检验一次，以确保误差在允许的范围之内。

3）检验求得误差，如果超限，应在指导教师指导下进行校正。

（二）导线测量外业

1.测区踏查选点

每组在指定测区范围内，进行踏勘、选点，布设闭合导线，各组布设 6～7 个点的闭合导线。点位应均匀地分布整个测区，以便于碎部测量。导线点位应选在便于保存标志和安置仪器的地方，相邻导线点应能通视，便于测角量距，边长一般 50～120m，最短边长不应小于 30m。选好点位，在野外一般是打木桩，此次实习在校园水泥地，可用红油漆在地上作点位标志（画一直径约 6cm 的圆，圆心点直径 5mm 表示导线点位），并编写桩号，如 $A1$、$A2$……表示第 1 组第 1 点、第 2 点……；$B1$、$B2$……表示第 2 组第 1 点、第 2 点……等；第 3 组用 $C1$、$C2$……，依此类推。点号最好顺针方向排列。选点后，绘一草图，简单说明各导线点位。

2. 水平角观测

用测回法观测导线内角一个测回，正镜与倒镜角值之差不应超过 $40''$。测角对短边影响特大，应特别仔细。瞄准目标时，要尽量对准标杆基部。

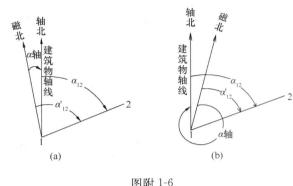

图附 1-6

3. 丈量边长

此次实习丈量边长用高精度玻璃纤维卷尺，如果边长超过卷尺长（50m），应进行直线定向。边长要往返丈量，并记录边长观测记录手簿。要求边长往返较差的相对误差应小于 1/1000。

4. 测量与计算起始边的方位角

为了使测绘的平面以建筑物南北轴线为 X 轴，用罗盘仪测量导线起始边 1-2 的磁方位角 α'_{12} 外，还必须测量建筑物南北轴线的磁方位角 $\alpha_{轴}$。从图附 1-6 可看出导线起始边 1-2 的坐标方位角 α_{12} 为

$$\alpha_{12} = \alpha'_{12} - \alpha_{轴}$$

（三）导线测量内业及测图准备

内业计算开始时，应首先检查外业观测成果，观测限差超限必须返工。

1. 导线点坐标的计算

① 导线角度闭合差的计算及调整

② 推算各边坐标方位角

③ 坐标增量的计算和调整

④ 从已知坐标点开始，推算各点坐标

注意每一步计算都应进行检核，角度计算取至秒，边长及坐标取至厘米。

2. 测图准备——打方格展绘导线点

用对角线法打方格，方格边长 10cm×10cm，每组图纸东西方向打 3 格，南北方向 3 格，共 9 格，具体打法见教材有关部分，方格边长误差应小于 0.2mm。然后开始展绘控制点，展点后也应做检查，导线点边长与实测边长误差应小于 ±0.3Mm（M 为测图比例尺分母）。

（四）碎部测量

碎部测量采用经纬仪测绘法。比例尺为 1：500。

1. 碎部点的测绘

将经纬仪安置在测站上，测图板安置于测站旁，扶尺者要选好碎部点。步骤如下：

（1）选一导线点作为起始方向，水平度盘读数置为 $0°00'00''$。

（2）用盘左（正镜）位置观测碎部点，水平盘读至分。用视距法读上、中、下丝读数，并读竖盘读数，竖盘要读至秒。同法观测其他碎部点，并记入手簿。为了减少瞄准与读数误差，最好采用下法：即中丝大约对准仪器高后，上丝对准整分划（对于倒像望远镜），读取下丝在尺上的读数，然后，中丝精确对准仪器高后，读竖盘读数。对于测绘平面图，望远镜基本水平，竖盘读数可以省略。观测碎部时，尽量使中丝读数等于仪器高，这样可以简化计算。

在测图过程中，应随时检查起始点方向读数应为 $0°00'00''$，其差数不应超过 $4'$。

（3）根据尺间隔和竖角值计算水平距离。

（4）展绘碎部点，并连线绘图。

用小针将量角器的圆心插在图上测站点，转动量角器，将碎部点方向与起始方向的夹角值对准量角器刻划线，量角器的直径方向便是碎部点的方向。然后在直径方向上按 $1:500$ 比例尺定出碎部点的位置。

2. 平面图的整饰清绘

用软橡皮擦掉一切不必要的线条。对地物按规定符号描绘，文字注记应注在合适的位置，既能说明注记的地物，又不要遮盖地物。字头一般朝上，字体要端正清楚。地形图注记常用字体有宋体、仿宋体、等线体、耸肩体和倾斜体几种。最后画图幅边框，注出图名、图号、比例尺、测图单位和日期，整饰的格式如下：

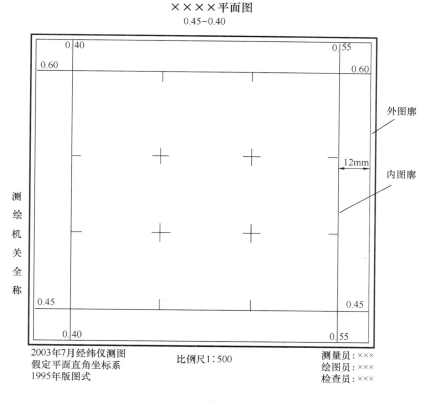

图附 1-7

绘图说明：

（1）外图廓与内图廓间距为 12mm。

（2）图内四角的数字表示内图廓四角的直角坐标，如左下角：$X = 0.45$km，$Y = 0.40$km。

（3）坐标格网线的仅留十字线，长为 10mm，图边四周坐标线长为 5mm。

（4）图名下面（0.45－0.40）表示本图幅编号，它是以图幅西南角坐标公里数表示的。

309

四、应交作业

1. 小组应交

（1）水准仪与经纬仪检校记录

（2）水平角观测记录表

（3）导线边长测量记录表

（4）碎部测量记录表

（5）1：500 比例尺平面图一张

2. 个人应交

（1）导线测量坐标计算表

（2）碎部测量记录表（抄碎部测量记录）

（3）1：500 比例尺平面图一张

附录 2 带复测扳手的 6″光学经纬仪

带复测扳手的 6″光学经纬仪早已不生产，但并未完全淘汰，在中、下基层和某些院校仍在使用。为此，在本附录中予以介绍。指出它与当前生产和普遍使用的带有拨盘螺旋的 6″光学经纬仪主要区别及其特点。

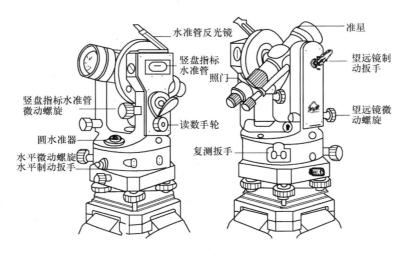

图附 2-1 带复测扳手的 6″光学经纬仪

主要区别及特点有：

1. 图附 2-1 为带复测扳手的 6″光学经纬仪，例如北京光学仪器厂早期生产的 DJ6-1 型光学经纬仪就属于这一种。它带有复测扳手，又称度盘离合器。当扳手向上时，照准部与度盘分离，扳手向下，照准部与度盘结合，即所谓"上开下合"。第三章介绍的是北京光学仪器厂生产的 TDJ6 型 6″光学经纬仪，用拨盘螺旋代替复测扳手的功能。

2. 读数方法不同，带复测扳手的光学经纬仪读数测微设备采用单平行玻璃板，详见 3.2.3 节中的第 2 条所述。

3. 带复测扳手的 6″光学经纬仪一般都没有光学对中器，用垂球对中，其对中误差只能达到 3mm。有了光学对中器，对中误差能达到 1mm。

4. 粗瞄准设备不同，带复测扳手的 6″光学经纬仪，在望远镜上设有照门与准星，作为粗瞄准之用；而带拨盘螺旋的 6″光学经纬，例如北光产 TDJ6 型，在望远镜上设有特制的粗瞄准器，使用更为方便。

5. 竖盘指标设备不同，带复测扳手的 6″光学经纬仪，没有竖盘标标自动归零装置，读竖盘读数时，每次读数前均须调竖盘指标水准管的微动螺旋，使指标水准管的气泡居中。此时指标处于垂直的正确位置，例如图附 2-2 所示。

6. 测角时，两种仪器配置度盘方法不同。带复测扳手的 6″光学经纬仪，先配置好度盘

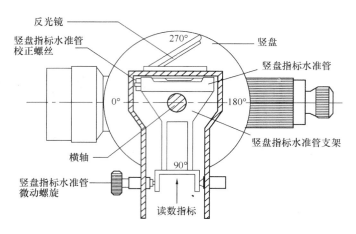

图附 2-2　竖盘与竖盘读数指标

后去瞄准目标；而带拨盘螺旋的 6″ 光学经纬，先瞄准目标，后配置度盘。

带复测扳手的 6″ 光学经纬仪，例如，要求起始目标对 $0°01'$，步骤如下：

（1）旋转读数手轮，此时测微盘随着转动，使测微盘的 $1'$ 对准单线指标。

（2）将复测扳手扳上，转动照准部，使双线指标夹住度盘 $0°$ 后，固定水平制动扳手，旋转照准部微动螺旋精确对准 $0°$，复测扳手扳下来。

（3）松开水平制动扳手，转动照准部。由于复测扳手在下，照准部与度盘相结合，读数仍然保持 $0°01'$，精确瞄准起始目标后，固定水平制动扳手，把复测扳手扳上。以后的操作，复测扳手始终在上方。

参 考 文 献

[1] 合肥工业大学等. 测量学〔M〕. 北京：中国建筑工业出版社，1995.

[2] 王侬，过静珺. 现代普通测量学〔M〕. 北京：清华大学出版社，2002.

[3] 陈学平. 实用工程测量.〔M〕. 北京：中国建材工业出版社，2007.

[4] 张远智. 园林工程测量〔M〕. 北京：中国建材工业出版社，2005.

[5] 赵泽平. 建筑施工测量〔M〕. 郑州：黄河水利出版社，2005.

[6] 北京市测绘设计研究院. 城市测量规范〔S〕. 中国建筑工业出版社，1999.

[7] 中国有色金属工业总公司. 中华人民共和国国家标准. 工程测量规范（GB 50026—93）〔S〕. 北京：
中国计划出版社，1993.

[8] 国家测绘局测绘标准化研究所. 中华人民共和国国家标准. 1：500　1：1000　1：2000 地形图图式
（GB/T 7929—1995）〔S〕. 北京：中国标准出版社，1996.

[9] 中国有色金属工业总公司. 中华人民共和国国家标准. 工程测量基本术语标准（GB/T 50228—96）
〔S〕. 北京：中国计划出版社，1996.

[10] 顾孝烈. 测量学〔M〕. 上海：同济大学出版社，1999.

[11] 高德慈，文孔越. 测量学〔M〕. 北京：北京工业大学出版社，1996.

[12] 扬德麟，高飞. 建筑工程测量〔M〕. 北京：测绘出版社，2001.

[13] 李生平. 建筑工程测量〔M〕. 武汉：武汉工业大学出版社，1997.

[14] 张尤平. 公路测量〔M〕. 北京：人民交通出版社，2001.

[15] 何保喜. 全站仪测量技术〔M〕. 郑州：黄河水利出版社，2005.

[16] 张凤举，王宝山. GPS定位技术〔M〕. 北京：煤炭工业出版社，1997.

[17] 徐绍铨，张华海等. GPS测量原理及应用〔M〕. 武汉：武汉测绘科技大学出版社，1998.

[18] 杨晓明，苏新洲. 数字测绘基础〔M〕. 北京：测绘出版社，2005.

[19] 李晓莉. 测量学实验与实习〔M〕. 北京：测绘出版社，2006.